Axel Borsdorf (Hg.)

# Forschen im Gebirge
# Investigating the Mountains
# Investigando las Montañas

Christoph Stadel zum 75. Geburtstag

Axel Borsdorf, Georg Grabherr & Johann Stötter (Hg.)

**IGF Forschungsberichte**

**Band 5**

The Series IGF Forschungsberichte / IGF Research Reports aims to present findings of ongoing or recently completed research projects at the IGF which could not be accommodated within the space of an article for a scientific journal. It thus provides a comprehensive picture, freeing readers from the necessity of looking for individual contributions in different journals. The series also documents proceedings of conferences. An interested public will thus find all contributions to a conference theme collected in one volume and will need not to search for them one by one across many different publication series.

Axel Borsdorf (Hg.)

# Forschen im Gebirge
# Investigating the Mountains
# Investigando las Montañas

Christoph Stadel zum 75. Geburtstag

Verlag der Österreichischen Akademie der Wissenschaften

**Editor**
Axel Borsdorf, Professor of Geography, University of Innsbruck, and Director of the IGF

**Coordination**: Axel Borsdorf
**Layout**: Kati Heinrich and Valerie Braun, IGF
**Cover photographs**: Axel Borsdorf, Christoph Stadel
**Print**: Steigerdruck GmbH, Axams (http://www.steigerdruck.com)

The Institute for Interdisciplinary Mountain Research (IGF) accepts full responsibility for this volume, which has not been presented to the Section for the Humanities and the Social Sciences of the Austrian Academy of Sciences.


ISBN 978-3-7001-7461-5

# Inhalt

# Tabula Gratulatoria

Axel Borsdorf
Falk F. Borsdorf
Marianne Borsdorf
Valerie Braun
Jürgen Breuste
Cesar N. Caviedes
Martin Coy
Heidrun Eibl-Göschl
John C. Everitt
Gerhard Fasching
Klaus Frantz
Emdad C. Haque
Kati Heinrich
Juan Hidalgo
Burkhard Hofmeister
Lutz Holzner
Jack D. Ives
Hanns Kerschner
Gudrun Lettmayer
Jose Luis Luzón
Bruno Messerli
Guido Müller
Oskar Ouma
Hugo Penz
Wolfgang Pirker
Perdita Pohle
Hugo Romero
Waltraud Rosner
Adriano Rovira
Fausto Sarmiento
Thomas Schaaf
Lothar Schrott
Brigitte Scott
Heinz Slupetzky
Agnes Spiessberger
Christel Stadel
Johann Stötter
John Tyman
Friedrich Zimmermann

# Einführung

Am 6. Juni 2013 feiert Christoph Stadel die Vollendung seines 75. Lebensjahres. Aus diesem Anlass haben ihm Kollegen, Schüler und Freunde diese Festschrift gewidmet. Es mag verwundern, dass diese in Innsbruck erscheint. Dafür gibt es viele Gründe: Mit dem Innsbrucker Geographieinstitut verbindet Christoph Stadel eine langjährige Freundschaft und Zusammenarbeit, die in zwei Exkursionen nach Ecuador und Peru sowie Exkursionen in den Alpenraum einen lebendigen Ausdruck fand. In der langen Zeit der gemeinsamen Arbeit für unsere beiden Hochschulen wurden Christoph und der Herausgeber enge Freunde, die nicht nur auf die beiderseitige Liebe zu unserem Fach und der Leidenschaft für Gebirgslandschaften beschränkt war, sondern auch in vielen Gesprächen in unseren Häusern in Thalgau und Hatting sowie der Freundschaft mit beiden Ehefrauen und auch dieser untereinander seinen Ausdruck fand. In Innsbruck entstand auch mit dem Institut für Geographie, dem Institut für Interdisziplinäre Gebirgsforschung der Österreichischen Akademie der Wissenschaften und dem alpS – Centre for Climate Change Adaptation Technologies ein Gebirgsforschungszentrum, das als *Innsbruck Mountain Competence* weithin sichtbar wurde und immer von den Anregungen Christoph Stadels profitiert hat.

Es ist auch nicht das erste Mal, dass in Innsbruck ein Festband für einen Salzburger Ordinarius erscheint. Auch die Festschrift für Helmut Heuberger, dem Amtsvorgänger von Christoph Stadel, erschien in Innsbruck, herausgegeben von dem damaligen Münchener Geographen und heutigen Innsbrucker Ordinarius Johann Stötter. Gemeinsam mit den Festbüchern für Helmut Slupetzky und Guido Müller dokumentieren sie die seinerzeitige Leistung des zweiten österreichischen Gebirgsforschungsschwerpunktes an der Universität Salzburg.

Für die vorliegende Festschrift wurden zahlreiche Freunde, Kollegen und Schüler Stadels um Mitarbeit gebeten. Das Echo war groß, und so sprengt der Band die ursprünglich vorgesehene Seitenzahl erheblich. Viele aber schrieben bedauernd ab. Manche von Christophs Altersgenossen sind nicht mehr wissenschaftlich tätig, andere Kollegen waren überlastet, und von wenigen erhielten wir auch keine Antwort, vielleicht, weil die weltweit verschickte Post die Adressaten nicht fand. Besonders bedauert haben John Everitt und Lutz Holzner ihre Absage. Sie fühlen sich Christoph Stadel sehr verbunden, konnten aber wegen altersbedingter Nichtfortführung eigener Forschung nichts beitragen. Unter den Schülern schmerzt die Absage von Waltraud Rosner, die sich seit einigen Jahren anderen Aufgaben widmet.

Der Band wird mit Artikeln von Salzburger Freunden des Jubilars eröffnet. Ich habe sie alphabetisch geordnet, ebenso wie die folgenden Gruppen. Jürgen Breuste widmet ihm einen Beitrag über Sri Lanka, der Erinnerungen wecken wird, waren Christoph und Jürgen doch gemeinsam dort auf Exkursion. Guido Müller spannt den Bogen zu den Alpen und untersucht historische Gipfelpanoramen. Lothar Schrotts Analyse gilt dem Permafrost in den ariden und semiariden Anden Argentiniens, ein aktuelles Thema angesichts des Klimawandels. Heinz Slupetzky nimmt die etymologische Herkunft des Namens Stadel zum Anlass, über die Stadel in Pinzgau nachzudenken. Weitere Salzburger folgen im persönlichen Teil.

Die Gruppe der Innsbrucker Freunde wird mit einem konzeptionellen Beitrag von Martin Coy und Hans Stötter zu den Herausforderungen des Globalen Wandels eingeleitet. Als Fallbeispiel wählten sie Amazonien, also das den Anden östlich vorgelagerte Tiefland. Hochland und Tieflandbeziehungen sind ein Hauptthema von Christoph. Hanns Kerschner blickt wie Jürgen Breuste auf Exkursionserfahrungen mit Christoph zurück, in seinem Beitrag über Alpengletscher kommt er darauf zu sprechen. Hugo Penz ist mit Fragen des alpinen Gemeinschaftsbesitzes angesichts der Diskussion um die Agrargemeinschaften in Tirol ganz aktuell und holt dazu historisch weit aus. Den Abschluss der Tiroler Gruppe bildet ein Beitrag aus der Borsdorf-Familie. Falk ist Christoph über die Liebe zu Kanada und die Achtung indigener Kulturen verbunden. Sein Artikel ist den Inuit gewidmet.

César Caviedes eröffnet den Reigen der internationalen Freunde. Er behandelt den bedauerlichen Wertverlust der Regionalgeographie als deren hervorragender Vertreter Christoph Stadel gelten kann, in Europa und USA. Ein solcher Beitrag kann nur von jemand geschrieben werden, der beide Kulturen gut kennt und über eine lange Lebenserfahrung verfügt. In meinen Augen ist dies ein Kabinettstück der Geschichte einer Disziplin, die über Zahlen-, Detail- und Theorieverliebtheit in Gefahr gerät, den Blick für das Ganze, das Wesentliche und das Phänomen als solches zu verlieren. Ich habe den eigentlich nach oben zu stellenden Beitrag von Gerhard Fasching angeschlossen, der den von Caviedes geschildeten Niedergang der Regionalstudien mit der Entwicklung der Länderkunde in Salzburg kontrastiert. Sie behielt ähnlich wie in den anderen österreichischen Instituten – auch durch das Engagement von Christoph Stadel- ihre Bedeutung. Damit zeigt sich eindrucksvoll den Sonderweg Österreichs innerhalb der deutschsprachigen Geographie. Beides sind wichtige Beiträge zur Disziplingeschichte.

Perdita Pohle setzt den Andenschwerpunkt des Buches, begonnen von Lothar Schrott fort. In ihrem Beitrag behandelt sie ein Hauptinteresse Stadels, die Schutzgebiete der Anden. Hildegardo Córdova beweist, was Geographen der älteren Generation leisten können, nämlich aus der Breite der empirischen Erfahrungen Lösungen für die Zukunft zu erarbeiten, dies am Beispiel des ÖPNV in Lima. Auch in diesem Fall habe ich die eigentlich geplante Reihenfolge verlassen, denn der Artikel von mir und meinen Freunden Rodrigo Hidalgo und Hugo Zunino Chile behandelt ähnlich wie Córdova ein stadtgeographisches Thema, in diesem Fall den Sozialen Wohnungsbau in der nach Lima und Bogotá drittgrößten Andenmetropole. Dies ist ein Thema, das im Andenbuch vernachlässigt wurde und somit hier nachgetragen wird.

Burkhard Hofmeister ist ein Länderkundler alter Schule. Auch er widmet sich dem Schutzgebietsthema. Ihre Anfänge in den USA, Geschichte und die aktuellen Probleme des Massentourismus und der Besucherlenkung sind Gegenstand seines Artikels. Die beiden Altmeister der sog. „Mountain Mafia“, Bruno Messerli und Jack Ives folgen. Messerli behandelt die Geschichte der andinen Forschungskooperation. Ives zeigt am Beispiel der Klimaveränderungen im Himalaya auf, wohin Fehlentwicklungen der globalen Vereinfachung führen können. Adriano Rovira widmet sich mit Silvia Diez und Carlos Rojas einem Extremereignis, dem Ascheausbruch im Cordón Caulle, nahe des Puyehue in Chile. 1999 standen wir gemeinsam mit Christoph vor dem damals ruhend erscheinenden Vulkan. Christoph und ich hatten zuvor bereits viele Vulkanausbrüche in den Anden miterlebt. Fausto Sarmiento kommt mit seiner Reflexion über *Lo Andino* auf ein Lieblingsthema Christophs zurück und liefert ein weiteres Kabinettstück hermeneutisch angelegter, verstehender Geographie.

Der persönliche Teil ist anders als der wissenschaftliche chronologisch geordnet. Meine Laudatio steht am Anfang, eingeleitet von einer Karikatur seiner Schülerin Gudrun Lettmayer, die die Persönlichkeit Stadels künstlerisch darstellt. Alle die ihn kennen, aber auch Außenstehende, können sich so ein viel besseres Bild von ihm machen als dies ein Foto könnte. Mit der Kamera bewaffnet, Stifte griffbereit, alles Wichtige im Rucksack lauscht Christoph vor der Kulisse andiner Vulkane und bestaunt von Llamas den Erläuterungen eines Indigená – das ist Christoph: *curioso y caluroso siempre!* Dann kommt mit John Tyman ein Kollege, der Christoph aus seiner Tätigkeit in Brandon kennt, zu Wort, dann folgen mit Wolfgang Pirker ein Schüler, der den Übergang nach Salzburg dokumentiert und schließlich kommt mit und Walter Gruber noch einmal zwei Salzburger. Ein Schriftenverzeichnis von Christoph Stadel schließt den Band ab.

An dieser Stelle entschuldige ich mich bei allen Freunden und Kollegen des Jubilars, die ich nicht um einen Beitrag gebeten habe. Der Grund dafür war die Zeitnot bei der Vorbereitung. Ich habe zunächst alle angeschrieben, die mir einfielen bzw. von Christel Stadel, Heidrun Eibl-Göschl und Agnes Spiessberger genannt wurden. Als die Antworten überraschenderweise fast alle positiv ausfielen, habe ich keine weiteren Namen gesucht, um das Volumen des Bandes nicht zu sprengen. Ich bin sicher, dass noch sich viele weitere Freunde auch gern in die Tabulata Gratulatoria eingetragen hätten. Für einen breit angelegten Rundruf fehlte dann leider die Zeit.

Die Beiträge zur Festschrift erscheinen in drei Sprachen, die Christoph selbst fließend spricht. Leider ist es nicht gelungen, auch einen französischsprachigen Beitrag einzuwerben, eine Sprache, die der Jubilar ebenso beherrscht wie die anderen. Ich erinnere mich an einen Brief von Chauncy Harris, dem Nestor der Chicago-Schule der Geographie, an mich, in dem er sich beklagte, dass die von mir mitherausgegebene Zeitschrift *Die Erde* seit 2000 auf Englisch publiziert wird. Er wies darauf hin, dass er von allen seinen Schülern erwartet hat, dass sie der Sprachen Goethes, Cervantes, Shakespeares und Voltaires mächtig sind. Christoph Stadel ist ein Beispiel eines Forschers, der diese Sprachen nicht nur beherrscht, sondern auch in all diesen Sprachen publiziert hat.

Dies war auch eine große Herausforderung für die Redaktion. Das Lektorat wurde – sicher nicht perfekt – von mir übernommen, und ich habe auch die Literaturzitate den Richtlinien der Reihe IGF-Forschungsberichte gemäß formal angepasst. Leider entsprachen nicht alle Illustrationen den Qualitätsansprüchen. Ich habe mich daher schweren Herzens entschließen müssen, einige zu streichen und andere auch in minderer Qualität zu belassen. Der herrschende Zeitdruck bei der Fertigstellung erlaubte leider keine andere Lösung. Dies betrifft in geringem Maße auch die Vollständigkeit der Literaturzitate. Nicht immer gelang es mir, sie anhand des Internets zu ergänzen. Daher bitte ich um Nachsicht!

Ich verdanke der Arbeit an der Festschrift viele neue Erkenntnisse. Ich wusste zwar, dass ich bei weitem nicht der einzige Freund Christophs bin, war aber doch überrascht, wie viele enge Freunde in der ganzen Welt unser Jubilar gewinnen konnte. Die persönlichen Artikel, aber auch die Anmerkungen zur Person in den wissenschaftlichen Abhandlungen erschlossen mir den Blick auf persönliche Qualitäten Christophs, die über meine eigenen Erfahrungen hinausgehen. Dafür bin ich dankbar! Und ich habe auch wissenschaftlichen Profit aus den Aufsätzen gewinnen können. Dem Zeitdruck ist auch geschuldet, dass die folgenden Übersetzungen dieser Einleitung auf der Grundlage eines früheren Entwurfes erfolgt sind und daher kürzer ausgefallen sich als die deutsche Version.

Am Ende habe ich den Autoren zu danken, die diesen Band zu einem echten Geschenk für den Jubilar machen, aber auch der Fachwelt durchaus neue und erstmals veröffentlichte Ergebnisse bieten. Christel Stadel hat mich von Beginn an unterstützt, alle Vorbereitungen vor ihrem Gatten geheim gehalten, mir viele Kontakte genannt und die Laudatio kritisch geprüft. In Salzburg waren es in besonderer Weise Heinz Slupetzky, aber auch Heidrun Eibl-Göschl und Agnes Spiessberger, die mich sehr unterstützt haben. Kati Heinrich und Valerie Braun, die auch den in diesem Jahr erscheinenden Band *Die Anden, ein geographisches Porträt*, geschrieben von Christoph und mir, setzten, haben mit großem Geschick auch das Layout dieser Festschrift gestaltet. Carla Marchant übernahm die Übersetzung der Abstracts ins Spanische. Allen Genannten schulde ich großen Dank! Schließlich sei auch dem Verlag der Österreichischen Akademie der Wissenschaften für die Aufnahme in sein Programm und dem Institut für Interdisziplinäre Gebirgsforschung für die Einbeziehung in die Reihe IGF-Forschungsberichte gedankt.

## Introduction (shortened version)

On 6 June 2013, Christoph Stadel celebrates his 75$^{th}$ birthday. To mark the occasion, colleagues, students and friends are dedicating this *festschrift* to him. It may surprise some to notice that it is published in Innsbruck, but there are many reasons for this: friendly relations and cooperation between the Institute for Geography in Innsbruck and Christoph Stadel go back many years, as witnessed by two excursions to Ecuador and Peru, plus excursions within the Alpine Space. During the long time of joint work for our two universities, Christoph and the editor became close friends, not just based on their common love for the discipline and passion for mountain landscapes, but also on countless conversations in our homes in Thalgau and Hatting, and extended to our wives who forged a friendship in their own right. Moreover, Christoph Stadel repeatedly provided inspiration for the *Innsbruck Mountain Competence*, a high-profile mountain research centre in Innsbruck that came about through the cooperation of the Institute for Geography at the University of Innsbruck, the Institute for Interdisciplinary Mountain Research at the Austrian Academy of Sciences and the alpS – Centre for Climate Change Adaptation.

Nor is it the first time that a *festschrift* for a Salzburg professor is published in Innsbruck. The *festschrift* for Christoph Stadel's predecessor, Helmut Heuberger, was also published in Innsbruck, edited by the then Munich-based geographer Johann Stötter, today professor at Innsbruck. Together with the celebratory volumes for Helmut Slupetzky and Guido Müller, they document past achievements of the second Austrian mountain research focus at the University of Salzburg.

Numerous friends, colleagues and students of Christoph Stadel were invited to contribute to this Festschrift. The response was massive and the volume soon considerably exceeded the originally planned number of pages. Yet many declined regretfully. Some of Christoph's generation are no longer researching, others were snowed under with work and a few never replied, possibly because the mailing went astray for some addresses across the globe. Special regret was expressed by John Everitt and Lutz Holzner for being unable to contribute. They feel close to Christoph Stadel, but had to decline, due to advanced age, they had ceased to do any research. Among the scholars of Christoph we regret the absence of Waltraud Rosner who has shifted the focus of her work to unrelated fields.

Without wanting to detract from other articles I want to draw your attention to two contributions: Fausto Sarmiento deals with a favourite theme of Christoph Stadel, i. e. Andean culture, and the wisdom it contains, in the *Lo Andino*. César Caviedes deplores the decline in the status of regional geography, a field that had an exceptional representative in Christoph Stadel. His judgement may be a bit too harsh sometimes, but in its essence he is right. Both essays are masterly examples of geographical writing by researchers who were able to draw on a lifetime's experience and whose work is closely related to that of the man this volume celebrates.

The two-partite structure of this volume stems from the fact that some authors preferred to characterize the man, researcher, teacher and friend in a personal contribution. The first part is dedicated to the research articles. Essays by close friends of Christoph's from the Salzburg institute are followed by those of colleagues from Innsbruck and elsewhere in Austria and only then from friends further afield. Within these groups the authors are listed alphabetically. The articles document geographical research in many mountain areas across the globe and reflect the international orientation of the man we celebrate. They range from the Alps to the Andes, from the Himalayas to the mountains of Sri Lanka.

The second, personal, part roughly follows a chronological sequence. It starts with my eulogy, or rather with a caricature of his student, Gudrun Lettmayer, who gave Stadel's personality artistic expression. All who know him, as well as those who don't, get a much better idea of him from this picture than a photograph could ever convey. Equipped with a camera, pen in hand, essentials in his backpack, Christoph listens to the explanations of an *indigená* against the backdrop of Andean volcanos and under the curious eyes of some llamas – this is so Christoph, *curioso y caluroso siempre!*

The next piece is by John Tyman, a colleague who knows Christoph from his work in Brandon, followed by a student documenting Christoph's move to Salzburg, and two colleagues from Salzburg. A list of Christoph Stadel's publications rounds off the volume.

The contributions to the Festschrift come in three languages that Christoph is fluent in. Unfortunately we were unable to obtain a contribution in French, a language that he also speaks well. I remember a letter from Chauncy Harris, nestor of the Chicago School of Geography, in which he complained that the journal *Die ERDE*, which I co-edit, has been published in English since the year 2000. He pointed out that he expects all his students to have mastered the languages of Goethe, Cervantes, Shakespeare and Voltaire. Christoph Stadel is a researcher who not only speaks all these languages but has also published in all of them.

Work on this Festschrift has provided me with a number of insights. I was well aware that I am not Christoph's only friend by far, but it still surprised me how many close friends he has made all over the world. The personal contributions, but also the comments on his person in the research articles, opened my eyes to qualities in Christoph that I had not yet had any personal experience of and I am grateful for these discoveries. In addition I have benefited intellectually from the research articles.

So my thanks go first to the authors, who have made this volume a real present for the man we celebrate and at the same time offer the discipline some new and hitherto unpublished findings. Christel Stadel supported me from the beginning in keeping all preparations secret from her husband, provided many contacts and carefully checked the eulogy. In Salzburg, Heinz Slupetzky, Heidrun Eibl-Göschl and Agnes Spiessberger offered me great support. Kati Heinrich and Valerie Braun, who also did the layout of *Die Anden, ein geographisches Porträt*, which I wrote with Christoph, cleverly designed the layout of this Festschrift. Heartfelt thanks are due to all of them! In closing I would also like to thank the Austrian Academy of Sciences Press for including the volume in its programme and the Institute for Interdisciplinary Mountain Research for including it in their series *IGF-Forschungsberichte*.

## Introducción (versión resumida)

El 6 de Junio de 2013, Christoph Stadel celebra su cumpleaños número 75. Este acontecimiento es conmemorado a través de este libro-homenaje por sus colegas, sus estudiantes y amigos. Puede parecer extraño que este libro se publique en Innsbruck, sin embargo hay muchas razones para ello. Christoph Stadel ha colaborado y estrechado una profunda amistad con el Instituto de Geografía de la Universidad de Innsbruck; ejemplos de ello son, no solo las excursiones conjuntas a Ecuador y Perú, sino también aquellas realizadas en la región Alpina. En los largos años de trabajo conjunto para nuestras Universidades, Christoph y yo forjamos una amistad basada no solo en el amor a nuestra disciplina y la pasión por las montañas, sino que también en muchas conversaciones en nuestros hogares en Thalgau y Hatting junto a nuestras esposas. Asimismo, en Innsbruck, el Instituto de Geografía, el Instituto Interdisciplinario de Investigación de Montaña de la Academia de Ciencias Austriaca y el Centro alpS de Tecnologías de Adaptación al Cambio Climático, conforman una plataforma de investigación de montaña, la cual ha ganado reconocimiento y se ha beneficiado siempre de las sugerencias de Christoph Stadel.

No es la primera vez que en Innsbruck se publica una edición especial para conmemorar a un Profesor Ordinario de Salzburgo. Ejemplo de ello es la publicación homenaje para Helmut Heuberger, predecesor de Christoph Stadel, la cual fue editada por el geógrafo muniqués Johann Stötter, actualmente profesor del Instituto de Geografía de Innsbruck. Junto a las obras conmemorativas para Helmut Slupetzky y Guido Müller se documenta y confirma la labor desarrollada en la Universidad de Salzburgo como segundo centro de investigación de montaña en Austria.

Para el presente libro conmemorativo, muchos amigos, colegas y estudiantes fueron invitados a participar. La respuesta a esta convocatoria fue excelente, por lo que este libro excede considerablemente el número previsto de páginas. Lamentablemente, algunas de estas contribuciones quedaron fuera. Algunos de los colegas de Christoph Stadel actualmente no se encuentran científicamente activos, otros colegas se encontraban con exceso de trabajo y de un escaso número no tuvimos respuesta, quizás porque los correos enviados a todo el mundo no fueron recibidos. En particular, lamentamos la ausencia de John Everitt y Lutz Holzner. Todos ellos mantienen una estrecha relación con Christoph Stadel. Sin embargo, a causa de la edad y la no continuidad de sus investigaciones no han podido estar presentes en esta publicación. Entre los escholares de Christoph, lamentamos la ausencia de Waltraud Rosner, quien hace unos años se dedica a otras tareas.

Sin querer disminuir el valor de todas las contribuciones, quisiera destacar dos artículos: Fausto Sarmiento ha tratado uno de los temas favoritos de Christoph Stadel, la cultura Andina y su sabiduría en "Lo Andino". Por su parte, César Caviedes profundiza sobre la lamentable pérdida de interés por la Geografía Regional, tema donde Christoph Stadel emerge como un destacado representante. Esta es quizás una opinión demasiado fuerte, sin embargo su justificación merece atención. Ambos artículos son obras maestras de la Geografía, escritos por investigadores que logran plasmar su larga trayectoria en sus escritos y además mantienen una relación muy estrecha con el homenajeado.

Debido a que algunos autores prefirieron referirse a aspectos de la vida personal del homenajeado y con ello contribuir con un texto más íntimo que revela al investigador, al profesor y amigo, este libro fue dividido en dos. La primera parte se compone de artículos científicos. Después de los trabajos de los amigos más cercanos del Instituto de Geografía de Salzburgo, siguen las contribuciones de los colegas de Innsbruck y Austria, luego es el turno de los amigos internacionales. Los artículos reportan sobre investigaciones geográficas en diferentes áreas de montaña del mundo y dan cuenta con ello de la orientación internacional del homenajeado. Estas contribuciones abarcan desde los Alpes a los Andes, el Himalaya y las montañas de Sri Lanka.

La segunda parte de la obra se estructura cronológicamente. Este capítulo se inicia con mi Laudatorio, seguido de una caricatura de su estudiante Gudrun Lettmayer, quien representa artísticamente la personalidad de Stadel. Tanto los que le conocen personalmente como aquellos que no, pueden con esta caricatura hacerse una mejor imagen de él. Provisto de su cámara, sus bolígrafos y todo lo importante en su mochila, Christoph escucha curioso, con los volcanes andinos y llamas como telón de fondo, las explicaciones de un indígena. ¡Ese es Christoph, curioso y caluroso siempre! Luego sigue la contribución de John Tyman, un colega que Christoph conoció durante su trabajo en Brandon. La obra continúa con un estudiante, el cual documenta la transición a Salzburgo, finalmente es el turno de dos salzburgueses. Una lista de las publicaciones de Christoph Stadel completa la obra.

Las contribuciones de este libro-homenaje, se encuentran en tres idiomas, lenguas que Christoph maneja fluidamente. Desafortunadamente no fue posible contar con un artículo en francés, un idioma que el homenajeado también domina. Recuerdo una carta de Chauncy Harris, decano de la Escuela de Geografía de Chicago, en la cual manifestaba su molestia debido a que la revista científica *Die Erde,* la cual codirijo, sería desde el año 2000 publicada en inglés. Señaló que él esperaba que todos sus estudiantes dominaran los idiomas de Goethe, Cervantes, Shakespeare y Voltaire. Christoph Stadel es un ejemplo de un investigador que no solo ha dominado estos idiomas, sino que también, ha publicado en ellos.

A la preparación de esta obra conmemorativa le debo muchos nuevos conocimientos. Sabía que estoy lejos de ser el único amigo de Christoph, sin embargo, estoy sorprendido de cuantos amigos cercanos en todo el mundo tiene nuestro homenajeado. Los artículos personales, pero también los comentarios referidos a Christoph como persona en los artículos científicos, dan cuenta de sus cualidades humanas, las cuales van más allá de mi propia experiencia. Por ello estoy muy agradecido! Asimismo, pude obtener muchas nuevas perspectivas y conocimientos de estos trabajos.

De esta forma, quiero agradecer en primer lugar a los autores, quienes hacen de esta obra un verdadero regalo no sólo para el homenajeado, sino también para la comunidad científica, con resultados nuevos y publicados por primera vez. Christel Stadel me ha apoyado desde el inicio a mantener en secreto de su marido, todos los preparativos de esta celebración. Me ha contactado con diversos amigos y revisó críticamente el laudatorio. En Salzburgo, me apoyaron Heinz Slupetzky, Heidrun Eibl-Göschl y Agnes Spiessberger. Kati Heinrich y Valerie Braun, quienes participan también en la publicación escrita por Christoph y por mí “Los Andes, un perfil geográfico”, prevista para este año, han colaborado con mucha habilidad a la diagramación de este libro. Carla Marchant tradujo el prefacio y los resúmenes al Español. A todos ellos, debo mi agradecimiento! Finalmente, quiero agradecer también a la Editorial de la Academia de Ciencias Austriaca, por la inclusión en su programa y al Instituto Interdisciplinario de Investigación de Montaña por la consideración en su serie IGF-Informes de Investigación.

**Axel Borsdorf**

# Wissenschaftliche Beiträge

# Socio-economic and environmental change of Sri Lanka's Central Highlands[1]

**Jürgen Breuste & Lalitha Dissanayake**

Sri Lanka's Central Highlands occupy a unique position among the main geographical zones of the country. It is an area elevated 300 m above the mean sea level and occupies about 17% of the country's land area. Though small in extent, the landlocked area features great climatic diversity. The Central Highlands are also the watershed for 103 main rivers and more than 1,000 feeder streams. This area is the heart of the entire country because of its important ecological characteristics and as provider of economic functions for the whole country. It is an important source of various ecosystem services and one of the hotspots of biodiversity on a global scale. This has been recognized by the UNESCO who inscribed three areas in the list of UNESCO World Natural Heritage Sites. The cultural importance of the Sri Lankan Highlands is extremely high; it was the core area of the last independent kingdom before colonization. The area hosts three UNESCO World Cultural Heritage Sites. On the other hand, the management of the sensitive ecosystems of the Sri Lankan Highlands was and is extremely weak and destructive. This started with deforestation during the colonial period and is still on-going despite all the government efforts since independence. The highlands host Sri Lanka's most important development project, the Mahaweli Project. Climatic changes and the destruction of natural assets have a negative impact on the whole country. A strategy for sustainable utilization, together with the preservation of natural assets, must be developed and implemented to secure the value of this unique tropical highland.

The objective of this study is to identify the strengths, weaknesses, opportunities and threats that impact on this area and to identify the impacts of global social, political and environmental changes on Sri Lanka's Central Highlands.

**Keywords**: Sri Lanka, ecosystem, biodiversity, world heritage site, Mahaweli project, global change

**Sozioökonomischer und Umweltwandel in Sri Lankas zentralem Hochland**
Sri Lankas Zentralhochland nimmt eine wichtige Position unter den geographischen Teilräumen des Landes ein. Das Gebiet über 300 Höhenmeter gelegen, nimmt 17 % der Landesfläche ein. Obwohl gering in der Ausdehnung, mitten im Land gelegen, hat das Gebiet eine große klimatische Diversität. Das Hochland ist auch die Wasserscheide für 103 wichtige Flüsse und mehr als 1 000 kleine Wasserläufe und Bäche. Das Hochland ist wegen seiner ökologischen und als Träger wichtiger ökonomischer Funktionen das Kerngebiet des Landes. Es ist Träger verschiedener wichtiger Ökosystem-Dienstleistungen und ist eines der Kerngebiete der Biodiversität weltweit. Dies ist dadurch anerkannt worden, dass es durch die UNESCO zum „World Heritage Natural Site" erklärt wurde. Die kulturelle Bedeutung des Sri Lanka Hochlands ist sehr hoch und erklärt sich auch dadurch, dass es das Kerngebiet des letzten nicht kolonial abhängigen Königreiches war. Das Gebiet beherbergt drei UNESCO „World Heritage Sites". Andererseits war und ist das Management der sensiblen Ökosysteme des Sri Lanka Hochlandes extrem mangelhaft und zerstörerisch. Dies begann mit der Entwaldung während der Kolonialzeit und ist immer noch nicht beendet neben allen Erfolgen der Regierung nach der Unabhängigkeit. Im Hochland ist Sri Lankas wichtigstes Entwicklungsprojekt, das Mahaweli Projekt, lokalisiert. Klimaverände-

1 The manuscript is based on a chapter of a book on "Impact of Climate Change on Mountains" which is in preparation

rungen und die Zerstörung des Naturpotenzials beeinflussen das gesamte Land negative. Eine Strategie für nachhaltige Nutzung, verbunden mit dem Schutz des Naturpotenzials muss entwickelt und angewandt werden, um die Werte dieses einmaligen tropischen Hochlandes zu bewahren.

Das Ziel dieser Studie ist es, die Stärken, Schwächen, Möglichkeiten und Bedrohungen zu identifizieren, die Einfluss auf das Gebiet haben. Außerdem soll der Einfluss der globalen sozialen, politischen und Umweltveränderungen auf das Sri Lanka Hochland dargestellt werden.

**Cambios socioeconómicos y ambientales en las tierras centrales altas de Sri Lanka**
Las tierras altas centrales de Sri Lanka ocupan una posición única entre las regiones geográficas del país. Esta es una zona que se eleva 300 metros sobre el nivel del mar, ocupando cerca de un 17% de la superficie del país. A pesar de esta pequeña extensión, por su localización en el centro del país, cuenta con una gran variabilidad climática. La zona de las tierras altas centrales es también el lugar de origen de 103 ríos principales y más de 1000 afluentes que conectan estos ríos principales. Esta zona es el corazón del país debido a sus características ecológicas y es un impulsor de las funciones económicas. La zona posee algunas características específicas como proveedora de servicios ambientales y es un centro de biodiversidad a nivel mundial. Esto ha sido reconocido por la UNESCO, quien declaró 3 zonas como patrimonio natural de la humanidad. La importancia cultural de las tierras altas centrales de Sri Lanka es muy alta; fue el núcleo del último reino independiente antes de la colonización. El área posee tres sitios culturales patrimonio de la humanidad. Por otro lado, el manejo de los frágiles ecosistemas de las tierras altas centrales de Sri Lanka fue y es todavía, extremadamente débil y destructivo. Esta situación empezó con la deforestación durante el periodo colonial y todavía no se detiene, a pesar de los esfuerzos del gobierno después de la independencia. En esta zona se encuentra el proyecto de desarrollo más importante de Sri Lanka, el proyecto Mahaweli. Los cambios climáticos y la destrucción del potencial natural tienen una influencia negativa en todo el país. Una estrategia de uso sustentable junto a la preservación del potencial natural debe ser desarrollada e implementada para asegurar el valor de estas tierras tropicales.

El objetivo de este estudio es identificar tanto las fortalezas, debilidades, oportunidades y amenazas que juegan un rol en este tema, como también los efectos de los cambios sociales, políticos y ambientales en las tierras altas centrales de Sri Lanka.

# 1 Introduction

Sri Lanka's Central Highlands occupy a unique position among the main geographical zones of the country. The area is elevated 300 m above the mean sea level and occupies about 17% of the country's land area (Wickramagamage 1990). Though small in land extent, being located within the country, this zone has a diverse blend of most of the world's climatic features. The Central Highlands are the watershed for 103 main rivers (Madduma Bandara 2000) and for more than 1,000 feeder streams joining the main rivers. The area is the heart of the entire country because of its important ecological conditions and as driver of economic functions for the whole country (Fig. 1).

The objective of this study is to identify the strengths, weaknesses, opportunities, and threats having an impact on this area and to identify the impacts of global social, political, and environmental changes on Sri Lanka's Central Highlands (Fig. 2). The main features of both national and global value in this area are as follows:

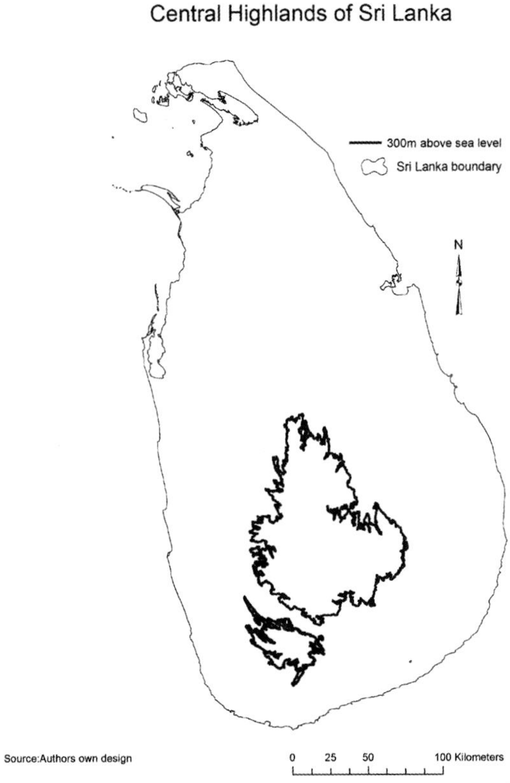

Central Highlands of Sri Lanka

300m above sea level
Sri Lanka boundary
N
Source:Authors own design
0 25 50 100 Kilometers

*Fig. 1: Location of the Central Highlands of Sri Lanka*

1. Sri Lanka's Central Highlands are blessed with unique sceneries of international importance and with an extraordinary biodiversity.
2. The area contributes to the national and global economy through agricultural production and tourism.
3. The area contributes to hydro-electricity generation, irrigation, subsistence farming, and agricultural settlements planning.

# 2 Strengths

## 2.1 Nature and Tourism

Sri Lanka's Central Highlands can be seen as one of the most beautiful tropical highland areas in the world and it is Sri Lanka's most visited region. The Central Highlands are the latest World Heritage Site in Sri Lanka. On 31 July 2010, the World Heritage Committee, holding its 34th session in Brasília, inscribed the Central Highlands of Sri Lanka. The site comprises the Peak Wilderness Protected Area,

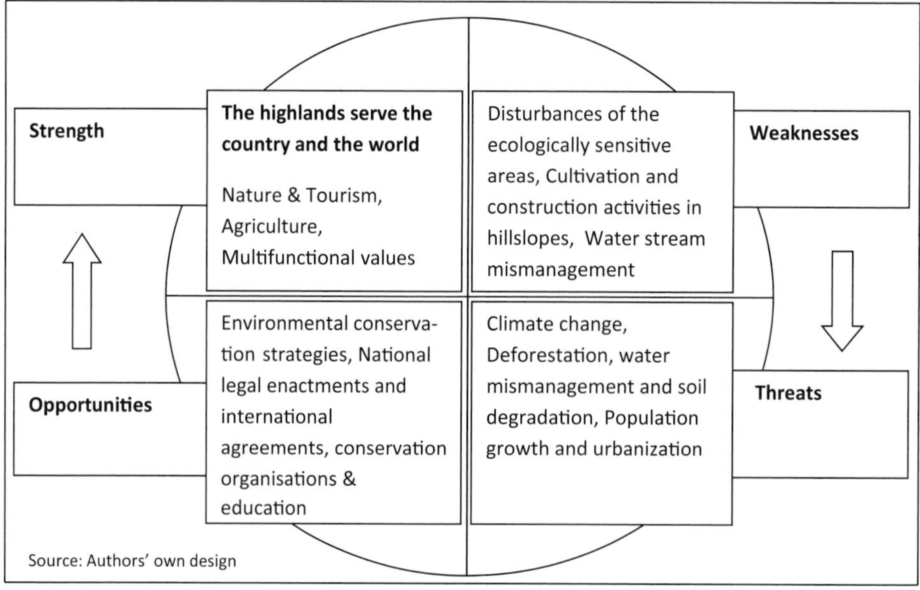


*Fig. 2: Perspectives on Sri Lankan Central Highlands*

the Horton Plains National Park and the Knuckles Conservation Forest. These are rain forests at an elevation of 2,500 m (8,200 ft) above sea level. More than half of Sri Lanka's endemic vertebrates, half of the country's endemic flowering plants and more than 34% of its endemic trees, shrubs, and herbs are restricted to these diverse mountain rain forests and adjoining grassland areas (UNESCO 2012).

The Sri Lankan Highlands are richly endowed with biological resources manifested in a wide range of ecosystems, such as montane forest, evergreen forest (in the lower parts of the highlands), inland wetlands , savanna grasslands and riparian ecosystems (Gunatillake et al. 2008; MENR 2007). By the environment activist group Conservation International (CI), Sri Lanka has been identified as one of 25 biodiversity hotspots in the world. In Sri Lanka, diversity, richness, and endemism across all taxa are much higher in the wet (including the montane) zone than in the dry zone. Indeed, the wet zone, which accounts for only a quarter of Sri Lanka's territory, contains 88% of the flowering plants occurring in the island, and 95% of its angiosperm endemics. There are more than 450 known bird species from the hotspot, of which about 35 are endemic. More than 20 species are endemic to Sri Lanka, mostly from the lowland rainforests and montane forests of the island's southwestern region. Both the Western Ghats and the island of Sri Lanka are considered as Endemic Bird Areas by Birdlife International ([CI] Conservation International 2012).

Kandy is the second largest city in Sri Lanka and its history extends far beyond the colonial period. Most of the British governors preferred Kandy's cool climate for their local residences. The British governor Sir Edward Barnes (1824–1831) is known as the person who encouraged human settlement in Sri Lanka's Central Highlands: Nuwara Eliya *Barnes Hall*, for example, which today is an exclusive hotel, was originally built as recreation and hunting post. The British Governor William Gregory further developed the outpost Nuwara Eliya town in Sri Lanka's Central Highlands by adding several attractions and landscaping from 1872 to 1877. To reach the highlands, several roads and road networks were built in the British colonial time (e. g. Colombo – Kandy road from Peradeniya via Ramboda Colombo – Avissawella road passing Ginigathhena Haton, Thalawakale and via Nanuoya Badulla – Bandarawella road via Walimada to Hakgala, from Colombo – Kandy road passing, Hguranketha, Rikillagaskada, Padiyapalella, Ragala via Kadapola). Within this road network, settlements were developed as urban centers in Sri Lanka's Central Highlands (GoldenSriLanka.com 2011). Both national and international tourism profits from this and from former tea plantation bungalows and hotels. Tourism is one of the most important drivers of growth and development in the Sri Lankan economy and is a key focus in the governmental development strategy (Ranasinghe & Deshyapriya 2010).

## 2.2 From subsistence agriculture to commercial tea production

Agriculture in Sri Lanka can be categorized into two groups on the basis of its economic value: subsistence agriculture (for domestic consumption) and commercial agriculture. Archaeological studies in the Horton plains and neighboring areas provide evidence of a history of subsistence agriculture in Sri Lanka's Central Highlands which can be traced back 15,000 yr (Deraniyagala 1992). In recent history, subsistence agriculture is assumed to have started again during the Kandy Kingdom. Since then, with an increasing population, the area cultivated both under paddy and highland crops is assumed to have increased. The Portuguese colonial period in the 16th century, development activities, migration from low land and settlement expansion processes, and the Chena cultivation can be considered as some considerable human interference with nature. However, land use patterns were environmentally friendly and the old terraced paddy fields and the Kandyan forest garden systems have prevailed up to the present. Although forests were cleared for Chena farming (shifting cultivation), the land was allowed to regenerate by allowing natural vegetation to grow in such locations without disturbance for a long period of time and the impact level was minimal (Wickramagamage 1990). During the Dutch colonial period, cinnamon was popular in the lower lying areas of the highlands but the large scale commercial agriculture was started by the British when coffee plantations were established. During the period, coffee from Sri Lanka enjoyed premium prices on the world market. By the yr 1869, the number of coffee crop owners was approximately 1,700, but the production dipped rapidly as a disease set in and every effort to revive coffee production failed. Coffee had to be replaced by tea plantations and the British had early access to vast extents of land while tea fetched high prices. The climatic conditions were very favorable, cheap labor was imported from southern India and tea production reached a maximum level. Tea production was started in 1873 and it

*Fig. 3: Mackwood's tea plantation Labokeli (photograph by J. Breuste 2010)*

already amounted to 81.3 tons in 1880. In 1890, it reached 22,899 tons and in 1927 it increased up to 10,000 tons (Holsinger 2002).

Although soil fertility in the tea lands is decreasing at present, Sri Lanka is the fourth largest tea producer in the world and a massive labor force is involved in this industry (Fig. 3).

## 2.3 Vegetable production and dairy farming

Except for tea, Sri Lanka's Central Highlands, at an elevation over 600 m, are exploited mainly for potato and vegetable production. The land extent under potato and vegetable cultivation is around 60,000 ha, which is comparatively low compared to the area under tea cultivation (188,966.4 ha) (Perera & Jayasuriya 2008; Holsinger 2002). Therefore, potato and vegetables are cultivated in the region on an intensive and commercial scale. Potato, carrots, capsicum and other vegetables have become common in the highlands during the last two to three decades. The Sri Lankan Highlands also contribute more than 25% of the livestock sector. The livestock sector contributes around 1.2% to the national GDP and livestock primarily provides a crucial source of high quality protein by producing milk, meat, and eggs. In addition, cattle and buffalo are the primary source of renewable and draught power for a variety of agricultural operations and transport (Perera & Jayasuriya 2008) (Fig.4).

*Fig. 4: Vegetable production near Nuwara Eliya (photograph by J. Breuste 2010)*

## 2.4 Mahaweli Development Program

The Mahaweli River, Sri Lanka's largest river (325 km) with an annual discharge of 7,650 million $m^3$ also has by far the largest catchment area (10,327 $km^2$) covering one sixth of the country (NSF 2000). Due to the geographical configuration with a rain-fed central hill zone, the upper catchment of all the major rivers of Sri Lanka are situated in Sri Lanka's Central Highlands and the area enjoys a high hydropower potential. In 1968, to get the best benefits from such a massive water resource, a major, multi-purpose development plan named Mahaweli Development Program (MDP) (Fig. 5) was initiated with the help of UNDP and FAO funding and was expected to cover a period of 30 yr (Peiris 2006). The Mahaweli River Development Program is the largest integrated rural development multi-purpose program ever undertaken in Sri Lanka and was based on the water resources of Mahaweli and six allied river basins. The main objectives were to increase agricultural production, hydropower generation, employment opportunities, settlement of landless poor, and flood control. The program, originally planned for the implementation over a 30-yr period, was brought to acceleration in 1979, with incorporation of Mahaweli Authority (IEG 2012). At present, the country gains benefit from this project and major hydropower potential will be fully developed in the Upper Mahaweli Catchment (UMC) mainly to generate hydropower, which contributes to about 40–50% of the total hydropower production in the country and also sustains 90% paddy and other crops cultivation in the low land of Sri Lanka (Tolisano 1993).

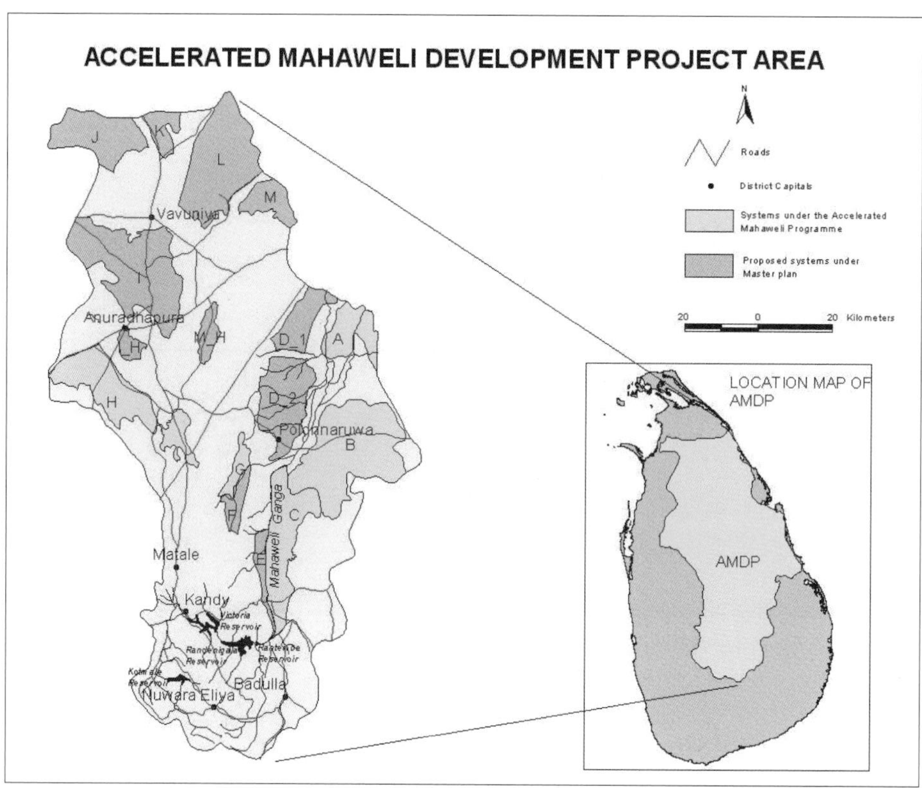


*Fig. 5: The Mahaweli Project (Source: Department of Geography, 2010. Accelerated Mahaweli Development project Area. GIS Lab, University of Peradeniya, Sri Lanka)*

# 3 Weaknesses

Although Sri Lanka's Central Highlands have extraordinarily attractive scenery with a very high value of biodiversity, nature conservation receives hardly any attention and is often disappointing (Tolisano et al. 1993; IEG 2012). Due to encroachment on the environmentally sensitive areas, biodiversity is at risk. Cultivation and construction activities along hill slopes are risky and in people's attitudes environmental values are relatively unimportant (Gunatillake 2008; Wickramagamage 1990).

## 3.1 Disturbances of the ecologically sensitive areas in Sri Lanka's Central Highlands

Encroaching or exploiting the environmentally sensitive locations has a history going back about 15,000 yr. However, during the early stages, when land was used for food production and residential purposes, these disturbances were relatively low.

The upper catchment areas of the major rivers situated in Sri Lanka's Central Highlands were stripped of the natural vegetation to make way for the plantation agriculture during the British colonial period. The plantation area grew from 19 $km^2$ to 2,500 $km^2$ within less than a century without concerning the natural equilibrium of the watershed (Wickramagamage 1990). The land value of forested land per acre was significantly lower (13–65 pounds) compared to the value of areas cleared for cultivation (100–500 pounds). The consequences were immediately visible in the form of landslides, heavy soil losses, soil fertility decline and reduction in crop yields siltation of low lying areas, frequent flooding, drying out of streams, etc. During the British colonial period Sri Lanka's Central Highlands were also used to provide infrastructure for the plantations and roads, railway tracks, and holiday homes were constructed. There was not enough concern about the ecological role of forests for water balance, soil fertility, erosion prevention, and as habitat. British hunters killed exceedingly large numbers of wild animals, which led to the endangerment of several species, e.g. the Sri Lankan elephant. A single hunter reported that he alone had killed more than 6,000 wild elephants (Baker 1853).

The third stage of invading the environmentally sensitive Central Highlands started after Sri Lanka's independence in 1948. The multipurpose *Mahaweli Development program* was part of this stage. The attention to ecosystem and biodiversity conservation in the submerged areas and to the impact on dried up areas was inadequate. According to the report An Environmental Evaluation of the Accelerated Mahaweli Development Program, the current data on wildlife population characteristics, migration and dispersal patterns, and habitat requirements are not sufficient to guide management decision making. Habitat conditions in many of the designated protected areas were degraded over time, and restoration or enrichment measures were insufficient to support the existing wildlife populations. In addition to that some environmental and cultural values are in a despairing state. (Tolisano et al. 1993; IEG 2012; Bulankulama 1992). Before the Mahaweli project there were 257 bird species, 50 mammalian species, and more than 20 reptile species in addition to amphibians and some others. Most of them are extinct now due to the destruction of lower lying areas of the evergreen forest and riparian ecosystems (Tolisano et al. 1993). The inhabitants of the Mahaweli project area were sheltered in newly developed areas, and given a fixed extent of land where, during heavy rain periods, they were exposed to diseases spread by mosquitoes. Increased population pressure lead to the exploitation of remaining forest areas for shifting cultivation or for attaining firewood (IEG 2012) and the day to day problems they faced created substantial tension and stress (Tolisano et al. 1993; Furset 1994) (Fig. 6).

## 3.2 Cultivation and construction activities along hill slopes

The process of soil erosion in Sri Lanka began in the 19th century with the expansion of human settlements and the cultivation of upland rain fed crops. It was aggravated

*Fig. 6: Utilization of the sensitive hill slopes (photograph by J. Breuste 2010)*

by the changes in land use patterns during the British administration, when the upper catchments of major rivers located in Sri Lanka's Central Highlands were stripped of natural vegetation to make way for plantation agriculture such as coffee and tea. Land clearing continued even after independence primarily for the establishment of human settlements and for agriculture. During the past five decades, land under human settlements has doubled, while the land brought under crops other than tea, rubber, coconuts, and paddy has increased by 250%. On the other hand, total land under forests and wildlife and nature reserves has declined by 40%, while land taken up by tea plantations and rubber has fallen by 35% and 25% respectively (Hewawasam 2010; Yogaratnam 2010). In this situation on-site soil loss rates, particularly in the upper catchment, continue to be greater than soil replacement rates. Other causes are depletion of soil nutrients, damage to physical and chemical properties of the soil, and the reduction in the soils' capacity to retain moisture. Cropping patterns are often inappropriate for soil and microclimatic conditions of the site, resulting in reduced productivity and increased reliance on environmentally inappropriate agricultural practices. Due to all these causes, massive landslides occur during the rainy seasons. According to the records of the Road Development Authority (Yogaratnam 2010), the total cost of maintaining 1 km of A and B class roads in Nuwara-Eliya District of Sri Lanka's Central Highlands has increased by almost 350% during the past five yr (Yogaratnam 2010). According to studies conducted by Senanayakeon factors associated with the occurrence of landslides in Sri Lanka, human activities in the cultivation of tea, rubber, coconut, paddy, and vegetables contribute to 35, 20, 10, 13, and 8% respectively (Senanayake 1993; cited by Hewawasam 2010) (Table 1).

*Table 1: Extent of different land use types and estimated soil erosion rates in the UMC (Upper Mahaweli Catchment). Source: Hewawasam 2010*

| Land use type | Area ($km^2$) | Soil loss ($t\ km^{-2}\ y^{-1}$) | Bedrock erosion rate[1] ($mm\ ky^{-1}$) |
|---|---|---|---|
| Dense forest | 356.6 | 100 | 37 |
| Degraded forest and scrubs | 435.7 | 2,500 | 925 |
| Degraded grasslands | 141.9 | 3,000 | 1,110 |
| Poorly managed seedling tea | 3,454.8 | 5,200 | 1,924 |
| Seedling tea with some conservation | 252.7 | 1,500 | 555 |
| Vegetative-propagated tea | 114.9 | 200 | 74 |
| Paddy | 285.7 | 300 | 111 |
| Home gardens | 537.7 | 100 | 37 |
| Shifting cultivation and tobacco | 484.6 | 7,000 | 2,590 |
| Market gardens | 163.6 | 2,500 | 925 |

[1] Converted into corresponding bedrock erosion considering density as 2.7 $g/cm^3$.

## 3.3 Water stream mismanagement

Many rivers and streams journey through catchments that are densely populated regions in Sri Lanka's Central Highlands and are generally negatively impacted by urbanization. The most consistent and pervasive effects are channeling due to settlements, solid waste mismanagement, stream pollution, and an increase in water discharge. In Akurana at Pinga Oya River, the stream being channelized nearly 3 km without proper planning and solid waste issues create massive risks (Dissanayake 2000a, 2010b unpublished; Mahees 2009). In Geli Oya at Mahaweli River, similar effects as in Pinga Oya and in Meda Ela have been registered (Dayawansa 2008), where the effects of urbanisation described above brought about changes to the stream channel width, the water quality and the stream load. Also, the river banks were smoothened by the construction of concrete walls. The reduction of the channel width has reduced the channel capacity; the floral coverage and diversity in the stream corridors shows a decreasing pattern towards the town resulting in an increased risk of flooding. Meda Ela and Akurana experienced unprecedented floods in the recent past as a direct result of the stream channel encroachment for the construction of residential and commercial buildings. Recent severe floods caused damage to the properties of Akurana. The river flows into the stagnant water body of the Polgolla barrage resulting in the aggradations of the lower reaches. Increased garbage and environmental pollution are major issues in the urban environments of the Sri Lankan Highlands. Kandy, Matale and Nuwara Eliya are some of the municipalities which are suffering from increased garbage pollution owing to a lack of proper dumping or recycling methods. As of today, infrastructure for garbage collection is lacking in most municipal areas. This has increased uncontrolled scattering and dumping of garbage everywhere in the urban and suburban areas in the highlands, as there is a high potential of water pollution threats due to garbage accumulation. For example, solid wastes getting into water ways at the higher watershed areas lead to serious situations like overflow floods and reduction of water storage capacity of reservoirs associated with hydro power generation. Also, the occurrence of water born and water associated diseases is increasing and reports of dengue epidemics in the central region points out the emerging challenges.

The increased garbage quantity also causes slower waterflow in many drainage channels in the Sri Lankan Highlands and provides breeding places for disease vectors such as rats and mosquitoes. Pinga Oya, Nanu Oya, Geli Oya, Kandy and especially Meda-Ela are the best examples of polluted streams due to solid waste. Most of the solid waste transfer points are located close to the most sensitive locations such as water ways, road sides, schools, and so on, which poses several health risks (Dissanayake, unpublished data). Open dumping sites (e. g. Gohagoda in Kandy) cause pollution of ground and surface-water sources (Fig. 7). Open burning of waste without any government regulation is widespread in the country and causes bad smell and air pollution in neighborhoods. It contributes to atmospheric pollution and may cause serious health problems. The river water is also contaminated with fertilizer and pesticides, sewerage, and other types of waste from the residential and commercial establishments located on either side of the channel. This causes the spreading of water borne diseases (Dissanayake 2009; Piyasiri 2009). Although Sri Lanka has adequate rules and regulations with regard to environment conservation the implementation mechanism has weaknesses that prevent a proper implementation.

*Fig. 7: Mismanagement of solid waste tributary in Mahaweli River (photograph by L. Dissanayake 2012)*

# 4 Opportunities

## 4.1 Environmental conservation

Environmental degradation is the major issue in Sri Lanka's Central Highlands, therefore individuals, organizations, and government programs are trying to introduce several conservation methods such as planting vegetation, contour plowing, maintaining the soil pH, soil organisms, crop rotation, watering the soil, salinity management, terracing, bordering from indigenous crops, no-tilling farming methods and also to home gardens. A home garden is a piece of land around the dwelling with clear boundaries and it has a functional relationship with its occupants related to economic, biophysical, and social aspects (Weerakoon 2011). Kandyan home gardens can be identified in Sri Lanka's Central Highlands as a valuable, diversified, and sustainable ecosystem; it exhibits the geometric relationships of trees, light attenuation in canopy layers, multiple functions and interactions that occur in limited areas outside natural forest with human relations. The canopy stratification minimizes rain drop impact and soil erosion is reported to be negligible. This special forest management practice, primarily inherited as family resource, and its knowledge transfer of ownership from parents to children, means that management has retained continuity (Halladay & Gilmour 1995). The history of cultivating trees and crops in home gardens, social tree planting, protecting and managing forests, appreciating wildlife, and sustaining the beauties of nature, especially in the Central Highlands, go back more than 25 centuries (Nianthi 2010). Today, the traditional knowledge of agroforestry is being developed and expanded with the objective of improving living standards, especially among the rural communities not only in the central highlands but also all over the country.

## 4.2 National legal enactments and international agreement

Sri Lanka's Central Highlands host the latest World Heritage Site in Sri Lanka. On 31 July 2010, the World Heritage Committee inscribed Sri Lanka's Central Highlands. In spite of negative impacts exerted on the socio-economic and political processes within Sri Lanka's Central Highlands, it is fortunate that its environmental values remain to some extent. Having recognized its value to make it sustainable, UNESCO has identified Sri Lanka's Central Highlands as a world heritage zone in three major component parts: Peak Wilderness Protected Area, Horton Plains National Park, and Knuckles Conservation Forest. The Peak Wilderness Sanctuary is unique among Sri Lanka's forests in having a range of attitudinally graded, structurally and physiognomic distinct, and biologically diverse forest formations that include tropical lowland, submontane and upper-montane rain forests, and natural grasslands (UNESCO 2012).

*Table 2: Central Highland Protection – Related Regulation and Legal Enactments in Sri Lanka; Copyright: CEA 2012, Jayakody 2012*

| | |
|---|---|
| 1. | National Environmental Act No. 47 of 1980. (Amendment) No 56 of 1988/ No. 53 of 2000 |
| 2. | National Environmental (Upper Kotmale Hydro-Power Project- Monitoring) Regulation No. 1 of 2003. Gazette Notification Number 1283/19 dated 10th April 2003 |
| 3. | Regulation for Prohobition of use of Equipment for exploration, mining and extraction of Sand & Gem. Gazette Notification Number 1454/4 dated 17th July 2006. |
| 4. | Regulation for Prohobition of use of Cultivation of annual crops in high gradient area. Gazette Notification Number 1456/35 dated 4th August 2006. |
| 5. | Order under Sections 24(C) and 24(D) to declare Gregory Lake as an Environmental Protection Area. Gazette Notification Number 1487/10 dated 5th March 2007. |
| 6. | Order under Section 24(C) and 24(D) to declare Knuckles Environment Protection Area. No.1507/9 dated 23rd July 2007. |
| 7. | Land Ownership Act of 1840 ( by British Rulers) |
| 8. | Crown Land Encroachment Ordinance of 1840 ( by British Rulers) |
| 9. | Irrigation Ordinance of 1856 (by British Rulers) |
| 10. | Forest Ordinance of 1907 (by British Rulers) |
| 11. | Land Development Ordinance of 1935 ( by British Rulers) |
| 12. | Soil Conservation Acts No. 25 and 29 of 1951 (General Regulations) and 1953 (Special Regulations) |
| 13. | Agrarian Services Act of 1959 |
| 14. | Water Resources Act of 1964 |
| 15. | State Land Ordinance |
| 16. | National Water Supply and Drainage Board Act of 1974 |
| 17. | Land Grant Act of 1979 |
| 18. | Mahaweli Authority of Sri Lanka Act No. 23 of 1979 |
| 19. | National Environment Act of 1980 amended in 1988 |
| 20. | Irrigation Ordinance of 1990 |
| 21. | Soil Conservation (amended) Act No 24 of 1996 |
| 22. | Scheduled waste (hazardous waste) management regulations 2008 – Gazette Notification No. 1534/18 dated 01.02.2008. |
| 23. | Regulation for Prohobition of manufacture of polythene or any product of 20micron or below thickness. Gazette Notification Number 1466/5 dated 10th October 2006 |

The Horton Plains National Park and the Knuckles Forest are important in terms of rare species of woody plants and animals, some of which are unique to this site. In addition, this forest contains 14 of the 23 endemic bird species; more than 50% of the endemic fish, of which nine are endangered, and three are restricted to the forest; and a large number of butterflies and reptiles. The City of Kandy was identified as a sacred Buddhist site that has a long history reaching back more than 2,500 yr. This allows a global cooperation in conserving this area. Except for that, a substantial number of legal enactments and international agreements are available as authorities related to the environment have made efforts to protect the diversity of Sri Lanka's Central Highlands (Table 2).

The substantial number of legal enactments to dispel all undesirable aspects due to political interferences, implementation of imposed legal enactments had been delayed or not done at all. If the legal enactments were enforced, the present problems related to environmental, social, cultural, and economic aspects could be avoided.

### 4.3 Environment conservation organizations

Sri Lanka has an adequate network of government and non-governmental organizations focusing on environment conservation. According to the Sri Lanka Environmental Journalist Forum (SLEJF), there are 7,000 non-governmental organizations with an interest in environmentally friendly activities. Government institutions directly contributing to environmental protection are the Wild Life Environment and Forest Conservation Department, the Central Environment Authority, the Geological Survey and Mines Bureau, the Wildlife Trust of Sri Lanka and the Mahaweli Authority; they protect the highland environmental resources and values (SLEJF 2004).

Other government authorities and 700 other non-governmental organizations additionally provide services related to influencing, encouraging, and promoting sustainable development. They communicate environmental issues and build awareness among the public not only in Sri Lanka's Central Highlands but also in the whole country.

### 4.4 Environmental education

In the recent past, there has been an increasing awareness of environmental education from school to university degree level both in Sri Lanka and in the larger regional setting of South Asia. Also governmental and non-governmental organizations are trying to provide informal environmental education, especially for farmers and households. To reach the global environmental targets, Sri Lanka faces big challenges but also huge opportunities. Managing Sri Lanka's Central Highlands ecologically will be an important contribution to both global and national environmental targets.

## 5 Threats

### 5.1 Climate Change

According to current predictions for Sri Lanka, the effects of climate change by 2050 will be marginal, reaching only +0.50 °C temperature increase and +5% evaporation / rainfall (wet season only) in the high scenario (Yogaratnam 2010). The Central

Highlands studies also revealed that the amount of rainfall on the eastern and western slope of the area increases with the altitude to a maximum at a height of about 1,000 m; further up it decreases (Nianthi 2005). These trends show that within the average, the intensity of dry weather and rainfall may increase. Therefore, climate change could have increasingly significant effects in the scenario for the yr 2070. Studies on weather patterns and crop yields for the past yr (Ratnasiri et al. 2008; Yogaratnam 2010) have shown that drought affects tea by reducing the yields. Direct impacts will result from increased carbon dioxide levels, which affect photosynthesis and rising temperatures which, in turn, cause heat stress and increased evapotranspiration in crops. Indirect impacts will result from changes in moisture levels, an increased incidence of pests and growing spoilage of agro-products as a result of enhanced microbial activity. These effects could result in reduced yields and shifts in productivity. On the other side, irregular patterns of rainfall and high seasonal concentrations in Sri Lanka's Central Highlands, with attendant increases in run-off ratios, could result in soil erosion, land degradation and the loss of productivity of plantation crops. Hydropower generation in Sri Lanka in June 2012 has dropped to 14.8% 323 GWH due to receding water levels of hydropower reservoirs due to less rainfall (Abeywicreama 2012). Therefore, these issues may need to be addressed more through laws and regulations, while at the same time taking into account developmental needs. In that context, balancing enforcement measures with awareness and training through assistance programs appears to be a big challenge for the relevant authorities (Ministry of Environment 2010).

## 5.2 Deforestation

Sri Lanka has a striking variety of forest types brought about by spatial variations in rainfall, altitude, and soil. The forests have been categorized; wet sub-montane forests (at elevations between 1,000–1,500 m in the wet zone); wet montane forests (at elevations of 1,500–2,500 m); with reverence vegetation along river banks; the wet lowland forests transform into sub-montane and montane forests (UNESCO 2012).

The present natural forest cover of Sri Lanka is a little less than 25% of the total land area (Ministry of Forestry and Environment 1999). In the 1880s, after the British had spent fifty yr clearing jungle for plantations, the forest cover was estimated to be around 80%. However, during the colonial period, mostly tropical montane forest and tropical moist evergreen forest cover rapidly decreased. By the time the British left the island in 1948, the forest cover was down to about 54% to 50%. In fact this trend has accelerated after independence; largely tropical lowland wet evergreen, tropical dry mixed evergreen and riverine forest was continually reduced from about 44% to 24% from 1956 to 1992 due to resettlement programs. Considerable areas of the forest were also submerged by the hydropower reservoirs that were constructed during the past three decades under the Accelerated Mahaweli Project (Ministry of Forestry and Environment 1999). The average rate of deforestation between

*Fig. 8: Recent settlement extensions near Newara Eliya (photograph by J. Breuste 2010)*

1956 and 1992 was approximately one $km^2$ per day (Hewawasam 2010). After 1992, large parts of the forest patches in the Central Highlands were cleared to expand towns and villages and to develop infrastructure facilities (Fig. 8; Table 3).

*Table 3: Forest cover in Sri Lanka; Source: Wicramagamage 1990; MF&E 1999; Ratnayake et al. 2011*

| Year | Percentage |
|---|---|
| 1881 | 84 |
| 1900 | 70 |
| 1956 | 44 |
| 1983 | 27 |
| 1992 | 24 |

## 5.3 Water mismanagement and soil degradation

Water management schemes have changed the natural flow regimes of the major rivers, resulting in sometimes higher flood flows, lower dry-season flows, and the degradation of riparian and wetland habitats in the lower catchment. Downstream water quality in the lower catchment area is being degraded as a result of nutrient loading and pesticides from farm runoff. Sediments and agrochemicals in runoff water lead to eutrophication of the reservoirs. Chemical inputs to the agricultural systems in the upper and lower catchment areas are degrading local surface and ground water quality. The increase in the cultivation of annual crops in contrast to perennials in hilly regions also causes damage to roads through increased erosion and rainfall run-off ratios (Piyasiri 2009). The loss of multipurpose reservoir capacity as a result of sedimentation is a major off-site effect. This loss has a major adverse impact on power generation and on the irrigation of agricultural land in the dry zone outside Sri Lanka's Central Highlands.

*Table. 4: Original capacity, surveyed capacity and percentage of loss of original capacity due to siltation of hydropower reservoirs impounded in the UMC. Source: Wallingford 1995*

| Name of the reservoir | Year of the impoundment | Original capacity (Million m³) | Year of the hydrographic survey | Surveyed capacity (Million m³) | The loss of orginal capacity due to siltation |
|---|---|---|---|---|---|
| Kotmale | 1985 | 176,770 | 1990 | 184,640 | – |
| Polgolla | 1976 | 5,271 | 1993 | 2,794 | 44% |
| Victoria | 1985 | 717,530 | 1993 | 713,080 | 1% |
| Rantembe | 1991 | 10,950 | 1994 | 7,900 | 28% |

The land degradation has been recognized as the most serious environmental problem especially in the highlands of the country. A high population density, presently over 300 per km, and a lack of off-farm livelihood opportunities has led to excessive highland exploitation (Ministry of Environment 2010). In the higher elevations in Sri Lanka's Central Highlands, particularly due to the cultivation of tobacco, potato, and vegetable crops and the construction of roads and highways, soil erosion has been taking place to a considerable extent. The degrees of soil erosion extend up to massive land sides. When the same land is planted continuously with the same crop, soil fertility tends to gradually decrease while the application of fertilizes and agro – chemicals further challenge the soil. Due to tillage and pulverizing soil clods, due to sudden heavy rains, soil erosion, landslides, and the deposition of clay and silt, the reservoirs designed to supply water to hydropower in the region are under great risk. According to the H.R. Wallinford Limited completed hydrographic survey (Hewawasam 2010), sedimentation rates in small reservoirs of the Upper Mahaweli catchment for the period from 1985 to 1993 the Polgolla barrage has reduced its storage capacity to 56% over a 17 yr period. Rantambe reservoir has reduced its storage capacity to 72% during a three yr period after impoundment (Table 4).

## 5.4 Population growth and urbanization

Sri Lanka's Central Highland mainly covers four administrative districts: Kandy, Nuwara Eliya, Matale, and Badulla. The total population of these four main districts is 3,203,949 and its population density is around 395 per km$^2$, (Population survey 2001). The high population density and sustained efforts to improve living standards have exerted tremendous pressure on the natural environment of the highlands. Unplanned urban population growth has exerted pressure on the central highlands and water resources in the cities as well as peripherals with impacts on sewage disposal, waste management and environmentally related health problems. The high proportion of the poor and the growing population, combined with an unequal distribution of benefits from natural resources, make a sustainable development in the Sri Lankan Highlands a quite challenging task. According to the independent evaluation group study on the Mahaweli Development Program, a substantial rudiment of the population, who disliked leaving their original villages, migrated to the higher elevation areas. This worsened the living standard there as they only have access to miniscule land holdings prone to environmental risks.

## Acknowledgement

We donate this paper to our friend and colleague Christoph Stadel. Together with me (Jürgen Breuste), he organized a very successful excursion to Ecuador for the University of Salzburg, Austria, in 2003. I profited from his extraordinary knowledge of the country and especially of its cultural landscape, land use and people of the mountains. We were a very well cooperating team, I with my contributions on ecosystems and he with his on land use, human systems and mostly all regional aspects. It is still a unique remembrance.

I could invite Christoph Stadel to my excursion to Sri Lanka in 2010 and spent great days with him, especially in the Sri Lankan Highlands. Here we could again profit from his unique experiences in mountain areas and knowledge of socio-economic conditions. Not having been to Sri Lanka before, he could easily recognize the relations between natural conditions and the utilization by the people and give very valuable contributions to the excursion, especially by various comparisons to other tropical mountain areas. We surely profited from his expertise.

Christoph persistently ignored all travel problems (heat, rain, long tours with the bus, foot walks in the forests, insects, late to come to sleep),was in a good mood every day and enjoyed the new experiences. He was, and still is, in many ways as young and encouraged as the students 50 years younger than he. You can't find such an excursion participant and good comrade everywhere (Fig. 9).

*Fig. 9: Christoph Stadel 2010 experiencing the tropical montane forest of Ritigalla in the Sri Lankan Highlands together with students from Salzburg University (photograph by J. Breuste 2010)*

# References


Abeywickrama, W. 2012: Hydropower Generation in Sri Lanka. http://www.dailynews.lk/2012/10/10/main_News.asp (accessed: 10/10/12)

Baker, S. 1853: The Rifle and Hound in Ceylon. http://ebookstore.sony.com/ebook/samuel-w-baker/the-rifle-and-hound-in-ceylon/_/R-400000000000000309274 (accessed: 17/10/2012)

Conservation International 2012: Western ghats & Sri Lanka. http://www.conservation.org/where/priority_areas/hotspots/asia-pacific/western-ghats-and-sri-lanka/pages/biodiversity.aspx (accessed: 18/11/ 2012).

Dayawansa, N.D.K. 2008: Assessment of changing pattern of the river course and its impact on adjacent riparian areas highlighting the importance of multi-temporal remotely sensed data. *Conference on Remote Sensing.* Colombo, Sri Lanka.

Deraniyagala, S. 1992: *The Prehistory of Sri Lanka; an ecological perspective.* Archaeological Survey Department of Sri Lanka. Colombo, Sri Lanka.

Dissanayake, D.M.L. 2000: *Settlement growth land use changes and its consequences in Akurana town, Sri Lanka.* M.Phil. Thesis, Norwegian University of Science and Technology, Norway.

Dissanayake, D.M.L. 2009: Disturbances affecting Stream corridors. The proceedings of the 1st National Geographic Conference, University of Peradeniya, Peradeniya, Sri Lanka, Dissanayake, C.B. 2009: The multidisciplinary approach to water quality research. *Economic Review* 35: 16–22.

Furset, R. 1994: *Womens Health behavior in Mahaweli system Sri Lanka. M.S. Thesis, Norwegian University of Science and Technology.* Trondheim, Norway.

GoldenSriLanka.com 2011: *Hill Country.* http://goldensrilanka.com/places/hill-country/ (accessed: 18/11/2011).

Gunatillake, N.R. & S. Pethiyagoda 2008: Biodiversity in Sri Lanka. *Journal of the National Science Council of Sri Lanka* 36: 25–62.

Hewawasam, T. 2010: Effect of land use in upper Mahaweli catchment area on erosion landslides and siltation in hydropower reservoirs Sri Lanka. *Journal of the National Science Council of Sri Lanka* 38 (1): 3–14.

Halladay, P. & D.A. Gilmour (eds.) 1995: *Conserving Biodiversity outside Protected Areas. The Role of Traditional Agro ecosystems.* The IUCN Forest Conservation Programme 020.

Holsinger, M. 2002: History of Ceylon Tea. http://www.historyofceylontea.com/articles/thesis.html (accessed: 17/01/2012).

Madduma Bandara, C.M. 2000: *National Resource of Sri Lanka: Water resources of Sri Lanka.* National Science Foundation. Colombo, Sri Lanka.

IEG 2012: Sri Lanka: Mahaweli Ganga Development. http://lnweb90.worldbank.org/oed/oeddoclib.nsf/DocUNIDViewForJavaSearch/0D869807701D1EEE852567F5005D8903 (accessed: 31/10/2012).

Mahees, M.T.M. 2009: *Political economy of water pollution in Pinga Oya,Mahaweli River.* Symposium Proceedings of the Water Professional Day. Faculty of Agriculture, University of Peradeniya, Sri Lanka.

[MESL] Ministry of Environment Sri Lanka 2010: *Strategies to combat climate change in Sri Lanka.* Ministry of Environment. Colombo, Sri Lanka.

Ministry of Environment 2010: About us http://www.environmentmin.gov.lk/web/index.php?option=com_content&view=article&id=125&Itemid=27&lang=en (accessed: 27/10/2012).

[ME & NR] Ministry of Environment and Natural Resources 2007: *Sri Lanka strategy for sustainable development.* Ministry of Environment and Natural Resources. Colombo, Sri Lanka.

[MF & E] Ministry of Forestry and Environment 1999: *Biodiversity Conservation in Sri Lanka: A Framework for Action.* Ministry of Forestry and Environment, Colombo, Sri Lanka.

[NSF] National Science Foundation 2000: Natural Resources of Sri Lanka Colombo: National Science Foundation. Perera, B.M.A.O. & M.C.N. Jayasuriya 2008: The dairy industry in Sri Lanka: Current status and future directions for a greater role in national development. *Journal of National Science Foundation Sri Lanka* 36: 115–126.

Peiris, G.H. 2006: *Sri Lanka: Challenges of the new millennium*. Kandy, Sri Lanka.

Piyasiri, S. 2009: Surface waters, their status and management. *Economic Review* 35: 16–22.

Ranasinghe, R. & R. Deshyapriya 2010: *Analyzing the significance of tourism on Sri Lankan Economy; An economic analysis*. University of Kelaniya. Kelaniya, Sri Lanka.

Ratnasiri, J. & A. Anandacoomaraswamy 2008: *Climate Change and vulnerability: Vulnerability of Sri Lankan tea plantations to climate change*. Earthscan, London, UK.

Nianthi, R. 2010: Climate change adaptation and agroforestry in Sri Lanka. In: Shaw, R., J.M. Pulhin & J.J. Pereira (eds.): *Climate Change Adaptation and Disaster Risk Reduction: An Asian Perspective. Community. Environment and Disaster Risk Management* 5. Emerald Group Publishing Limited: 285–305.

SLEJF 2004: Sri Lanka Directory of Environmental NGOs. http://www.environmentaljournalists.org/images/Sri_Lanka_Directory_of_Environmental_NGO.pdf (accessed: 30/12/2011).

Tolisano, J., P. Abeygunewardene, T. Athukaeala, C. Davis, W. Fleming, I.K. Goonesekara, T. Rusinow, H.D.V.S. Vattala & I.K. Weerewardene 1993: An environmental evaluation of the Accelerated Mahaweli Development Program: Lessons learned and donor opportunities for improved assistance. Project report. Dai, Bethesda, USA. http://lnweb90.worldbank.org/oed/oeddoclib.nsf/DocUNIDViewForJavaSearch/0D869807701D1EEE852567F5005D8903 (accessed: 31/10/12).

UNESCO 2012: Central Highlands of Sri Lanka. http://whc.unesco.org/en/list/1203 (accessed: 31/10/2012).

Wallingford, H.R. 1995: *Sedimentation Studies in the Upper Mahaweli Catchment, Sri Lanka* 40. HR Wallingford Ltd., Oxon, UK.

Weerakoon, L. 2011: Present situation of home gardens in Sri Lanka – Responses to Home Garden Column. http://www.island.lk/index.php?page_cat=article-details&page=article-details&code_title=22684 (accessed: 29/12/2011).

Wickramagamage, P. 1990: A man's role in the degradation of soil and water resources in Sri Lanka: A historical perspective. *Journal of the National Science Council of Sri Lanka* 18, 1: 1–16.

Yogaratnam, N. 2010: http://www.dailynews.lk (accessed: 29/12/2011).

Yogaratnam, N. 2011: Environmental issues and plantation management. Daily News online: http://www.dailynews.lk (accessed: 29/12/2011).

# Hoch oben und weit hinaus

## Gipfelpanoramen der mittleren Ostalpen des 19. Jahrhunderts und deren Hersteller


## Guido Müller



Die Studie hat die Panoramen des 19. Jahrhunderts im mittleren Teil der Ostalpen und deren Hersteller zum Gegenstand. Das Gebiet umfasst das Land Salzburg und angrenzende Teile Oberösterreichs, der Steiermark, Kärntens, Tirols und Bayerns.

Die Auseinandersetzung mit dieser Materie stößt auf manche Schwierigkeiten, die dargelegt werden. Die Panoramenzeichner hatten und haben einen höchst unterschiedlichen Bekanntheitsgrad und beruflichen Werdegang und sie waren meist für alpine Vereine und für Reiseführer tätig.

Die gezeichneten Panoramen erlebten in der 2. Hälfte des 19. Jahrhunderts eine Blütezeit, kamen dann eher aus der Mode, während fotografische Panoramen einen Aufschwung erlebten. Die alten Panoramen können als geografisches Forschungsmittel eingesetzt werden und sie haben im Kunsthandel einen hohen Stellenwert.

**From the top into the distance. 19th century panoramas from peaks in the middle of the Eastern Alps and their creators**

This paper deals with panoramas, drawn in the 19th century of the central part of the Eastern Alps, and the artists who created them. The area under investigation stretches from the province of Salzburg to the adjacent parts of Upper Austria, Styria, Carinthia, Tyrol and Bavaria.

Several difficulties will be presented that arise in engaging with this topic. The creators of the panoramas did and still do enjoy quite unequal degrees of popularity and come from a variety of professional backgrounds. Most of them worked for Alpine associations and producers of travel guides.

Drawn panoramas flourished especially during the second half of the 19th century, but later lost in popularity to photographic panoramas, which began to boom. Old panoramas can be used as research material in geography and are highly appreciated by traders in art.



**Keywords**: panorama, 19th century, artists, Eastern Alps



**Desde las alturas a la distancia. Panorámicas desde cumbres del centro de la región oriental de los Alpes en el siglo XIX y sus artistas gráficos**

Este artículo trata sobre panorámicas del centro de la región oriental de los Alpes elaborados en el siglo XIX y sus creadores. La región comprende la provincia de Salzburgo y las áreas adyacentes de las provincias de Alta Austria, Estiria, Carintia, Tirol y Baviera. Una serie de dificultades aparecieron al abordar esta temática. Los creadores de las panorámicas tuvieron y tienen todavía diferentes grados de popularidad, como también de experiencia profesional. El dibujo de panorámicas experimentó en la segunda mitad del siglo XIX un fuerte apogeo. Sin embargo, posteriormente perdieron popularidad mientras las panorámicas fotográficas se hicieron mucho más cotizadas. Las antiguas panorámicas pueden ser usadas como fuentes de investigación en Geografía y son altamente valoradas en el mercado artístico.

# 1 Einführung

„Auf dem Gipfel pflegte mein Vater, nachdem er (was etwas peinlich wirkte) mir die Hand geschüttelt hatte, das Panorama zu erklären. Dabei nannte er, als gälte es Heilige aufzuzählen, alle Bergspitzen, eine nach der anderen, beim Namen. Die Tüchtigsten waren die Dreitausender, dann kamen die Zweitausender und so weiter. Seine Kenntnisse erschienen mir wie ein Wunder. Wie konnte man sich alle diese Namen merken?“ (Amanshauser 2001: 40).

Nach den Mühen des Aufstiegs mag es für einen Alpinisten zum Gipfelglück zählen, all die Berge, die er schon erstiegen hat oder vielleicht noch zu erklimmen gedenkt, im Umkreis zu sehen. Dabei kann ein gedrucktes Panorama, versehen mit Namen und Höhenangaben, eine gute Orientierungshilfe sein. Manchmal ist es ratsam, den ausgesetzten Standort nach nur kurzem Aufenthalt wieder zu verlassen. Auch kommt es gar nicht selten vor, dass um die Mittagszeit Wolkenhauben die Gipfelbereiche einhüllen, oder die Täler durch ein Nebelmeer dem Blick entzogen sind.

Wenn aufgrund der Randlage eines Aussichtsberges nicht rundum Berggipfel aufragen, ersparte man sich mitunter die Darstellung des flachen oder hügeligen Geländes. Aus diesen und anderen Gründen wurden statt Panoramen nur so genannte Hemioramen aufgenommen, welche Unterscheidung aber häufig aus den Titeln der Werke gar nicht hervorgeht. Mit dem Begriff „Panorama“ nahm und nimmt man es nicht allzu genau, was Versuchen einer Abgrenzung gegenüber allen Abstufungen von unvollständigen Rundsichten hinderlich ist. Nur in der kompletten Rundsicht kann der Betrachter zum Beispiel die Schattseite mit der Sonnseite gut vergleichen. Überhaupt interessiert die aus Panoramen – wenn sie entsprechend gezeichnet sind – ablesbare vertikale Gliederung z. B. den Geomorphologen, den Human- und Vegetationsgeographen.

Der vielgereiste Naturforscher Raoul Francé (1874–1943), der nach dem 1. Weltkrieg Oberalm bei Hallein für einige Jahre zu seiner Heimat gemacht hatte, stellte dem Blick von den Hochgipfeln den vom Tal auf die Berge gegenüber: „Es scheint mir nicht müßig, die Frage aufzuwerfen, ob denn die Berge von unten gesehen eigentlich nicht schöner sind als die Ansicht, die sie oben bieten“ (Francé 1954: 9). Ein sicher interessanter Gedanke, dem hier jedoch nicht nachgegangen wird. Auch erinnert er daran, dass die berühmtesten Aussichtsstätten auf Bergen mittlerer Höhe errichtet wurden (z. B. Gaisberg, Schafberg, Wendelstein, Schmittenhöhe). Die gute Erreichbarkeit und Beliebtheit eines Gipfels war und ist meist ausschlaggebend für die Herausgabe eines Panoramas.

Die hier gewählte räumliche Abgrenzung nach Westen und Osten, nämlich 12° ö. L. und 14° ö. L., mag sehr willkürlich und in gewissem Sinne sogar ahistorisch erscheinen, da ja zumindest in Österreich zur Entstehungszeit der hier behandelten Panoramen die Längengrade noch auf Ferro bezogen waren. Durch den nördlichen Alpenrand und die Grenze zu den Südalpen ist das Arbeitsgebiet auch in den beiden anderen Richtungen abgesteckt. Neben dem Land Salzburg umfasst es Teile von Oberösterreich, der Steiermark, von Kärnten, Tirol und Bayern.

Es dürfte kaum andere Druckwerke geben, die sowohl hinsichtlich ihrer Entstehung als auch bezüglich ihrer bibliographischen Erfassung so vielschichtig sind wie die Panoramen. Da ist zunächst der Hauptakteur, meist ein geübter Zeichner und Alpinist. Er hat wiederholt und unter oft widrigen Umständen den Gipfel erstiegen, seine Arbeit, kaum begonnen, vielleicht schon wieder abbrechen müssen, weil Wind und Wolken oder ein heraufziehendes Gewitter ihn zum Verlassen des Gipfels zwangen und neue Versuche, vielleicht gar erst im darauf folgenden Jahr, unternommen werden mussten, bis schließlich die Aufnahme rundum abgeschlossen war. Kein Auftraggeber, kein Verleger, hätte sich durch Fantasielandschaften täuschen lassen.

„Stumme" Panoramen hätten kaum ihre Käufer gefunden, daher musste entweder der Zeichner selbst über die nötige Kenntnis bezüglich der Örtlichkeiten und deren Benennung verfügen, oder, was nicht selten der Fall war, musste ein dafür ausgewiesener Spezialist beigezogen werden. Selbstverständlich kam genauen Kartengrundlagen ein wichtiger Stellenwert zu. In einem besonderen Fall wird noch aufzuzeigen sein, wie drei Kartographen irrtümlich sogar in die Rolle von Schöpfern eines Panoramas (Schmittenhöhe) kamen.

Die Drucktechnik erlaubte es im 19. Jahrhundert noch nicht, aus den Originalen ohne Einsatz von geschulten Lithographen Druckvorlagen zu machen. Wie an einem Beispiel (Panorama des Hochgolling) noch zu zeigen sein wird, konnte die Umsetzung vom Original zur Druckvorlage einen sehr großen Aufwand erforderlich machen.

Oft handelt es sich bei den Panoramen um keine selbstständigen Druckwerke, sondern sie sind – oder waren es zum Leidwesen der Benutzer! – in gefalteter Form als Leporello Beilagen in Zeitschriften, Jahrbüchern oder Monographien enthalten. In die auflagenstarken Reiseführer der zweiten Jahrhunderthälfte (Baedeker, Grieben, Meyer, Trautwein u. a.) wurden meist sogar mehrere Panoramen oder Teile davon aufgenommen, vielfach ohne Nennung der Zeichner.

Aus heutiger Sicht ist für die damaligen Panoramenzeichner die Zwischenstellung der Panoramen zwischen Fachliteratur und Kunstwerk meist von Nachteil: Während es nämlich über bildende Künstler mittlerweile umfangreiche Nachschlagewerke gibt, scheinen in ihnen nur in seltensten Fällen Panoramenzeichner auf. Zu solchen Ausnahmen zählen in der folgenden Abhandlung wohl nur Franz Barbarini, Thomas Ender, Markus Pernhart und Alfred Zoff.

Für Größenangaben von Panoramen, sofern solche überhaupt gemacht werden, scheint es keine Normen zu geben, zumindest legt das die uneinheitliche Praxis nahe. Manchmal werden die Maße des bedruckten Blattes angeführt, häufiger die Größe der Darstellung, die freilich nur bezüglich der Länge klar definierbar ist, nicht aber bezüglich der wechselnden Höhe. Und außerdem: soll das über oder unter der Darstellung platzierte Namengut, das ja integrierender Bestandteil ist, eingerechnet werden oder nicht? Aus Gründen der Handlichkeit sind manche Panoramen auf zwei oder mehrere übereinander liegende Streifen aufgeteilt, oder sie setzen sich aus mehreren losen Blättern zusammen. Der spezielle Fall des Kreisringpanoramas, eher von Aussichtspunkten bekannt, soll in diesem Zusammenhang ausgeklammert bleiben. In den folgenden Ausführungen wird meist nur die Länge der Panoramendarstellung angeführt. Die in der Regel ausführlichsten und verlässlichsten Angaben über Panoramen liefern übrigens die Verzeichnisse des Kunsthandels sowie Antiquariatskataloge.

Wohl nicht bei allen Panoramen ist die Kenntnis der Aufnahmezeit von gleicher Wichtigkeit. Zu bedenken ist, dass bis zur Veröffentlichung oft Jahre vergingen. Auf vielen Panoramen ist jedoch weder das eine noch das andere vermerkt. Bei späteren Auflagen von unveränderten Panoramen kann das schon ein größeres Manko sein.

Wenn in der Literatur Hinweise auf Panoramen bestimmter Berge gegeben werden, ist erstens nicht immer zweifelsfrei erkennbar, ob von einem Unikat oder einem Druckwerk die Rede ist; über die Originale und deren Verbleib ist heute ohnehin wenig bekannt. Und zweitens können für den Fall, dass es mehrere Panoramen von ein und demselben Gipfel gibt, wie das zum Beispiel beim Gaisberg, beim Schafberg, bei der Schmittenhöhe oder der Hohen Salve der Fall ist, die Angaben des Schrifttums für eine eindeutige Zuordnung unzureichend sein.

Nicht zuletzt aus dieser Erfahrung heraus werden in diesem Beitrag die Panoramenzeichner als die wichtigsten Beteiligten in den Mittelpunkt gestellt. Da Literatur über sie in vielen Fällen fehlt, war zum Teil ein aufwändiges Quellenstudium notwendig. Denjenigen Panoramenzeichnern, deren Arbeitsschwerpunkt außerhalb des hier behandelten Gebietes lag, oder solchen, die in der Literatur ohnehin gut verankert sind, wurde eher nur wenig Raum gegeben. Da sich kein anderes Ordnungsprinzip überzeugend anbot, werden die Zeichner mit ihren biographischen Angaben und ihren Werken in alphabetischer Reihenfolge vorgestellt.

## Franz Barbarini

Der 1804 in Znaim / Znojmo geborene und in Wien am 20. Januar 1873 verstorbene Landschaftsmaler hat von zwei berühmten und leicht erreichbaren Aussichtsbergen, nämlich dem Gaisberg (1835) und den Schafberg (1844), Panoramen/Hemioramen gezeichnet. Sein „Hemiorama nach der Natur aufgenommen auf dem Gaisberge nächst Salzburg“ wurde in einer Gesamtlänge von 172 cm in vier Blättern im Verlag von J. Schön in Salzburg herausgegeben. Von diesem wird hier als Abbildung 1 ein Ausschnitt aus Blatt I gezeigt, mit einem Christoph Stadel sehr vertrauten Bergland im Osten von Salzburg.

Ebenfalls als Strichzeichnung ausgeführt ist das 254,5 cm lange „Panorama nach der Natur aufgenommen auf dem Schaafberge nächst St. Wolfgang in Oberösterreich“, das sich über sechs Blätter erstreckt.

Mit Barbarini wird auch ein Panorama der Hohen Salve im östlichen Nordtirol in Verbindung gebracht, für das er aber nur als Radierer tätig war. Zeichner des Originals war Gustav Reinhold.

*Abb. 1: Gaisberg-Panorama von Franz Barbarini (Ausschnitt)*

## Michael Barth

Der schon bald in Vergessenheit geratene Michael Barth wurde laut Meldebuch im Jahr 1791 in Salzburg geboren und starb hier am 25. September 1859. Er war von Beruf k. k. Hauptzollamts-Assistent in Salzburg. Seine Panoramen zählen ebenfalls zu den frühesten Rundsichten innerhalb des Arbeitsgebietes, doch dürfte keines zum Druck gekommen sein. Wohl im Jahr 1852 nahm er das „Hemiorama“ vom Salzburger Hochthron (Untersberg) auf, das vom Hohen Staufen im Westen über den Watzmann im Süden bis zum Dachstein reichte.

Bald nach dieser Aufnahme folgte das Panorama der Lasaberg-Hochalpe. Im Lungau hatte er sich nämlich mehrere Jahre aufgehalten. Barth dürfte als erster ein Panorama vom Kammerlinghorn (2484 m) in den westlichen Berchtesgadener Alpen gezeichnet haben und er hat 1853 in der „Salzburger Landeszeitung" (S. 262 u. 439), aus der übrigens die spärlichen Informationen über ihn stammen, eine Schilderung der Besteigung geliefert. Ob er die beabsichtigte Darstellung des Panoramas vom Hochgründeck bei St. Johann im Pongau tatsächlich ausgeführt hat, konnte nicht festgestellt werden. Hingegen stammt von ihm das einzige Heuberg-Hemiorama jener Zeit (1854/55), das er wegen der Bewaldung des Gipfels von etwas weiter unten, nämlich oberhalb von Daxlueg, aufgenommen hat.

Seine Arbeiten dürfte Barth für das Salzburger Museum bestimmt haben, wohl in der Hoffnung auf eine Drucklegung. Aus 1853 ist ein Subskriptionsaufruf nachweisbar, er dürfte aber zu wenig Widerhall gefunden haben. Als Jahre nach Barths Tod im Winter 1865/66 in der „Gesellschaft für Salzburger Landeskunde" die Frage erörtert wurde, sein Kammerlinghorn-Panorama lithographieren zu lassen, gab es große Bedenken, die der Salzburger Maler und Kunstschriftsteller Georg Pezolt im März 1866 in einem Brief an Heinrich Wallmann (im Salzburg Museum) u.a. wie folgt äußerte: „Allein Barth hat keinen Dunst von einer bildlichen Darstellung [...]. Es will einen Mann daher der versteht ein Bild darzustellen nicht wie Barth seine Berge wenn auch mit aller sklavischen Strenge zum Besten gab". So deutlich diese Absage auch erscheinen mag, des Autodidakten ehrliches Bestreben nach Naturtreue sicherte seinem Heuberg-Hemiorama in den vor wenigen Jahren erschienenen Chroniken von Bergheim (2009: als Vorsatz) und Gnigl (2010: 120–121) eine späte Würdigung. In ersterer Chronik ist der rechte, in letzterer der linke Teil reproduziert. Der private Eigentümer stellte dafür sein Original zur Verfügung und die Herausgeber griffen gern darauf zurück, weil Barth nicht eine heroisch wirkende Bergkulisse, sondern die Stadt Salzburg einschließlich ihrer nördlichen Umgebung ins Blickfeld rückt. So wird ein anschauliches Dokument der Zeit vor dem Aufbruch in das Eisenbahnzeitalter geboten.

## Alfred Baumgartner

Am 15. November 1842 in Feldkirch in Vorarlberg geboren, dürfte er mit der Familie bald nach Salzburg übersiedelt sein, wo dann sein Vater Josef Baumgartner (gest. 1876) Inhaber einer Tapetenfabrik und eines Verkaufsgeschäfts wurde. Unter den Absolventen des Jahrgangs 1857/58 der damals dreiklassigen Unterrealschule Salzburg ist ein Alfred Baumgartner zu finden. Ab 1873 ist er als Mitglied der Alpenvereinssektion Salzburg fassbar, in den Jahren 1876 und 1877 als deren zweiter Schriftführer und in den anschließenden Jahren als Beisitzer. Gegen Ende des Jahrhunderts wirkte er vorübergehend einige Jahre in Linz.

Der ledig gebliebene Alfred Baumgartner scheint in verstreuten Notizen als Kaufmann, Landschafts- und Panoramenzeichner auf. Von Haus aus dürfte er nicht unbemittelt gewesen sein, was seine Funktionen im Alpenverein zur damaligen Zeit nahe legen. Aber er war wohl einer von denen, die durch ihre Kunst nicht reich wurden. Er fand schließlich, von materiellen Sorgen schwer gedrückt, Aufnahme in einem Gebäude der ehemaligen Zementfabrik Leopoldsthal in Großgmain, die von der Gartenauer Zementfabrik (Gebr. Leube) übernommen worden war. So wird es plausibel, dass er nach seinem Tod in Salzburg (20. August 1903) seine letzte Ruhestätte in St. Leonhard bei Grödig gefunden hat.

Verfasser hat diese Daten hier deshalb so ausführlich festgehalten, weil sie nur mit viel Aufwand zu erarbeiten waren und weil Baumgartner als Zeichner und Aquarellist über seine zahlreichen Panoramen hinaus als häufiger Illustrator diverser Schriften und als Gestalter von Künstlerpostkarten, z. B. mit Salzburger Hotelansichten, in Erscheinung trat.

Soweit schriftliche Urteile von Zeitgenossen überliefert sind, wird er zunächst (am 8. Januar 1876 in der „Salzburger Zeitung") als einheimisches junges Talent beschrieben und wird hervorgehoben, dass die Korrektheit der Zeichnung bei ihm nirgends Opfer malerischer Effekte werde, was sich dann aus der Sicht des Kunstkritikers Alfred Steinitzer (1924: 131) so liest, dass Baumgartner die Zeichnungen peinlich ausführte, er aber immer recht altmodisch geblieben sei.

Dank der erwähnten Verankerung im Alpenverein kam er zu entsprechenden Aufträgen: In den 1870er Jahren zeichnete er Panoramen vom Haunsberg, vom Berchtesgadener Hochthron (Untersberg), weiters vom Gaisstein bei Stuhlfelden und von der Schmittenhöhe bei Zell am See. Das Panorama vom Berchtesgadener Hochthron wurde von G. Reiffenstein in Wien als Farbdruck (230 cm lang) publiziert, eine kürzere einfärbige Ausgabe (90 cm) wurde in einen kleinen Untersberg-Führer aufgenommen, der 1914 mit unverändertem Panorama in 4. Auflage erschien. In den 1880er Jahren kamen Panoramen von der Festung Hohensalzburg, vom Gaisberg, vom Sonntagshorn, vom Bernkogel bei Rauris, vom Hochgründeck, vom Kitzbühler Horn und vom Helm im Pustertal heraus. Später folgte noch ein Panorama vom Schafberg und, wohl ebenfalls von ihm (H. [!] Baumgartner), eines vom Wendelstein. Auf seine Linzer Zeit gehen eine Rundschau von der Franz-Josef-Warte (2012 neu herausgegeben) und ein Donau-Panorama zurück.

Etwas näher soll noch auf sein Panorama des Sonntagshorns eingegangen werden. Im Jahr 1876 hatte die Alpenvereinssektion Reichenhall den Weg auf das Sonntagshorn verbessert und sich das Ziel gesetzt, vom Gipfel dieses aussichtsreichen Berges an der Grenze Salzburgs zu Bayern ein Panorama zeichnen zu lassen. Die für 1880 angesetzte Generalversammlung des Gesamtvereins in Reichenhall war der geeignete Zeitpunkt für die Herausgabe eines gedruckten Panoramas. Nachdem A. Baumgartner 1878 sein Panorama im Rahmen eines dafür veranstalteten Preisausschreibens vorgestellt hatte, wurde es von der Sektion Reichenhall zwei Jahre später herausgegeben als: „Panorama vom Sonntagshorn (1962 M.) nach der Natur aufgenommen und gezeichnet von Alfred Baumgartner in Salzburg", Chromolithographie in sieben

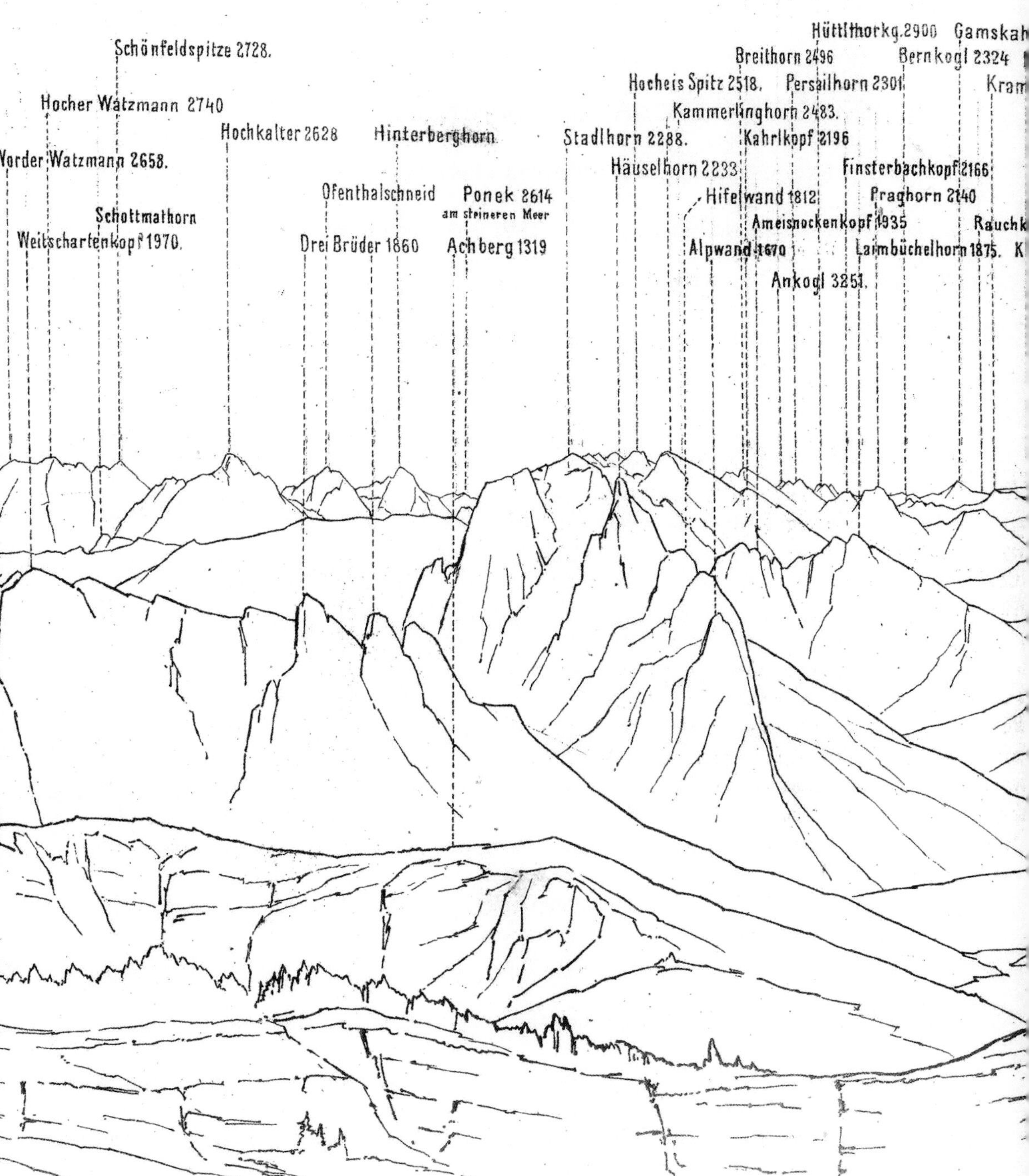


*Abb. 2: Sonntagshorn-Panorama von Alfred Baumgartner (Ausschnitt einer Vorarbeit dazu)*

Farben und Druck von C. Grefe in Wien, Länge 247 cm. Hier wird von einem Zwischenprodukt, das nur das „Gerippe“ und die Namen beinhaltet und sich im Besitz der Alpenvereinssektion Bad Reichenhall befindet, als Abbildung 2 ein Ausschnitt gezeigt. Zu sehen ist u. a. das Stadlhorn (nicht nach dem Jubilar benannt!) in der Gruppe der Reiter Alpe.

## Thomas Ender

1793 in Wien geboren, starb er hier im Jahr 1875. Der allgemein anerkannte Künstler schuf aus dem Alpenbereich zahlreiche Zeichnungen, Aquarelle und Ölbilder. In das hier behandelte Gebiet fällt seine Rundsicht vom Großen Archenkopf (Fuscher Tal), vom Gaisstein bei Stuhlfelden und vom Nussingkogel bei Matrei in Osttirol. Dem Bereich der Südalpen zuzurechnen ist sein Panorama vom berühmten Aussichtsberg Monte Baldo östlich des Gardasees.

Das Gaisstein-Panorama ist dem 9. Band (1873) des „Jahrbuchs des Österreichischen Alpenvereins“ beigegeben. Auf Seite 331 wird dort wie folgt darauf hingewiesen: „Wir sind in der angenehmen Lage, unseren Mitgliedern in dem beigebundenen Panorama vom „Gaisstein“ eine der vortrefflichsten Arbeiten Prof. Th. Ender's übergeben zu können. – Dasselbe ist genau so wie es hier vorliegt, nach der Natur aufgenommen und bietet somit das vollständige Facsimile eines Naturstudiums dieses Altmeisters alpiner Landschaftsmalerei.“

Das Panorama vom Nussingkogel, einem leicht ersteigbaren fast 3000 Meter hohen Berg östlich von Matrei in Osttirol, hat eine komplexe Entstehungsgeschichte. Das von Ender geschaffene Originalaquarell (196 cm x 23,3 cm) gelangte in den Besitz von Franz Graf von Meran. Es bildete die Vorlage für Julius Ritter v. Siegls Zeichnung einschließlich der Beschriftung. Für Nacharbeiten begab sich Johannes Frischauf am 19. Juli 1882 auf den Gipfel und hielt sich zu diesem Zweck dort fünf Stunden auf. Schließlich konnte das Panorama 1883 in der „Österreichischen Touristen-Zeitung“ veröffentlicht werden.

## Carl von Frey

Carl v. Frey wurde am 2. Juni 1826 in Salzburg, das stets sein Lebensmittelpunkt blieb, geboren, er starb allerdings am 24. Juli 1896 in Berlin, wohin er sich zu einer Operation begeben hatte. Der vermögende Inhaber der Salzburger Textilfirma Gebr. Heffter am Alten Markt zog sich früh auf seinen Ansitz auf dem Mönchsberg zurück und ging nur noch seinen Leidenschaften Kunstsammeln, Landschaftsmalerei, Fotographie und Alpinismus nach. Den wohl ersten Hinweis auf Frey als Panoramenzeichner dürften die „Mitteilungen der Gesellschaft für Salzburger Landeskunde“ enthalten. Im Bericht über das Vereinsjahr 1866/67 heißt es hier: „Professor Dr. Aberle legte das von Herrn v. Frey mit gewohnter Genauigkeit und Treue ausgeführte Panorama vom Schlenken vor.“ Im Vereinsjahr 1868/69 zeigte v. Frey Panoramen/Hemioramen vom Haunsberg im nördlichen Flachgau, vom Hochkönig und drei von Bergen der Südalpen. Das Hochkönig-Panorama hatte er gemeinsam mit Anton Sattler an nur einem einzigen Tag (11.9.1868) aufgenommen. Die Sektion Salzburg des (damaligen) Deutschen Alpenvereins publizierte es erstmals 1871 und bald darauf in einer zweiten verbesserten Auflage. Ebenfalls im Druck erschien seine aus zwei Blättern zusammengesetzte Gebirgsansicht von der Wiesenberghöhe bei Seeham (Lithographie, 130 cm x 19 cm, bei M. Glonner in Salzburg).

Gemeinsam mit Anton Sattler hatte er am 19. September 1869 ein Watzmann-Panorama und am 22. August 1871 eines vom Hundstod im Steinernen Meer aufgenommen. Vom Hohen Staufen und vom Zwiesl-Staufen bei Bad Reichenhall dürfte er laut „Salzburger Zeitung“ vom 8. Mai 1871 wahrscheinlich 1870 Panoramen gezeichnet haben.

## Johannes Frischauf

Der leidenschaftliche Alpinist wurde am 17. September 1837 in Wien geboren und starb am 7. Januar 1924 in Graz. Seine Erwähnung unter den Panoramenherstellern ist deshalb gerechtfertigt, weil er als einer der besten Kenner des östlichen Alpenraumes, insbesondere der steirischen und slowenischen Alpen, für mehrere Panoramenzeichner (Karl Haas, Anton Silberhuber, Alfred Zoff) die Identifikation der Berge und sonstiger Örtlichkeiten übernommen hatte und auch einige Textbeschreibungen zu Panoramen aus seiner Feder stammen. Für die Herstellung mehrerer Panoramen war er der entscheidende Anreger. Darüber hinaus lieferte der Professor der Mathematik an der Universität Graz und Astronom fachkundige Anleitungen zur Konstruktion von Panoramen (1877, 1881, 1892).

## Georg Geyer

Geboren am 20. Februar 1857 auf Schloss Auhof bei Blindenmarkt/NÖ und gestorben am 25. Februar 1936 in Wien, arbeitete er als Geologe und Paläontologe. Als Verfasser einer Monographie über das Tote Gebirge brachte er für die Herstellung eines Panoramas vom Loser (1 836 m) im Ausseer Land wichtige Voraussetzungen mit. Ein hohes handwerkliches Können als Zeichner bescheinigte ihm Johannes Frischauf. Die technische Ausführung dieses Panoramas übernahm die Lithogr.-artist. Anstalt von J. Eberle & Comp. in Wien. Der Verlag von Vincenz Fink in Linz brachte das 124,5 cm lange Panorama im Herbst 1881 heraus. An dem noch zu nennenden Sarstein-Hemiorama von Friedrich Simony hatte Geyer wesentlichen Anteil. Außerhalb des hier gewählten Arbeitsgebiets liegt Geyers 1883 erschienenes Panorama von der Brucker Hochalpe (1 643 m), dessen Beschriftung der Steirer Julius Ritter v. Siegl vornahm.

## Karl (Carl) Haas

Was machte es bisher so schwierig, diesen talentierten Panoramenzeichner zu fassen? Ungefähr zu seiner Zeit lebte noch ein zweiter Carl Haas (1825–1880), der u. a. sieben Jahre als Landesarchäologe in der Steiermark und dann als Industrieller in Wien tätig war. Als Künstler hatten beide ihren Arbeitsschwerpunkt in der Steiermark, u. a. im Raum Stainach-Irdning. Letzterer zeichnete zahlreiche steirische Burgen.

Der hier vorzustellende Karl (Carl) Haas wurde am 2. November 1831 in St. Pölten geboren, sein Namensvetter war gebürtiger Wiener. Die „Entflechtung" dieser zwei sehr ungleichen und nicht verwandten Persönlichkeiten ist der Grazer Kunsthistorikerin Monika Küttner zu danken, die darüber 2011 eine Studie verfasste. In einem Nachruf der „Österreichischen Touristen-Zeitung" vom 1. Oktober 1895 (S. 229) wird der in Hermagor am 2. September dieses Jahres verstorbene Panoramenzeichner wie folgt charakterisiert: „Karl Haas war ein reiches Talent und eine richtige Künstlernatur, mit allen Licht- und Schattenseiten einer solchen, ein begeisterter Alpenfreund und ein ungemein heiterer Gesellschafter von übersprudelndem Humor. Er führte fast immer ein unstetes Wanderleben und begnügte sich häufig von Ort zu Ort zu ziehen und seinen Lebensunterhalt durch Ausführung von Privataufträgen zu erwerben, daher auch zahllose Bilder von seiner Hand im Privatbesitze allerwärts zu finden sind."

Für Karl Haas kennzeichnend sind wohl auch die äußeren Umstände des 1874 veröffentlichten Schmittenhöhe-Panoramas. Dank nur unscheinbarer Hinweise in der zeitgenössischen Literatur konnte die richtige Zuordnung vorgenommen werden (Müller 2005: 27–36). Das von Haas gezeichnete Panorama war nämlich durch Kauf an Gustav Pelikan übergegangen, der zu dieser Zeit mit weiteren Militärkartographen in den Hohen Tauern mit Aufnahmearbeiten befasst war. Diese Herren bestimmten die Höhen und Namen der einzelnen Berge des Panoramas und übergaben dieses der Wiener Kunstanstalt Reiffenstein & Rösch zur Veröffentlichung. Sie brachte es unter dem Titel „Panorama des Steinernen Meeres – der Tauernkette mit der Großglockner- und Venediger-Gruppe von der Schmittenhöhe bei Zell am See (Salzburg). Mit den neuesten Höhenmessungen vom Jahre 1871–72, aufgenommen von: Emanuel Ullmann, Raymund Domainsky, Gustav Pelikan" heraus, ohne dass der Name von Haas irgendwo vermerkt worden wäre. Nachdem Haas seine Urheberschaft reklamiert hatte, wurde ihm dies umgehend durch Pelikan bestätigt. Ein Ausschnitt aus diesem Panorama wird als Abbildung 3 gezeigt.

Ab den 1870er Jahren wurden eine ganze Reihe seiner Panoramen vom „Österreichischen Touristen-Klub" und weitere vom „Steirischen Gebirgsverein" erworben bzw. veröffentlicht: Im Bereich des hier nicht zu behandelnden Wiener Ausflugsgebiets waren dies Panoramen vom Leopoldsberg, vom Hermannskogel, von der Reisalpe, vom Eisernen Tor, vom Sonnwendstein, von der Heukuppe und vom Wetterkogel. Im Gesäuse wählte er den Tamischbachturm und in den Seetaler Alpen den Zirbitzkogel für ein Panorama. In das hier gewählte Gebiet fallen, soweit bekannt, nur sein Panorama vom Roßbrand bei Radstadt und das eben erwähnte Panorama

13 Schönwies- Köpfl (1991 m)
14 Hoher Hundstein (2116 m)
15. Ochsenkopf (1995 m)

*Abb. 3: Schmittenhöhe-Panorama von Karl Haas (Ausschnitt)*

von der Schmittenhöhe. Laut Frischauf zählt das Panorama vom Roßbrand zu den recht gelungenen Erstlingsarbeiten von Haas. Sein Original hatte 240 cm Länge. Der gegen den Dachstein gewandte Teil ist außerdem als Beilage in der Zeitschrift „Der Alpenfreund“ (7. Jg., 1874) enthalten. Weiters ist bekannt, dass er für den aus Dölsach in Osttirol stammenden Maler Franz von Defregger, der daheim als Knabe Schafe gehütet und sich später ein Feriendomizil geschaffen hatte, ein Panorama vom Ederplan zeichnete. Laut den bei Monika Küttner zu findenden Belegen (2011: 163) ist diesem Karl Haas zweifelsfrei auch das der „Zeitschrift des Deutschen und Österreichischen Alpenvereins“, Jg. 1882, beigegebene Dobratsch-Panorama, für das ein „J. Haas“ als Autor aufscheint, zuzuordnen.

## Michael Hofer

Der 1834 geborene Bergverwalter im Leoganger Berg- und Hüttenwerk war als Zeichner und Landschaftsmaler sehr aktiv. Er starb 1916. In der Alpenvereinssektion „Austria“ legte er am 21. März 1883 ein Panorama vom Birnhorn (Leoganger Steinberge) und ein Panorama vom Breithorn (Steinernes Meer) vor, zwei Originalwerke, über die außer dieser kurzen Erwähnung nichts in Erfahrung gebracht werden konnte. Seine Rundschau vom Kitzbühler Horn hingegen wurde in Redlichs lith. Anstalt in Innsbruck 1876 herausgebracht.

## Franz Kulstunk

Der als Zeichenlehrer, Zeichner und Landschaftsmaler überaus produktive Franz Kulstrunk, geboren am 5. Februar 1861 in Radstadt, gestorben am 8. Dezember 1944 in Salzburg, fand seine Motive vorwiegend im Land Salzburg. Sein bekanntestes Werk – es befindet sich im Salzburger Rathaus – schuf er mit dem aus Anlass der 100-jährigen Zugehörigkeit Salzburgs zu Österreich (1916) hergestellten monumentalen Vogelschaubild der Stadt Salzburg. Auf dieses bemerkenswerte Werk kann nur verwiesen werden, da es nicht unter die Gipfelpanoramen fällt. Schon zwei Jahrzehnte vorher war seine Rundsicht vom Speiereck im Lungau entstanden. Wie einer Notiz in der „Salzburger Zeitung“ (10.2.1896: 3) zu entnehmen ist, berichtete er darüber am 4. Februar 1896 in einer Versammlung der Alpenvereinssektion Salzburg: „Bei Betrachtung der wohlgelungenen Arbeit dürfte kaum Jemand ahnen, wie beschwerlich der Weg des Zeichners vom ersten Entwurfe nach der Spezialkarte an bis zur Vollendung war, daß derselbe schon den fliegenden Ameisen auf dem Gipfel des Speiereck das Gebiet räumen zu müssen glaubte. Wir freuen uns des gelungenen Werkes und soll auch der Meister darüber alle erlittenen Unbilden vergessen, damit er bald wieder ähnliches schaffen möge.“ Die Rundsicht in einer Länge von 135,5 cm gab 1895 die Alpenvereinssektion „Lungau“ heraus.

## Ferdinand Mühlbacher

Er wurde am 7. oder 27. Mai 1844 in Ebensee geboren und starb am 24. Dezember 1921 in Wien. Zunächst war er Salinenbeamter in Ischl, dann Lehrer an der Staatsgewerbeschule in Graz und schließlich an der Gewerbeschule in Hallein. Als Landschafts- und Vedutenmaler war er um die Jahrhundertwende äußerst schaffensfreudig. Aus seiner Feder stammen Panoramen von der Zwiesel-Alpe bei Gosau, vom Traunstein bei Gmunden, vom Schönberg bei Altaussee, vom Hohen Dachstein, vom Großglockner und vom Großvenediger, vom Hochkönig, vom Hundstein, vom Großen Priel, vom Predigtstuhl bei Goisern und vom Bernkogel nahe Rauris. Den Großteil seiner Panoramen veröffentlichte der „Österreichische Touristenklub". Einen Vortrag über das Panoramenzeichnen hielt er am 27. April 1905 in der „Gesellschaft für Salzburger Landeskunde".

## Markus Pernhart

1824 nahe Klagenfurt geboren und am 30. März 1871 dort verstorben, verschrieb sich Pernhart ganz der Landschaftsmalerei. Als Panoramenzeichner nimmt er in den Ost- und Südalpen, vorrangig in Kärnten, eine Sonderstellung ein. Sie ist nicht zuletzt begründet in seinem monumentalen Großglockner-Panorama, für das er 1857 und 1858 achtmal den Berg bestieg und sogar die Nacht vom 3. auf den 4. September 1858 im Freien auf der Adlersruhe verbrachte. Von dem nun in Klagenfurt aufbewahrten Original wurde das Panorama in den Jahren 1865 und 1866 von Conrad Grefe in Wien in Chromographie auf fünf Blättern in einer Gesamtlänge von 316 cm gedruckt. Pernhart zeigte sich sichtlich enttäuscht, dass seine Leistungen nicht die erhoffte Beachtung und Anerkennung fanden.

In der Zeitschrift „Der Tourist" (3. Bd., 1871: 592–595) werden neben den ersten 17 vollständig in Öl ausgeführten Panoramen weitere neun Panoramen in Bleistiftzeichnung (deren Ausführung durch Pernharts Tod verhindert wurde) angeführt. Die Schreibungen wurden hier unverändert übernommen: 1. Großglockner, 2. Manhart [sic!], 3. Villacher-Alpe, 4. Stou, 5. Coralpe, 6. Luschariberg, 7. Magdalenaberg, 8. Sternberg, 9. Triglav, 10. Großgallenberg bei Laibach, 11. Hochschwab, 12. Erzberg bei Eisenerz, 13. Reichenstein bei Eisenerz, 14. Thalerkopf bei Eisenerz, 15. Velka Kappa (Bachern), 16. Hohe Salve, 17. Gaisberg bei Salzburg; 18. Brennkogl bei Heiligenblut, 19. Hohe Aar, 20. Polinigg bei Mautern, 21. Scharnik nördlich Oberdrauburg, 22. Ankogl, 23. Monte Canino, 24. Dachstein, 25. Watzmann, 26. Gamskarkogel bei Gastein. Auf das behandelte Gebiet entfallen die Panoramen mit den Nummern 1, 16, 17, 18, 19, 21, 22, 24, 25 und 26.

## Alois Pflauder

Als Zeichner von drei im Druck erschienenen Panoramen, nämlich vom Gaisberg, Schafberg und Untersberg, ist stets nur ein „A. Pflauder" namhaft zu machen. Da obendrein die Panoramen nicht datiert sind, könnte es sich laut Meldebuch der Stadt Salzburg (1850–1864) entweder um Vater oder um Sohn Alois handeln. Der Schullehrer Alois Pflauder sen. (1790–1878) lebte in Salzburg und ging 1852 in Pension. Dessen Sohn Alois wurde1826 in Salzburg geboren; er ist in den 1850er Jahren als k. k. Bezirksgerichtskanzelist in Lofer nachweisbar. Dort wurde 1856 sein Sohn Friedrich (Fritz) geboren. Letzterer wurde durch ein „Photographisches Atelier" auf dem Gaisberggipfel bekannt. Nach all dem kann es als gesichert gelten, dass Alois jun. der Autor der Panoramen ist. Sie beschränken sich auf die Wiedergabe der Gebirgssilhouette und die Bergnamen mit den Höhen.

## Gustav Reinhold

Der berühmte Tiroler Aussichtsberg Hohe Salve, schon seit Jahrhunderten von Pilgern aufgesucht, zog selbstverständlich Panoramenzeichner an. Kardinal Fürst von Schwarzenberg gab im Jahr 1857 bei dem 1798 in Jena geborenen und 1849 in Berchtesgaden verstorbenen Maler Gustav Reinhold eine Gipfelrundsicht in Auftrag. Für die Nomenklatur wurde der aus Kramsach stammende und in Salzburg tätige Bergkamerad des Kardinals, der Theologieprofessor Peter Karl Thurwieser, einer der bekanntesten Pioniere des Alpinismus im Ostalpenraum, herangezogen. Als Radierer des Panoramas war Franz Barbarini tätig. Zur Veröffentlichung des 367 cm langen Panoramas kam es erst 1873.

## Anton Sattler

Dieser Enkel von Johann Michael und Sohn von Hubert Sattler war als Zeichner und Maler nicht zuletzt wegen seiner kurzen Lebensspanne (1846–1883) und seiner Berufslaufbahn als Jurist in Vergessenheit geraten. Erstmals konnte der Verfasser (Müller 2004) ausführlicher auf dieses zeichnerische Talent aufmerksam machen. Dank zahlreicher neuerdings wieder aufgetauchter Werke lieferte dann Oskar Pausch 2012 eine gut dokumentierte Würdigung Anton Sattlers.

Die zur Veröffentlichung gelangten Gipfelpanoramen, soweit sie in das Arbeitsgebiet fallen, stammen vom Gaisberg, vom Gamsfeld bei Abtenau und vom Hochkönig. Als bemerkenswert darf die Arbeit am Hochkönig-Panorama hervorgehoben werden, die er – wie schon erwähnt – gemeinsam mit Carl v. Frey an einem einzigen Tag bewerkstelligte.

## Julius Ritter von Siegl

Siegl, der zu den eifrigsten Panoramenzeichnern zu zählen ist, lebte von 1840 bis 1911. Der Schwerpunkt seiner Tätigkeit lag im Ost- und im Südalpenbereich, allerdings fallen nur wenige seiner Panoramen in das hier gewählte Arbeitsgebiet. Sein hier wohl wichtigstes Werk war das Panorama vom Rauriser Sonnblick. Die Anregung dazu wurde im Winter 1885/86 von seinem Freund Johannes Frischauf gegeben. Gerade waren die Wetterstation und das Schutzhaus auf dem Felsgipfel gebaut worden und galt es nun, Werbung für dieses kostspielige Werk zu machen. Frischauf führte ins Treffen, dass durch diesen Stützpunkt ideale Voraussetzungen für die Arbeit an einem Panorama gegeben seien. „Das Panorama darf füglich die erste Frucht des Baues genannt werden; denn ohne Sonnblickhaus wäre Herrn v. Siegl ein eilftägiger [sic!] Aufenthalt am Gipfel, wo er jede günstige Stunde für die Zeichnung zu benützen und besonders die fernen Theile, welche nur in den frühen Morgen- oder späten Abendstunden sichtbar sind, erhalten konnte, unmöglich gewesen“ (Frischauf 1887: 321). Das Werk bildet eine Beilage der „Zeitschrift des Deutschen und Österreichischen Alpenvereins“, Jg. 1887, und zeigt hier als Abbildung 4 den noch stark vergletscherten Hocharn (H. Narr). Siegl hat auch, wie bereits unter Thomas Ender ausgeführt, am Panorama vom Nussing bei Matrei in Osttirol mitgewirkt.

## Friedrich Simony

Er wurde am 30. November 1813 in Nordböhmen geboren und starb am 20. Juli 1896 in St. Gallen in der Steiermark.1851 war er der erste Inhaber einer geographischen Lehrkanzel in Österreich und er ist durch seine einzigartige Dachstein-Monographie noch heute bekannt. Er hatte auch als Zeichner Talent und gehörte zu den sehr genau arbeitenden frühen Panoramenzeichnern. Am bekanntesten ist bis heute sein 1881 in der „Zeitschrift des Deutschen und Österreichischen Alpenvereins“ veröffentlichtes 63 cm langes Hemiorama vom Sarstein am Rande des Ausseer Beckens, das als Blickfang im Süden den Dachstein zeigt. An der Erstellung hatte auch der Geologe Georg Geyer Anteil. Die Umrisszeichnung erhielt durch aufgedruckte Farben ein lebendiges Aussehen. Noch älteren Datums ist Simonys 281 cm langes „Panorama des Schafberges nächst Ischl in Oberösterreich nach der Natur gezeichnet und Seiner kaiserlichen Hoheit Erzherzog Ludwig von Österreich in tiefster Ehrfurcht und Dankbarkeit gewidmet“, Zinkdruck von Wernigk in Wien. Als Teil eines Schmittenhöhe-Panoramas (Piesendorfer Höhe) hat Simony den Blick auf die Glocknergruppe festgehalten.

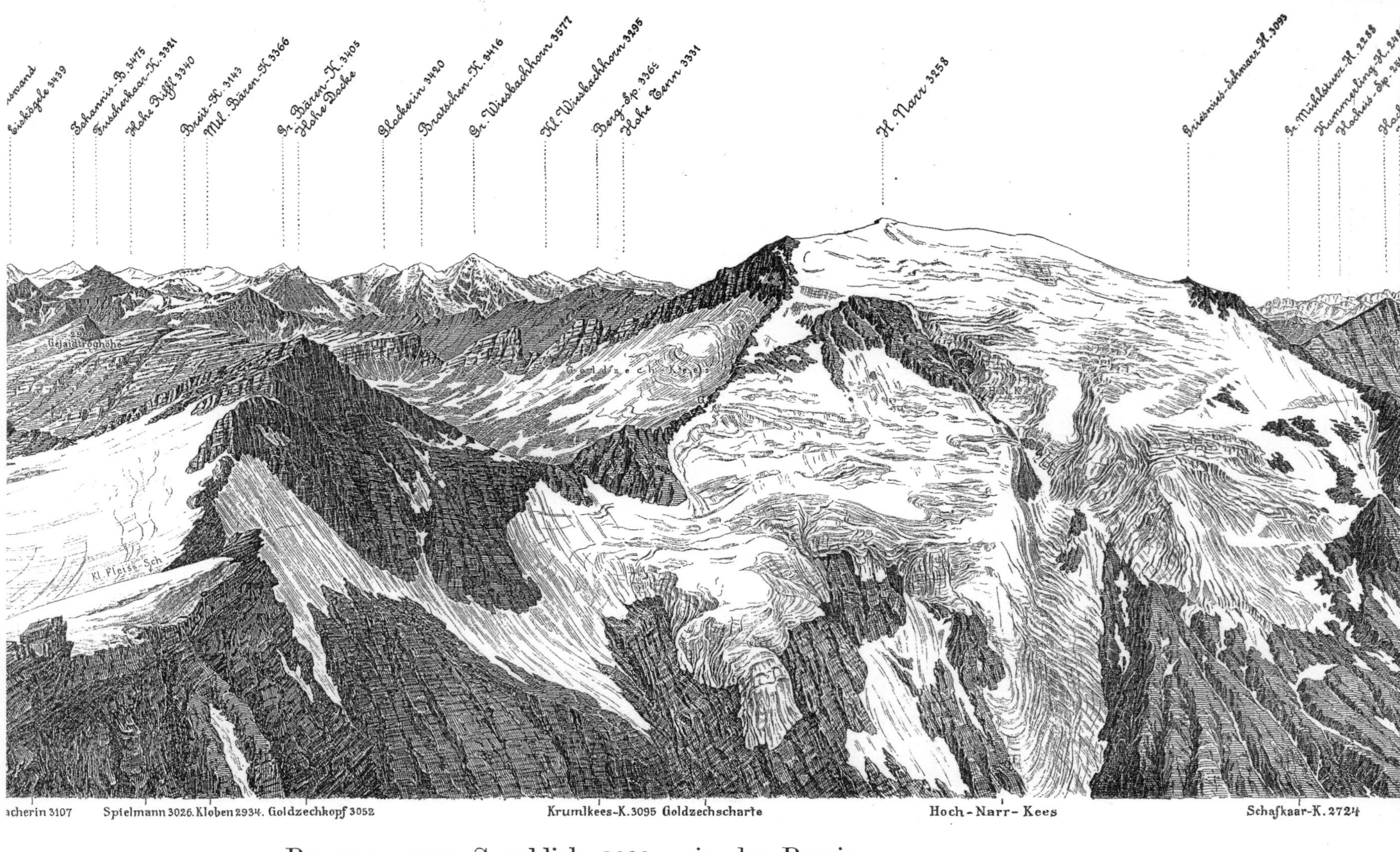


Panorama vom Sonnblick 3090 m in der Rauris.
Blatt 2.

## Alois Johann Souvent

Der oberösterreichische Mappenarchivar war selbst als Kartograph tätig und schuf eine Karte des Salzkammmerguts in Oberösterreich in 2 Blättern im Maßstab 1:14400 (Wien 1840). Wertvoll sind auch seine Administrativkarten von Oberösterreich und Salzburg. Unmittelbar zum Thema gehört nur ein 1845 aufgenommenes Panorama des Gamskarkogels bei Bad Hofgastein.

## Alfred Zoff

Der in Graz am 11. Dezember 1852 geborene und dort am 12. August 1927 verstorbene Alfred Zoff hatte zunächst ein Medizinstudium begonnen, ehe er sich ab 1869 einer künstlerischen Ausbildung zuwandte. Die Tätigkeit als Panoramenzeichner fällt in seine frühe Schaffensperiode, denn später ging der seit 1907 als Professor an der Landeskunstschule in Graz tätige Professor mehr und mehr vom Gegenständlichen ab. Zoffs Panoramen entstanden in seiner steirischen Heimat mit Einschluss von Gebieten, die nun zu Slowenien gehören. Auf den hier behandelten Raum entfallen zwei Panoramen, eines vom Dachsteingebiet und eines von den Schladminger Tauern. Dieses ist das Panorama des Hochgolling, das er im Sommer 1881 auf Anregung von Johannes Frischauf zeichnete. Für seine Namenarbeit schätzte Frischauf 200 Stunden Zeitaufwand. Die Zeichenarbeit durch Frh. v. Henninger soll in diesem Fall mehrere hundert Stunden in Anspruch genommen haben (Frischauf 1884: 254).

Über diese ziemlich umfangreiche Auflistung hinaus ist festzuhalten, dass einige weitere wichtige Panoramenzeichner hier unberücksichtigt bleiben mussten – selbst so bekannte wie Johann Michael und Hubert Sattler. Auf das berühmte Panorama der Stadt Salzburg, von der Festung Hohensalzburg aus in den 1820er Jahren von Johann Michael Sattler (1786–1847) aufgenommen, wird hier deshalb nicht eingegangen, weil es kein typisches Gipfelpanorama ist und außerdem darüber ausreichend Literatur, auch aus neuester Zeit, vorliegt. Den Gebirgshintergrund dieses Panoramas und weitere ähnliche Arbeiten in Salzburg hat übrigens nicht J.M. Sattler, sondern der Grazer Friedrich Loos gestaltet. Loos hat 1836 ein Panorama des Gamskarkogels bei Gastein gezeichnet, das auf sechs Blättern in einer Gesamtlänge von 227,5 cm veröffentlicht wurde.

Mit den genannten Panoramenzeichnern ist gleichzeitig schon ein großer Teil der im 19. Jahrhundert im gesamten Ostalpenraum tätigen Akteure vorgestellt worden. Keineswegs um eine Vollständigkeit anzustreben und auch nicht im Sinne ei-

*Abb. 4: Sonnblick-Panorama von Julius Ritter von Siegl (Ausschnitt)*

ner Wertung seien noch einige weitere Panoramenzeichner des Ostalpengebiets mit Stichworten zu deren Arbeitsgebieten genannt: Ludwig Beständig (Salzkammergut), Gustav von Bezold (Bayerische Alpen), Albin Blamauer (Niederösterreich und Steiermark), Demeter Diamantidi (Niederösterreich), Ferdinand Gatt (Tirol), Alfons Pavich von Pfauenthal (Obersteiermark), August Presuhn (Schöckel bei Graz), Eduard Reithmeyer (Gaberg zw. Attersee und Traunsee), Anton Silberhuber (Niederösterreichische Alpen), Beda Weinmann (Salzburg und Salzkammergut). Es sei aber betont, dass es dem Autor wichtiger war, einige bisher eher wenig gewürdigte Aspekte zum Thema „Gipfelpanoramen" herauszuarbeiten.

In den Abbildungen dieses Beitrags können nur einige wenige der genannten Panoramen gezeigt werden, und auch das nur in kleinen Ausschnitten. Es wäre im wörtlichen Sinne unmöglich, die Panoramen vor der Leserin / dem Leser auszubreiten.

Seit dem ausgehenden 19. Jahrhundert können fotographische Panoramen mit vergleichsweise viel geringerem Aufwand hergestellt werden. Auf einige ihrer Nachteile sei aber hingewiesen: Ein gewisser, manchmal zweckmäßiger Standortwechsel bei der Aufnahme verursacht dem Zeichner geringere Probleme als dem (analogen) Fotographen. Auch der jeweilige Sonnenstand und Beeinträchtigungen durch Wolken machen ihm weniger zu schaffen. Unter Einsatz von Hilfsmitteln (Feldstecher, Fernrohr) können im gezeichneten Panorama selbst entfernte Teile Konturen erhalten. Ganz ohne Geländearbeit und Gipfelaufenthalt wird es möglich, auf Basis großer Datenbanken nicht nur Karten und Geländemodelle aus beliebigen Blickwinkeln, sondern auch Panoramen zu generieren. Deshalb ist heute für den Normalgebrauch ein Zurückgreifen auf die hier besprochenen Panoramen nicht mehr notwendig. In diesem Sinne erscheint es auch überflüssig, den Herstellern dieser Panoramen Aufmerksamkeit zu schenken.

Doch gibt es auch einen anderen Zugang zu dieser Thematik. Bereits die Auswahl derjenigen Punkte, von denen Gipfelpanoramen gezeichnet wurden, lässt Rückschlüsse z.B. auf die Alpin- und Tourismusentwicklung zu. Oft gibt es einen Zusammenhang mit Aufstiegshilfen (Zahnradbahnen u.a.), mit Gipfelhäusern bzw. gipfelnahen Schutzhütten oder mit Wegbauten. Bei Gipfeln, die nicht über die Waldgrenze aufragen, trifft man nicht selten auf die Kombination Aussichtswarte – Panorama. Dafür liefern die östlichen Teile der österreichischen Alpen eine große Zahl an Beispielen (Lieb & Szarawara 2002). Da und dort ist heute eine Renaissance von Aussichtswarten zu konstatieren.

Bezüglich des wissenschaftlichen Wertes alter Panoramen gibt es eine Reihe von relevanten Aspekten. Historische Panoramen können nämlich u.a. Anhaltspunkte für die Gletscherforschung, für die Frage der früheren Waldverbreitung, der Ausdehnung von Almwirtschaftsflächen liefern. Sie können Hinweise auf Erosionsprozesse geben, sie können den Charakter von Flussläufen und Verkehrswegen im zeitlichen Kontext wiedergeben. Ähnliches trifft freilich auch für viele sonstige alte Ansichten zu. Das gilt etwa für Darstellungen von E.T. Compton und Anton Heilmann, die in großer Zahl vorliegen. Doch ein so reiches (historisches) Namengut wie bei Panoramen wird man auf ihnen nicht erwarten dürfen.

Die Kurzbiographien haben deutlich gemacht, dass die Zugänge zum Panoramenzeichnen und die damit verfolgten Zielsetzungen äußerst vielfältig waren; das spiegelt sich auch in der Art der Darstellung. Für den aktuellen Handelswert von Panoramen spielt neben der Qualität vor allem die Auflagenhöhe bzw. die Zahl der noch im Umlauf befindlichen Exemplare eine entscheidende Rolle. Historische Panoramen zählen ja mittlerweile zu den beliebten Sammlerstücken und zieren manchen Wohnraum. Dem Kundigen können sie, wie eben ausgeführt, schätzenswerte geographische und historische Informationsquellen sein.

Wenn ich Christoph Stadel nun anlässlich seines 75. Geburtstags die Hand schüttle, dann wirkt das sicher nicht peinlich, wie vom Schriftsteller Amanshauser beschrieben, und wir müssen dazu weder auf einem hohen Gipfel stehen noch alle Spitzen mit ihren Namen kennen. Die Berge bieten, um mit Raoul Francé zu sprechen, auch von unten viel des Interessanten und Entdeckenswerten. Mögen dem Jubilar beide Standpunkte und Blickwinkel und ein ungetrübter Weitblick noch lange erhalten bleiben!

## Danksagungen

Für Auskünfte und Unterstützung dankt der Verfasser Frau Monika Küttner / Graz (betr. Karl Haas), Herrn Johannes Lang / Bad Reichenhall (betr. Alfred Baumgartner), für die Übersetzung und für technische Hilfe Sohn Christoph und Schwager Kurt und für die viele Geduld der Gattin Margarethe.

## Literatur

In Rahmen dieser Überblicksarbeit war es leider nicht möglich, jede einzelne Ausführung mit dem entsprechenden Quellennachweis zu belegen. Das langjährige Studium der Publikationen der alpinen Vereine und des landeskundlichen Schrifttums mit Einschluss von Tageszeitungen erbrachte viele oft kleinste Detailinformationen, für deren Einzelnachweise hier der Raum gefehlt hätte.

Amanshauser, G. 2001: *Als Barbar im Prater. Autobiographie einer Jugend.* Salzburg, Wien, Frankfurt am Main.

Arnberger, E. 1970: Die Kartographie im Alpenverein. *Wissenschaftliche Alpenvereinshefte* 22. München, Innsbruck: 221–231.

Comment, B. 2000: *Das Panorama. Die Geschichte einer vergessenen Kunst.* Berlin.

Francé, R. 1952: Lob der Gebirgstäler. *Salzburger Volksblatt* 10. April: 9.

Frischauf, J. 1881: Der Rossbrand (1708 m.). *Österreichische Touristen-Zeitung* 1-2. Wien: 129.

Frischauf, J. 1884: Das Panorama vom Hochgolling (2863 m). *Österreichische Touristen-Zeitung* 3-4. Wien: 253–254.

Frischauf, J. 1887: Der Sonnblick in der Rauris 3090 m. *Zeitschrift des Deutschen und Österreichischen Alpenvereins* 18. München: 317–321.
Gemeinde Bergheim (ed.) 2009: *Bergheim. Geschichte und Gegenwart.* Bergheim.
Institut für Geographie der Universität Wien (Hg.): *Gedenkband Friedrich Simony.* Wien.
Küttner, M. 2011: Carl Haas und Karl Haas? Neueste Erkenntnisse zu Haas und seinen Jahren als Maler in Irdning. In: Schloss Trautenfels (ed.): *Der Grimming. Monolith im Ennstal.* Pürgg-Trautenfels, Graz: 156–167.
Lieb, G. & K. Szarawara 2002: *Panorama-Erlebnis Steiermark.* Graz, Wien, Köln.
Müller, G. 2004: Bergpanoramen waren seine Leidenschaft: Anton Sattler (1846–1883). *Mitteilungen der Gesellschaft für Salzburger Landeskunde* 144: 359–372.
Müller, G. 2005: Gustav Pelikan (1840–1919). Ein bedeutender österreichischer Kartograph und Geoplastiker. *Salzburger Geographische Arbeiten* 38. Salzburg: 27–36.
Müller, G. 2011: Franz Kulstrunk (1861–1944). In: *Gesellschaft für Salzburger Landeskunde, Info* 2/2011: 4–6.
Oettermann, S. 1980: *Das Panorama. Die Geschichte eines Massenmediums.* Frankfurt am Main.
Pausch, O. 2012: „Ein noch zu hebender Schatz". Der Salzburger Alpenzeichner Anton Sattler (1846–1883). *Mitteilungen der Gesellschaft für Salzburger Landeskunde* 152: 321–371.
Prinz, T. 2006: *Gebirgspanoramen in Österreich.* Diplomarbeit Wien.
Rohsmann, A. 1992: *Markus Pernhart. Die Aneignung von Landschaft und Geschichte.* Klagenfurt.
Sattler jun. 1873: Gaisstein. *Jahrbuch des Österreichischen Alpenvereins* 9: 331–332.
Steinitzer, A. 1924: *Der Alpinismus in Bildern.* München.
Suppan, M. 1991: *Alfred Zoff. Ein österreichischer Stimmungsimpressionist.* Wien.
Tichy, R. & J. Wallner 2009: Johannes Frischauf – eine schillernde Persönlichkeit in Mathematik und Alpinismus. *Internationale Mathematische Nachrichten* 210: 21–32.
Veits-Falk, S. & T. Weidenholzer 2010: *Gnigl. Mittelalterliches Mühlendorf. Gemeinde an der Eisenbahn. Salzburger Stadtteil.* Schriftenreihe des Archivs der Stadt Salzburg 29. Salzburg.

# The periglacial environment in the semiarid and arid Andes of Argentina – hydrological significance and research frontiers

**Lothar Schrott & Joachim Götz**

The semiarid and arid Andes of Argentina are characterized by an extremely large vertical extension of the periglacial environment. The occurrence of permafrost in the High Andes is widespread and the potential water storage in permafrost bodies (e. g. rock glaciers) displays unique and precious, but also sensitive natural resource. Against the background of a new statute in Argentina, which was approved in 2011 to protect glaciers and the periglacial environment, the significance of the periglacial belt became of interest to several stakeholders. There is, however, a lack of knowledge regarding regional permafrost occurrence and it remains still unclear how to define accurately periglacial regions. This paper intends to focus on some aspects concerning the extension and significance of the periglacial belt and permafrost occurrence in the semiarid and arid Andes and to give suggestions for research activities.

**Keywords**: permafrost, periglacial belt, water storage, semiarid and arid Andes, Argentina

**Die periglaziale Höhenstufe in den semiariden und ariden Anden Argentiniens – hydrologische Bedeutung und Forschungsfronten**

Die semiariden und ariden argentinischen Anden sind durch eine extreme große vertikale Erstreckung periglazialer Formen und Prozesse gekennzeichnet. Das Auftreten von Permafrost in den Hochanden ist weitflächig, und das Wasserspeicherpotenzial von Permafrostkörpern (z. B. Blockgletscher) ist eine einmalige und bedeutende, aber auch sensible Naturresource. Vor dem Hintergrund neuer Rechtsbestimmungen in Argentinien, die 2011 zum Schutz von Gletschern und der periglazialen Umwelt erlassen wurden, ist die Bedeutung der periglazialen Höhenstufe in das Interesse verschiedener Stakeholder gerückt. Es gibt aber eine erhebliche Kenntnislücke über das Auftreten von Permafrost, und es ist noch unklar, wie Periglazialregionen definiert und abgegrenzt werden können. Dieser Artikel hat zum Ziel, einige Aspekte dieser Thematik zu beleuchten, insbesondere die Ausdehnung und Bedeutung der periglazialen Höhenstufe und das Auftreten von Permafrost in den semiariden und ariden Anden. Darüber hinaus werden zukünftige Forschungsstrategien aufgezeigt.

**El ambiente periglacial en la región andina y semiárida de Argentina. Significancia hidrológica y fronteras para la investigación**

Los Andes áridos y semiáridos de Argentina se caracterizan por una extrema extensión vertical de los ambientes periglaciales. La ocurrencia de permafrost en la alta montaña andina es un fenómeno extendido; el potencial de almacenamiento hídrico existente en glaciares rocosos, genera condiciones únicas y valiosas, pero también paisajes altamente frágiles. En el contexto de un nuevo estatuto aprobado en 2011, orientado a la protección de glaciares y de ambientes periglaciares, la significancia del cinturón periglacial atrajo el interés de diversos tomadores de decisiones. Sin embargo, existe una falta de conocimiento acerca de la ocurrencia regional de permafrost y es todavía materia de discusión la manera de definir y delimitar adecuadamente las regiones periglaciales. Este artículo aborda algunos aspectos relativos a la extensión e importancia del cinturón periglacial y del permafrost en la región árida y semiárida de los Andes Argentinos para proponer para futuras investigaciones.

# 1 Introduction

Periglacial geomorphology has a long tradition and the term periglacial was first mentioned in 1909 by the Polish geologist Lozinski (1909). Today periglacial studies cover a wide range from arctic and subarctic to high altidude environments focusing on fundamental and applied issues (Weise 1983). Commonly periglacial processes can be observed in association with glacial processes but in some environments – like the semiarid and arid Andes – periglacial phenomena occur also in complete absence of glaciers. In the Andes of Argentina periglacial processes are mostly associated with high mountain permafrost (Corte 1978; Schrott 1994; Trombotto 2003).

Studies of the periglacial belt in mountains have traditionally concentrated on influences of climatic factors on processes and landforms (e.g. Höllermann 1967; Stingl 1969; Garleff 1970; Graf 1971; Karte 1979). Seldomly, geoecological aspects were considered for different periglacial mountainous regions in relation to climatic types (Höllermann 1985).

In the high Andes of Chile and Argentina the periglacial belt and periglacial processes have been studied systematically since the late 1970s/early 1980s (Corte 1976; Abele 1982; Buk 1984; Corte & Buk 1984; Barsch & Happoldt 1985; Garleff & Stingl 1985; Schrott 1996, 1998; Schröder & Makki 1998; Schröder 2001; Trombotto 2003).

In most recent studies the periglacial environment in the semarid and arid Andes of South America has been of significant political importance (Arenson & Pastore 2011; Ahumada et al. 2011; Azocar & Brenning 2010; Arenson & Jakob 2010). The reason for this attention to a previously purely academic research field is also caused by a new statute in Argentina, which was approved in 2011 in order to protect glaciers and the periglacial environment with the following aims:

1. to save hydrological resources for irrigation purposes and consumption
2. to protect biodiversity,
3. to conserve this source of scientific value, and
4. to conserve these environments for touristic attractions.

The original statute published in Spanish is defined as follows: "*La Ley No 26.639 tiene por objeto establecer los presupuestos mínimos para la protección de los glaciares y del ambiente periglacial con el objeto de preservarlos como reservas estratégicas de recursos hídricos para el consumo humano; para la agricultura y como proveedores de agua para la recarga de cuencas hidrográficas; para la protección de la biodiversidad; como fuente de información científica y como atractivo turístico constituyendo a los glaciares como bienes de carácter publico" (Boletin oficial de la Republica Argentina 2011: 1).*

Beside the general positive aspects with regard to the environment, such a statute implies a number of problematic issues and open questions. For instance, the mapping of the extension of the periglacial belt is not an easy task. There is still no universal scientific concept of how a periglacial terrain can be defined. Until recently, not even a map of permafrost distribution has been available for this part of the Andes.

Moreover, the extension of the periglacial environment is not only limited to permanently frozen ground. Thus, the accurate assessment of the current extension of the periglacial belt requires a proper definition of appropriate criteria and an evaluation and mapping of large parts of the Andes. With respect to climate change the extension of glaciers and periglacial environments is subject to changes. This circumstance requires also an extensive monitoring (Arenson & Pastore 2011). This paper aims to address

1. the importance and uniqueness of the periglacial belt in the semiarid and arid part of the Andes of Argentina, and
2. to show some appropriate measures and research activities to meet the expectations of the statute No 26.639 "Protection of glaciers and periglacial environment".

## 2 Processes and landforms of the periglacial belt in the semiarid and arid Andes of Argentina

The processes and landforms characterizing the periglacial belt in this part of the Andes are predominantly phenomena of creeping mountain permafrost. The most visible expression of mountain permafrost between 35° and 27° S is the occurrence

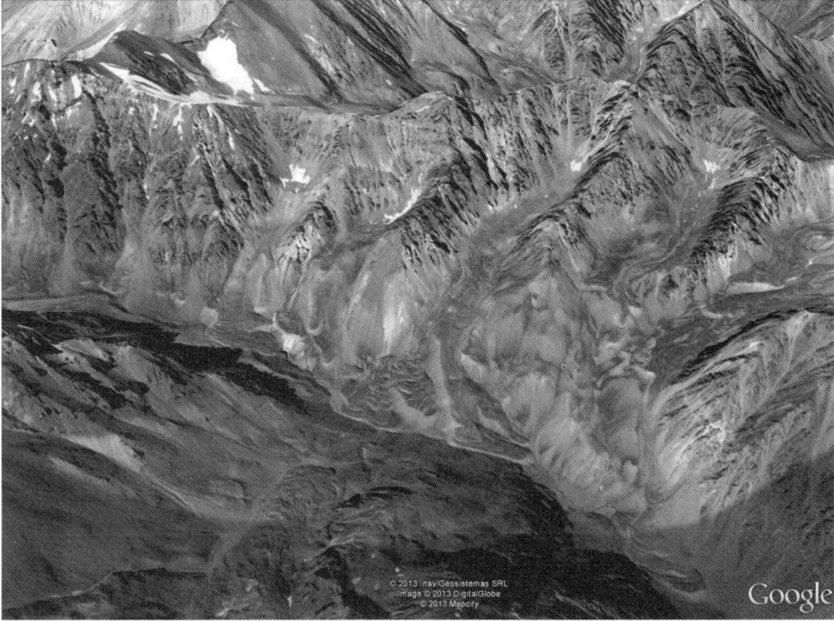


*Fig. 1: Typical rock glacier distribution in the periglacial belt of the semiarid High Andes (33° 07' S, 69° 41' W). Rock glaciers are situated in cirques and cover parts of the valley bottom (valley bottom elevation approximately at 4,000 m a. s. l.; view to the south); source: Google Earth, 8.04.2013 © 2013 Inav/Geosistemas SRL Image © 2013 DigitalGlobe © 2013 Mapcity*

of rock glaciers as described in several studies (Corte 1978, 1986; Barsch 1986; Brenning 2005; Schrott 1996; Fig. 1).

The Andes between 35° and 27° S are characterized by a very high density of large rock glaciers due to extremely favorable conditions such as continentality, high debris availability (large vertical extension of the periglacial belt) and low temperatures (see Fig. 1). In the Cordillera Principal near San Juan (30° S) the surface area of rock glaciers is even larger than those of glaciers (Schrott 1996). This landform is of major importance because it can be used as an indicator of mountain permafrost. Moreover, the lowest occurrence of active rock glaciers indicates the lower limit of discontinuous permafrost (Table 1).

Beside rock glaciers, protalus ramparts, frost sorting processes and solifluction occur frequently above an altitude of 4,000 m a. s. l. (see Fig. 2). Stone stripes are typical on slopes between 10° and 25°, whereas stone polygons are limited to flat areas with sufficient fine material and soil humidity (Schrott 1994). Another very common feature in the periglacial belt of the semiarid and arid Andes of Argentina is the widespread occurrence of planar scree slopes (*Glatthänge).* These slopes are mainly the result of *in situ* production of debris due to intense physical weathering and a lack of erosion (Garleff & Stingl 1985; Trombotto & Ahumada 2005). Frequently, such planar scree slopes show a vertical extension of more than 1,000 m (Schrott 1994). Below snow patches and in association with rock glaciers some debris flow activity can be observed.

Thermokarst features occur occasionally at the surface of rock glaciers indicating thawing of permafrost. Thermokarst in the periglacial environment is associated with an increase of the active layer and hence an indicator of degrading permafrost (Trombotto & Borzotta 2009).

## 3 Extension of the periglacial belt and water resources

Defining the upper and lower limit of the periglacial belt was subject of several studies (Karte 1979; Barsch & Happoldt 1984; Garleff & Stingl 1985). The occurrence of permafrost must be seen as an essential criterion to define the periglacial belt (Barsch 1986). The permafrost extension alone would, however, underestimate surface area of the periglacial environment. Karte (1979) suggested to use the occurrence of at least two periglacial features for defining a periglacial area.

Where glaciers are absent, the upper limit of the periglacial belt is defined by the highest ridges and peaks of the Andes as it was already proposed by Garleff & Stingl (1985). The upper limit of the periglacial belt at 25° S is probably the highest in world exceeding 2,200 m of vertical extension (Schröder 2001). In the area of Llullaillaco (24° S) the periglacial belt reaches the ice free peak at 6,739 m a. s. l. Therefore, the upper limit of the periglacial belt cannot be modeled using the snowline like in the European Alps. Between 25° and 35° S the periglacial belt varies between 1,500 and more than 2,000 m in its vertical extension and comprises an area

*Table 1: Upper and lower limits of the periglacial environment in the High Andes of Argentina at 30° S (modified after Schrott 1994)*

| Altitude (m a.s.l.) | Limits and characteristics |
|---|---|
| > 5,300 | Sparsely glaciated, extensive frost sorting processes; Continuous permafrost distribution, active layer reduced to a few centimeters |
| 5,050 | Upper limit of active rock glaciers |
| 4,650 | Upper limit of vegetation |
| 4,200 | Lower limit of patterns of frozen ground |
| 4,000 | Lower limit of active rock glaciers; lower limit of discontinuous permafrost |
| 3,900 | Lower limit of the periglacial belt |

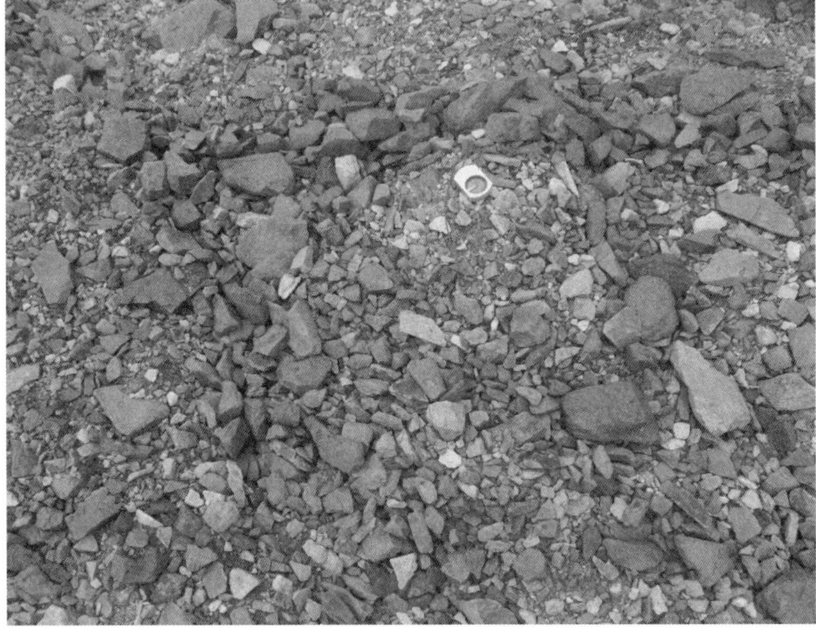

*Fig. 2: Stone polygon (frost sorting) at Morenas Coloradas (3,770 m a. s. l., Cordillera Frontal, Argentina). Photograph taken in February 2012 by L. Schrott*

much larger than the area covered by glaciers. A detailed inventory carried out in the High Andes of San Juan at 30° S revealed a periglacial extension of 97% versus a surface area of only 3% covered by glaciers (Schrott 1994). In the Agua Negra catchment the surface area of rock glaciers is slightly higher than those of glaciers and underpins the hydrological significance of this periglacial landform. In a previous study Corte and Espizua (1981) calculated for a larger basin at 33° S (Horcones, 197 km$^2$) a similar glacier and rock glacier ratio.

*Table 2: Inventory of the surface and potential water volumes of glacier ice, rock glacier, and permafrost areas (Agua Negra basin, 30° S) (modified from Schrott 1996).*

| | **Thickness [m]** | **Surface [km²] / [%]** | **Ice content [%]** | **Ice / water volume [10⁶ m³]** |
|---|---|---|---|---|
| Glacier ice | 50 | 1.78 / 3.6 | 100 | 89 |
| Active rock glacier | 50 | 2.07 / 3.1 | 60 | 62 |
| Continuous permafrost | 20–30 | 9 / 15.8 | 20 | 36–54 |
| Discontinuous permafrost | 20–30 | 44 / 84.2 | 20 | 44–66 |
| Total ice / water volume | | | | 231–271 |

Inspired from a classic paper by Corte (1976), Schrott (1994, 1996) measured and estimated for the first time the potential water resources of permafrost areas and water release of thawing permafrost in the Agua Negra basin during the ablation period 1990 and 1991. In a comprehensive study the water volumes of rock glaciers, glaciers and continuous / discontinuous permafrost areas were calculated for a typical catchment of this part of the Andes (see Table 2).
Particular attention can be drawn to the following outcomes with regard to water potential and water release from the periglacial environment (for details see Schrott 1994):

1. The stored water volume of active rock glaciers corresponds to 70% of the estimated glacier volume.
2. The total water volume of the entire permafrost area (this includes also areas outside active rock glaciers) is probably of similar size or even larger than those of glaciers.
3. The seasonal thawing of the active layer contributes to about 20% of the total discharge of the basin.

In a recent study Azócar & Brenning (2010) estimated a ratio of rock glacier to glacier ice volume of 3 : 1 and 1 : 2.7 for the semiarid Andes of Chile between 29° and 32° S and between 27° and 29° S, respectively. Their results show a similar rock glacier density than in the Andes of Argentina. Arenson and Jakob (2010) commented critically on parts of the methodological approach and they suggest to test the water resources of rock glaciers through monitoring and theoretical considerations.

Several studies show that permafrost degradation is occurring in this part of the Andes (e.g. Trombotto & Borzotta 2009; Schrott 1998). In times of water scarcity and global warming special attention should be drawn to this issue. In this context, a new geomorphological phenomenon can be observed which has not yet been described in the literature (see Fig. 3). Similar to proglacial lakes, a small lake has developed in front of a rock glacier tongue and indicates significant rock glacier discharge and thawing of permafrost during the ablation period. It can be considered as a new indicator of degrading permafrost in the Andes.

*Fig. 3: Active rock glacier at approximately 4,500 m a. s. l. with a small lake in front the rock glacier tongue. Cordillera Principal at 33° S near the border between Chile and Argentina. Photograph taken in May 2011 by L. Schrott*

# 4 Research frontiers and measures

To meet the expectations of the above mentioned statute (protection of glaciers and the periglacial environment) current and future research activities should primarily focus on the following topics:

- Creating an inventory of glaciers and periglacial landforms for the semiarid and arid part of the Argentinian Andes following the example of Corte and Espizua (1981).
- Modelling of the present permafrost distribution using regional data sets (DEMs, air photographs, local rock glacier information, etc.). Rock glacier distribution and solar radiation intensities can significantly help to develop a technically feasible and efficient modeling approach.
- Defining lower and upper limits of the periglacial environment by means of appropriate geomorphic features (e. g. rock glaciers, protalus ramparts, planar scree slopes, etc.) and in combination with the modeled permafrost map.
- Estimating potential water storage of glaciers and rock glaciers.
- Quantitative measuring and assessment of rock glacier discharge at several test sites for ground truth and validation of water volumes.

- Developing a water budget model including snow melt, glacier melt and permafrost thawing.
- Drilling and thermistor installations of boreholes (> 10 m) in debris and rock permafrost at several test sites for temperature monitoring purposes.
- Developing scenarios regarding the extension of future permafrost and periglacial areas.
- Defining hazard zones with regard to potential water scarcity and instable slopes.

This list of research activities and measures is fully in line with the latest resolutions of the International Permafrost Association. Here, it was explicitly mentioned that permafrost studies are particularly encouraged in regions where little is known regarding its occurrence, its degradation and the resulting dynamics and hazards. Furthermore innovative and accurate permafrost maps should be developed for use of multiple audiences (http://ipa.arcticportal.org/publications/resolutions.html: accessed 05/04/13). Haeberli (2013) highlighted in a recent publication the need for future research activities and long-term monitoring initiatives with regard to mountain permafrost.

## 5 Conclusions

Knowledge of the current state and future development of the periglacial environment is of interest to academia, federal and municipal governments, NGOs, mining companies and consultancies. For people living in the mountains and in the forelands of the semiarid and arid Andes water scarcity can become an essential risk factor. Research should focus primarily on the estimation of regional permafrost occurrence (e. g. permafrost map) and on quantitative studies concerning the hydrological significance of the periglacial environment. The future development of water storage systems can only be assessed with proper monitoring programs.

## Acknowledgement

This paper is dedicated to Prof.emer. Dr. Christoph Stadel on the occasion of his 75th birthday. A part of this paper was written during a stay of Lothar Schrott in Stadel's home in Thalgau in 2013. We are grateful for his valuable friendship, generous hospitality, and many inspiring academic discussions.

## Literature

Abele, G. 1982: Geomorphologische und hygrische Höhenzonierung des Andenwestabfalls im peruanischen-chilenischen Grenzgebiet. *Erdkunde* 36: 266–278.

Ahumada, A.L., G.I. Palacios & V. Páez 2011: *Glaciares de escombros en la Sierra de Santa Victoria, Andes Áridos de Argentina.* Abstract. XVIII Congreso Geológico Argentina, Neuquén.

Arenson, L. & M. Jakob 2010: The significance of rock glaciers in the Dry Andes – A discussion of Azócar and Brenning (2010) and Brenning and Azócar (2010). *Permafrost and Periglacial Processes* 21: 282–285.

Arenson, L. & S. Pastore 2011: *The Importance of Periglacial Investigations – Needs for a South American Periglacial Monitoring Network.* Abstract. XVIII Congreso Geológico Argentina. Neuquén.

Azócar, G.F. & A. Brenning 2010: Hydrological and geomorphological significance of rock glaciers in the dry Andes, Chile (27°-33°S). *Permafrost and Periglacial Processes* 2, 1: 42–53.

Barsch, D. 1986: Probleme der Abgrenzung der periglazialen Höhenstufe in den semi-ariden Hochgebirgen am Beispiel der mendozinischen Anden (Argentinien). *Geoökodynamik* 7: 215–228.

Barsch, D. & H. Happoldt 1984: Blockgletscherbildung und holozäne Höhenstufengliederung in den mendozinischen Anden, Argentinien. *Zentralblatt für Geologie und Paläontologie* 11, 12: 1625–1632.

Boletin oficial de la Republica Argentina 2011: Número 32.102. Buenos Aires.

Brenning, A. 2005: Geomorphological, hydrological and climatic significance of rock glaciers in the Andes of Central Chile (33–35°S). *Permafrost and Periglacial Processes* 16: 231–240.

Buk, E. 1984: Glaciares de escombros y su singnificación hidrológica. *Acta Primera Reunión Grupo Periglacial Argentino, Instituto Argentino de Nivología y Glaciología*: 22–38.

Corte, A.E. 1976: The hydrological significance of rock glaciers. *Journal of Glaciology* 17: 157–158.

Corte, A.E. 1978. Rock glaciers as permafrost bodies with a debris cover as an active layer. *Third International Conference on Permafrost, NRC.* Ottawa: 262–269.

Corte, A.E. 1986. Delimitation of geocryogenic (periglacial) regions and associated geomorphic belts at 33°S lat., Andes of Mendoza, Argentina. *Buletín periglacial* 31, 86: 31–34.

Corte, A.E. & E.M. Buk 1984. *El marco criogénico para la hidrología cordillerana.* Jornadas de Hidrología de Nieves y Hielos en América del Sur. Santiago de Chile.

Corte, E.A. & L. Espizua 1981. *Inventario de glaciares de la cuenca del Río Mendoza.* Instituto Argentino de Nivología y Glaciología. Mendoza.

Garleff, K. 1970: Verbreitung und Vergesellschaftung rezenter Periglazialerscheinungen in Skandinavien. *Göttinger Geographische Abhandlungen* 51. Göttingen: 7–66.

Garleff, K. & H. Stingl 1985: Höhenstufen und ihre neuzeitliche Veränderung in den argentinischen Anden. *Zentralblatt für Geologie und Paläontologie* 11, 12: 1701–1707.

Graf, K.J. 1973. Vergleichende Betrachtungen zur Solifluktion in verschiedenen Breitenlagen. *Zeitschrift für* Geomorphologie. *N.F. Supplementband* 36: 96–103.

Haeberli, W. 2013: Mountain permafrost – Research frontiers and a special long-term challenge. *Cold Regions Science and Technology*. http://dx.doi.org/10.1016/j.coldregions.2013.02.004 (in press).

Höllermann, P. 1967: *Zur Verbreitung rezenter periglazialer Kleinformen in den Pyrenäen und Ostalpen.* Göttinger Geographische Abhandlungen 40. Göttingen.

Höllermann, P. 1972: Zur Frage der unteren Strukturbodengrenze in Gebirgen der Trockengebiete. *Zeitschrift für Geomorphologie, Supplementband* 15: 156–166.

Höllermann, P. 1985: The periglacial belt of mid-latitude mountains from a geoecological point of view. *Erdkunde* 39: 259–270.

Karte, J. 1979: *Die räumliche Abgrenzung und regionale Differenzierung des Periglaziärs.* Bochumer Geographische Abhandlungen 35. Bochum.

Lozinski, W. 1909: Über die mechanische Verwitterung der Sandsteine im gemäßigten Klima. *Bulletin International de l'Academie des Sciences de Cracovie. Classe des Sciences Mathematiques et Naturelles* 1: 1–25.

Schröder, H. 2001: Vergleichende Periglazialmorphologie im Winterregengebiet der Atacama. *Erdkunde* 55, 4: 311–326.

Schröder, H. & M. Makki 1998: Das Periglazial des Llullaillaco (Chile/Argentinien). *Petermanns Geographische Mitteilungen* 142: 67–84.

Schrott, L. 1994: *Die Solarstrahlung als steuernder Faktor im Geosystem der subtropischen semiariden Hochanden (Agua Negra, San Juan, Argentinien).* Heidelberger Geographische Arbeiten 94. Heidelberg.

Schrott, L. 1996: Some geomorphological-hydrological characteristics of rock glaciers in the Andes, San Juan, Argentina. *Zeitschrift für Geomorphologie, Supplementband* 104: 161–173.

Schrott, L. 1998: The hydrological significance of high mountain permafrost and its relation to solar radiation: a case study in the high Andes of San Juan, Argentina. *Bamberger Geographische Schriften* 15. Bamberg: 71–84.

Stingl, H. 1969: *Ein periglazialmorphologisches Nord-Süd-Profil durch die Ostalpen.* Göttinger Geographische Abhandlungen 49. Göttingen.

Trombotto, D. 2003: Mapping of permafrost and periglacial environment, Cordón del Plata, Argentina. *Proceedings 8th International Conference on Permafrost, Extended Abstracts.* Zürich: 161–162.

Trombotto, D. & A.L. Ahumada. 2005: *Los fenómenos periglaciales. Identificación, determinación y aplicación.* Opera Lilloana 45. Tucumán.

Trombotto, D. & E. Borzotta 2009: Indicators of present global warming through changes in active layer-thickness, estimation of thermal diffusivity and geomorphological observations in the Morenas Coloradas rockglacier, Central Andes of Mendoza, Argentina. *Cold Regions Science and Technology* 55: 321–330.

Trombotto, D., E. Buk & J. Hernandez 1999: Rock glaciers in the Southern Central Andes (approx. 33°–34° S), Cordillera Frontal, Mendoza, Argentina. *Bamberger Geographische Schriften* 19. Bamberg: 145–173.

Weise, O. 1983: *Das Periglazial. Geomorphologie und Klima in gletscherfreien, kalten Regionen.* Berlin.

# Heustadel im Oberpinzgau


## Heinz Slupetzky



Heustadel prägen bis heute das Landschaftsbild des Oberpinzgauer Salzachtales. Dabei darf nicht übersehen werden, dass sie dennoch einem dramatischen Wandel unterliegen und sich damit auch die Kulturlandschaft verändert. Der Artikel dokumentiert mit Beispielen, Fotos und Karten diese Entwicklung, die auf den Rückgang der traditionellen Landwirtschaft und Effekte des demographischen und globalen Wandels zurückgeht.

**Hay sheds in the Upper Pinzgau**
Hay sheds are a characteristic feature of the Upper Pinzgau valley of the Salzach. Yet they are subject to a dramatic shift in appearance and use, which also changes the cultural landscape. The paper documents this change on the basis of photographs and examples. It can be interpreted as the consequence of the decline of traditional agriculture as well as of demographic and global change.



**Keywords**: hay shed, cultural landscape, agriculture, Pinzgau, Salzach



**Los heniles de Oberpinzgau**
Los heniles son característicos del valle de Oberpinzgau en la cuenca del río Salzach. Sin embargo, se observa en ellos un dramático cambio tanto en el uso como en su apariencia, lo cual conlleva a una alteración del paisaje cultural. El artículo documenta estos cambios, basándose en fotografías y ejemplos. Esta situación puede ser interpretada como una consecuencia del declive de la agricultura tradicional y del cambio demográfico y global.


Das Landschaftsbild des breiten Oberpinzgauer Salzachtales wird heute noch durch die sehr große Zahl an Heustadeln geprägt. Die breite Talsohle wurde und wird weitgehend nur als Grasland genutzt und fällt durch eine Vielzahl von unregelmäßigen Parzellen und die trennenden Zäune auf (Seefeldner 1961: 192). Ich erinnere mich noch genau an eine Feststellung von Egon Lendl (erster Universitätsprofessor am Geographischen Institut der Universität Salzburg und Gründungsrektor), der uns sagte, dass der Talboden im Oberpinzgau wegen der vielen Heuhütten optisch dicht besiedelt aussieht.

Seit etwa zwei Jahrzehnten habe ich bei meinen vielen Fahrten in meine Arbeits- bzw. Forschungsgebiete in den Hohen Tauern bewusst wahrgenommen, wie sich die Kulturlandschaft des Salzachtales im Oberpinzgau verändert. Auffallend, ja geradezu „aufdringlich“, was die Physiognomie der Landschaft betrifft, waren die vielen Heuballen, die während der Ernte erst systemlos auf den Feldern liegen blieben, dann aber am Feldrand, bei einem Heustadel oder nahe dem Wirtschaftsgebäude deponiert und aufgeschlichtet wurden.

Begonnen hat es mit einem Heustadel in Steindorf in der Gemeinde Niedernsill. Mir fiel plötzlich auf, dass er im Frühwinter leer war. Wie ein Scherenschnitt hob sich der Stadel gegen den weißen Schnee ab, und zwischen den Querbalken konnte man durch das Gebäude hindurchsehen: Es war leer.

So fotografierte ich den Heustadel immer wieder in verschiedenen Situationen und Jahreszeiten. Die Siloballen waren im Herbst vor dem Stadel deponiert, sie lagen oft lange bis in den Winter hinein dort, bis sie in das Wirtschaftsgebäude gebracht wurden zur Verfütterung. Manchmal bekam dieser Stadel eine andere Funktion: Er diente als Zwischenlager für Brennholz.

Der natürliche Vegetationszyklus bestimmte seit je her die Heuernten. Im Frühling und Sommer war jedes Jahr vor dem alten Stadel eine blühende Wiese. Sie wurde gemäht und durchlief die Arbeitsschritte bis am Ende die Heuballen auf der Wiese lagen. In den Anfangsjahren stapelte man sie vor dem Stadel. Bis man sie nicht mehr zwischenlagerte und gleich wegtransportierte. Damit trat der endgültige Funktionsverlust als Depot für das Heu ein. Da dachte ich mir, was wohl mit dem Gebäude geschehen wird? Mir kam einmal in den Sinn, die Fotoreihe zusammenzustellen und den Heustadel digital zu entfernen. Das war aber gegen mein lebenslanges Analog-Fotografieren; ich wollte keine Nachbearbeitung sondern eine „ehrliche" Bildserie haben. Schneller als erwartet war es so weit. Im Sommer 2012 wurde ich überrascht: Der Stadel war weg. Ich war – aufgrund persönlicher Umstände – fast „dankbar", dass ich das Ende der Geschichte des Heustadels tatsächlich noch erleben konnte.

Die Wiese mit der Parzellennummer 500 (landwirtschaftlich: Äcker, Wiesen oder Weideflächen), auf dem der Stadel stand, wird als Thorerfeld bezeichnet. Der jetzige Besitzer aus Niedernsill, H.E. (vulgo Scherbauer), hatte 2004 mit der Heuballenbewirtschaftung begonnen. Der Vorbesitzer der Parzelle – die 2000 verkauft wurde – hatte schon früher auf Siloballen umgestellt. Aus dieser Zeit stammen die Fotos aus den Jahren 1997 und 1999. – Der Stadel wurde im Frühjahr 2012 abgetragen.

Warum hatte mich dieser Heustadel so interessiert? Mit einer der Gründe war, dass ich die bergbäuerliche Welt, die in den 1940er Jahren noch sehr traditionell geprägt war, kennengelernt habe. Durch die Kriegsumstände bedingt, kam meine Familie 1944 nach Saalbach, wo ich das Dorf Saalbach bis 1949 noch selbst erlebt habe. Obwohl es meine frühe Kindheit war, ist mir vieles in Erinnerungen geblieben. Ich habe die Bauern und Knechte beim Mähen erlebt bis zur Heubringung. An die große Hektik, wenn sich Gewittertürme bildeten, die Heuernte rechtzeitig in die Scheune oder Stadel zu bringen; einen präzisen Wetterbericht gab es ja nicht. Ich habe das Heuziehen, wenn von hochgelegenen Stadeln im Hochwinter Heu mit Schlitten ins Tal gebracht wurde, mit erlebt und ich durfte einmal mitfahren. Es war die Anfangszeit, als eine traditionell geprägte Dorfgemeinschaft durch den Fremdenverkehr eine völlige Umwandlung erfuhr. Und von der Kanzel gegen die Gefahren und Auswüchse, die die „Städter" aufs Land brachten, gepredigt wurde. Es sind das alles Erinnerungen, die gerade mit der bewussten Beobachtung des seit damals vor sich gehenden „dramatischen" Strukturwandels der bäuerlichen Siedlungslandschaft wieder auftauchen.

Schon Josef Lahnsteiner hat in seinen drei heimatkundlichen Büchern von 1950 bis 1962 über den Pinzgau genau das beschrieben, was ich noch in guter Erinnerung habe (Lahnsteiner 1965: 124–126). Jüngere Generationen kennen meist nicht mehr all die traditionellen Arbeitsweisen und Handwerke, schon gar nicht die vielfältigen Namen und Begriffe im Pinzgaurischen. Vor der Einführung der Mäh- und Erntemaschinen erfolgte die Mahd noch durch Mähen mit der Sense. Wer weiß noch was „Dengeln" ist, das Zuschärfen der Schneid der Sense mit dem Denglhammer? Oder: Ich erinnere mich noch gut, dass mein damals zehnjährige Bruder in Saalbach „Fuada" getreten hat; um das Heu zu verdichten, um mehr auf den Wagen zu bekommen, war der „Fudertreter" auf dem Heuwagen und trat das Heu zusammen.

Eine schöne, volkskundlich wertvolle Dokumentation der früheren Heumahd hat Peter (1991) am Beispiel des Saalfeldener Beckens im Mitterpinzgau erarbeitet, in der eine Vielzahl der Geräte dargestellt und Arbeitsweisen beschrieben sind, vor allem aber die mundartlichen Bezeichnungen und Begriffe zusammengestellt wurden.

Die guten Wettervorhersagen für die Landwirtschaft und die veränderte Wirtschaftsweise sind auch der Grund dafür, dass man keine Heumandln mehr im Oberpinzgau sieht. Früher musste man bei Schlechtwetter das gemähte Gras bzw. das Heu auf Hilflerstecken, die in den Boden gerammt wurden, hängen. Im Zweiten Weltkrieg kamen die Schwedenreuter auf, wobei das Gras auf in Reihen gespannten Drähten gelegt wurde.

Die Welt der Bergbauern und ihre Jahrhunderte alte traditionelle Lebens- und Wirtschaftsweise hat Erika Hubatschek (2007; Hubatschek & Hubatschek 2007) in den 1940er bis 1960er Jahren fotografisch festgehalten; Hans Kinzl war einer ihrer Lehrer (Bätzing 2010).

Zurück zur Physiognomie der Natur- und Kulturlandschaft im Oberpinzgau. Die natürlichen Gegebenheiten bestimmten zum einen die Lage der Siedlungen bzw. Dörfer, zum anderen die lokale Lage der Stadel. Die älteren Siedlungen mieden die versumpfte und feuchte Talsohle, sie liegen alle auf den Murkegeln der Seitenbäche. Im Pongauer Salzachtal mit ausgeprägten (spätglazialen) Terrassentreppen sind auf diesen meist die älteren Siedlungen entstanden. Im Oberpinzgau fehlen solche Terrassen vollkommen (dies wird damit erklärt, dass an der Nordstörung der Hohen Tauern ein Senkungsgebiet vorliegt, in dem das Salzachtal angelegt ist). Der Talboden des Salzachtales war siedlungsfeindlich, er war vernässt und versumpft und den Hochwässern ausgesetzt. Ein wichtiger Grund für die Versumpfung der Talsohle ist das Vorbauen der Murkegel in den Talboden von der Tauernseite und der Schieferalpenseite her, so dass die Salzach jeweils an die andere Talseite gedrängt wurde; es entstand ein Zwangsmäander. Noch heute sind alte Flussschlingen besonders an der Vegetation im Herbst (Schilf) erkennbar. Im Jahr 1520 begannen unter Erzbischof Matthäus Lang erste kleine Flusskorrekturen, bis erst ab 1842 unter Kaiser Franz Josef die Salzachregulierung in großem Maßstab einsetzte. Damit war eine beträchtliche Flächenerweiterung für die Graslandwirtschaft verbunden und als Folge davon der Bau vieler neuer Heustadel. Auf die alten Siedlungen hatte dies zunächst keinen direkten Einfluss, allerdings hat die wirtschaftliche Entwicklung seit den 1950er

Jahren bis heute den Bedarf an Boden stark ansteigen lassen. Die Siedlungstätigkeit „übersprang“ die neuen Umfahrungsstraßen (gebaut zur Entlastung des Ortskerns) und rückten gegen den Rand der Aufschüttungsfächer bzw. tiefer herab und näher an die Talaue.

Im Land Salzburg geht die frühe Erforschung der bäuerlichen Siedlungslandschaft und der Volkskultur auf Namen wie Kurt Conrad (1993) zurück. In jüngerer Zeit haben sich erfreulicher Weise „Einheimische“ und Autodidakten sehr für diese Themen interessiert (z. B. Hans Enzinger, Mittersill). Hubert Herbst aus Saalfelden hat eine detaillierte Bestandsaufnahme und Dokumentation der Heustadel im „Innergebirg“ des Landes Salzburg geschaffen, die zum „richtigen“ Zeitpunkt des Strukturwandels der Siedlungslandschaft das Wissen um die „Stadelkultur“ festhält. Der Autor hat im Pinzgau 422 Objekte aufgenommen. Die aktuelle Gesamtzahl der Stadel kennt man nicht, es ist von ca. 1500 die Rede. Was das Alter betrifft, so gibt es im Pinzgau zwei Stadel aus dem 17. Jh., ca. sechs aus dem 18. Jh. und ca. 52 aus dem 19. Jh. (Herbst 2000: 13). Der abgetragene Stadel, von dem hier die Rede ist, ist nach Auskunft des Besitzers mindestens 200 Jahre alt gewesen; im Franziszäischen Kataster von 1830 scheint er schon auf, allerdings sind die Parzellengrenzen seit damals z. T. verändert.

Das Einzelbeispiel des verschwundenen Heustadels bei Steindorf ist sicherlich typisch für die vor sich gehende Änderung im Landschaftsbild. Dieser Prozess wird nur von wenigen bewusst wahrgenommen. Aber so manche Einheimische haben dies erkannt. Auch der Verein TAURISKA greift das Thema immer wieder auf. Unter anderem schreibt Gollner-Piller im TAURISKA Kalender 1991. „Sind Sie schon einmal im Oberpinzgau auf der Sonnseite auf halber Höhe gestanden und haben Sie die vielen kleinen Stadel auf den Hängen und am Talboden betrachtet? Sie sollten es tun, zu jeder Jahreszeit ist es lohnend. Es ist unglaublich wie sehr dieses lockere Stadelgewirr die Landschaft prägt. Die einzelnen Stadel sind kreuz und quer hingestellt, als hätten spielende Kinder Holzklötzchen verstreut. Wie gut dass es damals keine strengen Bauvorschriften für Firstrichtungen und Dachneigungen gab. Der Bauer stellte die Stadel in seine Wiesen, wie es am Günstigsten für die Bewirtschaftung war und friedete sie mit einem Pinzgauer Zaun ein“. „Noch stehen viele Stadel, manchmal zu zweit, an manchen Plätzen zu dritt, wie Zwiesprache haltend und sind Zeugen einer Jahrhunderte alten Kultur. Wie lange noch?“ (Gollner-Piller 1990).

„Heute sind viele Heustadel bereits abgekommen oder werden dem Verfall preisgegeben, weil sie auf Grund veränderter Wirtschaftsweise nicht mehr benötigt werden und ihre Erhaltung ohne Verwendungszwecke zu arbeitsaufwändig und kostspielig ist. Das Abkommen der Heustadel bedeutet einen kulturellen Verlust, da sie optisch die Bergweidewirtschaft als Kulturlandschaft geprägt haben und zum Teil noch prägen, gehört aber zu jenen Veränderungen, die sich durch eine mechanisierte und rationalisierte Landwirtschaft in den Berggebieten zwingend ergeben“ (Salzburgwiki 2012).

Sind die Veränderungen in der Kulturlandschaft und der nachhaltige Strukturwandel in der Bewirtschaftung des Talboden der Salzach im Pinzgau zu bedauern?

Auf eine ähnliche Fragestellung hat Erika Hubatschek geantwortet: „Bedauern oder nicht, es muss sich alles verändern, das lässt sich nicht aufhalten“ (ORF ON Science 2009).

Der Heustadel als Zweckbau der bäuerlichen Wirtschaftsform verliert durch den Strukturwandel in der Landwirtschaft mehr und mehr seine ursprüngliche Funktion. Durch die Grassilage bzw. die Konservierung mit den Silageballen ist die Funktion des Heustadels verloren gegangen.

Gibt es „Nachnutzungen“ für die Heustadel? „Urige“ Heustadel dienen als Staffage bei Golfkursen im Oberpinzgau. In Neukirchen a. Grv. wurden zwei Stadel (ein kleiner, ein normaler Stadel) abgerissen und am Kampriesenweg zur Berndlalm neu zusammengebaut, sie dienen als Infostationen für die Wanderer. Ein anderer Aspekt ist interessant, aber auch logisch. Zimmerer und Tischler kaufen Stadel auf und verwenden das alte Holz für die Ferienhäuser bzw. Zweitwohnsitze und die Inneneinrichtung. – Das Holz des abgerissenen Stadels, von dem hier die Rede ist, soll zur Errichtung eines Blockhauses verwendet werden.

Es ist zu hoffen, dass das „Heustadel – Sterben“ nicht bis zum letzten Gebäude vor sich gehen wird, sondern doch noch eine genügende Zahl als integrierender Bestandteil der bäuerlichen Kulturlandschaft erhalten bleibt. Einmal mehr wird daran erinnert, dass die (Berg) – Bauern die Kulturlandschaft in den Bergen geschaffen und durch ihre Pflege bis heute erhalten haben.

## Nachsatz

Als ich die Einladung von Prof. A. Borsdorf erhielt, einen Beitrag für die Festschrift zum 75. Geburtstag von Christoph Stadel zu schreiben, war mein erster Gedanke: „Ein physisch-geographischer passt doch nicht so recht“. Aber für einen so guten Freund und Kollegen muss man doch dabei sein. Nach einigen Tagen kam wie von selbst die Idee: Warum nicht als Grundgerüst für einen Beitrag meine Fotoserie eines Stadels im Oberpinzgau zu verwenden? Die „Namensgleichheit“ war natürlich ein nettes Attribut.

Ich habe Christoph Stadel bei einer Tagung in Salzburg 1973 erstmals getroffen, wir kennen uns nun 40 Jahre. Näher befreundet wurden wir als Christoph 1974/75 Gastprofessor in Salzburg war. An seiner früheren Wirkungsstätte in Brandon (Kanada) sind unsere Familien 1977 zusammengekommen. Besonders seit 1992, als Christoph o . Prof. in Salzburg wurde, sind wir eng befreundet. Bei der Antrittsvorlesung von Prof. Stadel sagte Univ. Prof. Dr. Helmut Heuberger, dass es passend ist, wenn nach „Heu“berger ein Stadel folgt.

Ich schätze meinen Freund und Kollegen (in unserem „Emerituskammerl“) sehr und wünsche ihm noch viele Jahre in Gesundheit und die Spannkraft, noch so manche weitere wissenschaftliche Ernte einzufahren.

## Literatur


Bätzing, W. 2010: Dokumente einer verschwundenen Welt. *DAV Panorama 6/2010*: 86–87.

Conrad, K. 1993: Der Heustadel in der Mittelpinzgauer Landschaft. *Salzburger Volkskultur 17. Jg. H. 3 November 1993*: 35–38.

Gollner-Piller, C. 1990: Das lockere Stadelgewirr unserer Vorfahren. *TAURISKA-Kalender* 1991.

Hubatschek, E. 2007: *Mein Leben mit den Bergbauern.* Innsbruck.

Hubatschek, E. &. I. 2007*: Auf den zweiten Blick. Menschen, Höfe und Landschaften im Wandel.* Innsbruck.

Herbst, H. 2000: *Heustadel im Land Salzburg.* Veröffentlichungen des Salzburger Freilichtmuseums 5. Großgmain.

Lahnsteiner, J. 1956: *Oberpinzgau von Krimml bis Kaprun.* Salzburg.

ORF ON Science: Interview Mark Hammer 4.5.2009. Historische Fotos bäuerlicher Kulturlandschaft. http://sciencev1.orf.at/science/news/155588

Peter, I. , 1991: Die Heumahd im Saalfeldener Becken vor der Einführung der Mäh- und Heumaschinen. *Mitteilungen der Gesellschaft für Salzburger Landeskunde* 131: 313–353

Salzburgwiki 2012: Heustadel. http://www.salzburg.com/wiki/index.php/Heustadel

Seefeldner, E. 1961: *Salzburg und seine Landschaften. Eine geographische Landeskunde.* Salzburg / Stuttgart.

Treuer, R. 1977: *Bergheimat Pinzgau.* Salzburg.


## Bilder

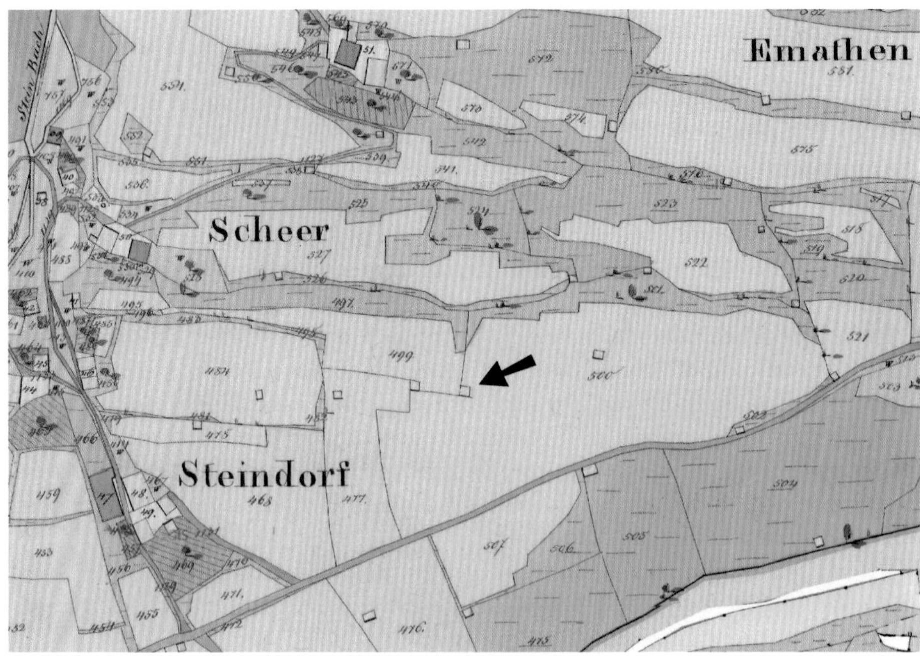


*Der Heustadel scheint schon im Franziszäischen Kataster von 1830 auf.*

*Im Frühjahr 2012 wurde der über 200 Jahre alte Stadel abgetragen. Foto: 11.9.2012*

*Der Heustadel (Blockbaustadel) bei Steindorf, Gemeinde Niedernsill, im Oberpinzgau und die dazugehörige Wiese (Thorerfeld) Foto: 12.9.2006*

*Heuballen vor dem leeren Heustadel. Foto: 13.9.1997*

*Der Heustadel im Winter. Der Stadel ist halb mit Brennholz gefüllt. Foto: 6.1.1999*

*Blühende Wiese vor dem Heustadel, der seine Funktion verloren hat. Foto: 24.5.1999*

*Heuernte bzw. Produktion der Silageballen am gegenüberliegenden Feld. Foto: 12.9.2006*

*Der Oberpinzgau bei Uttendorf (links oben) und Lengdorf (rechts unten) vor 50 Jahren. Durch die herbstliche Färbung hebt sich die versumpfte Talaue (Schilf) beiderseits der regulierten Salzach von den Wiesen ab. Eine damals noch große Zahl von Heustadeln ist typisch für den Oberpinzgau. Anschaulich sind die bewirtschaftete und besiedelte „Sonnseite" und die bewaldete „Schattseite" zu sehen. Erst nach den 1960er-Jahren hat die Siedlungserweiterung die als Entlastung der Orte gedachten Umfahrungsstraßen übersprungen und durchschneiden heute die Orte. Foto: 27.10.1965*

*Die Fürther Wiesen, oben: Piesendorf. Eine alte Flussschlinge der Salzach mit Schotterteichen. Typische landwirtschaftliche Wiesen- und Weideflächen mit Heustadeln. Foto: 19.9.1985 (alle Fotos © Heinz Slupetzky)*

# Die Herausforderungen des Globalen Wandels

## Theoretische Konzepte – regionale Fallbeispiele – fachliche Implikationen

**Martin Coy & Johann Stötter**

Das Anthropozän kann als Zeitalter der großen Beschleunigung des Globalen Wandels definiert werden. Dabei ist der Globale Wandel höchst facettenreich. Zu ihm gehören sowohl der anthropogene Klimawandel als auch die wirtschaftliche, politische und kulturelle Globalisierung. Eine wesentliche Herausforderung des Globalen Wandels besteht in der Notwendigkeit zur Anpassung. Der Beitrag thematisiert einerseits die theoretisch-konzeptionellen Herausforderungen des Globalen Wandels sowohl generell als auch speziell für das Fach Geographie und stellt andererseits am Beispiel Brasiliens die immer stärkere Einbeziehung eines der wichtigsten Schwellenländer in die Prozesse des Globalen Wandels, die aus ihr resultierenden Mensch-Umwelt-Konflikte sowie umweltpolitische Implikationen dar.

**The challenges of Global Change**
**Theoretical concepts – regional cases – implications for the disciplines**
In the era of the Anthropocene, the manifold processes of global change are characterized by great acceleration. There is an ever increasing need to adapt to the consequences of global change effects, including anthropogenic climate change and economic, political and cultural globalization, all of which play key roles. This paper addresses the theoretical-conceptual challenges of global change in general and those for the scientific discipline of geography in particular. Taking Brazil as an example the paper points out the increasing involvement of the main emerging nations in global change processes, the resulting human-environment conflicts and the environment policy implications.

**Keywords**: Global Change, adaptation, Brazil, socio-ecological conflicts, environmental policy, geographies of Global Change

**El desafío del Cambio Global**
**Conceptos teóricos – ejemplos regionales – implicaciones científicas**
El antropoceno puede ser definido como la era de la fuerte aceleración del Cambio Global. Este Cambio Global, por su parte, muestra un carácter multifacético. Comprende tanto el cambio climático antropogénico como la globalización económica, política y cultural. Un desafío fundamental del Cambio Global consiste en la necesidad de adaptación. Esta contribución tematiza tanto los retos teórico-conceptuales del Cambio Global en general, como para la disciplina geográfica. Por otro lado, la contribución analiza como Brasil, uno de los países en transición más importantes, es cada vez más incorporado en los procesos del Cambio Global, y muestra tanto los conflictos hombre-naturaleza que resultan de esta incorporación, como las implicaciones para las políticas ambientales.

## 1 Globaler Wandel: Ein Phänomen des Anthropozäns

Globaler Wandel ist der Sammelbegriff für unterschiedliche Prozesse, die mit dem Zeitalter des Anthropozäns (Crutzen & Stoermer 2000; Steffen et al. 2004, 2011; Zalasiewicz et al. 2011) in Verbindung gebracht werden können. Seit Beginn der Industrialisierung treiben sich Erschließung und Inwertsetzung fossiler Energieressourcen und die Erfindung von neuen Technologien gegenseitig immer mehr an (Crutzen 2002; Crutzen & Steffen 2003). Diese in der Erdgeschichte einmalige Entwicklung durch menschliche Eingriffe / Aktivitäten wurde bereits deutlich früher erkannt und mit unterschiedlichen Begriffen belegt: „Anthropozoic" (Stoppani 1873), „Psychozoic" (Le Conte 1879) bzw. „Noosphere" (Le Roy 1927). Erste Überlegungen zum anthropogenen Einfluss auf die Natur gehen noch weiter zurück. So weist bereits Humboldt (1849) auf die Bedeutung menschlichen Handelns für das Klima hin, Marsh (1864, 1874) diskutiert die Umgestaltung der Erde durch menschliche Eingriffe.

Durch die wechselseitigen Impulse und Stimulationen werden die Halbwertszeiten zwischen maßgeblichen Entwicklungsschritten des „Fortschritts" immer kürzer, so dass das Anthropozän zu Recht als Zeitalter der großen Beschleunigung beschrieben wird (Steffen et al. 2004). Der Übergang von linearen zu exponentiellen Entwicklungspfaden ist ein Muster, das viele Prozesse vor allem im 20. Jahrhundert gemein haben (siehe Abb. 1). Diese immer schneller ablaufenden Entwicklungen stellen die Wissenschaft, aber auch die Praxis und Politik vor immer neue, immer größer werdende Herausforderungen, für die es keine vergleichbaren Situationen in der Vergangenheit (der ganzen Menschheitsgeschichte) gibt.

## 2 Die vielfältigen Facetten des Globalen Wandels

Neben dem in den letzten Jahren in den Vordergrund der internationalen Diskussion getretenen Globalen Klimawandel gibt es weitere, nicht minder wichtige Problemfelder, bei denen aus dem lokalen Handeln bzw. durch das Zusammenwirken zwischen natur- und wirtschaftsräumlichen Prozessen in unterschiedlichen Skalen in ähnlicher Weise global wahrnehmbare Folgen entstehen. Dazu gehört die in der Geographie auf eine lange Tradition zurück blickende Diskussion der Tragfähigkeit der Erde (Malthus 1798; Penck 1924; Ehlers 1984), die im Zuge der wissenschaftlichen Auseinandersetzung mit dem Anthropozän als normative Frage wieder hochaktuell ist (Steffen et al. 2004). Von ähnlich aktueller Bedeutung sind die Überlegungen zur globalen Umweltverschmutzung (siehe z. B. Carson 1962; als Überblick siehe Radkau 2011) oder die Gedanken über den zunehmenden Ressourcenverbrauch und die globale Ressourcenverknappung (Meadows et al. 1972; Council on Environmental Quality 1981). Diese ersten Überlegungen zur aktuellen Situation der Erde, die damit verbundenen Szenarien möglicher zukünftiger Entwicklungen sowie die Erkenntnis, dass der Planet Erde als ein großes zusammenhängendes Sys-

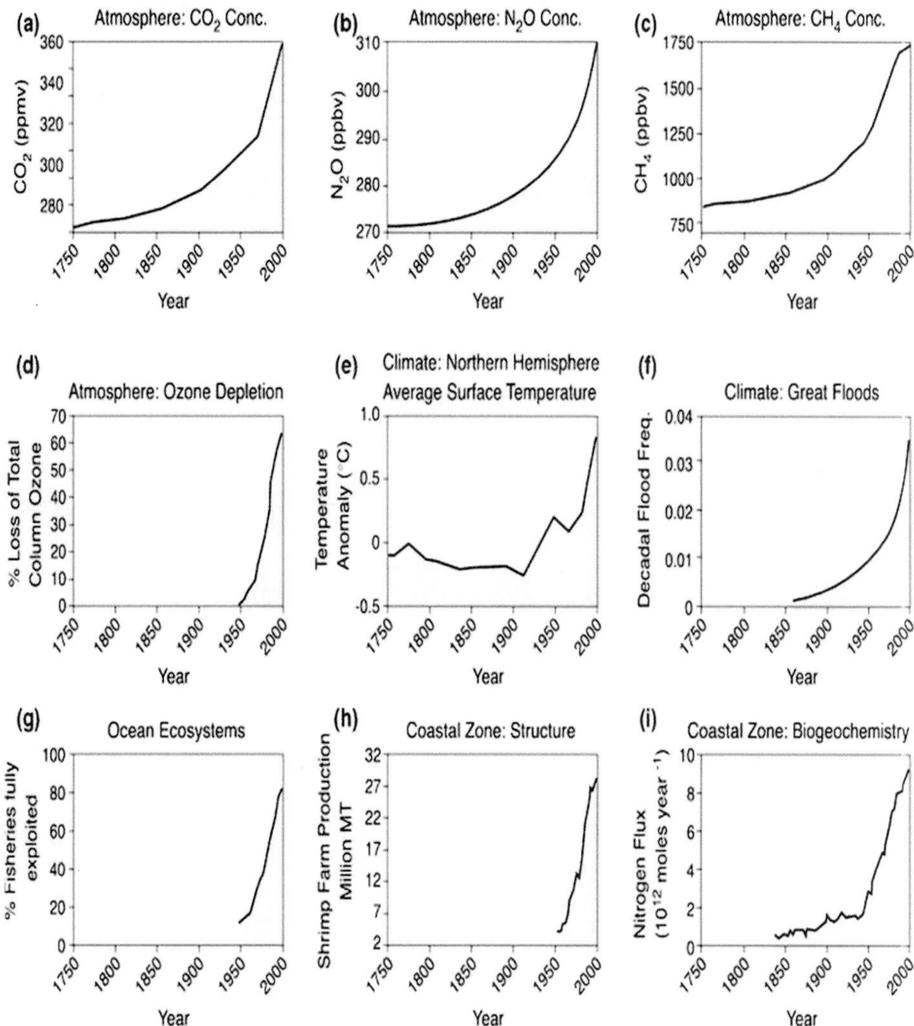


*Abb. 1: Beispiele der exponentiell beschleunigten Entwicklung im Zeitalter des Anthropozäns (verändert nach Steffen et al. 2004)*

tem zu verstehen ist, regten Organisationen wie ICSU (International Council for Science) und UNESCO (United Nations Educational, Scientific and Cultural Organization) dazu an, globale wissenschaftliche Programme ins Leben zu rufen (1980: World Climate Research Programm, 1987: International Geosphere-Biosphere Programme 1991: International Programme on Biodiversity) sowie Organisationen (1988: Intergovernmental Panel on Climate Change).

Auch wenn deren zentrales Erkenntnisinteresse in den großen Herausforderungen für die Weltgemeinschaft in Gegenwart und Zukunft bestand, war das zugrundeliegende Verständnis der Erde doch weitestgehend durch das Bild eines Natursystems geprägt, in dem den Menschen, wenn überhaupt, nur eine periphere Rolle zukam. In Folge der Entwicklungen im Anthropozän gibt es allerdings mit wenigen Ausnahmen (z. B. Tiefseeökosysteme) kaum noch Systeme, die von menschlichen Aktivitäten nicht beeinflusst sind, so dass konsequenterweise das System Erde heute als Mensch-Umwelt-System betrachtet werden muss. Dies gilt sowohl im globalen Maßstab als auch auf regionaler und lokaler Ebene. In allen Betrachtungsskalen sind Mensch-Umwelt-Systeme als offene Systeme zu verstehen, die mit ihrer Umgebung durch einen immer schnelleren Austausch von Materie, Energie und Information kommunizieren.

Dieser Erkenntnis wird dadurch Rechnung getragen, dass inzwischen die Ausrichtung der globalen Forschungsinitiativen den Menschen als gestaltenden Akteur berücksichtigen (z. B. 1996: International Human Dimension Programme on Global Environmental Change). Durch die Gründung der Earth System Science Partnership im Jahr 2001 im Rahmen der Amsterdam Declaration wird dieses neue Denken explizit zum Ausdruck gebracht. Als eine nahtlose Fortsetzung dieser Entwicklung ist wohl auch das United Nations International Year of Planet Earth (2007 bis 2009) zu sehen, in dessen Rahmen auch gesellschaftliche Themenfelder, wie z. B. Gesundheit oder Megacities, an zentraler Stelle aufgegriffen wurden (Derbyshire 2009; Woodfork & de Mulder 2011).

Im Jahr 2011 wurde von ICSU (International Council for Science) die neue Initiative „Future Earth: New global platform for sustainability research" ins Leben gerufen, die innerhalb eines 10-Jahres-Programms Antworten auf die Folgeerscheinungen des globalen Umweltwandels hervorbringen soll, um eine Transformation der Gesellschaft in Richtung Nachhaltigkeit zu ermöglichen.

Parallel zu den großen internationalen Forschungsinitiativen schlägt sich das verstärkte Bewusstsein für die Problematik globaler Zusammenhänge und für die notwendige Suche nach Lösungsansätzen natürlich seit geraumer Zeit vor allem in der politischen Sphäre in der Arbeit verschiedener „Weltkommissionen" sowie im „Marathon" der Weltkonferenzen der letzten Jahrzehnte nieder (z. B. 1992: United Nations Conference on Environment and Development, Rio de Janeiro; 2000: Millennium Summit, New York; 2002: World Summit on Sustainable Development (Rio+10), Johannesburg; 2012: United Nations Conference on Sustainable Development (Rio+20), Rio de Janeiro).

## 2.1 Globalisierung: Die komplexe Form des Globalen Wandels

Sind die bisher unter dem Konzept des Globalen Wandels beschriebenen Problemfelder noch einigermaßen klar abgrenzbar, so gilt dies für die vielfältigen und komplex vernetzten Prozesse der Globalisierung wohl kaum noch. Rahmenbedingungen und Folgeerscheinungen interagieren in so vielfältiger Weise, dass die Unterscheidung von Ursache und Wirkung immer diffuser wird. Die Differenzierung zwischen wirtschaftlichen, sozialen und kulturellen Treibern und entsprechenden Folgen wird zunehmend verwischt, aus Treibern werden Folgen und umgekehrt. Die Auflösung der „Blockwelten", der Neoliberalismus, die Veränderung politischer Akteurskonstellationen, die „Triadisierung" der Weltwirtschaft, die Verschärfung der Gegensätze zwischen Globalisierungsgewinnern und -verlierern, die Zunahme von Konflikten sind Treiber und Folgen zugleich (vgl. als Überblick Backhaus 2009; Giese et al. 2011).

Vor diesem Hintergrund setzt sich zunehmend die Erkenntnis durch, dass die ökologischen und sozio-ökonomisch-politisch-kulturellen Aspekte des Globalen Wandels „zusammengedacht" werden müssen. Globale Krisen mögen zwar als Finanzkrise bzw. Wirtschaftskrise oder aber als Umweltkrise auf den ersten Blick nicht allzu viel miteinander zu tun haben, auf den zweiten, genaueren Blick stellen sie sich aber als Resultate der gleichen (hegemonialen) Entwicklungsmodelle heraus, deren Sinnhaftigkeit zunehmend hinterfragt wird. Klimawandel, Peak Oil oder Biodiversitätsverluste machen das Hinterfragen einseitig wachstumsorientierter Entwicklungsvorstellungen genauso notwendig wie Bankenkrisen oder Staatsbankrotte (vgl. Leggewie & Welzer 2009). Gesellschaftliche Destabilisierung, Konflikte und Kriege werden in ihren Ursachen in Zukunft wohl immer stärker von den ökologisch-sozioökonomischen Wechselwirkungen des Globalen Wandels zumindest mitbestimmt (vgl. hierzu Welzer 2008; WBGU 2007). Insofern ist es auch immer wichtiger zu verstehen, wie Gesellschaften, Regionen, Individuen mit den Herausforderungen des Globalen Wandels umgehen, sich in den Rahmensetzungen des Globalen Wandels einrichten und wie angepasste Strategien des sozioökonomischen und kulturellen „Umgangs" mit dem Globalen Wandel in den jeweiligen Lebenszusammenhängen gefunden werden. Deshalb stellen auch gerade sozial- und kulturwissenschaftliche Perspektiven hoch interessante und innovative „Forschungsfronten" des Globalen Wandels – insbesondere auch des globalen Klimawandels – dar (vgl. verschiedene Beiträge in Welzer et al. 2010 sowie in Voss 2010).

## 2.2 Strategien zum Umgang mit dem Globalen Wandel

Auf der Basis der internationalen Diskussion zum anthropogenen Klimawandel haben sich zwei Strategien für den Umgang mit den Herausforderungen des Globalen Wandels herauskristallisiert (Klein et al. 2007). Neben Maßnahmen, die versuchen, die Prozesse zu verhindern bzw. deren Ursachen zu stoppen (*mitigation*), ist die Anpassung (*adaptation*) an die Folgeerscheinungen des Wandels solange zwingend erforderlich, bis das globale Mensch-Umwelt-System wieder stabilisiert ist. Während es auf der globalen politischen Ebene bisher im Wesentlichen darum ging, Wege der *mitigation* zu finden, spielen auf der lokal / regionalen Ebene vielerorts Überlegungen über die Möglichkeiten und Grenzen der Anpassung eine zunehmende Rolle.

Die politisch-institutionellen Rahmenbedingungen gesellschaftlicher Aushandlung und Steuerung haben sich in den letzten Jahren unter anderem im Zusammenhang des neoliberalen „Rückzugs des Staates", im Zuge von Deregulierung und Flexibilisierung deutlich differenziert. Die Governance-Perspektive berücksichtigt die sich vor diesem Hintergrund verändernden Akteurskonstellationen und trägt somit den auf unterschiedlichen Maßstabsebenen (global bis lokal) immer komplexer werdenden Aushandlungsstrukturen und Steuerungsmechanismen Rechnung (vgl. Benz 2004). Dabei spielt in der Governance-Perspektive – sowohl verstanden als wissenschaftlicher Analyse-Ansatz als auch als Strukturierungsrahmen politischer Prozesse – das Verhältnis von Staat zu Zivilgesellschaft eine besondere Rolle. Gerade der Umweltbereich (vor allem der globale Klimawandel) steht im Vordergrund der internationalen Governance-Debatte (vgl. Messner 2010), zumal sich in der Vergangenheit klassisches *Government* hier oftmals als unzureichend erwiesen hat. Eine zeitgemäße Umwelt-Governance soll demgegenüber unter Einbeziehung der relevanten *stakeholder* institutionelle Strukturen aufbauen und Steuerungsmechanismen etablieren, die in unterschiedlichen maßstäblichen Zusammenhängen am Nachhaltigkeitsleitbild orientierte Entwicklungspfade ermöglichen. Anwendungsbezogen geht es also darum, Möglichkeiten einer „besseren" gesellschaftlichen und politischen Steuerung herauszuarbeiten.

Analog eröffnet sich im Kontext der Debatte um Anpassungsstrategien an den Klimawandel eine neue Diskussion um eine so genannte *Climate Adaptation Governance* (vgl. Frommer et al. 2011), die vor allem auf die regionalen Anforderungen und Akteurskonstellationen der Klimawandelanpassung rekurrieren, wobei sich aufgrund der Mehrskaligkeit des Problemkontextes (lokales Handeln hat globale Wirkung) auch die Notwendigkeit von mehrskaligen, räumlich grenzüberschreitenden und zeitlich generationenübergreifenden Lösungsansätzen ergibt.

Erste wissenschaftliche Überlegungen zum Konzept der Anpassung gehen auf Diskussionen zur Evolutionsbiologie im 19. Jahrhundert zurück (siehe z. B. Lamarck 1809; Darwin 1859). Ursprünglich wurde darunter ein Prozess bzw. eine Fähigkeit verstanden, die es Organismen ermöglicht, bei sich ändernden Umweltbedingungen sich beispielsweise durch Standortwechsel mit diesen neuen Verhältnissen zu arrangieren. Aus heutiger Sicht umfasst Anpassung aber über die rein biologisch-physikalischen Aspekte hinaus vor allem die gesellschaftliche Seite (siehe z. B. Rappaport 1971; O'Brien & Holland 1992 sowie verschiedene Beiträge in Frommer et al. 2011). Hierbei ist unter anderem an die Entwicklung von neuen Methoden und Strategien zu denken, durch die soziale Gruppen auf Veränderungen in ihrer Umwelt reagieren, um ihre Lebensbedingungen zu verbessern bzw. ihr Überleben zu sichern. In diesem Sinne ist Anpassung als ein systeminterner Prozess in sozialökologischen Systemen zu verstehen, durch den versucht wird, die dynamischen Wechselwirkungen zwischen den biologisch-physikalisch und den soziokulturell geprägten Systemkomponenten in einem dynamischen, entsprechend gesellschaftlichen Werten intendierten Gleichgewicht zu halten (siehe z. B. Folke et al. 2005; Gallopin 2006).

Ob ein Mensch-Umwelt-System in entsprechender Weise mit Systemstörungen bzw. Stress umgehen kann, hängt von der Anpassungsfähigkeit oder Adaptivität ab, wobei hierunter nicht die kurzfristige Reaktion im Sinne einer *coping capacity* verstanden wird, sondern das mittel- bis langfristige, der intergenerationellen zeitlichen Dimension des Nachhaltigkeitsgedankens entsprechende Umstellen auf einen neuen, mittelfristig stabilen Systemzustand (Smit et al. 2001; Brooks et al. 2005; Gallopin 2006). Auf die Anpassungsfähigkeit eines Mensch-Umwelt-Systems wirken von außen externe Einflüsse (z. B. der Globale Klimawandel oder Globalisierungseffekte) sowie interne Faktoren, die im System selbst ihren Ursprung haben (z. B. demographische Entwicklung, Innovation, Kreativität). Die Adaptivität bringt zum Ausdruck, in welcher Weise das betrachtete System reagiert und welche Entwicklungspfade sich daraus ergeben können. Dabei hängt die Adaptivität von Mensch-Umwelt-Systemen gegenüber den Folgewirkungen des Globalen Wandels von folgenden Rahmenbedingungen ab:

- Von der Grunddisposition der Vulnerabilität / (Resilienz) / Kapazität des jeweiligen Mensch-Umwelt-Systems gegenüber den Teilprozessen des Globalen Wandels: Während die Resilienz als Ausdruck für die beharrenden Systemeigenschaften gilt, die mitunter auch verhindern, dass günstige Einflüsse wirksam werden, der Vulnerabilität rein auf der Seite potentiell negativer Enzwicklungsoptionen entgegenwirkt, kann die Idee der Kapazität als generell „positives Gegenkonzept" interpretiert werden. In diesem Sinne wird durch den Terminus Kapazität die „Aufnahmefähigkeit" einer Person, Gesellschaft oder eines Systems verstanden, die es erlaubt einen spezifischen Impuls auch in Richtung eines verbesserten Systemzustands aufzugreifen und weiter zu entwickeln (siehe Abb. 2). Dabei geht es um den Aufbau von Kapazität (*capacity building*), die dann im Sinne einer Anpassungskapazität (*adaptive capacity*) zu Anpassung an veränderte Rahmenbedingungen beitragen kann;

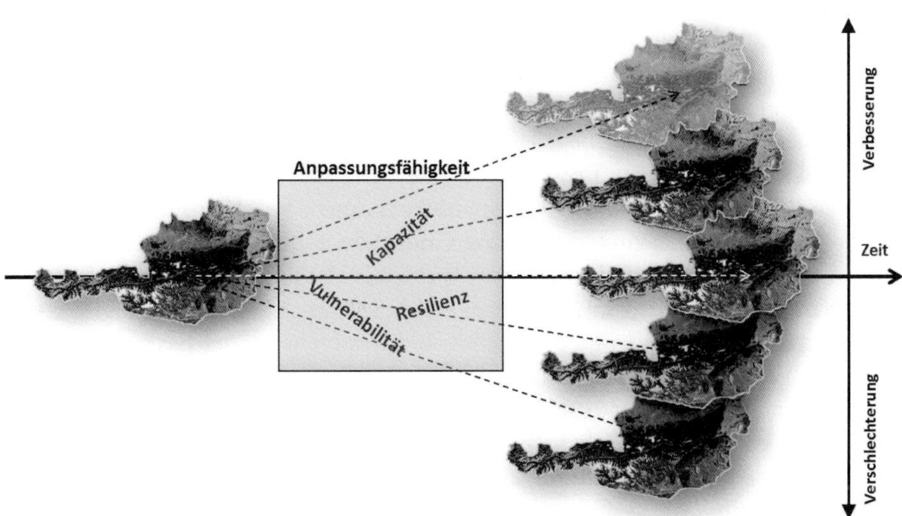


*Abb. 2: Offenes Konzept zur Anpassungsfähigkeit, basierend auf einem offenen Risikokonzept (verändert nach Stötter & Coy 2008)*

- von der Intensität (Magnitude und zeitlicher Verlauf) der Teilprozesse des Globalen Wandels (z. B. wie schnell sich eine bestimmte Temperaturerhöhung einstellt) sowie
- von der systemimmanenten Anpassungsfähigkeit des betrachteten Systembereichs an die entsprechenden Veränderungen.

## 3 Ein Fallbeispiel: Sozialökologische Herausforderungen des Globalen Wandels in Brasilien

Anpassung an den Globalen Wandel und seine Folgen ist heutzutage eine universale Aufgabe, die in allen Großregionen der Erde eine entscheidende Rolle für die jeweils eigene Zukunftsfähigkeit sowie für die Zukunftsgestaltung des gesamten Systems Erde spielt. Die Anpassungskapazitäten sind derzeit jedoch sehr unterschiedlich – um nicht zu sagen ungleich – verteilt, denn sie hängen ganz wesentlich mit den politischen Rahmenbedingungen, mit den gesellschaftlich-institutionellen *settings* (Machtverhältnisse, Bereitschaft zum Wandel) und selbstverständlich auch mit der Verfügbarkeit und Wertschätzung von Wissen (darunter vor allem auch traditionellem Wissen) sowie dem Zugang zu (vor allem angepassten) Technologien zusammen. Besonders die großen Schwellenländer (China, Indien, Indonesien, Brasilien und andere) werden in den kommenden Jahren eine Schlüsselstellung bei der Frage des Umgangs mit der Anpassung an sowie der Bewältigung des Globalen Wandels einnehmen. Sie beherbergen den Großteil der Menschheit, ihre wirtschaftliche, technologische und sozialkulturelle Dynamik übersteigt bei Weitem das, was die Länder des „Globalen Nordens" vorexerziert haben. Hier in den Schwellenländern wird es darauf ankommen, im Zeichen der derzeit beschrittenen Pfade ungebremsten Wachstums und sozialkultureller Dynamik Anpassungskapazitäten zu entwickeln und zu fördern, die einerseits dem lokal / regionalen Problem- und Konfliktdruck begegnen können und gleichzeitig die Dimension der globalen Verantwortung nicht aus den Augen verlieren.

In diesem Sinne wird die Entwicklung Brasiliens während der letzten Jahre auf den ersten Blick gemeinhin als Erfolgsgeschichte gelesen. Spätestens mit der im Jahr 2003 von der führenden Investmentbank Goldmann Sachs veröffentlichten Studie „Dreaming with BRICs" gilt Brasilien endgültig als „Land der Zukunft", als das es bereits Stefan Zweig in den 1940er Jahren bezeichnet hatte. Nun allerdings aus der Sicht von und für nationale und internationale Investoren, auf der Basis von Wachstumsziffern, wirtschaftlichen Potenzialen und Renditeerwartungen. Dabei sind es nicht nur erstaunliche Erfolge im industriellen und Dienstleistungssektor, die Brasilien in einem neuen Licht erscheinen lassen: das Land ist inzwischen der drittgrößte Flugzeughersteller der Welt, nimmt eine wichtige Stellung im strategischen Bereich der KFZ-Produktion ein und überzeugt durch Spitzenforschung in den unterschiedlichsten Bereichen. Brasilien ist vor allem reich an Flächen und Rohstoffen. Flächenreichtum ist ein wichtiger Hintergrund für Brasiliens führende Stellung auf den

Weltagrarmärkten. Dies gilt auch für viele mineralische und energetische Rohstoffe, bei denen Brasilien inzwischen sowohl seinen eigenen Bedarf decken und darüber hinaus als wichtiger Anbieter auf dem Weltmarkt auftreten kann. Insgesamt ist der Anteil der Primärgüter am gesamten Exportwert Brasiliens von ca. 42 % im Jahr 2000 auf fast 64 % im Jahr 2010 gestiegen (Burchardt & Dietz 2013: 185). Dies beweist den schon seit einigen Jahren beschriebenen Trend einer „Reprimarisierung" der brasilianischen Wirtschaft, also einer makroökonomischen Bedeutungszunahme der Primärgüterproduktion. Man spricht vom *neo-extractivismo*, vom Wiederaufleben des Extraktivismus, der natürlich vor allem mit einer steigenden Nachfrage nach Rohstoffen in den Schwellenländern zusammen hängt (vgl. zum Thema des *neo-extractivismo* verschiedene Beiträge in Burchardt et al. 2013). So sind China und Indien inzwischen die Hauptabnehmer vieler brasilianischer Primärgüter. Zwar dient der Export von global nachgefragten *commodities* in vielen südamerikanischen Ländern nicht zuletzt der Finanzierung großer Sozialtransferprogramme, allerdings hat der auf dem *neo-extractivismo* basierende Entwicklungsboom einen hohen, vor allem auch mit ökologischen Kosten verbundenen Preis. Von daher stellt sich natürlich auch die Frage, inwieweit der neue Boom der Rohstoffextraktion in Brasilien und den lateinamerikanischen Ländern insgesamt eine schwierige Herausforderung für eine Anpassung an die unterschiedlichen Facetten des Globalen Wandels darstellt (vgl. auch Svampa 2013).

Der entwicklungs- und wachstumsbedingte Druck auf die Umwelt betrifft mit Brasilien ein Land, dessen Naturressourcen auch in globaler Sicht von höchster Bedeutung sind, Brasilien in der Diskussion um Ursachen und Folgen des Globalen Wandels in einem besonderen Licht erscheinen lassen und aus diesem Grund in den vergangenen Jahren unter zunehmender internationaler Beobachtung stehen (vgl. Abb. 3). Dies trifft in erster Linie für die tropischen Regenwälder Amazoniens zu, des größten zusammenhängenden Regenwaldareals der Welt. Durch den Infrastrukturausbau der letzten 40 Jahre, das dadurch erst ermöglichte Vordringen der Pionierfronten, die Umwandlung von Wald in Weideflächen oder die Ausbeutung von Holz, Rohstoffen sowie die Anlage von Großprojekten zur Energiegewinnung sind inzwischen knapp unter 20 % der ehemaligen Primärwaldbestände des brasilianischen Amazonien verloren gegangen (vgl. zu den Hintergründen Coy 2013). Dort, wo der Erschließungs- und Entwicklungsdruck schon seit Generationen besteht, nämlich in den küstennahen Kernregionen von Bevölkerung, Siedlungen und Wirtschaft, sind die (Küsten)Regenwälder der sog. *Mata Atlântica* inzwischen auf gerade einmal 7 % ihres geschätzten ursprünglichen Bestandes geschrumpft. Und eigentlich sind beide Regionen, Amazonien und die Küstenregenwaldregion der *Mata Atlântica*, *hotspots* der globalen Biodiversität. Auch im Zusammenhang der Frage des globalen anthropogenen Klimawandels sind die Wälder Brasiliens insofern von besonderer Bedeutung, als fast Dreiviertel der brasilianischen $CO_2$-Emissionen auf das Konto von Entwaldung und Landnutzungswandel gehen (Anhuf 2010). Lange Zeit aus ökologischer Sicht nur wenig beachtet, hat sich in den letzten 30 Jahren ein dramatischer Landnutzungswandel in den ebenfalls durch hohe Biodiver-

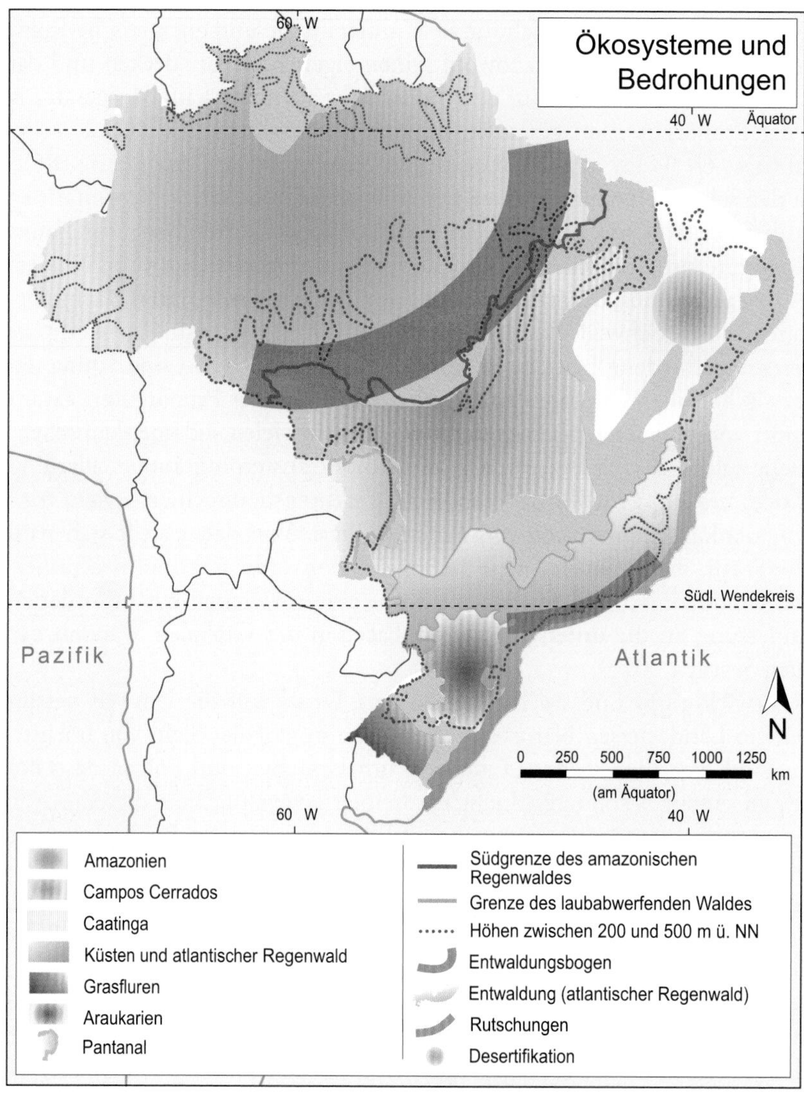


*Abb. 3: Ökosysteme Brasiliens und ihre Bedrohungen; Quelle: Mello & Thery 2005. Entwurf Hervé Thery; Überarbeitung: Tobias Töpfer*

sität ausgezeichneten wechselfeuchten Baumsavannenregionen der *Campos cerrados* Zentralbrasiliens abgespielt. Der ausschließlich auf den globalen Markt ausgerichtete, großflächige Anbau von Soja, heute oftmals im Wechsel mit Mais und Baumwolle, hat diese Region innerhalb weniger Jahre zwar einerseits in eine wirtschaftlich boomende Region verwandelt (vgl. am Beispiel Mato Grossos Coy & Klingler 2011), andererseits aber nur wenig von der ehemaligen ökologischen Vielfalt übrig gelassen. Das Pantanal, die größte Überschwemmungssavanne weltweit, steht unter dem Druck von Modernisierungstendenzen der traditionellen extensiven Rinderhaltungssysteme, die Mangrovenbereiche der brasilianischen Küste geraten immer mehr ins Visier der Garnelenzucht, die Trockengebiete des Sertão im Hinterland des brasilianischen Nordosten, schon seit jeher von Dürren heimgesucht, sind einerseits infolge von Übernutzungserscheinungen von Desertifikation gekennzeichnet und werden andererseits durch die sich ausbreitenden, oftmals weltmarktorientiert wirtschaftenden Bewässerungsoasen mit einer neuen Dimension des Konfliktes um Wasser konfrontiert.

So ließe sich die Liste der seit Langem bestehenden beziehungsweise der in den vergangenen Jahren neu auftretenden Umweltkonflikte, die eine entscheidende Herausforderung für die Zukunft Brasiliens sind, fortsetzen. Erwähnt seien zumindest die sozialökologischen Konfliktkonstellationen in den urbanen Gebieten, denn mit einem (offiziellen) Verstädterungsgrad von über 80 % der brasilianischen Bevölkerung haben sich natürlich auch die städtischen Umweltprobleme und -konflikte verschärft. Sowohl in den megaurbanen Agglomerationen von São Paulo und Rio de Janeiro sowie in den zahlreichen zu Millionenstädten herangewachsenen Regionalmetropolen als auch in den Klein- und Mittelstädten, die oftmals zu schnell aus dem Blickfeld geraten, spielen Fragen der Luft- und Gewässerbelastung durch unzureichende stadthygienische Infrastrukturen (Abwasser und Müll) sowie durch die zunehmende Motorisierung, Fragen des Flächen"verbrauchs" durch die Ausdehnung der Städte an ihren Rändern, oder auch Fragen des Grün- und Freiflächenmanagements eine entscheidende Rolle für die Sicherung – bzw. überhaupt für die Herbeiführung – städtischer Lebensqualität. Insofern ergeben sich im größten lateinamerikanischen Land zahlreiche sozialökologische Handlungsfelder, auf denen sich erweisen muss, ob sich im „sozialökologischen System Brasilien", das heißt sowohl auf der politischen, der zivilgesellschaftlichen, der betrieblichen oder letztendlich der individuellen Entscheidungs- und Handlungsebene, Anpassungskapazitäten zeigen oder herausbilden, die einen adäquaten und innovativen Umgang mit den Herausforderungen des Globalen Wandels erwarten lassen.

In der politischen Landschaft Brasiliens kam sicherlich der Amtsantritt von José Inácio Lula da Silva an der Spitze einer Regierung unter Führung der linksorientierten Arbeiterpartei PT im Jahr 2003, also vor zehn Jahren, einem wesentlichen Umbruch gleich. Hoch war der Erwartungsdruck, dass sich vieles im Lande ändern würde. Dies betraf die großen bisher ausgebliebenen gesellschaftlichen Reformen (z. B. eine Agrarreform), natürlich das große Feld der Sozialpolitik (in der Folge durch die so genannte *Fome Zero*-Politik und das *Bolsa Família*-Programm mit großer Beachtung versehen, vgl. Coy & Théry 2010), und dies betraf vor allem auch die Umweltpolitik und den Umgang mit den virulenten Umweltkonflikten. Aus dem vorliegenden Argumentationszusammenhang heraus sind dies also alles wichtige Aspekte für den Umgang mit Herausforderungen des Globalen Wandels bzw. mit Problemstellungen, die durch Globalen Wandel und Globalisierung zumindest beeinflusst werden und somit Fragen der Kapazität für Anpassung auf die Tagesordnung bringen. Gerade das Feld der Umweltpolitik, verbunden mit den Politiken für Amazonien, wurde für viele VertreterInnen von zivilgesellschaftlichen Bewegungen und Umwelt-NGOs, die sich im Rahmen der neuen Regierung auf den „Marsch durch die Institutionen" begaben, zu dem Feld, auf dem sie besonderes Potenzial zu neuen Politikansätzen orteten. Dabei zeigte sich jedoch schon sehr rasch, dass auch unter den neuen politischen Verhältnissen das alte Dilemma zwischen Umweltpolitik und vorrangiger Regional- und Wachstumspolitik erhalten blieb. Umweltpolitik wurde keineswegs der „transversale Charakter" zugesprochen, der ihr im Sinne der Nachhaltigkeit anstünde. Beredter Ausdruck hierfür sind die immerwährenden Auseinandersetzungen um zahlreiche Infrastruktur-Großprojekte, die nach wie vor in altbekannter Manier – nun diskursiv mit den Attributen der Wohlfahrt und der Nachhaltigkeit versehen – betrieben und im Zeichen von Modernisierung und Wachstum forciert werden. Beispielhaft seien genannt:

- Die Umleitung des Rio São Francisco (*Transposição do Rio São Francisco*), um das Problem der Wasserknappheit im semiariden Hinterland des Nordostens (der Herkunftsregion Lulas) in den Griff zu bekommen (vgl. in kritischer Sicht Schmitt 2010).
- Der Ausbau der Fernstraße BR 163 Cuiabá – Santarém, um den Sojafarmern am Südrand Amazoniens, in Mato Grosso, im Sinne von Modernisierung und Wachstumsorientierung alternative Exportmöglichkeiten aufzuzeigen (vgl. eingehender Coy & Klingler 2011).
- Die Forcierung des Staudammbaus in Amazonien mit der Umsetzung der Staudammkomplexe Santo Antônio und Jirau am Rio Madeira sowie dem Betreiben des besonders umstrittenen Projektes Belo Monte am Rio Xingu (vgl. Coy 2013), um die nationale Energieversorgung zu sichern.

Die genannten Beispiele zeigen bereits, dass „Anpassung" sehr ambivalent interpretiert werden kann. Anpassung an das Problem der Wasserknappheit wird dann besonders problematisch, wenn im Zuge dieses Prozesses ein klassisches Allmendegut wie Wasser Gefahr läuft, zunehmend „kommodifiziert" zu werden. Logistische Anpassung an die Herausforderungen des Globalisierungsdrucks gerät mit den Notwendigkeiten des Schutzes von *global commons* in Konflikt.

### 3.1 Amazonien: ein emblematischer Raum sozialökologischer Konfliktkonstellationen im Zeichen des Globalen Wandels

Die Dynamik der Regionalentwicklung in Amazonien, der sich aus ihr ergebende sozioökonomische, kulturelle, politische und räumliche Wandel sowie die in der Folge verursachten sozialökologischen Probleme sind im Wesentlichen Ergebnis von Prozessabläufen, die seit den 1970er Jahren die vormals extreme Peripherie Brasiliens grundlegend verändert haben. Auslöser dieses regionalen Umbruchs und der aus ihm resultierenden Konflikte ist zu einem großen Teil staatliche Regionalentwicklungspolitik gewesen, die die Voraussetzungen für Erschließung und „Inwertsetzung" schuf aus dem dreifachen Motiv heraus, den Beitrag des peripheren Amazonien zum gesamtstaatlichen Wachstum zu steigern, gleichzeitig mit den vermeintlich unermesslichen Landreserven an der Peripherie ein soziales Ventil für virulente Problemlagen in den Zentrumsräumen des Landes zu schaffen und schließlich um im Sinne der Doktrin der „nationalen Sicherheit" die geostrategische Inkorporation dieses nur schwer kontrollierbaren Raumes zu garantieren. Zusätzlich zu ihrer regionalen und nationalen Bedeutung haben die jungen Entwicklungen in Amazonien durch ihre stärkere Einbeziehung in die Klima- und Biodiversitätsdebatte, in das Spannungsverhältnis zwischen Globalisierung und Regionalisierung – und damit in die Diskussion um die Chancen und Limitationen nachhaltiger Entwicklung – eine neue Dimension im Zeichen des Globalen Wandels erhalten (vgl. ausführlicher Kohlhepp & Coy 2010). Insofern stellt sich im Zusammenhang Amazoniens die Frage nach dem Umgang mit den Herausforderungen im Kontext des Globalen Wandels, also nach Anpassungsfähigkeiten, ihren Chancen und Limitationen, heute in ganz besonderem Maße.

Die aus der nationalen und globalen Inkorporation Amazoniens in den letzten Jahrzehnten resultierenden Konflikte sind in ihrem Kern fast immer Mensch-Umwelt-Konflikte, denn es geht um Auseinandersetzungen um den Zugang zu und die „Inwertsetzung" von Ressourcen. Dabei ist es wichtig, wer die an den Konflikten beteiligten Akteure sind, welche Interessen sie verfolgen, wie sich daraus Handlungslogiken ableiten, welche Handlungsspielräume oder -restriktionen ihr Agieren bestimmen und welche sozioökonomischen Ungleichheiten und soziopolitischen Machtkonstellationen sich darin manifestieren. Denn nicht zuletzt hieraus werden Chancen und Blockaden für Anpassung beziehungsweise Bewältigung wesentlich mitbestimmt. Aktuelle Konflikte in Amazonien sind also vor allem sozialökologische Konflikte. Sie sind Ausdruck sich verändernder „gesellschaftlicher Naturverhältnisse" insofern, als der soziale Wandel und die wirtschaftliche Dynamik, die die letzten 40 Jahre in Amazonien gekennzeichnet haben, immer verbunden sind mit einer Veränderung der konkreten Ressourcennutzung, der Ressourcenwahrnehmung und der – zumeist politisch instrumentalisierten – Ressourcendiskurse. Gesellschaftliche Naturverhältnisse beschreiben die vielfältigen, alltäglichen Auseinandersetzungen des Menschen mit seiner (natürlichen) Umwelt, bei denen es um Zugang und Verfügungsrechte *(entitlements)* über Ressourcen, um die Selbstbestimmung über die Strategien des Überlebens oder um die unterschiedlichsten Repräsentationen von Natur / Umwelt im Alltag geht. Der Begriff der gesellschaftlichen Naturverhältnisse beinhaltet eine politische / politisierte Sicht auf Natur / Umwelt. Er ist mithin nicht nur Zentralbegriff von Sozialer Ökologie (vgl. Becker & Jahn 2006), sondern mindestens ebenso eine der Hauptkategorien von Politischer Ökologie (vgl. Krings 2008). Beide Perspektiven hinterfragen also Mensch-Umwelt-Beziehungen und die sich aus ihnen ergebenden Konflikte nach ihrem jeweiligen sozialen, gesellschaftlichen und politischen Kontext. Dabei spielt naturgemäß die Frage nach unterschiedlichen Verwundbarkeiten und Betroffenheiten der Akteursgruppen – und zumindest implizit die Frage nach Reaktions- und Handlungsmöglichkeiten im Sinne der Anpassung – eine zentrale Rolle. Wer sind die Gewinner, wer die Verlierer? Wie sind die Lasten und Folgekosten unter den Akteuren verteilt? Welche Kapazitäten lassen sich feststellen?

Ein Beispiel für die neuen Ambivalenzen, die sich vor diesem Hintergrund heute in und um Amazonien beobachten lassen, stellt der weltmarktorientierte, hoch modernisierte Sojaanbau dar. Er trat an den Südgrenzen Amazoniens, vor allem im nördlichen Bereich des Bundesstaates Mato Grosso, zu Beginn der 1980er Jahre auf. Aus den südlichen Bundesstaaten Brasiliens zusammen mit südbrasilianischen Migranten in die damals entstehenden Siedlungsgebiete der Privatkolonisation in Nord-Mato Grosso vorstoßend, nahm der Sojaanbau rasch Besitz von den leicht mechanisierbaren und großflächig bearbeitbaren Baumsavannengebieten der Campos cerrados. Die wesentlichen Standortvorteile am Südsaum Amazoniens waren große Flächenreserven, niedrige Landpreise, gute Produktivitäten – zumindest in den ersten Jahren – sowie der anhaltende Zuzug einer südbrasilianischen Farmerbevölkerung, die die Innovation des Sojaanbaus aufgriff und verbreitete. Als Nachteile waren vor allem die weiten Entfernungen zu den Verarbeitungszentren und Exporthäfen im Süden und Südosten Brasiliens zu sehen. Da der Sojaanbau nur in vergleichsweise großen Betriebseinheiten und unter unternehmerischen Rahmenbedingungen Sinn macht, gingen von diesem Vorstoß der modernisierten Landwirtschaft erhebliche Verdrängungswirkungen aus. In Form von Landnutzungssukzessionen setzte sich der Sojaanbau immer mehr durch. Diejenigen, die finanziell nicht mehr mithalten konnten, mussten weichen. Neue Technologien (vor allem die Einführung des Direktsaatverfahrens und die damit einhergehende Verwendung von genetisch verändertem Saatgut) stellen zusätzliche Ansprüche an die Farmer und begünstigen auch weiterhin Konzentrationsprozesse. Die ausschließliche Einbindung des Sojaanbaus in die globalen Wertschöpfungsketten (vor allem der Futtermittelindustrie) machen die „Konfliktkonstellation Soja" zu einem besonders emblematischen Fall der Folgen der „Zurichtung" einer Region auf die Globalisierung. Lokal verortete sozialökologische Konflikte im Sojaumfeld (beispielsweise zusätzliche Rodungen, Einsatz von Agrochemikalien, Verdrängung von Kleinbauern, Landlosen und Indigenen) stehen in unmittelbarem Zusammenhang mit globalen Entwicklungen und zeigen somit die mehrskalige Dimension von Umweltgerechtigkeit, und damit natürlich auch von Chancen und Grenzen der Anpassung: Für wen wird letztendlich die Umwandlung des Cerrado in ein „Meer von Soja" betrieben, wer profitiert, wer trägt die Lasten, wer muss Verantwortung übernehmen? Die „Erfolgsgeschichte" der Sojawirtschaft in Mato Grosso – als solche kann sie angesichts des wirtschaftlichen Booms ganzer Landstriche und beispielsweise der Städte entlang der Fernstraße Cuiabá – Santarém durchaus auch „gelesen" werden – hat also bei genauerer Betrachtung zweifellos mehrere Seiten (vgl. eingehender Coy & Lücker 1993 sowie zu aktuellen Entwicklungen Coy & Klingler 2011). „Anpassung" wird von den Akteuren in diesem Problemkontext derzeit allenfalls als Anpassung an Marktanfordernisse (Verbesserung von Produktionssystemen, Verbesserungen im logistischen Bereich) angesehen. Inwieweit ein anderes Verständnis von Anpassung zum Beispiel in Form einer Umgestaltung herrschender Anbausysteme in Richtung auf *Low Carbon*-Systeme Platz greifen kann, bleibt abzuwarten. Ein entsprechender „Anpassungsdruck" würde sich wohl erst dann ergeben, wenn die globalen Marktkonstellationen (Nachfrageentwicklung und Preistendenzen) entsprechende Initiativen (z. B. durch Zertifizierungssysteme) unterstützen würden. Im Moment ist zumindest Skepsis angebracht.

Auch für die Extraktion mineralischer (und energetischer) Rohstoffe ist Amazonien in den letzten Jahren immer wichtiger geworden. Die Eisenerze aus der Serra dos Carajás, einer der bedeutendsten Eisenerz-Lagerstätten der Welt, Bauxit vom Rio Trombetas, Gold und Diamanten aus den primären und sekundären Lagerstätten in vielen Teilregionen Amazoniens sowie die Erdgasfelder sowohl im zentralen Amazonasgebiet als auch an seinen westlichen Rändern zeigen den Ressourcenreichtum an, der seit den 1980er Jahren zu einem wesentlichen Motiv des Infrastrukturausbaus vor allem im östlichen Amazonien wurde. Großfirmen, vor allem das inzwischen zu einem der führenden transnationalen Bergbaukonzerne aufgestiegene brasilianische Unternehmen *Vale*, dominieren den Sektor und haben inzwischen an vielen Stellen auch den manuellen Bergbau, ehemals mit den zahlreichen Gold- und Diamanten-*garimpos* für Amazonien kennzeichnend, verdrängt oder ersetzt. Auch in diesem ja im Wesentlichen auf den globalen Rohstoffmarkt ausgerichteten Bereich zeigen sich die ungleichen Konfliktlinien zwischen lokal / regionalen Bedürfnissen und Überlebensinteressen von Kleinbauern, Flussanrainern, *garimpeiros* einerseits und den makroökonomisch, zumal in Zeiten einer offensichtlichen „Re-Primarisierung" des brasilianischen Außenhandels immer wichtiger werdenden Renditeversprechungen des Rohstoffhandels andererseits (vgl. Coy & Töpfer 2009).

Ähnlich wie bei der Gewinnung und dem Export mineralischer Rohstoffe aus Amazonien steht auch bei der Energieerzeugung das übergeordnete nationale Interesse an Amazonien als Ressourcenfrontier im Kreuzfeuer. Spätestens seit der Realisierung des Großkraftwerks Tucuruí in den 1980er Jahren, das für seine Energieerzeugung einen Stausee von der vierfachen Größe des Bodensees benötigt, ist der Bau von Wasserkraftwerken aus sozialen und ökologischen Gründen in höchstem Maße umstritten, und die Frage nach einer sozial und regional ungleichen Verteilung von Kosten, Lasten und Nutzen, also die Frage nach Umweltgerechtigkeit, drängt sich geradezu auf. Mit dem energiepolitischen Megaprogramm *Plano 2010* wollte man in den 1980er Jahren ca. 40 Wasserkraftwerke verwirklichen, die eine Gesamtstauseefläche von 100 000 km² und mehr verursacht hätten. Zielsetzung war von jeher die energetische Versorgung der wirtschaftlichen und demographischen Zentralregionen im Südosten Brasiliens. Die gigantischen Projektideen sind zwar inzwischen begraben, einzelne Großvorhaben werden aber im Rahmen des derzeit gültigen Wachstumsbeschleunigungsprogramms PAC aus der Versenkung geholt, so das bereits erwähnte Belo Monte-Projekt am Rio Xingu und die weniger in der internationalen Öffentlichkeit diskutierten, deshalb aber nicht minder problematischen Staudämme am Rio Madeira. Widerstand gegen die Großvorhaben regt sich vor allem seitens der zivilgesellschaftlichen Bewegung der von Staudämmen Betroffenen (MAB – *Movimento dos Atingidos por Barragens*), der es in erster Linie um die soziale Komponente der Konflikte zwischen Energiekonzernen und Anliegern, seien dies Indigene,

Flussanrainer oder Kleinbauern, geht, das heißt um Vertreibung, Enteignung, Verlust von Überlebensressourcen, Marginalisierung. Gleichzeitig wird auch die ökologische Fragwürdigkeit der Megaprojekte (hohe Leitungsverluste, begrenzte Effizienz, komplexe Umweltrisiken) thematisiert. Somit geht es bei ihrem Kampf um Sinnhaftigkeit oder Unsinnigkeit der Großstaudämme in Amazonien in der Tat um den sozialökologisch motivierten Einsatz für mehr Umweltgerechtigkeit. Darin könnte gleichzeitig auch eine Strategie für mehr Anpassung gesehen werden, denn das vorgetragene Plädoyer für dezentrale Energieproduktion in überschaubaren Einheiten und dezentrale Energieversorgung bezogen auf überschaubare Distanzen ist sowohl aus ökonomischen, sozialen als auch aus ökologischen Gesichtspunkten heraus gut nachvollziehbar.

Bei aller Priorität wachstumsfördernder Entwicklungen lassen sich jedoch in den letzten Jahren auch umweltpolitische Fortschritte verzeichnen. Dies gilt ohne Zweifel für die Kontrolle von Rodungen und für die Bekämpfung der illegalen Entwaldungen in Amazonien. Die jährlichen Neurodungen unterliegen erheblichen Schwankungen, die einerseits mit den konjunkturellen Rahmenbedingungen, und damit den „Anreizen" zur Investition, und andererseits mit den zunehmenden Monitoring- und Kontrollmaßnahmen durch Fernerkundung und umweltbehördliches Handeln zu tun haben. Regelmäßig wird über die Trends der Rodungen in Amazonien, über die regionalen Unterschiede sowie über die Auswirkungen, was den $CO_2$-Ausstoß anbelangt, berichtet (vgl. z. B. für die zweite Jahreshälfte 2012, IMAZON 2012). Die wichtigsten „Entwaldungsherde" in Amazonien liegen nach wie vor in den Bundesstaaten Pará und Mato Grosso, gefolgt von Rondônia. Aus diesen Staaten kommen auch mit großer Regelmäßigkeit die inzwischen veröffentlichen „Champions der Entwaldung" unter den Munizipien Amazoniens. Grund sind die jeweiligen Regionalentwicklungsdynamiken auf der Basis der Rinderweidewirtschaft, des Sojaanbaus oder der Holzextraktion.

Entwaldung in Amazonien wird mehr denn je im Zusammenhang mit den Ursachen des anthropogenen Klimawandels in der internationalen Öffentlichkeit diskutiert. Insofern kommt Brasilien eine besondere Rolle bei der Diskussion um das globale Klimaregime zu (Scholz 2010). 2008 wurde ein Nationaler Plan zum Klimawandel (PNMC – *Plano Nacional sobre Mudança do Clima*) vorgelegt, der unter anderem das ehrgeizige Ziel einer Rodungsverminderung in Amazonien um 70 % bis zum Jahr 2017 vorsieht (bzw. um 80 % bis 2020), um damit einen wesentlichen Beitrag zur Verringerung der $CO_2$-Emissionen zu leisten (vgl. Scholz 2010). Anpassung an den Klimawandel ist dabei ein zentrales Thema. Die hierfür vorgesehenen Handlungsfelder und Maßnahmen sind jedoch nicht frei von Konfliktpotenzialen. Beispielsweise wird in diesem Zusammenhang massiv auf die Bedeutung von Agrartreibstoffen als Maßnahme der Förderung regenerativer Energien hingewiesen, ihr Ausbau wird mit staatlicher Unterstützung betrieben (vgl. zu diesem nicht nur in Brasilien, sondern weltweit konfliktreichen Thema Smith 2012). Inwieweit die gesetzten Ziele des Plans zum Klimawandel erreicht werden und wie die Konflikte auf dem Weg dorthin (zum Beispiel im Zusammenhang der zunehmenden Landnutzungskonkurrenz zwischen Biotreibstoff- und Grundnahrungsmittelproduktion) zu bewältigen sind, bleibt allerdings abzuwarten.

### 3.2 Brasilien nach Rio+20: die Persistenz der sozialökologischen Herausforderungen vor dem Hintergrund des Globalen Wandels

Im Jahr 2012 bot sich Brasilien mit der Ausrichtung der Konferenz der Vereinten Nationen über nachhaltige Entwicklung (Rio+20) die Gelegenheit, Bilanz zu ziehen über eine umweltpolitische Phase, die 20 Jahre zuvor durch UNCED mit einem großen Aufbruch begann (vgl. zu Rio+20 und der Funktion Brasiliens Viola & Franchini 2012). Diese Bilanz fällt wohl eher ernüchternd aus. Dies liegt einmal an der geringen Beweglichkeit der internationalen Staatengemeinschaft hinsichtlich der dringend benötigten Reformierung und Verbesserung der globalen Umwelt-Governance. Die Bestätigung der Ziele von Rio 1992 muss schon als Erfolg gewertet werden. Auch dem im Vorfeld von Rio+20 viel diskutierten Ziel einer *Roadmap* für eine *Green Economy*, die sich vor allem *Low Carbon*-Zielen verpflichtet fühlt, ist man nicht wirklich näher gekommen. Brasilien als Gastgeberland hat sich sehr viel mehr über seine sozialpolitischen Erfolge positioniert, deutlich weniger über Fortschritte auf dem Gebiet der Umweltpolitik, auch dies nicht unbedingt ermutigend für den Übergang zu einer nachhaltigen Entwicklung.

Umweltpolitik und Strategien einer Anpassung an die sozialökologischen Herausforderungen des Globalen Wandels haben sich in Brasilien heute angesichts der sozioökonomischen und politischen Trends mit dem auseinander zu setzen, was die argentinische Soziologin Maristella Svampa als den Übergang vom *Washington Consensus*, der als Grundlage der Durchsetzung des Neoliberalismus in Lateinamerika galt, zum *Consensus of Commodities* bezeichnete, der die aktuellen Tendenzen von Neo-Extraktivismus und Re-Primarisierung bestimmt (vgl. Svampa 2013). In Brasilien führt diese seit einigen Jahren beobachtbare Situation – wie auch in anderen südamerikanischen Ländern – zu neuen – oftmals aber eigentlich „alten" – sozialökologischen Auseinandersetzungen, die trotz aller Veränderungen in Gesellschaft und Politik der südamerikanischen Länder zu déjà-vu-Erlebnissen führen. Soziale Bewegungen haben sich in Brasilien – wie auch im restlichen Südamerika – in den letzten Jahren „ökologisiert" (vgl. Acselrad 2010). Umweltkonflikte werden immer mehr in ihren sozialen, ökonomischen und politischen Kontexten situiert betrachtet. Soziale Ungleichheit ist in den meisten Fällen auch mit sozialökologischer Ungleichheit verbunden. Nutzen und Lasten sind sozial – oftmals auch regional – ungleich verteilt. Was ist die Antwort? In den aktuellen gesellschaftlichen Debatten in Südamerika lässt sich nach Svampa (2013) so etwas wie ein „ökoterritorialer turn" beobachten: Ein verstärkter Blick auf die Gemeinschaftsgüter (Wasser, Luft, „Landschaft", Ressourcen), eine Rückbesinnung auf regionalspezifische Prinzipien der Co-Evolution von Kultur und Natur (z. B. das Prinzip des *buen vivir*), die Frage nach den Rechten der Natur. Dies hat in den vergangenen Jahren gerade auch in Brasilien zur Konstituierung von zivilgesellschaftlichen Bewegungen für mehr Umweltgerechtigkeit geführt (vgl. zum Konzept von *Environmental Justice* und zur Herausbildung einer Umweltgerechtigkeitsbewegung in Brasilien Acselrad 2010 sowie Coy 2013). Damit, so bleibt zu hoffen, wird auch der „Nährboden" zur Herausbildung von Kapazitäten breiter, die zukunftsfähige Strategien der Anpassung an die facettenreichen Herausforderungen des Globalen Wandels möglich erscheinen lassen. Lokale / regionale, ebenso aber auch nationale Anpassungskapazitäten sind zu interpretieren als Ergebnis kollektiver Lernprozesse, in die unterschiedlichste Wissensbestände – formalisierte Wissensproduktion im Schlüsseltechnologiebereich ebenso wie die Valorisierung und „Inwertsetzung" traditionellen, informellen Wissens – einfließen. Eines steht fest: Die Notwendigkeit, sich für die Lösung sozialökologischer Konfliktkonstellationen einzusetzen und nach Strategien einer sozioökonomisch *und* ökologisch ausgewogenen Anpassung an den Globalen Wandel zu suchen, ist heute in Brasilien, dem „Land der Zukunft", sowohl im nationalen als auch im globalen Interesse wahrscheinlich notwendiger denn je.

## 4 Konsequenzen für eine Geographie des Globalen Wandels

Was heißt dies nun als Fazit für die möglichen Analyseschritte einer Geographie des Globalen Wandels, die sich als innovativen Beitrag zu einer Gesellschafts-Umwelt-Forschung versteht (vgl. Abb. 4)? Seit den 1970er Jahren ist in vielen Wissenschaften, so auch in der Geographie, ein wachsendes Interesse an den globalen Herausforderungen in ökologischen, sozioökonomischen und politischen Zusammenhängen zu beobachten, natürlich auch aus der Erkenntnis heraus, dass es sich hierbei um essentielle, für das Überleben der globalen Gesellschaft entscheidende Fragen handelt (siehe Ehlers 2005, 2008). Dabei hat sich zeitgleich in zunehmendem Maße die Einsicht durchsetzt, dass die Komplexität dieser Problemstellungen neue, holistische Sichtweisen und Ansätze erfordert: zum einen, um die Rahmenbedingungen, Prozessabläufe und Folgeerscheinungen verstehen zu können, zum anderen, um Lösungskonzepte mit nachhaltiger Wirkung entwickeln zu können (siehe z. B. Kates et al. 2001; Gallopin 2006; Becker & Jahn 2006; WBGU 2007).

Ausgangspunkte des wachsenden Interesses der Geographie am Globalen Wandel bilden als Rahmenbedingungen dessen unterschiedliche Facetten. Dabei liegen die besonderen Herausforderungen in der Notwendigkeit einer mehrskaligen Analyse, denn die zunehmenden globalen Wirkungen lokaler Handlungen erfordern die oftmals schwierige Zusammenschau konkreter Phänomene und Prozesse „vor Ort" einerseits mit weit diffuseren und abstrakteren globalen Konstellationen andererseits. Somit bildet die Untersuchung der Folgen dieses *global-local-interplay* in zeitlicher und räumlicher Dimension den nächsten möglichen Analyseschritt einer Geographie des Globalen Wandels. Dabei ist es wichtig, Risiken des Globalen Wandels nicht nur in einer negativen Konnotation, sondern auch in der Möglichkeit der Erkennung von Chancen zu interpretieren. Mögliche Entwicklungspfade, die sich auf der re-

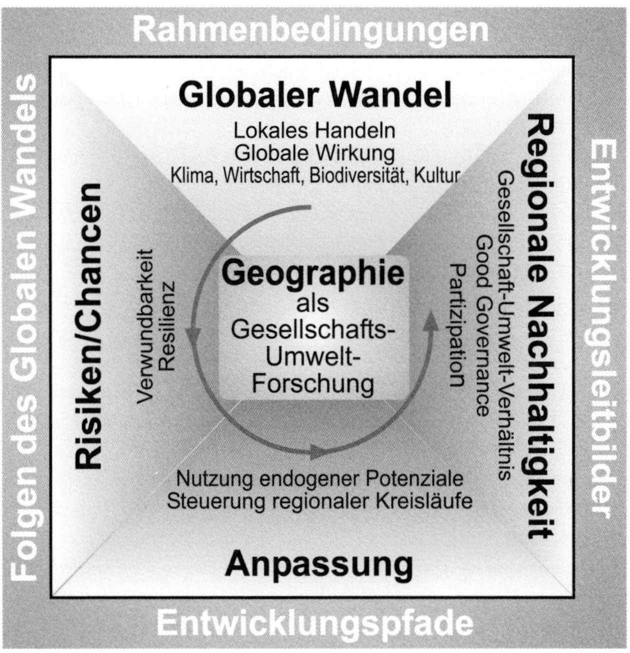


*Abb. 4: Geographie als Gesellschafts-Umwelt-Forschung*

gionalen Ebene aus den Folgen des Globalen Wandels ergeben, werden in Zukunft mehr denn je als lokal / regionale Formen von Anpassung an die unterschiedlichen Dimensionen des Globalen Wandels zu verstehen sein. Sei es die Anpassung an den Klimawandel, oder sei es die Anpassung an die Herausforderungen des Spannungsverhältnisses zwischen Globalisierung und Regionalisierung. In jedem Fall kommt es auf die Inwertsetzung von regionalen „Begabungen", auf die Nutzung von endogenen Potenzialen sowie – durchaus im Sinne der Stärkung des Resilienz-Gedankens – auf die Stärkung von regionalen Kreisläufen an. Schließlich ist für eine „engagierte" Geographie des Globalen Wandels, die sich der Suche nach zukunftsfähigen Lösungsansätzen verpflichtet fühlt, eine Orientierung an den wesentlichen Eckpfeilern von (regionaler) Nachhaltigkeit als normativem Leitbild wichtig. Dazu gehören zunächst ein grundsätzliches Hinterfragen des Entwicklungsgedankens überhaupt (z. B. bezüglich des Verhältnisses von Entwicklung und Wachstum), die ausgewogene und gleichberechtigte Berücksichtigung der ökologischen, ökonomischen, sozialen und kulturellen Dimension von Entwicklung, das Aufgreifen des Gedankens intergenerationeller Gerechtigkeit sowie das ständige „Mitdenken" der Mehrskaligkeit des Nachhaltigkeitskonzeptes. Schließlich müssen sich aus der theoretisch und am Fallbeispiel beschriebenen Mehrdimensionalität des Globalen Wandels in der normativen Konsequenz Gedanken wie Fairness, Gerechtigkeit und Verantwortung als „Eichmaße" für am Prinzip der Nachhaltigkeit orientierte Anpassungskonzepte in ihrer zeitlichen, räumlichen und thematischen Mehrdimensionalität ergeben.

# Literatur


Acselrad, H. 2010: Ambientalização das lutas sociais – o caso do movimento por justiça ambiental. *Estudos Avançados* 24, 68: 103–119.

Anhuf, D. 2010: Kein Waldschutz ohne Klimaschutz. Die Rolle der Regenwälder Amazoniens im Kampf gegen den Klimawandel. *Geographische Rundschau* 62, 9: 28–33.

Backhaus, N. 2009: *Globalisierung*. Braunschweig..

Becker, E. & T. Jahn (Hg.) 2006: *Soziale Ökologie – Grundzüge einer Wissenschaft von gesellschaftlichen Naturverhältnissen*. Frankfurt am Main.

Benz, A. (Hrsg.) 2004: *Governance – Regieren in komplexen Regelsystemen. Eine Einführung*. Wiesbaden.

Brooks, N., W.N. Adger, & P.M. Kelly 2005: The determinants of vulnerability and adaptive capacity at the national level and the implications for adaptation. *Global Environmental Change* 15: 151–163.

Burchardt, H.-J. & K. Dietz 2013: Extraktivismus in Lateinamerika – der Versuch einer Fundierung. In: Burchardt, H.-J., K. Dietz & R. Öhlschläger (Hg.): *Umwelt und Entwicklung im 21. Jahrhundert. Impulse und Analysen aus Lateinamerika*. Studien zu Lateinamerika 20. Baden-Baden: 181–200.

Burchardt, H.-J., K. Dietz & R. Öhlschläger (Hg.) 2013: *Umwelt und Entwicklung im 21. Jahrhundert. Impulse und Analysen aus Lateinamerika*. Studien zu Lateinamerika 20. Baden-Baden.

Carson, R. 1962: *Silent Spring*. Boston.

Council on Environmental Quality 1981: *The Global 2000 Report to the President*. Washington.

Coy, M. 2013: Environmental Justice? Sozialökologische Konfliktkonstellationen in Amazonien. In: Burchardt, H.-J., K. Dietz & R. Öhlschläger (Hg.): *Umwelt und Entwicklung im 21. Jahrhundert. Impulse und Analysen aus Lateinamerika*. Studien zu Lateinamerika 20. Baden-Baden: 121–133.

Coy, M. & M. Klingler 2011: Pionierfronten im brasilianischen Amazonien zwischen alten Problemen und neuen Dynamiken. Das Beispiel des „Entwicklungskorridors" Cuiabá (Mato Grosso) – Santarém (Pará). In: Innsbrucker Geographische Gesellschaft (Hg.): *Jahresbericht 2008–2010*. Innsbruck: 109–129.

Coy, M. & M. Lücker 1993: Der brasilianische Mittelwesten. Wirtschafts- und sozialgeographischer Wandel eines peripheren Agrarraumes. *Tübinger Beiträge zur Geographischen Lateinamerika-Forschung* 9. Tübingen

Coy, M. & H. Théry 2010: Brasilien. Sozial- und wirtschaftsräumliche Disparitäten – regionale Dynamiken. *Geographische Rundschau* 62, 9: 4–11.

Coy, M. & T. Töpfer 2009: Handel mit mineralischen Rohstoffen. Entwicklung mit Zukunft in Südamerika? *Geographische Rundschau* 61, 11: 12–18.

Crutzen, P. 2002: Geology of mankind. *Nature* 415: 23.

Crutzen, P. & W. Steffen 2003: How long have we been in the Anthropocene Era? An editorial comment. *Climatic Change* 61: 251–257.

Crutzen, P. & E. Stoermer 2000: The 'Anthropocene'. *Global Change Newsletter* 41: 17–18.

Darwin, Ch. 1859: *The Origin of Species*. London.

Derbyshire, E. 2009: *International Year of Planet Earth*. Boston.

Ehlers, E. 1984: *Bevölkerungswachstum – Nahrungsspielraum – Siedlungsgrenzen der Erde*. Frankfurt am Main.

Ehlers, E. 2005: Mensch-Umwelt-Beziehungen als geographisches Paradigma. In: Schenk, W. & K. Schliephake (Hg.): *Allgemeine Anthropogeographie*. Gotha: 769–783.

Ehlers. E. 2008: *Das Anthropozän : die Erde im Zeitalter des Menschen*. Darmstadt.

Folke, K., T. Hahn, P. Olsson & J. Norberg 2005: Adaptive governance of social-ecological systems. *Annual Review on Environmental Resources* 30: 441–73.

Frommer, B., F. Buchholz & H.R. Böhm (Hg.) 2011: *Anpassung an den Klimawandel – regional umsetzen! Ansätze zur Climate Adaptation Governance unter der Lupe*. München.

Gallopin, G.C. 2006: Linkages between vulnerability, resilience, and adaptive capacity. *Global Environmental Change* 16: 293–303.

Giese, E., I. Mossig & H. Schröder 2011: *Globalisierung der Wirtschaft. Eine wirtschaftsgeographische Einführung*. Paderborn.

Humboldt, A.v. 1849: *Ansichten der Natur*. Stuttgart.

IMAZON 2012: *Transparência Florestal Amazônia Legal, Dezembro 2012*. Belém.

Kates, R.W., W.C. Clark, R. Corell, J.M. Hall, C.C. Jaeger, I. Lowe, J.J. McCarthy, H.J. Schellnhuber, B. Bolin, N.M. Dickson, S. Faucheux, G.C. Gallopin, A. Gruebler, B. Huntley, J. Jäger, N.S. Jodha, R.E. Kasperson, A. Mabogunje, P. Matson, H. Mooney, & B. Moore III 2001: Sustainability science. *Science* 292: 641–642.

Klein, R.J.T., S. Hug, F. Denton, T.E. Downing, R.G. Richards, J.B. Robinson, J.B. & F.L. Toth 2007: Inter-relationships between adaptation and mitigation. In: Parry, M.L., O.F. Canziani, J.P. Palutikof, P.J. van der Linden & C.E. Hanson (eds.): *Climate Change 2007: Impacts, Adaptation and Vulnerability. Contribution of Working Group II to the Fourth Assessment Report of the Intergovernmental Panel on Climate Change*. Cambridge: 747–777.

Kohlhepp, G. & M. Coy 2010: Amazonien. Vernichtung durch Regionalentwicklung oder Schutz zur nachhaltigen Nutzung? In: Costa, S., G. Kohlhepp, H. Nitschak & H. Sangmeister (Hg.): *Brasilien heute. Geographischer Raum – Politik – Wirtschaft – Kultur*. Bibliotheca Iberoamericana 134. Frankfurt am Main: 111–134.

Krings, T. 2008: Politische Ökologie. Grundlagen und Arbeitsfelder eines geographischen Ansatzes der Mensch-Umwelt-Forschung. *Geographische Rundschau* 60, 12: 4–9.

Lamarck, J.B. 1809: *Philosophie Zoologique*. Weinheim.

Le Conte, J. 1879: *Elements of Geology*. New York.

Leggewie, C. & H. Welzer 2009: *Das Ende der Welt, wie wir sie kannten. Klima, Zukunft und die Chancen der Demokratie*. München.

Le Roy E. 1927: *L'exigence ide'aliste et le fait de l'évolution*. Paris.

Malthus, T.R. 1798: *Principle of Population*. London.

Marsh, G.P. 1864: *Man and Nature*. New York.

Marsh, G.P. 1874: *The Earth as Modified by Human Action*. New York.

Meadows, D.H., D.L. Meadows, J. Randers & W.W. Behrens 1972: *The Limits to Growth*. Rom.

Messner, D. 2010: Wie die Menschheit die Klimakrise meistern kann – ein optimistisches Essay. *Aus Politik und Zeitgeschichte* 32/33: 28–34.

O'Brien, M.J. & T.D. Holland 1992: The role of adaptation in archaeological explanation. *American Antiquity* 57, 1: 36–59.

Penck, A. 1924: Das Hauptproblem der physischen Anthropogeographie. *Zeitschrift für Geopolitik* 2: 330–348.

Radkau, J. 2011: *Die Ära der Ökologie. Eine Weltgeschichte*. München.

Rappaport, R.A. 1971: Nature, culture and ecological anthropology. In: Shapiro, H.L. (ed.): *Man, Culture and Society*. Oxford: 237–267.

Schmitt, T. 2010: „O Sertão vai virar mar". Wasser als Schlüssel der Inwertsetzungsstrategien im Nordosten Brasiliens. *Geographische Rundschau* 62, 9: 12–19.

Scholz, I. 2010: Wandel durch Klimawandel? Wachstum und ökologische Grenzen in Brasilien. *Aus Politik und Zeitgeschichte* 12: 22–28.

Smit, B., O. Pilifosova, I. Burton, B. Challenger, S. Huq, R. Klein, G. Yohe, N. Adger, T. Downing & E. Harvey 2001: Adaptation to climate change in the context of sustainable development and equity. In: McCarthy, J., O. Canziana, N. Leary, D. Dokken & K. White (eds.): Climate Change 2001: *Climate Change 2007: Impacts, Adaptation and Vulnerability. Contribution of Working Group II to the Fourth Assessment Report of the Intergovernmental Panel on Climate Change*. Cambridge: 877–912.

Smith, J. 2012: *Biotreibstoff. Eine Idee wird zum Bumerang*. München.

Steffen, W., A. Sanderson, P.D. Tyson, J. Jaeger, P.A. Matson, B. Moore III, F. Oldfield, K. Richardson, H.J. Schellnhuber, B.L. Turner & R.J. Wasson 2004: *Global Change and the Earth System: A Planet under Pressure*. Berlin

Steffen, W., J. Grinevald, P. Crutzen & J. McNeill 2011: The Anthropocene: conceptual and historical perspectives. *Philosophical Transactions of the Royal Society* A 369: 842–867.

Stoppani, A. 1873: *Corsa di Geologia*. Mailand.

Stötter, J. & M. Coy 2008: *Forschungsschwerpunkt Globaler Wandel – regionale Nachhaltigkeit*. In: Innsbrucker Geographische Gesellschaft (Hg.): Jahresbericht 2007. Innsbruck.

Svampa, M. 2013: Neo-desarrollistischer Extraktivismus und soziale Bewegungen: Eine öko-territoriale Wende in Richtung neuer Alternativen? In: Burchardt, H.-J., K. Dietz & R. Öhlschläger (Hg.): *Umwelt und Entwicklung im 21. Jahrhundert. Impulse und Analysen aus Lateinamerika. Studien zu Lateinamerika* 20. Baden-Baden: 79–92.

Viola, E. & M. Franchini 2012: Os limiares planetários, a Rio+20 e o papel do Brasil. *Cadernos EBAPE. BR* 10, 3: 470–491.

Voss, M. (Hg.) 2010: *Der Klimawandel. Sozialwissenschaftliche Perspektiven*. Wiesbaden.

WBGU – Wissenschaftlicher Beirat der Bundesregierung Globale Umweltveränderungen 2007: *Welt im Wandel: Sicherheitsrisiko Klimawandel*. Berlin.

Welzer, H. 2008: *Klimakriege. Wofür im 21. Jahrhundert getötet wird*. München.

Welzer, H., H.-G. Soeffner & D. Giesecke (Hg.) 2010: *KlimaKulturen. Soziale Wirklichkeiten im Klimawandel*. Frankfurt am Main.

Woodfork, L. & E. de Mulder 2011: *International Year of Planet Earth*. – Final Report.

Zalasiewicz, J., M. Williams, A. Haywood & M. Ellis 2011: The Anthropocene: a new epoch of geological time? *Philosophical Transactions of the Royal Society* A 369: 835–841.

# Alpengletscher und Klimawandel – wohin geht die Reise ?

Hanns Kerschner

Die Modellierung der derzeitigen und einer zukünftigen Schneegrenze mit der Energie- und Massenbilanzgleichung zeigt, dass der Anstieg der Schneegrenze seit der zweiten Hälfte des 20. Jahrhunderts deutlich stärker sein muss als er nur durch den Temperaturanstieg verursacht würde. Bereits für die heutige Situation ergibt sich ein Anstieg von fast 400 m, der mit den Beobachtungen gut übereinstimmt. Für ein Szenario zur Mitte des 21. Jahrhunderts kommt man auf nahezu 700 m Anstieg, woraus sich eine weitgehende Entgletscherung der Alpen ergeben würde. Wenn dieses Szenario Wirklichkeit würde, ergäbe sich das Bild einer Hochgebirgslandschaft, die nur noch in den höchsten Teilen der Westalpen vergletschert wäre und sehr den heutigen Pyrenäen gleichen würde.

**Alpine glaciers and climate change – where are they heading?**
Modeling current and future snow line using energy and mass balance equations reveals that the upward move of the snow line since the second half of the 20th century must be considerably stronger than it could be if just caused by rising temperatures. Even for the current situation the models return a rise of nearly 400 m, which largely matches observations on the ground. For a mid-21st century scenario the projected rise is almost 700 m, which would mean the de-glaciation of large tracts of the Alps. Should this scenario become reality, the high mountain landscape would look very similar to today's Pyrenees and only include glaciers in the highest parts of the Western Alps.

**Keywords**: glaciers, climate, climate change, landscape change

**Glaciares alpinos y cambio climático – ¿Hacia dónde se dirigen?**
La modelación de las actuales y futuras líneas de nieve, utilizando ecuaciones de balance de energía y masa, revelan que el alzamiento de la línea de nieve desde mediados de la segunda mitad del siglo XX, debe ser considerablemente más fuerte de lo que podría ser, si solo se considera como causa el aumento de la temperatura. Incluso para la situación actual los modelos revelan un aumento cercano a 400 metros, que coincide en gran medida con las observaciones en terreno. Para un escenario proyectado a mediados del siglo XXI, se estima un aumento cercano a 700 metros, el cual puede significar la desglaciación de grandes extensiones de los Alpes. En caso de concretarse este escenario, los paisajes de alta montaña tendrían una apariencia similar a los Pirineos actuales y solo existirían glaciares en las partes altas de los Alpes occidentales.

## 1 Vorbemerkung

Mit Christoph Stadel unterwegs zu sein, ist ein sehr angenehmes Erlebnis. Ich hatte im Sommer 1998 das Vergnügen, mit ihm gemeinsam eine Schweiz-Exkursion der geographischen Institute von Salzburg und Innsbruck durchzuführen, und habe dabei viel gelernt. Ein besonderes Highlight war der Besuch der Riederalp und des Großen Aletschgletschers, den ich damals endlich aus der Nähe kennenlernte. Daraus entstand schließlich die Idee zu den folgenden Überlegungen.

## 2 Einleitung

Dass es den Alpengletschern in den letzten Jahrzehnten nicht besonders gut ging, ist eine allgemein bekannte Tatsache. Der Grund dafür sind die klimatischen Verhältnisse seit dem Anfang der Achtzigerjahre, und hier vor allem die sommerlichen Witterungsbedingungen. Vor allem der „Hitzesommer“ 2003, der im ganzen Alpenraum über viele Wochen für strahlungsreiches, warmes Schönwetter subtropischen Charakters sorgte, ragt heraus. Wie es den Alpengletschern in der Zukunft unter den Bedingungen einer globalen Erwärmung gehen könnte, und welche Folgen man erwarten kann, soll der Gegenstand der folgenden Zeilen sein. Dem liegt die Überlegung zugrunde, dass ein Wandel der (natürlichen) Umwelt zwar auch durch die klimatischen Bedingungen gesteuert wird, sich jedoch in erster Linie als Landschaftswandel ausdrückt, wie es, für jedermann sichtbar, der kanadische Geograph Olav Slaymaker so prägnant formuliert. Bei diesen Gedankengängen können Gletscher für die Hochgebirgslandschaft eine zentrale Rolle spielen. Sie sind einerseits so vollkommen in ihr klimatisches Umfeld eingebettet, dass bestimmte Kenngrößen wie der Massenhaushalt oder die Gleichgewichtslinie als klimatische Größen gesehen werden können, und andererseits spielen sie durch ihre Erosionsleistung und Akkumulation eine bedeutende Rolle für die Gestaltung der Hochgebirgslandschaft.

## 3 Terminologie

Die Gleichgewichtslinie spielt für den Zustand eines Gletschers eine entscheidende Rolle. Sie trennt das Ablationsgebiet vom Akkumulationsgebiet und entsprechend ist dort die Nettoakkumulation genau gleich der Nettoablation. Ihr Verlauf auf der Gletscheroberfläche folgt meist der lokalen Topographie und nicht einer Höhenlinie. Wenn eine Höhe der Gleichgewichtslinie angegeben wird, handelt es sich um einen Durchschnittswert über die Gletscheroberfläche. Zeitlich gilt die Gleichgewichtslinie für ein Haushaltsjahr; wenn man sie über einen längeren Zeitraum mittelt, spricht man von der „Schneegrenze“ eines Gletschers (Gross et al. 1978). Definitionsgemäß sind daher beide Begriffe gleich, sie unterscheiden sich aber im Mittelungszeitraum. In weiterer Folge soll hier in erster Linie der Begriff „Schneegrenze“ verwendet werden. Räumliche Schwankungen der Schneegrenze entscheiden über den „Gesundheitszustand“ eines Gletschers. Liegt sie tief, so ist das Klima jedenfalls gletscherfreundlich, im gegenteiligen Fall ist es abträglich. Wenn sie den Gletscher so teilt, dass das Akkumulationsgebiet 2/3 der Fläche einnimmt, sind die Bedingungen etwa ausgeglichen.

# 4 Klima- und Schneegrenze

Der Zusammenhang zwischen klimatischer Umwelt und Schneegrenze lässt sich am einfachsten analytisch durch die Energie- und Massenhaushaltsgleichung an der Schneegrenze ausdrücken (Kuhn 1981, 1989). Sie beschreibt das Gleichgewicht zwischen Akkumulation einerseits und Ablation andererseits. Die Akkumulation [c] ist in erster Näherung eine Funktion des festen Niederschlags in einem Einzugsgebiet, dazu kommt noch die Winddrift, die den Schnee aus der Umgebung in den Akkumulationsgebieten zusammenweht. Die Ablation wird durch eine Reihe von Wärmeströmen bestimmt, und zwar der kurzwelligen Globalstrahlung (G) und der kurzwelligen Albedo (r), der langwelligen Strahlungsbilanz (A), dem fühlbaren Wärmestrom (F) als Funktion der Sommertemperatur Ts und dem latenten Wärmestrom (L) als Ergebnis von Kondensation bzw. Verdunstung (S). Diese Wärmeströme werden über die latente Wärme (schmelzen: Lm, kondensieren / verdunsten: Ls) in Massenbeträge umgerechnet. Schließlich spielt auch noch die Länge der Ablationsperiode t eine Rolle. Damit kann die Energie- und Massenbilanzgleichung so formuliert werden:

$$c = \frac{\tau}{Lm}[G(1-r) + A + \alpha Ts + SLs]$$

Grundsätzlich zeigt sie, wie sich das Klima an der Gleichgewichtslinie aus einer ganzen Reihe von einzelnen Elementen zusammensetzt, die allerdings zum Teil voneinander abhängig sind bzw. zusammenwirken.

Daneben kann man das Klima an der Gleichgewichtslinie auch durch einfache empirische Beziehungen ausdrücken, die üblicherweise die Sommertemperatur und die Niederschlagsverhältnisse als Eingangsgrößen verwenden. Diese Beziehungen sind üblicherweise nicht linear, sondern zeigen, dass für ein Gleichgewicht unter wärmeren Bedingungen eine überproportionale Zunahme des Niederschlags erforderlich ist (z. B. Ahlmann 1924; Ohmura et al. 1992; Zemp et al. 2007). Diese empirischen Beziehungen haben den Vorteil der Einfachheit, aber den Nachteil, dass sie nur innerhalb ihrer Randbedingungen gelten, die durch den verwendeten Datensatz gegeben sind. Wenn sich diese deutlich ändern, können diese Regressionsbeziehungen nicht mehr korrekt verwendet werden.

Hier bietet die Perturbationsanalyse der Energie- und Massenbilanzgleichung den Vorteil, dass mit ihr Änderungen der Höhe der Gleichgewichtslinie in Verbindung mit Änderungen der klimatischen Elemente analytisch dargestellt werden können. Einzelheiten über das Vorgehen findet man bei Kuhn (1981) und in einer etwas anderen Form bei Kaser (2001). Vorteilhafterweise kann man durch eine leichte Variation der einzelnen Größen mögliche Selbstverstärkungseffekte oder Dämpfungen berücksichtigen. Auch wenn dieses Vorgehen in manchen Einzelheiten diskutiert werden kann, so ermöglicht es doch, zumindest quantitativ abzuschätzen, wohin sich die Vergletscherung der Alpen in Zukunft entwickeln kann, und wie das Zusammenspiel mit anderen Elementen der alpinen Naturlandschaft ablaufen kann. Die Auswirkung von den Änderungen der einzelnen Größen auf die Höhe der

Schneegrenze ist folgendermaßen:

| | |
|---|---|
| Temperaturänderung von 1 °C | 130 m |
| Niederschlagsänderung von 100 mm | 25 m |
| Änderung der Globalstrahlung von 10 % | 70 m |
| Änderung der Albedo von 10 % | 140 m |
| Änderung der Verdunstung von 100 mm | 130 m |

## 5 Szenarien

Im Folgenden sollen einige Szenarien durchgespielt und begründet werden. In der ersten Annahme gehen wir nur von einer Temperaturänderung aus. Als Bezugsgröße dient die Klimanormalperiode 1961–1990, die die Ausgangslage für den Temperaturanstieg der letzten Jahrzehnte gut widergibt. Die Daten entstammen dem HISTALP – Datensatz der Zentralanstalt für Meteorologie und Geodynamik (Auer et al. 2007). Demnach waren die Sommer der Periode 2000–2009 um 1,65 °C wärmer, was einem Schneegrenzanstieg von 220 m entsprechen würde. Dieser Betrag scheint im Vergleich zu dem Bild, das die Alpengletscher am Ende des Sommers jeweils bieten, eher bescheiden zu sein. Der Sommer 2003 war um 4,2 °C wärmer als die Bezugsperiode, was einem Schneegrenzanstieg von 560 m entsprechen würde. Zumindest in den Ostalpen kann dieser Wert kaum überprüft werden, denn praktisch alle Gletscher waren komplett ausgeapert. Zemp et al. (2007) nehmen für die Mitte des 21. Jahrhunderts eine Sommertemperaturerhöhung von 3 °C und ein Niederschlagszunahme von 10% an. Mit diesen Vorgaben (+3 °C, +250 mm Akkumulation) errechnet sich ein Schneegrenzanstieg von 340 m, was den Werten von Zemp et al. (2007) recht gut entspricht. Allerdings hat man den Eindruck, dass dieser Wert schon heute erreicht oder überschritten wird. Allein zwischen den Jahren 2000 und 2009 lag die Gleichgewichtslinie des Hintereisferners dreimal unbestimmbar höher als der höchste Punkt (Weißkugel, 3740 m) (Glacier Mass Balance Bulletin des WGMS 7–11). Die mittlere Höhe für diese Zeit liegt nicht genau bestimmbar bei etwa 3400–3500 m, und damit 400–500 m höher als das Mittel für 1961–1990 (2990 m). In jedem Fall liegt man damit deutlich über den Werten, die sich nur aus der Sommertemperatur erschließen lassen.

Damit liegt es nahe, eine plausible Kombination von Faktoren zu überprüfen, denn „Klimawandel" ist nicht nur eine Erhöhung der Lufttemperatur. Sie kommt gerade in einem Gebirge, das an der Grenze zum Mittelmeerraum liegt, durch eine Häufung von Schönwetterphasen zustande, die an die mediterranen Hochdruckgebiete gebunden sind. Damit muss man neben einer Temperaturzunahme vor allem mit einer Zunahme der kurzwelligen Einstrahlung rechnen.

Ausgangspunkt der folgenden Überlegungen ist eine sommerliche Temperaturerhöhung von 1,65 °C (wie für die Periode 2000–2009). Gleichzeitig nimmt seit den Neunzigerjahren im Zuge des „global brightening" durch den Rückgang der

Aerosolbelastung die Globalstrahlung um etwas weniger als 10 % zu, mit einer Zunahme von Schönwetterphasen nehmen wir insgesamt +15 % an. Bei einer längeren Phase mit gletscherabträglichem Klima kommt es zu einer zunehmenden Anreicherung von Schmutzpartikeln auf der Gletscheroberfläche. Dazu kommt der weitgehende Ausfall von sommerlichen Neuschneefällen, die die Gletscheroberfläche vor der kurzwelligen Strahlung abschirmen. Damit wird im Laufe der Jahre die Albedo geringer, wir nehmen konservativ eine Verringerung von 5 % an. Die Akkumulationsverhältnisse schwanken von Jahr zu Jahr so stark, dass hier keine Änderung angenommen wird. Allerdings wird man bei höheren Temperaturen davon ausgehen müssen, dass die Luft absolut feuchter wird. Damit wird der Sättigungsdampfdruck über Eis häufiger überschritten, wodurch vermehrt Kondensation auf der Gletscheroberfläche auftritt und die Fälle mit Verdunstung abnehmen. Für dieses Szenario nehmen wir eine Zunahme des Feuchtstroms zur Gletscheroberfläche von 100 mm an. Insgesamt ergibt sich dadurch eine Hebung der Schneegrenze von 510 m, von der weniger als die Hälfte auf die Temperaturänderung selbst zurückgeht. Ohne die Änderung im latenten Wärmestrom wären es immer noch 380 m, von denen etwa ein Drittel auf die Änderung der Globalstrahlung und der langwelligen Gegenstrahlung zurückgehen. Interessanterweise entspricht das recht gut den Größenordnungen, die von Ohmura et al. (2007) angegeben werden. Die Größenordnung des Anstiegs der Gleichgewichtslinie entspricht gut den Werten, die sich für den Hintereisferner beobachten lassen.

Ein etwas extremeres Szenario, das mit 3 °C Temperaturanstieg den Annahmen von Zemp et al. (2007) entspricht und sonst mit den obigen Annahmen arbeitet, führt zu einem Anstieg der Schneegrenze von 690 m.

Auch wenn die oben geschilderten Szenarien in dem einen oder anderen Punkt verbesserungswürdig sind, so zeigt sich doch deutlich, dass die verschiedenen Rückkoppelungsprozesse ungefähr gleichviel an der Änderung der Schneegrenze ausmachen wie der Sommertemperatureffekt alleine. Zudem fällt auf, dass es in diesem Spiel nur Verstärkungen, aber keine Dämpfung gibt.

Ein Punkt, der in Diskussionen immer wieder auftaucht, ist die Länge der Ablationsperiode. Mit den oben angegebenen Eingabewerten (+1,65 °C, +15 % G, –5 % Albedo) zeigt sich sehr rasch, dass der Effekt einer Verlängerung der Ablationsperiode nur bescheiden ist. Bei 100 Tagen Ablationsperiode ist steigt die Schneegrenze um 380 m an, aber schon bei 70 Tagen beträgt der Anstieg 350 m, während er bei 120 Tagen Ablationsperiode nur 400 m beträgt. Formal liegt das an der quadratischen Natur der Gleichung, aber es entspricht auch der Erfahrung, dass bereits eine relativ kurze, kontinuierliche Schönwetterperiode ausreicht, um große Teile eines Gletschers bis in beträchtliche Höhen ausapern zu lassen. Ein Effekt einer zunehmenden Dauer der Ablationsperiode, der hier nicht zum Ausdruck kommt, ist die überproportional verstärkte Abschmelzung auf der Zunge. Unter diesen Bedingungen braucht ein Gletscher dann ein relativ größeres Akkumulationsgebiet, um im Gleichgewicht zu sein. Während in der Vergangenheit in den Alpen die Akkumulationsgebiete etwa doppelt so groß wie die Ablationsgebiete waren, könnte sich dieses

Verhältnis nun gegen 3 : 1 hin verschieben, bei tropischen Gletschern tendiert es ja gegen 4 : 1 (Kaser & Osmaston 2002).

## 6 Bedeutung für die Hochgebirgslandschaft

Für die Hochgebirgslandschaft bedeuten diese Zahlen, dass zumindest in den Ostalpen und in den niedrigeren Gebieten der Westalpen die meisten Gletscher ihre Einzugsgebiete verlieren oder schon verloren haben. Nur diejenigen, bei denen der Abstand zwischen der Schneegrenze und der Umrahmung wesentlich mehr als 400 m beträgt, haben unter den gegenwärtigen Bedingungen eine realistische Chance, in verringerter Größe weiter zu existieren. Das sind nicht allzu viele, und die werden auf die höchsten Bereiche beschränkt bleiben, wie die eindrucksvollen Simulationen von Paul et al. (2007) zeigen. Selbst bei Gletschern mit großen, hochliegenden Akkumulationsflächen wie dem Gepatschferner ist mit einer drastischen Verringerung der Fläche zu rechnen. Die großen Gletscherzungen in niedriger Seehöhe, wie z. B. die Pasterze, können schon in wenigen Jahrzehnten Geschichte sein. Damit kann es kurzfristig zu einer massiv vergrößerten ungeschützten Fläche in den Gletschervorfeldern kommen, solange diese noch nicht durch höhere Vegetation stabilisiert sind. Ob es dadurch kurzfristig zu einer erhöhten Gefährdung durch Seeausbrüche, Wildbäche und Muren kommt, kann nur im Einzelfall entscheiden werden. Was sich aber entscheidend ändern wird, ist das Bild des Hochgebirges, wie es zum Beispiel für Bergsteiger oder Touristen von Bedeutung ist. Hier werden sich die Alpen, wenn dieser Trend weiter anhält, wohl sehr stark dem Bild annähern, wie wir es heute von den Pyrenäen kennen.

Ein interessanter Aspekt ist die derzeitige Entkoppelung zwischen dem Anstieg der Schneegrenze und der Waldgrenze. Erstere kann naturgemäß schneller reagieren, aber man sieht auch, dass sie bei derselben Klimaänderung schneller und stärker ansteigen muss wie die Waldgrenze. Der Grund dafür kann in den Selbstverstärkungs-Effekten liegen, die auf Schnee und Eis sehr wohl, auf die Waldgrenze jedoch nicht einwirken. Diesen Gesichtspunkt muss man auch für die Beurteilung der holozänen Gletschergeschichte berücksichtigen. Damit ist es durchaus möglich, dass besonders im frühen Holozän, aber auch während längerer Gunstphasen in historischer Zeit, beispielsweise während dem römerzeitlichen Optimum, die Alpengletscher in ihrer Ausdehnung massiv reduziert waren, ohne dass die Waldgrenzhöhe oder rekonstruierbare Sommertemperaturen besonders auffällige Werte annahmen.

## 7 Ausklang

„Überall bieten die Gletscher heute ein Bild des Verfalles. Jahr für Jahr lesen wir in den schon eintönig gewordenen Berichten von ihrem Rückgang, und selbst unser kurzes Leben reicht hin, um diesen Vorgang vergleichend verfolgen zu können..."

Mit diesen Sätzen leitet Hans Kinzl im Jahr 1951 seinen Aufsatz „Gletscherschwankungen oder Entgletscherung?“ ein. Der anthropogene Klimawandel war damals noch unbekannt, und 20 Jahre später sprach man angesichts kalter Sommer und vorstoßender Gletscher bereits von der Möglichkeit einer neuen Eiszeit und bestaunte auf Exkursionen die vorstoßenden und gefährlichen Gletscher der Schweiz. Die postglaziale Wärmezeit, für die Kinzl im selben Aufsatz nur eine ganz unbedeutende Vergletscherung der Ostalpen annahm, schien begründeterweise eine Fehlannahme zu sein. Ein Jahrzehnt darauf begannen sich, vorerst wenig beachtet, in den Alpen die Bedingungen zu ändern und die Tatsache, dass der Mensch ungewollt die langwellige Strahlungsbilanz der Erde beeinflusst, war bald darauf nicht mehr von der Hand zu weisen. Der massive Gletscherrückzug brachte viele neue Erkenntnisse über frühere, kleine Gletscherausdehnungen, hohe Waldgrenzen und eine lange Warmphase in der ersten Hälfte des Holozäns (Joerin et al. 2008; Nicolussi 2009; Nicolussi & Schlüchter 2012). Heute können wir nicht von der Hand weisen, dass es vielleicht in einer nahen Zukunft zu einer erneuten massiven Entgletscherung der Alpen kommt, die dem nahekommt, was man vor 50 oder 60 Jahren als sicheres Wissen annahm. So scheint sich in mancher Hinsicht der Kreis zu schließen, und mehr als einmal führen neue Methoden und der Fortschritt der Erkenntnis von einer anderen Seite her zu früheren Ergebnissen. Ob die Voraussagen und Szenarien auch Wirklichkeit werden, und wie sich die Hochgebirgslandschaft entwickeln wird, kann erst die Zukunft weisen.

## 8 Literatur

Ahlmann, H.W. 1924: Le niveau de glaciation comme fonction de l‘ accumulation d‘humidité sous forme solide. *Geografiska Annaler* 6: 221–272.

Auer, I., R. Böhm, A. Jurkovic, W. Lipa, A. Orlik, R. Potzmann, W. Schöner, M. Ungersböck, C. Matulla, K. Briffa, P.D. Jones, D. Efthymiadis, M. Brunetti, T. Nanni, M. Maugeri, L. Mercalli, O. Mestre, J.-M. Moisselin, M. Begert, G. Müller-Westermeier, V. Kveton, O. Bochnicek, P. Stastny, M. Lapin, S. Szalai, T. Szentimrey, T. Cegnar, M. Dolinar, M. Gajic-Capka, K. Zaninovic, Z. Majstorovic, & E. Nieplova 2007: HISTALP-historical instrumental climatological surface time series of the greater Alpine region 1760–2003. *International Journal of Climatology* 27: 17–46.

Joerin, U.E., K. Nicolussi, A. Fischer, T.F. Stocker & C. Schlüchter 2008: Holocene optimum events inferred from subglacial sediments at Tschierva Glacier, Eastern Swiss Alps. *Quaternary Science Reviews* 27: 337–350.

Kaser, G. 2001: Glacier – climate interaction at low latitudes. *Journal of Glaciology* 47: 195–204.

Kaser, G. & H. Osmaston 2002: *Tropical Glaciers*. Cambridge.

Kerschner, H. & S. Ivy-Ochs 2007: Palaeoclimate from glaciers: Examples from the Eastern Alps during the Alpine Lateglacial and early Holocene. *Global and Planetary Change* 60: 58–71.

Kinzl, H. 1951: Gletscherschwankungen oder Entgletscherung? *Die Pyramide, Zeitschrift für Schule und Wissen* 1: 8–15.

Kuhn, M. 1981: *Climate and Glaciers*. International Association of Hydrological Sciences Publication 131: 3–20.

Kuhn, M. 1989. The response of the equilibrium line altitude to climatic fluctuations: theory and observations. In: Oerlemans, J. (ed.): *Glacier Fluctuations and Climatic Change*. Dordrecht: 407–417.

Nicolussi, K. 2009: Alpine Dendrochronologie – Untersuchungen zur Kenntnis der holozänen Umwelt- und Klimaentwicklung. In: Schmidt, R., C. Matulla & R. Psenner (Hg.): *Klimawandel in Österreich*. Alpine Space – man & environment 6: 41–54.

Nicolussi, K. & C. Schlüchter 2012: The 8.2 ka event – Calendar-dated glacier response in the Alps. *Geology* 40: 819–822.

Ohmura, A., P. Kasser & M. Funk 1992: Climate at the equilibrium line of glaciers. *Journal of Glaciology* 38: 397–411.

Ohmura, A., A. Bauder, H. Müller & G. Kappenberger 2007: Long-term change of mass balance and the role of radiation. *Annals of Glaciology* 46: 367–374.

Paul, F., M. Maisch, C. Rothenbühler, M. Hoelzle & W. Haeberli 2007: Calculation and visualisation of future glacier extent in the Swiss Alps by means of hypsographic modelling. *Global and Planetary Change* 55: 343–357.

Slaymaker, O. 2011: *Drivers of environmental change during the present century*. UBC Library, Irving K. Barber Learning Centre / St. John's College, Webcast.

Zemp, M., M. Hoelzle & W. Haeberli 2007: Distributed modelling of regional climatic equilibrium line altitude of glaciers in the European Alps. *Global and Planetary Change* 56: 83–100.

# Die Entwicklung des Gemeinschaftsbesitzes in den Alpen anhand von Beispielen aus Tirol


## Hugo Penz



Im Frühmittelalter war die parzellierte Feldflur auf den Dauersiedlungsraum beschränkt, der Wald und die Hochweiden waren hingegen im gemeinschaftlichen Besitz (= Allmende). Im Bereich der alten Dörfer (Beispiel: Fleimstal im Trentino) erhielten die später angelegte Höfe Berechtigungen in den Gemeinde- bzw. Talschaftsallmenden, die jungen Streusiedlungen (Beispiel: Marktgericht Matrei am Brenner) statteten die Grundherrschaften hingegen häufig mit eigenen Wäldern und Weiden aus. Spätere Rodungen drängten den Gemeinschaftsbesitz zurück, beim Wald und bei den Hochweiden herrschte dieser weiterhin vor. In Westtirol und im Trentino begünstigten Dorfordnungen den Fortbestand der Gemeindewälder, im Inntal hingen sie mit dem Forstschutz der Landesfürsten zusammen, welche Holz für die Saline in Hall in Tirol benötigten. In der östlichen Landeshälfte Tirols erwarben die Bauern vielfach die ortsnahen Wälder, die Hochlagen verblieben hingegen im gemeinschaftlichen Besitz. Durch die Katasteraufnahme und die Anlage der Grundbücher wurden die Eigentumsstrukturen im 19. Jh. erstmals genau erfasst und auch die Servitute (= Dienstbarkeiten auf fremden Grund) festgehalten. Während sich der Gemeinschaftsbesitz in Italien kontinuierlich weiter entwickelte, wurden im Bundesland Tirol seit den 1950er Jahren Almen mit altertümlichen Rechtsformen reguliert und rund 250 Gemeindewälder an Agrargemeinschaften übertragen. Infolge des modernen Strukturwandels nahmen die Nebennutzungen (Waldweide, Holz- und Streubezug) seither ab und durch die sorgfältigere Pflege verbesserte sich der Zustand der Wälder. Darüber erzielten einige auf Gemeindeforste zurückgehende Agrargemeinschaften Gewinne aus nichtland- und forstwirtschaftlichen Erträgen, welche 2009 ein Entscheid des Verfassungsgerichtshofes den Gemeinden zusprach. Deshalb fordern die meisten Parteien Tirols eine Rückübertragung an diese. Dadurch könnten neue Konflikten entstehen, weil die Bauern die Servitute weiterhin besitzen. Um diese zu vermeiden und eine nachhaltige Entwicklung des Bergwaldes zu ermöglichen, sollten für die einzelnen Agrargemeinschaften Lösungen nach dem Vorbild der Integralmelioration im Zillertal angestrebt werden.



**The development of commons in the Alps. Examples from Tyrol**

During the Early Middle Ages, parcelling of fields was restricted to the permanently settled areas; forests and high-altitude pastures remained jointly owned (= commons). In areas with early villages (e.g. Fleimstal in Trentino), the later established farmsteads were awarded entitlements to village or valley commons. In contrast, the younger dispersed settlements (e.g. the market town of Matrei am Brenner) often endowed the manors with forests and pastures of their own. Later clearing activities reduced the commons, but they still dominated in forests and higher pastures. In western Tyrol and in the Trentino, village regulations favoured the continued existence of common forests, while in the valley of the Inn they were linked to the forest prerogative of the territorial princes who needed timber for the salt mines in Hall in Tirol. In the eastern part of Tyrol, farmers often bought up the forests close to the village while the higher forests remained in common ownership. With the introduction of cadastres and land registers in the 19$^{th}$ century, the ownership situation was captured in detail for the first time, including servitudes (= easements on foreign land). While common ownership evolved continuously in Italy, ancient forms of ownership for mountain pastures began to be regulated in the federal state of Tyrol from the 1950s onwards and around 250 common forests were transferred to agrarian public bodies (Agrargemeinschaften). In the course of modern structural change, ancillary uses (forest pasture, wood and bedding collection) have since dwindled. Careful maintenance has improved the state of the forests.

In addition, some of the agrarian public bodies that had evolved from common forests made profits from non-agrarian earnings that the constitutional court attributed to the municipalities in 2009. This is why most political parties in Tyrol are demanding a transfer of this land back to the municipalities. This might lead to new conflict, because the farmers still own servitudes on this land. To avoid such conflict and to allow sustainable development of the mountain forests, solutions should be sought for the individual agrarian public bodies and modelled on the consolidation (Integralmelioration) applied in the Zillertal valley.

**Keywords**: common ownership, agriculture, Austria, Tyrol

**El desarrollo de la propiedad comunitaria en los Alpes. Ejemplos del Tirol**
En la Alta Edad Media, el campo parcelado se limitaba a la zona de asentamiento permanente, sin embargo, el bosque y los pastos altos correspondían a propiedad común (pastos comunales). En el área de las antiguas aldeas, como por ejemplo el caso del valle de Fiemme en Trentino, las granjas recibieron derechos del municipio o bien de las comunidades de los valles con pastos comunales (Talschaftsallmenden). Los asentamientos jóvenes dispersos (por ejemplo Marktgericht en Matrei am Brenner), estaban equipados normalmente con algunos bosques y pastos propios. Desmontes posteriores desplazaron la propiedad comunitaria; en el caso del bosque y los pastos altos se mantuvo la propiedad comunitaria. En el Tirol occidental y en Trentino ordenanzas locales permitieron la continuidad de los bosques comunitarios, en el valle del Inn estas ordenanzas se relacionaban con la protección del bosque por los Fürst (Príncipes), quienes requerían madera para las salinas ubicadas en Hall en Tirol. Por su parte, en el Tirol oriental los campesinos adquirieron los bosques cercanos a los pueblos y estos también fueron declarados como comunitarios. A través del catastro y el establecimiento de un libro de registro de tierras se estableció en el siglo XIX por primera vez y de manera certera la estructura de propiedad y también de las servidumbres. Mientras la propiedad comunitaria en Italia continuó desarrollándose, en Tirol a partir de 1950 los pastos alpinos fueron regulados con antiguas leyes y cerca de 250 bosques comunales fueron traspasados a comunidades agrícolas. Como resultado de este cambio estructural, disminuyeron los usos complementarios (pasturas, adquisición de madera y paja) y debido a adecuadas medidas de protección se mejoró la condición de los bosques. En algunos casos estos bosques comunitarios entregados a comunidades agrícolas, obtienen ganancias provenientes de la no explotación agrícola o forestal; estas ganancias fueron otorgadas en 2009, tras una decisión del Tribunal Constitucional, a los municipios. Por esta razón muchos partidos políticos de Tirol demandan una reforma a este sistema y la restitución de estas ganancias a las comunidades agrícolas. Esto puede conllevar a nuevos conflictos, dado que los campesinos son también propietarios de las servidumbres. Para evitar estas consecuencias y asegurar un desarrollo sustentable de los bosques de montaña, deben buscarse soluciones individuales para las comunidades agrícolas, siguiendo el ejemplo de las mejoras intensivas (Integralmelioration) llevadas a cabo en el valle de Zillertal.

## 1 Einführung

Der Autor, welcher Christoph Stadel seit fast 40 Jahren kennt, hat mit diesem häufig über Probleme des alpinen Raumes diskutiert. Besonders ergiebig waren Begegnungen auf Exkursionen und privaten Fahrten, die mehrmals bis an die Obergrenze der Dauersiedlung geführt haben. Dabei kam auch die Entwicklung des Bergwaldes und der Almwirtschaft in Tirol zu Sprache. Im folgenden Beitrag sollen einige Aspekte dieser Problemstellungen behandelt werden.

Die Landwirtschaft des Alpenraumes war seit jeher durch das Nebeneinander von Anbau und Tierhaltung gekennzeichnet, wobei die ganzjährig bewohnten Hofstätten in der Regel auf die naturräumlich bevorzugten niedrigeren Standorte konzentriert waren. Allerdings schränkte die starke Gliederung des Reliefs die Möglichkeiten für die Anlage von Kulturflächen auch dort ein. Darüber hinaus benötigten die Bergbauernhöfe bedingt durch die Abnahme des Wärmeangebotes mit der Höhe eine größere Flächenausstattung und waren deshalb, um die Existenz zu sichern, auf die Nutzung der oberen Höhenstockwerke angewiesen. Um diese in Wert setzen zu können, entwickelten die Bergbauern regional unterschiedliche Staffelsysteme mit saisonal bewohnten und bewirtschaften Zweigbetrieben des Heimgutes, welche gut an die naturräumlichen Bedingungen angepasst waren.

Die mit Äckern und Dauerwiesen intensiv genutzte, parzellierte Feldflur bildet das Kerngebiet der Bergbauernbetriebe. An dieses schließen die Heimweiden an, auf welche das Vieh der (Heim-) Höfe während des Sommers getrieben wird. Oberhalb des Dauersiedlungsraumes folgt die Waldstufe, aus welcher die Bauern neben dem Brenn- und dem Bauholz früher auch die Einstreu (Laub, Nadeln) für den Stall bezogen haben. Vielfach spielte im Bergwald auch die extensive weidewirtschaftliche Nutzung eine erhebliche Rolle. Um die Futterbasis zu erweitern, wurden in dieser Höhenstufe auch beachtliche Flächen gerodet und in Wiesen und Intensivweiden umgewandelt. Das oberste Nutzungsstockwerk bilden die Grasmatten der subalpinen und alpinen Höhenstufe, die größtenteils als Almen und vereinzelt als Bergmähder genutzt werden.

Die parzellierte Feldflur war seit jeher auf die privaten Besitzer aufgesplittert und wurde von diesen getrennt bewirtschaftet, der Wald und die Weiden waren hingegen Allmendeflächen, die von den Berechtigten gemeinschaftlich genutzt wurden. Diese Eigentumsstrukturen blieben im Raum von Tirol lange erhalten und haben zu Persistenzen in der Kulturlandschaft geführt. Im folgenden Beitrag soll die regional und nach Höhenstufen differenzierte Entwicklung des gemeinschaftlichen Grundbesitzes in Tirol analysiert und diskutiert werden.

## 2 Die Entstehung der Allmende im Rahmen der Agrargesellschaft

Archäologische und paläobotanische Befunde beweisen, dass in Tirol seit der Jungsteinzeit im Dauersiedlungsraum Getreide angebaut und auf die Grasmatten oberhalb der Waldgrenze Vieh geweidet wurde (Oeggl & Nicolussi 2009: 81). Möglicherweise bestanden auch damals bereits Unterschiede in den Eigentumsverhältnissen. Anhand von Quellen können die Formen und die räumliche Verteilung der Verfügungsgewalt über Grund und Boden nur bis in das frühe Mittelalter zurückverfolgt werden. Für Tirol hat u. a. R. Loose (1976) am Beispiel des Vinschgaues die Genese der Kulturlandschaft gründlich erforscht. Demnach befand sich die parzellierte Feldflur seit damals im Individualbesitz der Bewirtschafter, der Wald und die Weiden wurden hingegen gemeinschaftlich genutzt. Teilweise handelte es sich dabei um überörtliche Allmendeverbände, welche H. Wopfner (1995: 270) als „Talgemeinden" bezeichnet hat. Im Trentino, vor allem in Judikarien, sind die unbesiedelten Wald- und Almgebiete vielfach weit von den Dörfern entfernt und bilden Exklaven der jeweiligen Gemeinden. In Deutschtirol kommen überörtliche Allmendeverbände seltener vor, wobei die bekanntesten Nordtiroler Beispiele im Bezirk Landeck liegen. Von diesen das „Obere Gericht" von der Talenge bei Pontlatz oberhalb von Landeck bis nach Finstermünz an der Schweizer Grenze, und die zweite, welche A. Moritz (1956; 87) als „Almmarkgenossenschaft" bezeichnete, von Landeck bis zum Arlberg. In Südtirol gehen die Talschaften Passeier, Ulten und Sarntal auf solche „Urgemeinden" zurück (Wopfner 1995: 270).

Mit der Entwicklung eines, eine ganze Talschaft umfassenden Allmendeverbandes, der Magnifica Comunità des Val di Fiemme im Trentino, der Generalgemeinde des Fleimstales, hat sich bereits vor über 120 Jahren der Welschtiroler Wirtschafts- und Rechtshistoriker T. von Sartori-Montecroce (1890) eingehend beschäftigt. Bischof Gebhard von Trient bestätigte im Jahre 1112 den Bewohnern des Fleimstales ihre alten Privilegien, welche die Grundlage für die spätere Generalgemeinde des Fleimstales gebildet haben. Zu dieser gehörten von Beginn an die altbesiedelten Gemeinden des unteren Fleimstales von Castello bis Ziano di Fiemme. In Predazzo und Moena wurden die nur im Sommer bewohnten Feldhütten hingegen erst im Hochmittelalter zu Dauersiedlungen umgewandelt. Zudem unterstand Moena, dessen Bewohner bis heute ladinisch sprechen, um 1100 kirchlich und politisch noch dem Bischof von Brixen und kam erst nach 1164 an die Diözese und das Hochstift Trient. Abgeschlossen war die Eingliederung in die Generalgemeinde des Fleimstales nachweislich erst 1318 (Degiampietro 1997: 34–37). Das Fehlen einer Altpfarre legt die Vermutung nahe, dass auch Truden erst im Rahmen der hochmittelalterlichen Rodungskolonisation durch deutsche Bauern besiedelt wurde. Die meisten Wälder und Almen des Fleimstales gehören auch heute noch der Generalgemeinde. Die Almen sind teilweise weit von den Dörfern entfernt. In Truden werden die Milchkühe auf der in einer Gehstunde erreichbaren Cislon-Alm gesömmert, das Galtvieh kommt hingegen auf die über 20 km entfernte Cadinello-Alm unterhalb des Manghen-Passes, dem Übergang vom Fleimstal in die Valsugana (Penz 2003: 348).

Die Statuten der Generalgemeinde des Fleimstales könnten für die These von der Markgenossenschaft sprechen, nach welcher sich die Allmende im Besitz der Bewohner des Tales gefunden hätte. Diesen konnten jedoch nur jene Gebiete verfügen, welchen ihnen zugewiesen waren. Die ungenutzten Flächen unterstanden, wie das Beispiel des weit von den Dauersiedlungen entfernten, unterhalb des Rollepasses liegenden Forstes von Paneveggio zeigt, den Landesfürsten. Diese 4384 ha große Liegenschaft, von der 2680 ha auf Wald, 172 ha auf unproduktives Ödland und der Rest auf Almweiden entfallen, gehörte zuerst dem Fürstbischof von Trient und später den Tiroler Landesfürsten. Von diesen ging er an den österreichisch-ungarischen und nach 1918 an den italienischen Staat über. Nach dem Pariser Vertrag wurde er 1951 von der Region Trentino-Südtirol und im Rahmen des Autonomie-

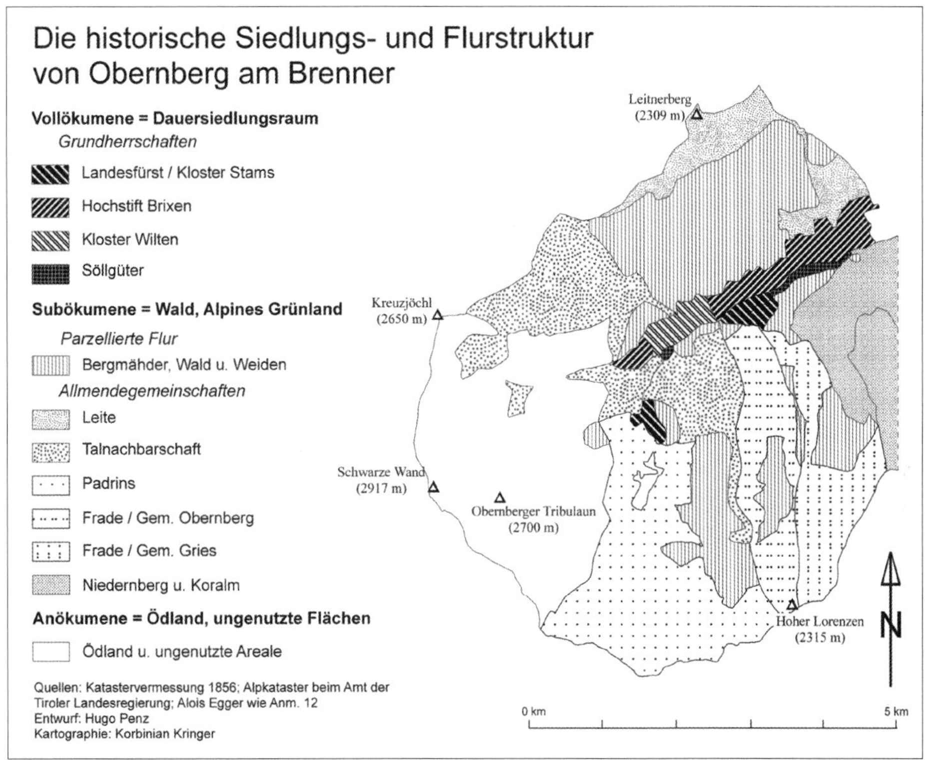


*Abb. 1: Die historische Siedlungs- und Flurstruktur von Obernberg am Brenner; Quelle: Penz 2010, S. 98*

Statutes 1971 von der Autonomen Provinz Trient übernommen (Fonza & Tamanini 1997: 162–163). Die im Mittelalter angelegten Gemeinden Truden, Pradazzo und Moena erhielten ihre Nutzungsberechtigungen hingegen im Bereich der alten Talschaftsallmende.

Im westtirolischen Verbreitungsgebiet der geschlossenen Dörfer wurden den mittelalterlichen Rodungshöfen die Wald- und Weideberechtigungen in der Regel ebenfalls in den Allmenden der jeweiligen Gemeinden zugewiesen. In den Streusiedlungsgebieten Deutschtirols statteten die Grundherrschaften die im Zuge der planmäßige Rodungskolonisation geschaffenen neuen Ortschaften nicht nur mit Feldfluren sondern auch mit gemeinschaftlichen Wäldern und Weiden aus, welche den Bedarf der neuen städtischen und ländlichen Siedlungen abdeckten. Dies konnte am Beispiel des Marktgerichtes Matrei am Brenner gut verfolgt werden, welches bis 1497 dem Bischof von Brixen unterstand. Als dieser Matrei am Brenner in der Mitte des 12. Jh. gründete, stattete er die Bürger des Marktes mit Holzbezugsrechten im Wald von Matreiberg in der Gemeinde Mühlbachl aus, welche diese bis heute besitzen. Im Jahre 1932 entfielen 68 Prozent Anteile an diesem Wald auf Berechtigte aus Matrei und nur 32 Prozent aus Mühlbachl (Penz 2010: 92–93).

Besonders deutlich treten die Zusammenhänge zwischen der Besiedlung und der Allmende am Beispiel der Bergbauerngemeinde Obernberg am Brenner hervor, welche bis 1810 zum Marktgericht Matrei gehörte (Abb. 1). Im Rahmen des Rodungswerkes wiesen die Lokatoren den Grundholden neben den parzellierten Feldern und Wiesen auch gemeinschaftliche Heim- und Almweiden zu. Dabei gehörten die Weiden im Fradertal und „hinter dem (Obernberger) See" zu landesfürstlichen Höfen und wurden später als Gemeinschaftsalmen bewirtschaftet, bei denen sich die Flächen zwar im gemeinschaftlichen Besitz befinden, die Herden der einzelnen Beschläger, ähnlich wie bei Privatalmen, jedoch getrennt gealpt werden. Die übrigen Höfe von Obernberg unterstanden ursprünglich der Grundherrschaft des Bischofs von Brixen und verfügten über Weideberechtigungen bei Nachbarschaftsalmen, in denen das Vieh immer gemeinschaftlich gesömmert wurde. Die Höfe, welche knapp nach 1250 auf der Sonnseite angelegt wurden, verfügen über Weideberechtigungen bei der „Talernachbarbarschaft", an welcher neben den sieben, im Brixner Urbar am Beginn des 14. Jh. genannten Schwaighöfen auch die vier Höfe des Klosters Wilten beteiligt waren. Auf Grund der Lage scheinen diese in der Zeit der Rodungskolonisation als Schenkung dem Kloster überlassen worden zu sein (Penz 2010: 97–98). Die Bauern der Fraktion Leite verfügen hingegen über eigene Allmenden, welche den Siedlungsgang widerspiegeln. Dieser setzte dort später als im hinteren Obernbergtal ein und erfolgte in zwei Phasen. Bei den im Brixner Urbar von 1324–29 genannten drei Schwaighöfen dürfte es sich um die Güter der oberen Leite, welche das Vieh auf den Leitnerberg und das Leitner Joch treiben, und bei den drei Neurauten um Anwesen in der untere Leite gehandelt haben, deren Allmendeweiden (Heimweide Aue, Koralm) im Gemeindegebiet von Gries liegen. Offenbar stand dort so viel Weideland zur Verfügung, dass dieses sowohl für die Höfe von Vinaders als auch für die untere Leite ausreichte (Penz 2010: 98–99).

## 3 Die Weiterentwicklung des Gemeinschaftsbesitzes in der Agrargesellschaft

Als Tirol in den Jahren 1347–51 von der Pest heimgesucht wurde, war der Höhepunkt des spätmittelalterlichen Siedlungsausbaues erreicht. Die folgende Wüstungsperiode brachte zwar Rückschlage, diese wurden in den folgenden 150 Jahren jedoch weitgehend behoben und die früheren Verteilungsmuster der Kulturlandschaft wieder hergestellt. Infolge des Bergbaues setzte in Tirol bereits 50 Jahr nach der Pestepidemie ein Aufschwung ein, der zu einer stärkeren Nachfrage nach Agrarprodukten führte. Deshalb suchten die Grundherrschaften temporär wüst gefallene Höfe am früheren Standort wieder zu besetzen. Vor allem in höheren Lagen war der Wald nur langsam aufgekommen, daher konnten die früheren Feldfluren leicht reaktiviert werden. Als sich der Bevölkerungsdruck ab dem Beginn der Neuzeit verstärkte, wurde vermehrt Wald gerodet, um Raum für Kulturflächen zu schaffen. Ab 1490 setzte in Tirol der frühneuzeitliche Siedlungsausbau mit Söldgütern ein. Bei diesen han-

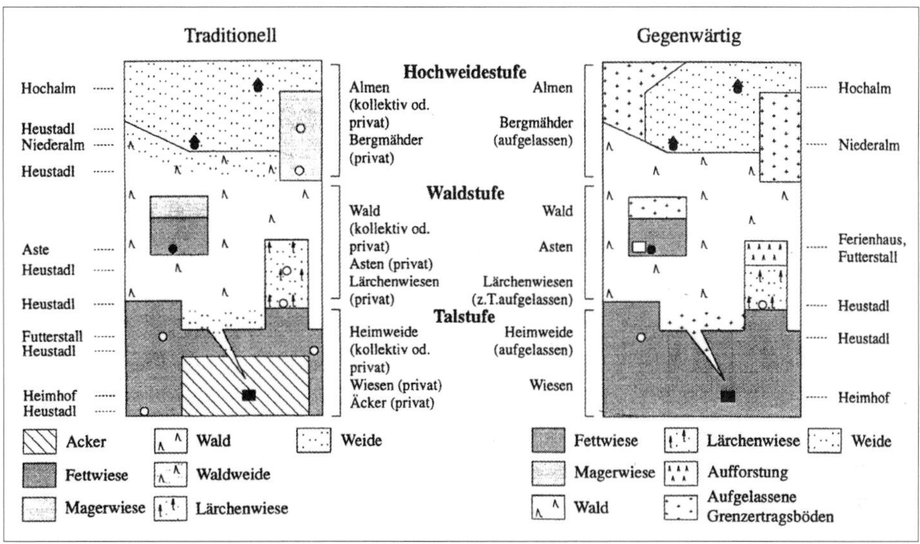


*Abb. 2: Staffelsysteme in Tirol; Quelle: Penz 1998, S. 16*

delte es sich um Kleinbauernstellen, deren Inhaber die Existenz durch verschiedene Formen des Nebenerwerbs absicherten. Nach den Untersuchungen von Georg Jäger (1997, 2001) wurden für diese Kleinhäuslerstellen vorwiegend Allmendeflächen in der Nähe der bestehenden Ortschaften verwendet. Häufig liegen sie an Bächen, deren Energie für Handwerke benötigt wurde, und an für die Landwirtschaft ungünstigen, schattseitigen Standorten. Die „Häuslerstellen" wurden nur mit wenig Kulturland angestattet, daher führte diese Kolonisation nur zu einer geringen Abnahme der Allmende im Dauersiedlungsraum. Wesentlich größere Flächen gingen durch Rodungen in der Waldstufe verloren, welche in dieser Periode einsetzten.

Ab dem Spätmittelalter wurden die grundherrschaftlichen Zinse von Natural- auf Geldabgaben umgestellt. Um diese bezahlen zu können, benötigten die Bauern Einnahmen aus dem Verkauf von marktfähigen Produkten. Als Folge davon bildeten sich Nutzungszonen aus, welche an die Thünenschen Ringe erinnern. In den marktnahen, tiefer liegenden Gebieten herrschte der Pflanzenbau und in den peripheren Bergbauerngemeinden die Tierhaltung vor. Bedingt durch die geringen Betriebsgrößen spielte die Eigenversorgung jedoch weiterhin eine große Rolle. Daher hielten die Talbauern Vieh, für welches die Futterflächen infolge des verstärkten Ackerbaues reduziert wurden. Nach der Wüstungsperiode stellten die Grundherrschaften die Getreidelieferungen an Schwaighofbauern ein, daher musste an der Obergrenze der Ökumene verstärkt Korn angebaut werden. Als die Wiesen und Weiden im Tal den Bedarf der Höfe nicht mehr abdeckten, rodeten die Landwirte vermehrt Wald und bewirtschafteten die neuen Nutzflächen im Rahmen von Staffelsystemen (Abb. 2).

Die verstärkte Nutzung des Bergwaldes führte in den niedrigeren Tälern Tirols zu einem dreistufigen Staffelsystem. Dort weisen die nahe nebeneinander liegenden

Dörfer einen hohen Holzbedarf auf, den sie, dem Thünenschen Modell entsprechend, in den siedlungsnahen, an den Heimgüter anschließenden Wäldern, abdecken. Oberhalb von diesen wurden in der mittleren Höhenstufe mit den Asten, welche den Maiensäßen in der Schweiz entsprachen, saisonale Zweigbetriebe angelegt, deren Kulturflächen vor dem Almauftrieb beweidet und im Sommer gemäht wurden. Im Herbst kamen die Tiere zur Nachweide zurück und brauchten das eingelagerte Futter auf, bevor sie zu den Heimhöfen gebracht wurden. Auch im Trentino kamen in 1 000–1 500 m Höhe solche saisonale Zweigbetriebe häufig vor, welche u. a. als Baite und Casolarie bezeichnet wurden. Das dritte und damit oberste Höhenstockwerk nahmen die größtenteils oberhalb der Waldgrenze liegenden Almen ein. Daneben wurden vor allem in Gebieten, in denen die Hochweiden nicht ausreichten, durch Rodung Waldalmen geschaffen, auf denen das Vieh bedingt durch das frühere Einsetzen der Vegetation länger als oberhalb der Baumgrenze weiden konnte. Die Hochgebirgstäler waren relativ dünn besiedelt, so dass die schattseitigen Wälder zumeist zur Abdeckung des Holzbedarfes ausreichten. Daher konnten größere Anteile der thermisch begünstigten Südhänge als extensives Grünland genutzt werden. Auf den von den Heimhöfen aus gut erreichbaren Lärchenwiesen und den Bergmähdern hielten sich die Bauern nur während der Mahd im Sommer auf. Anschließend wurde das Heu in Holzstadeln gelagert und im Winter mit Schlitten zu den Heimhöfen transportiert („gezogen"). Daher fehlen auf den Lärchenwiesen und Bergmähdern die für Asten typischen Wohnhütten.

Die durch Rodungen geschaffenen Kulturflächen gingen in den Besitz der Bewirtschafter über und schränkten die Allmendeflächen ein. Im Mittelalter hatten die Grundherrschaften über diese verfügt und den Bauern nur Nutzungsberechtigungen eingeräumt. Als an der Wende zur Neuzeit für den Bergbau, die Erzverarbeitung und die Haller Saline große Holzmengen benötigt wurden, sorgten die Tiroler Landesfürsten, wie die Wald- und Holzordnungen aus dem 16. Jh. belegen, für einen sehr strengen Forstschutz (Oberrauch 1952: 108–116, 125–126). Im Einzugsgebiet der bis 1852 mit Holz befeuerten Haller Saline und der Metallwerke im Gebiet von Jenbach bis Brixlegg wurde dieser auch in den folgenden Jahrhunderten beibehalten. Daher verblieben die Wälder im Einzugsgebiet des Inn bis zur Zillermündung im Besitz der Gemeinden und Nachbarschaften. Im Vinschgau und im Trentino war deren Bewirtschaftung durch Dorfstatuten, den Waistümern, geregelt, weshalb die Allmenden dort weiterhin im Gemeindebesitz verblieben. Als der Bergsegen im 16. und 17. Jh. erlosch, kümmerte sich die Landesverwaltung im Nordosten Nordtirols, im mittleren und östlichen Südtirol und in Osttirol weniger um den Wald. Daher konnten sich private Grundbesitzer dort leichter Forstgebiete aneignen. Deshalb spielen Bauernwälder in diesen Gebieten, wie die Karte der Eigentumsstruktur des Waldes im Tirol-Atlas (Keller 1990) zeigt, welche die Situation um 1970 erfasst, eine erhebliche Rolle.

Im Rahmen der Agrargesellschaft sind auch die Eigentumsstrukturen der Weidewirtschaft entstanden. Die oberhalb der Waldgrenze gelegenen großen Hochalmen blieben im Westtirol und im Trentino im Eigentum der Gemeinden, im mittleren und östlichen Deutschtirol herrschten Nachbarschaftsalmen vor. Diese sind ähnlich wie die Gemeindealmen organisiert, sie bilden eigene Liegenschaften, an denen die einzelnen Höfe Berechtigungen (= Gräser) besitzen, und werden gemeinschaftlich bewirtschaftet. Aus den Allmenden gingen teilweise auch Gemeinschaftsalmen hervor, die anteilsmäßig zu den jeweiligen Höfen der Besitzer gehören. Diese verfügen über eigene Hütten und Ställe und werden in der Form von „Splitteralmen" zumindest teilweise getrennt bewirtschaftet (vgl. Penz 1978: 50–51). Durch die Parzellierung der Weideflächen sind aus diesen Privatalmen hervorgegangen, andere sind in der Regel durch die Rodungen in Bauernwäldern entstanden. Daher liegen die meisten Privatalmen, wie die Karte der Eigentumsformen im Tirol-Atlas zeigt (Keller & Penz 1989), im Osten Tirols. In diesen Bezirken wurden auf ehemaligen Forstflächen auch die meisten der privaten Heimweiden angelegt, welche einem einzigen Hof gehören, während die an den Dauersiedlungsraum anschließenden früheren Allmenden in der Regel bis heute im gemeinschaftlichen Besitz verblieben sind.

## 4 Die Eigentumsstrukturen am Beginn des Industriezeitalters

Erst die moderne staatliche Verwaltung hat die Voraussetzungen für die Erfassung der Eigentumsstrukturen geschaffen. In der zweiten Hälfte des 18. Jh. wurde mit dem Maria-Theresianischen Kataster ein erstes Liegenschaftsverzeichnis erstellt, in welchem diese nach Gerichten geordnet beschrieben sind. Vermessen wurden die Grundstücke jedoch erst im Rahmen der Katasteraufnahmen im Maßstab 1:2880, welche im Kronland Tirol in den 1850er Jahren erfolgten. Dabei stellten die Topographen auch die Eigentümer fest und ließen sich die Ergebnisse durch die Ortsvorsteher (Bürgermeister) in den bei den Archiven der Vermessungsämter aufliegenden Parzellenprotokollen bestätigen. Weitergehende Angaben enthalten die für Tirol am Ende des 19. Jh. angelegten, in den Bezirksgerichten aufbewahrten Grundbücher.

Für die Eigentumsstrukturen waren einzelne Verordnungen des Staates bedeutsam, die bereits vor der Grundentlastung im Jahr 1848 erlassen wurden. 1838 verfügte ein kaiserliches Hofdekret, dass das „Eigentum an dem ober- und unterhalb der Vegetationsgrenze gelegenen öden Gebirgsmassen" (Stolz 1949: 406) dem Ärar vorbehalten sei. Dadurch ging das gesamte Ödland in das Eigentum des Staates über. Der Versuch des Tiroler Landtages im Jahre 1919, diese Flächen an benachbarten Almbesitzer oder an die Gemeinden zu übertragen, wurde von der Regierung ablehnt (Stolz 1949: 406). Daran hat sich seither nichts geändert, so dass das Ödland in Österreich heute noch von den Bundesforsten verwaltet wird. Südlich des Brenners ging dieses nach 1918 an den italienischen Staat, nach dem Pariser Vertrag (1946) an die Autonome Region Trentino-Südtirol und nach dem zweiten Autonomiestatut an die Autonomen Provinzen Bozen und Trient über. Diese Regelung hat sich als vorteilhaft erwiesen. Als Eigentümer des Ödlandes kontrolliert die öffentliche Hand nicht nur die (Gämsen) Jagd sondern achtet auch darauf, dass dieses für die Wanderer und Bergsteiger zugänglich bleibt. Auch die Erschließung mit Seilbahnen wurde dadurch erleichtert, so dass sich die früher wertlose Fels- und Schuttregion in den letzten 150 Jahren zu einer wichtigen Grundlage für den Fremdenverkehr in den Alpen entwickeln konnte.

Im dem im Jahre 1847 für Tirol erlassenen Patent „betreffend die Servitutenablösung und Eigentumspurifikation" verzichtete der Landesfürst bzw. der Staat zu Gunsten der Gemeinden auf das Obereigentum über den Wald. Die Nutzungsrechte der einzelnen Gemeindemitglieder waren davon allerdings nicht betroffen (Schiff 1898: 52). Im Revolutionsjahr 1848 herrschte zunächst eine bauernfreundliche Stimmung, so dass ein Patent im Herbst 1848 noch festhielt: „Die Holzungs- und Weiderechte, sowie die Servitutsrechte zwischen der Obrigkeit und ihren Untertanen sind entgeltlich ... aufzuheben". Daher hofften die Landwirte, ihnen würden die belasteten Wälder übertragen. Im Patent über die Durchführung der Grundentlastung vom 4. März 1849 sind die Bestimmungen über die Servitutenablösung jedoch nicht mehr enthalten. In den folgenden Jahren änderte die Regierung ihre Auffassung und erließ 1853 ein neues Patent, in welchem neben der Ablösung die Regulierung der Servitute vorgesehen war (Schiff 1898: 70–71). Dieses Gesetz betraf allerdings nur die Staatsforste und wurde neben Niederösterreich nur in wenigen Kronländern jedoch nicht in Tirol durchgeführt. Daher besaßen die Gemeinden bei der Katasteraufnahme in den 1850er Jahren einen Großteil der Wälder. Im Osten Nord- und Südtirols waren die ortsnahen, günstig gelegenen Forstgebiete hingegen zumeist bereits früher in Privatbesitz übergegangen. Die peripheren Wälder erschienen dort als „wertlos" und verblieben im Eigentum des Staates.

Die Bauern fühlten sich in der Frage der Wald- und Weideservitute von der Obrigkeit ungerecht behandelt und bestanden darauf, dass die seit dem Mittelalter ausgeübten Nutzungsberechtigungen in das Grundbuch eingetragen wurden. Seit dem 18. Jh. hatten einzelne Gemeinden den bäuerlichen Besitzern in den als Teilwälder bezeichneten Gebieten bestimmte Flächen zur dauernden Nutzung überlassen. Um 1900 erhoben die bäuerlichen Abgeordneten die Forderung, diese in das Eigentum der jeweiligen Bauern zu übertragen. Dieses Ersuchen wurde zunächst abgelehnt, im Jahre 1910 jedoch genehmigt (Stolz 1949: 407). Die meisten Teilwälder wurden, wie die räumliche Verteilung zeigt (vgl. Keller 1990), im mittleren Inntal gebildet. Allerdings entnahmen die einzelnen Bauern viel Holz aus diesen zumeist kleinen Parzellen und pflegten sie nicht sorgfältig. Sie waren deshalb früher vielfach weniger gut bewirtschaftet als die größeren Gemeinschafts- und Gemeindewälder.

## 5 Die Entwicklung des gemeinschaftlichen Eigentums im Bundesland Tirol

Nach der Grenzziehung im Jahre 1918 entwickelte sich der gemeinschaftliche Grundbesitz nördlich und südlich des Brenners unterschiedlich. In Südtirol und im Trentino wurden die altösterreichischen Regelungen an die Gesetze des italienischen Staates angepasst, wobei die Nutzungsberechtigungen auf fremden Grund, welche den „usi civici" im italienischen Recht entsprachen, weiterhin ausgeübt werden durften. Der strengere Forstschutz schränkte sie allerdings etwas ein. Dadurch erlitten die Beteiligten zwar Einbußen, auf die Entwicklung des Bergwaldes haben sich die Verbote jedoch positiv ausgewirkt. Diese gesetzlichen Rahmenbedingungen ermöglichten eine kontinuierliche Weiterentwicklung der Wald- und Weidegemeinschaften, die auch in neuerer Zeit nicht in Frage gestellt wurden. Im Rahmen der Verwaltungsreform verloren viele Gemeinden in der Zwischenkriegszeit zwar ihre Eigenständigkeit, deren Forstbetriebe blieben als Fraktionswälder jedoch weiterhin bestehen.

Wesentlich stärker wurden die Eigentumsstrukturen seit der Mitte des 20. Jh. im Bundesland Tirol verändert. Im Bereich der Almwirtschaft hatten bis in das Mittelalter zurückgehende rechtliche Regelungen manche Neuerungen erschwert. Daher unterstützten die Behörden die Umstellung von altertümlichen „Nachbarschaften" in moderne Agrargemeinschaften, welche leichter zu administrieren waren. Dieser Wandel vollzog sich innerhalb der bergbäuerlichen Landwirtschaft und wurde von der Öffentlichkeit kaum registriert. Eigentumsverschiebungen in der Waldstufe führten hingegen zu Konflikten, die in den letzten Jahren harte Auseinandersetzungen in der Landespolitik zur Folge hatten. Dabei spielen neben den unklaren rechtlichen Voraussetzungen auch die geänderten sozioökonomischen Strukturen eine wichtige Rolle.

Viele Bergwälder wiesen zehn Jahre nach dem Zweiten Weltkrieg einen schlechten Zustand auf. Infolge des verzögerten gesamtgesellschaftlichen Wandels nutzen viele Bauern die ihnen zustehenden, für den Wald schädlichen Nebennutzungen noch aus und eine übermäßige Holzentnahme hatte den Baumbestand stark reduziert. In der Zwischenkriegszeit waren manche Gemeinden so stark überschuldet gewesen, dass sie zu Holzverkäufen gezwungen waren, obwohl sie dabei nur niedrige Erlöse erzielten. Als der Wirtschaftsaufschwung in den 1950er Jahren eingesetzte, benötigten viele Bauern Holz für den Neu- und Umbau ihrer Wohn- und Wirtschaftsgebäude, um welche sie sich in der vorangegangenen Notzeiten kaum hatten kümmern können. In manchen Wäldern führte die verstärkte Nachfrage sogar zu Engpässen. So waren die Holzvorräte im Wald von Matreiberg, welcher den Bürgern von Matrei am Brenner und den Bauern von Mühlbachl gehörte, nach einem Großbrand im Jahre 1917 und den Bombardierungen im Zweiten Weltkrieg erschöpft. Daher entschlossen sich die Beteiligten 1952 zu einer Regulierung, nach welcher sich der Holzeinschlag nicht mehr nach dem Bedarf der Berechtigten, sondern nach dem Ertrag zu richten hatte (Penz 2010: 92). Bei Gemeindewäldern führte die Verknappung häufig zu Auseinandersetzungen zwischen der Gemeindeführung, den Nutzungsberechtigten und anderen „Häuselbauern", welche nicht verstehen wollten, dass ihnen kein Holz im gemeinsamen Wald zustand.

Da viele heruntergekommenen Gemeindewälder in den 1950er und 1960er Jahren keinen nennenswerten Ertrag abwarfen, erschienen sie manchen Bürgermeistern als Belastung, wie mir diese bei meinen Feldarbeiten für die Dissertation über das Wipptal schilderten (Penz 1972). Als das im Jahre 1952 erlassenen Tiroler Flurverfassungsgesetz die Möglichkeit bot, durch Servitute belastete Grundstücke an selbstverwaltete agrarische Gemeinschaften zu übertragen, entschieden sich viele Gemeinden dafür und hofften, dadurch würden Konflikte gelöst und zukunftsfähige Strukturen geschaffen. Die Tiroler Landesverwaltung unterstützte in den 1950er und 1960er Jahren diesen Weg, welchen vor allem der Landesrat für Landwirtschaft und späteren Landeshauptmann Eduard Wallnöfer tatkräftig förderte. Er sah in diesen Gemeinschaften eine Stütze für die Bergbauernbetriebe, deren Überleben er als ein wichtiges Ziel seiner Politik angesehen hat. In dieser Zeit wurden im Bundesland Tirol rund 3 000 Agrargemeinschaften gebildet, wobei größtenteils bestehende Alm- und Weidebetriebe umgestellt wurden. Daneben entstanden rund 250 Agrargemeinschaften auf Gemeindegrund, bei denen später teilweise bezweifelt wurde, ob die Übertragungen zu Recht erfolgt.

In den folgenden 50 Jahren erholte sich der Bergwald in Tirol, von welchem in den 1970er Jahren noch viele Umweltaktivisten befürchtet hatten, der „saure Regen" würde ihn stark schädigen. Dabei wirkte sich der Rückgang der Nebennutzungen positiv aus. Die sehr arbeitsaufwendige Waldweide, welche das Aufkommen des Jungwuchses behinderte, ging zurück und der Bezug von Laub und Nadeln, der früher als Einstreu in den Ställen gedient hatten, ist weitgehend verschwunden. Auch die Bewirtschaftung der Wälder hat sich nach der Übertragung an die Agrargemeinschaften stark verbessert. Die größtenteils ehrenamtlichen Mitglieder besaßen eine enge Beziehung zum Wald und verwalteten diesen sehr sparsam. Die durch Zuschüsse der öffentlichen Hand geförderte Erschließung mit Güterwegen kam neben der Holzernte auch den Pflegearbeiten zu Gute. Infolge des ungünstigen Reliefs waren die Bewirtschaftungskosten höher als im Flachland und die Holzpreise blieben niedrig, daher wurden aus der forstlichen Nutzung nur bescheidene Einnahmen erzielt. Auch die sonstigen Erträge aus der Land- und Forstwirtschaft reichten bei weitem nicht aus, die Leistungen für die Pflege der alpinen Kulturlandschaft abzugelten. Bei anderen Aktivitäten konnten einzelne Agrargemeinschaften hingegen Gewinne erzielen. Dies gilt für Erträge aus gewerblichen Tätigkeiten ebenso wie für Pachtgebühren und Erlöse aus Grundverkäufen. Besonders begünstigt waren Betriebe, welche Schotter, Holz und andere auf den Grundstücken vorkommende Rohstoffe verwerteten oder an Aufstiegshilfen beteiligt waren. Während nur wenige Agrargemeinschaften diese Möglichkeiten ausnutzen konnten, kamen Einnahmen aus Verpachtungen häufiger vor. Besonders bedeutsam wurden Benützungsgebühren für Schipisten, welche die Grundbesitzer von den Liftbetreibern verlangen konnten, seit die Abfahrtstrecken mit schweren Geräten präpariert wurden. Vereinzelt wurden auch Grundstücke für den Bau von Freizeitanlagen verkauft. Wälder und Weiden liegen in der Regel zwar außerhalb des Baulandes, einzelne Parzellen wurden trotzdem als Bauland gewidmet und teilweise begünstigt an Mitglieder von Agrargemeinschaften verkauft.

In einigen Gemeinden regte sich der Unmut über die Geschäfte der Agrargemeinschaften, und ab 2005 wurde heftig diskutiert, ob die Übertragung des Gemeindegutes an diese rechtmäßig gewesen sei. Es kam zu mehreren Gerichtsverfahren, wobei der Verfassungsgerichtshof am 11.6.2008 als oberste Instanz entschied, dass die

Erträge aus dem ehemaligen Gemeindegut, welche nicht die Land- und Forstwirtschaft betreffen, den Gemeinden zustünden (Kreuzer 2009). Auf dieses Urteil folgten heftige politischen Auseinandersetzungen. Dabei unterstützte die ÖVP die Auffassungen des Bauernbundes, es handle es sich um sehr komplexe Eigentumsfragen, die nicht einheitlich sondern von Fall zu Fall unterschiedlich zu beurteilen seien. Die übrigen Parteien vertraten hingegen die Position, die „privilegierten Bauern" hätten sich das Gemeindegut zu Unrecht angeeignet, daher sollte dieses an die Kommunen zurück übertragen werden. Die endgültige Lösung hängt vom Ausgang der Tiroler Landtagswahlen am 28.4.2013 ab, wobei befürchtet werden muss, dass viele strittige Fälle durch rasche politische Festlegungen nicht gelöst werden können.

Nach der österreichischen Rechtsordnung sind die im Grundbuch eingetragenen Servitute ähnlich geschützt wie das Eigentum. Daher würden die Berechtigungen bei einer Rückübertragung erhalten bleiben, als neue Eigentümer müssten sich die Gemeinden jedoch um die Verwaltungs- und Pflegearbeiten kümmern und könnten dabei nicht auf die Leistungen der ehrenamtlichen Funktionäre zurückgreifen. Bei den gut ausgestatteten Gemeindegut-Agrargemeinschaften könnten dafür die Gewinne aus gewerblichen Tätigkeiten herangezogen werden. Für arme Bergbauerngemeinden, deren Wälder wenig ertragreich sind, könnten dadurch neue Belastungen entstehen und es müsste befürchtet werden, dass für eine nachhaltige Nutzung nicht ausreichend Mittel zur Verfügung stünden. Solchen Gemeinden könnten infolge der sozioökonomischen Veränderungen in naher Zukunft die Mittel für notwendige Investitionen fehlen. Wie in den Notjahren der Zwischenkriegszeit könnte es deshalb zu verstärkten Holzverkäufen kommen, welche schließlich die Schutzfunktion des Waldes beeinträchtigt würden.

Manche Gemeinden vertreten die Ansicht, durch die Rückübertragungen würden die Gestaltungsmöglichkeiten für die örtliche Raumordnung verbessert. Dies trifft in der Regel nur auf Pazellen zu, die an den Dauersiedlungsraum anschließen. Aus guten Gründen wurden bisher nur wenige Wald- und Weideflächen als Bauland gewidmet und wegen der ungünstigen lokalen Bedingungen werden die meisten dafür auch in Zukunft kaum in Frage kommen. Wo eine Verbauung sinnvoll erscheint, sollten sie in Anlehnung an die alten Aufgaben der Allmende in erster Linie für den sozialen Wohnbau reserviert werden.

Die politischen Diskussionen haben wichtige Aufgaben des Bergwaldes bisher kaum berücksichtigt. Die nachhaltige Bewirtschaftung bildet jedoch eine wichtige Voraussetzung für die Sicherung des alpinen Lebensraumes. Daher sollte Eigentumsverhältnisse nicht durch eine einfache Übertragung, sondern im Rahmen von Raumordnungsverfahren neu geordnet werden. Dadurch könnten auch jene Konflikte gelöst werden, welche das Zusammenleben der sozialen Gruppen in den Gemeinden derzeit belasten. Als Vorbild bietet sich dabei die Integralmelioration im Zillertal an.

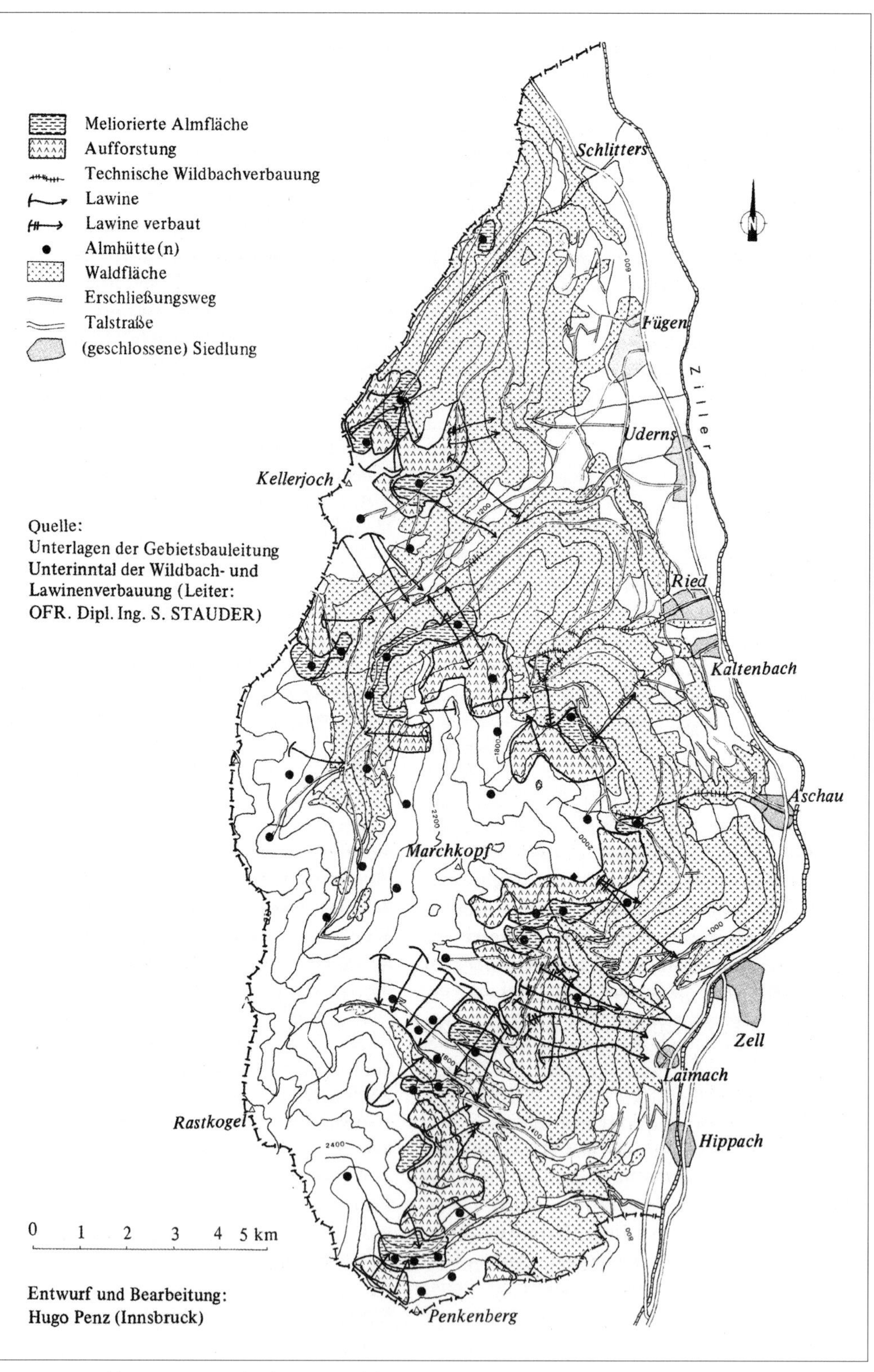


*Abb. 3: Die Integralmelioration auf der Westseite des Zillertales; Quelle: Penz 1978, S. 93*

# 6 Die Integralmelioration im Zillertal als vorbildlicher Lösungsansatz

Im Zillertal kam der Anstoß für die mustergültige Integralmelioration von der Wildbach- und Lawinenverbauung, die nach mehreren Naturkatastrophen, vor allem den Lawinenschäden des Jahres 1951 bestrebt war, die eigenen Maßnahmen mit allen Betroffenen zu koordinieren (Abb. 3). Sie wurde in Zusammenarbeit der bäuerlichen Besitzer mit den beteiligten Fachbehörden (Wildbach- und Lawinenverbauung, Forstinspektion, Alpinspektorat) durchgeführt. Das rund 200 km$^2$ große Sanierungsgebiet umfasste die westliche Seite des Zillertales vom Penkenkof bei Mayrhofen bis zur Mündung in das Inntal (Brugger 1966: 152). Bei der Neuordnung der Kulturflächen wurde von folgenden Gesichtspunkten ausgegangen:

- Da eine Fläche nur durch eine Wirtschaftsform intensiv genutzt werden kann, sollen Wald und Weide getrennt und die Reinflächen intensiviert werden.
- Jede Fläche weist auf Grund der Standortgegebenheiten eine optimale Nutzungsart auf, der sie möglichst zugeführt werden soll.
- Der landwirtschaftliche Ertrag des Gebietes soll nicht geschmälert, sondern durch flächenhafte Intensivierungen möglichst gesteigert werden (nach Hampel 1965).

Die Neuordnung brachte für das Meliorierungsgebiet einschneidende Veränderungen. Die Waldweide verschwand, wobei 2324 Kuhgräser, welche zum Auftrieb von je einer Großvieheinheit berechtigten, und 2034 Raummeter Streu abgelöst wurden. Auch die offene Weide wurde eingeschränkt. 1441 Hektar wurden dem Almland entzogen und aufgeforstet. Dafür wurde die Nutzung auf den verbliebenen Flächen, vor allem in der Nähe der Hütten intensiviert. Im Verlauf der Meliorierung wurden die Almen mit Fahrwegen erschlossen und Gülleanlagen angeschafft sowie die Weiden in Koppeln eingeteilt und durch den Einsatz von Handelsdünger verbessert. Diese Maßnahmen haben sich außerordentlich bewährt. Obwohl die Almflächen stark eingeschränkt wurden, blieb der Bestoß von 1949 bis 1964 konstant und das Milchaufkommen hat fast um ein Viertel zugenommen. Durch diese Almsanierung konnte auch erheblich Personal eingespart werden. 1964 wurden bereits um 15 Arbeitskräfte weniger benötigt als 1949 (Brugger 1966: 152). Auch in den folgenden Jahrzehnten konnte sich die Almwirtschaft behaupten. Auf den dortigen Almen weideten während des ganzen Sommers nach den Angaben im Alpkataster des Landes Tirol 1973 830 Milchkühe und 446 Stück Galtvieh, im Jahre 1986 606 Milchkühe und 786 Stück Galtvieh und im Jahre 2006 796 Milchkühe und 682 Stück Galtvieh (Penz 2008: 194).

Auch auf die übrige Landschaftsentwicklung hat sich die Integralmelioration sehr günstig ausgewirkt. Durch das Fehlen der Beweidung und durch Hochlagenaufforstungen wurde die obere Waldgrenze mehrere 100 Höhenmeter angehoben. Dadurch verbesserte sich das Rückhaltevermögen des Bodens, wodurch die Hochwasserspitzen gekappt werden konnten. Darüber hinaus wurden die Lawinenstriche technisch verbaut, so dass die Gefährdung des Siedlungsraumes durch Lawinen verringert werden konnte. Um das Meliorierungsgebiet zeitgemäß bewirtschaften zu können, wurde der Bergwald durch ein Netz von Güterwegen erschlossen, die später dem Tourismus zu Gute kamen und u. a. als „Zillertaler Höhenstraße" vermarktet wurden. Auch für die Entwicklung der Schigebiete von Hochzillertal bei Kaltenbach und von Hochfügen im Finsiggrund erwies sich die durch die Integralmelioration geschaffene Infrastruktur als vorteilhaft. Diese Raumordnungsmaßnahme hat, wie Lechner (1998) und Schießling (1998) am Beispiel des Finsigtales nachweisen konnte, zahlreiche positive Impulse ausgelöst und könnte für andere Gebiete als Vorbild dienen.

Damit die Rückübertragung des ehemaligen Gemeindegutes an die Kommunen nicht zu verstärkten Konflikten führt, sollte diese mit Raumordnungsverfahren gekoppelt sein, von welchen möglichst alle Beteiligten profitieren sollten. Als vorrangige Ziele sollten die Erhaltung der Lebensqualität im Berggebiet und die Erhöhung des Schutzes vor Naturgefahren angestrebt werden. Dabei könnte an die Erfahrungen der vor über 40 Jahren abgeschlossen Integralmelioration im Zillertal angeknüpft werden.

## Literaturhinweise


Brugger, O. 1966: Die Alpwirtschaft. *Alm und Weide* (Innsbruck) 16: 138–155.

Hampel, R. 1965: *Wildbach- und Lawinenvorbeugung im Zillertal / Tirol.* Prospekt. Bundesministerium für Land- und Forstwirtschaft (Hg.). Wien.

Lechner, I. 1998: *Der Kulturlandschaftswandel im Finsingtal (Zillertal) nach der Integralmelioration. Eine Regionalanalyse mit GIS.* Diplomarbeit, Innsbruck.

Degiampietro, C. 1997: *Storia di Fiemme e della Magnifica Comunità della origini all'istutizone dei comuni.* Cavalese.

Fonza, F. & M. Tamanini 1997: *Nei parchi del Trentino. Guida naturalistica escursionistica alle aree protette.* Trento.

Grass, N. 1948: *Beiträge zur Rechtsgeschichte der Alpwirtschaft.* Schlern-Schriften 56. Innsbruck.

Jäger, G. 1997: Siedlungsausbau und soziale Differenzierung der ländlichen Bevölkerung in Nordtirol während der frühen Neuzeit. *Tiroler Heimat* 60: 87–127.

Jäger, G. 2001: Das Kleinhäuslertum in Südtirol – Aktueller Forschungsstand. Ein historisch-geographischer Beitrag zur neuzeitlichen Siedlungsgenese und Sozialstruktur an Etsch, Eisack und Rienz. *Tiroler Heimat* 65: 25–110.

Keller, W. 1990: Wald – Eigentumsstruktur des Waldes. *Tirol-Atlas Karte M 2.* Innsbruck.

Keller, W. & H. Penz 1989: Almwirtschaft – Eigentumsstruktur der Almen. *Tirol-Atlas Karte L 20.* Innsbruck.

Kreuzer, K. 2009: *Die Auswirkungen des VfGH-Erkenntnis, B464/07, vom 11.06.2008, auf Tirols Agrargemeinschaften.* Dipl. Arbeit am Institut für Öffentliches Recht, Staats- und Verwaltungslehre der Univ. Innsbruck. Innsbruck

Loose, R. 1976: *Siedlungsgenese des oberen Vintschgaus. Schichten und Elemente des Theresianischen Siedlungsgefüges einer Südtiroler Passregion.* Forschungen zur deutschen Landeskunde 208. Trier.

Moritz, A. 1956: *Die Almwirtschaft im Stanzertal. Beiträge zur Wirtschaftsgeschichte und Volkskunde einer Hochgebirgstalschaft Tirols.* Schlern-Schriften 137. Innsbruck.

Oberrauch, H. 1952: *Tirols Wald und Waidwerk. Ein Beitrag zur Forst- und Jagdgeschichte.* Schlern-Schriften 88. Innsbruck.

Oeggl, K. & K. Nicolussi 2009: Prähistorische Besiedlung von zentralen Alpentälern in Bezug zur Klimaentwicklung. In: Schmidt, R., C. Matulla & R. Psenner (Hg.): *Klimawandel in Österreich.* Alpine space – man & environment 6. Innsbruck: 77–86.

Penz, H. 1972: *Das Wipptal. Bevölkerung, Siedlung und Wirtschaft der Passlandschaft am Brenner.* Tiroler Wirtschaftsstudien 27. Innsbruck.

Penz, H. 1978: *Die Almwirtschaft in Österreich. Wirtschafts- und sozialgeographische Studien.* Münchner Studien zur Sozial- und Wirtschaftsegographie 15. Kallmünz, Regensburg.

Penz, H. 1998: Die Landwirtschaft im Alpenraum. Beispiele aus dem Raum Tirol. In: *Praxis Geographie* 2/1998. Braunschweig: 14–17.

Penz, H. 2003: Altrei – Truden. Wanderungen im Gebiet des Naturparks Trudner Horn. In: Steinicke, E. (Hg.): *Geographischer Exkursionsführer. Europaregion Tirol-Südtirol-Trentino. Band 3: Spezialexkursionen in Südtirol.* Innsbrucker Geographische Studien 33, 3. Innsbruck: 327–352.

Penz, H. 2008: Almwanderung im Finsigtal (Vorderes Zillertal). Geographische Exkursion mit den Schwerpunkten Almwirtschaft und Veränderungen durch die Integralmelioration. *Innsbrucker Jahresbericht* 2003–2007. Innsbruck: 193–217

Penz, H. 2010: Die Siedlungsgenese im Marktgericht Matrei am Brenner. Zur Entwicklung des Marktes Matrei und der Bergbauerngemeinde Obernberg am Brenner. *Tiroler Heimat* 74. Innsbruck: 85–106.

Sartori-Montecroce, T. v. 1892: Die Thal- und Gerichtsgemeinde Fleims und ihr Statutarrecht. *Zeitschrift des Ferdinandeums für Tirol und Vorarlberg* 3. Innsbruck: 1–223.

Schiff, Walter 1898: *Österreichs Agrarpolitik seit der Grundentlastung.* Tübingen.

Schießling, P. 1998: *Integralmelioration – Vorderes Zillertal. Dokumentation und Überprüfung der Meliorierungsmaßnahmen im Bereich des mittleren Finsingtales.* Diplomarbeit. Innsbruck

Stolz, O. 1949: *Rechtsgeschichte des Bauernstandes und der Landwirtschaft in Tirol und Vorarlberg.* Bozen.

Wopfner, H. 1995: *Bergbauernbuch. Von Arbeit und Leben des Tiroler Bergbauern. 2. Band, Bäuerliche Kultur und Gemeinwesen, IV.- VI. Hauptstück.* Aus dem Nachlass herausgegeben und bearbeitet von N. Grass unter redaktioneller Mitarbeit von D. Thaler. Schlern-Schriften 297, Tiroler Wirtschaftsstudien 48. Innsbruck.

Wopfner, H. 1997: *Bergbauernbuch. Von Arbeit und Leben des Tiroler Bergbauern. 3. Band, Wirtschaftliches Leben. VII.–XII. Hauptstück.* Aus dem Nachlass herausgegeben und bearbeitet von N. Grass unter redaktioneller Mitarbeit von D. Thaler. Schlern-Schriften 298, Tiroler Wirtschaftsstudien 49. Innsbruck.

# Resilience and legitimacy of natural resource governance through adaptive co-management: The case of Nunavut's Co-Management Boards

**Falk F. Borsdorf**

In recent decades, commons, i.e. natural resources to which all members of a society are entitled, have received great attention within scientific discourse as well as in the administrative practice of many countries. As various studies have shown, institutions are needed to establish collectively binding rules and regulations for the use of those natural resources. In this context, co-management arrangements have become a favourite form of organization applied by the authorities in many countries around the world. One case in point is that of the Co-Management Boards created for the newly established Nunavut territory in the Canadian Northern Territories. It is made up of representatives from federal as well as territorial governments, plus committed civil society individuals. Starting from an institutional approach, this contribution investigates to what extent these new institutions succeed in fulfilling the requirements of resilience and legitimacy of resource governance. As will be argued, Nunavut's Co-Management Boards not only manage to meet these tasks in a formal sense, but also constitute platforms for intercultural exchange of knowledge and experiences, – a factor that makes these institutions unique.

**Keywords:** adaptive co-management, natural resources governance, resilience, legitimacy, Nunavut's Co-Management Boards

**Resilienz und Legitimität der Governance natürlicher Ressourcen durch adaptives Co-Management: Der Fall der Co-Management Boards von Nunavut**

Im Zuge der Diskussion um die so genannten Allmende-Güter, natürlicher Ressourcen also, die allen Mitgliedern der Gesellschaft als Kollektivgut zustehen, hat sich in wissenschaftlichem Diskurs wie auch in der administrativen Praxis vielerorts die Überzeugung durchgesetzt, dass es Institutionen braucht, die für verbindliche Regeln für den Gebrauch dieser Ressourcen sorgen. Eine Organisationsform, die sich für die Governance natürlicher Ressourcen in den letzten Jahren vielerorts durchgesetzt hat: die der Co-Management Arrangements. Auch für den kanadischen Norden wurden solche Institutionen ins Leben gerufen, die sich aus Vertretern von Regierungsbehörden auf föderaler und territorialer Ebene wie auch aus engagierten Personen aus der Zivilgesellschaft zusammensetzen. Ausgehend von einem institutionellen Zugang geht dieser Beitrag der Frage nach, ob diese Institutionen den Anforderungen an Resilienz und Legitimität der Governance natürlicher Ressourcen gerecht wird. Wie herausgestellt werden soll, sprechen nicht nur formale Kriterien für die Annahme, dass dabei sowohl der Resilienz als auch Legitimität weitgehend entsprochen werden kann, sondern dass auch die interkulturelle Kommunikation und der Austausch von Wissen wie Erfahrungen in diesen Gremien ein durchaus bemerkenswertes Alleinstellungsmerkmal darstellen.

**Resiliencia y legitimidad de la gobernanza de recursos naturales a través de la cogestión: el caso de los comités de cogestión de *Nuvanut***

En las últimas décadas, los recursos comunes recibieron una gran atención tanto en los discursos científicos, como en la práctica administrativa de muchos países. Como muchos estudios demuestran, se necesitan instituciones que establezcan normas y reglamentos vinculantes y también regulaciones para evitar la sobreexplotación de los recursos naturales afectados. En este contexto, los acuerdos de cogestión se transformaron en una forma de organización cada vez más aplicada por el aparato burocrático de muchos países alrededor del mundo. Estas instituciones se crearon también en el norte de Canadá, las cuales se componen de representantes de los organismos gubernamentales a nivel federal y territorial, así como de representantes de la sociedad civil. A partir de un enfoque institucional, esta contribución busca entender hasta qué punto estas nuevas instituciones logran cumplir con los requisitos de resiliencia y legitimidad de la gobernanza de recursos. Como se argumentará, los comités de cogestión establecidos, no solo logran cumplir estas tareas en un sentido formal, sino que también constituyen plataformas de intercambio intercultural de conocimientos y experiencias, un factor que hace de estas instituciones algo único.

## 1 Introduction

The main tasks of political settings for governing common resources are twofold: On the one hand, policies and political practices related to resource governance need to be resilient. That is to say that resource management has to be able to cope with uncertain and unexpected circumstances. According to Holling (1978), an adaptive approach to resource management subsequently opens up for greater resilience for natural, economic, and social systems. "That is, if we learn how to adjust and adapt, natural and societal systems will be better able to bounce back or recalibrate relative to changing circumstances or sudden shocks. The alternative is to be brittle and therefore more vulnerable or fragile when evolving circumstances make behaviour that worked well in the past no longer relevant." (Mitchell 2004: 13) In democratic societies, however, the other key task is that of legitimacy. Resource policies have to ground their authority on a principle of political legitimacy, "(...) which shows why their access to, and exercise of, power is rightful, and why those subject to it have a corresponding duty to obey" (Beetham 2004: 107). Therefore, resource goernance ought to have instruments in place "(...) to provide legitimacy for a vision and to facilitate the implementation of goals and objectives related to the vision. Such instruments include political commitment, statutory foundation, administrative arrangements, financial support, and stakeholder support. The more instruments in place, the more likely that a vision will have credibility or legitimacy." (Mitchell 2004: 11) This takes commitment from senior elected officials as well as the political support from Federal and Provincial governments. Explicit and specific administrative directives and structures can lead to increased support for a vision and guide people with responsibility for it. Without directives and structures it is too easy for individuals to interpret political statements or legislation in a way that supports their own needs or interests (Mitchell 2004: 12). Most importantly, these instruments construct an image in which their own ways of responding to political problems or the challenges of socio-cultural and political diversity appears convincing to a majority of the ruled and thus legitimate.

This article explores the extent to which the co-management boards established under the Nunavut Land Claims Agreement open up for greater resilience and legitimacy of the management of natural resources in the territory.

## 2 Co-management in general

If we talk about agreements that established institutions made up by representatives from government and civil society, these new bodies are often subsumed under the term "co-management". Similarly to governance, co-management has become a "cath all"-term for power-sharing, a challenge in capacity building for both community and government, a mechanism to implement aboriginal rights, and an arena in which different systems of knowledge can be brought together. "Co-Management has been used as a catch-all term from the various responses to growing demands for a role for users and communities in environmental management and conflict resolution" (Berkes 2007: 19). To cut a long story short, the basic notion of co-management is that of: "(...) sharing power and responsibility between the government and local resource users." (Berkes et al. 1991) Meanwhile, it is also clear that co-management shares features of other partnerships of environmental governance arrangements; it is a kind of partnership that bridges scales and links two or more levels of governance. Additionally, co-management also exists in unionised management policies within kinds of businesses and private enterprises, too (Bierbaum 2000). To sum up, co-management includes multi-stakeholder bodies like organisations, policy networks, institutional networks, boundary organisations, polycentric systems, and epistemic communities.

According to Berkes (2007), however, co-management can be seen from various approaches: First of all, co-management minimises problems of institutional interplay described by Young (2002). This theory lined out that sometimes problems arise from the fact that certain issues are dealt with on different scales or levels governance when institutions on one level do not know what their counterparts on other levels are doing. Co-management links institutions of different levels together and thereby enhances communication among them. Secondly, in most cases co-management constitutes a form of power-sharing. Instead of installing hierarchical models of command-and-control, co-management ensures that voices of different levels of governance as well as those from civil society count equal. Third, co-management calls for new institutions and is therefore also understood as a form of institution-building. Fourth, co-management also enhances trust between different actors and different levels of governance. Fifth, co-management also creates new chances for social learning by installing institutions that bring together different beliefs, value systems, (cultural) traditions, and local knowledge. Sixth, co-management is also a form of problem-solving which ensures that different levels can cooperate and find solutions to conflicts between and among them. And last but not least, co-management touches on the very core of what is understood under the term "governance": A belief that governing is no longer done by formal government institutions alone, but rather the result of complex interactions within networks between government and civil society institutions and representatives.

In its essence, though, co-management models fall under the category of collaboration. According to Borrini-Feyerabend et al. (2004), there are various ways in

*Table 1: The various ways in which collaboration, including co-management, is understood (according to Borrini-Feyerabend et al. 2004)*

| | |
|---|---|
| Collaboration as a form of self-defense | In a changing world, indigenous peoples and local communities need more than ever strong internal and external forms of cooperation to be able to withstand various threats and dangers. |
| Collaboration as a response to complexity | The natural resource base of livelihoods cuts across a variety of political, administrative, cultural, and social boundaries, and there exist a multiplicity of concerned social actors. |
| Collaboration for effectiveness and efficiency | Different social actors possess complementary capacities and comparative advantages in management, which can be profitably harnessed together. |
| Collaboration for respect and equity | A fair sharing of the costs and benefits of managing natural resources and ecosystems is essential for initiatives aiming at human development and conservation with equity. |
| Collaboration through Negotiation | At the core of most co-management agreements are formal and / or informal plans and agreements. Such arrangements need to be negotiated through a fair and flexible process of learning-by-doing. |
| Collaboration as a social institution | The harnessing of complementary capacities and the fair distribution of costs & benefits are the foundation of many institutional arrangements for co-management. |

which collaboration can be understood (see table 1): a form of self-defense, a reponse to complexity, a way of achieving more effectiveness and efficiency, a way of reaching more respect and equity, a form of negotiating, and a social institution. Furthermore, collaboration and shared decision-making in co-management institutions are also a form of participation. On Arnstein's (1969) ladder of participation, collaboration within co-management institutions would in many cases fall into the category of "tokenism" (Diduck 2004). That is to say that in many cases consultation and information of formal government institutons prevails. Full citizen control and delegated power is rather seldom in this realm.

A decisive factor for co-management is the setting within which it takes place. As explained later in this paper, however, co-management sometimes deals with socio-ecological change in intercultural environments. In fact, "one of the emerging poles of increasing interest in this widening circle is that of culture and identity" (Doubleday 2007: 228). In this case, it is necessary for minority groups to become successful practiciones of adaptive co-management in a new approach to governance. Furthermore, there's increasing need for informed praxis. "When working across an interface of cultural difference in attempting co-management, as is the case of management of renewable resources in Canada's North, we need to actively consider the role of culture in adaptive practice." (Doubleday 2007: 228) Furthermore, asymmetries of power often impede co-management in practice: As we know from the work of Nadasdy (2003), inequalities rooted in power relations and cultural difference can constitute insurmountable obstacles to effective co-management. At this point, Doubleday (2007) argues that culture and culture-derived identity may also serve as a power bases for minority groups and cultures "in the sense of being inherent properties of cultural / social / ecological systems, and differ from negotiated formal powers" (Doubleday 2007: 230). Therefore, the responsiveness to local knowledge and traditional values of indigenous groups is likely to decrease power asymmetries that exist on paper by informed praxis.

In the Canadian context, a variety of participatory approaches to environmental and resource management have been developed under the heading of co-management. These arrangements were designed in close reference to the definition of the International Union for the Conservation of Nature which defined co-management as: "(...) a partnership in which government agencies, local communities and resource users, non-governmental organisations and other stakeholders negotiate, as appropriate to each context, the authority and responsibility for the management of a specific area or set of resources" (IUCN 1996: 1). Understood as the "joint management of the commons" (Carlsson & Berkes 2005), co-management has lead to establishment of institutions for joint consultation and decision-making on the resources of the Canadian North. In this sense, co-management arrangements "(...) typically include decision-makers other than state or industry managers, encourage participation of local resource-users, stress negotiation rather than litigation in situations of conflict, and try to combine Western science with traditional and local knowledge." (Diduck 2004: 517). Established this way, though, co-management institutions can also become platforms that support learning by having all stakeholders on board in the initial negotiation process, by producing and institutionalising an organisational vision of a desirable future, by identifying expected results and indicators with respect to each plan, by implementing the plan and then monitoring and evaluating options taken, by modifying actions, plans, and agreements based on evaluation results, and by engaging with resource-users throughout these processes in a participatory and ongoing manner (Diduck 2004). Such an approach would also back the legitimacy and resilience of co-management arrangements. The following part will look at the example of Nunavut's co-management boards and the extent to which these institutions establish legitimacy and resilience of resource governance in the territory.

## 3 Co-management in practice: the case of Nunavut's Co-Management Boards

In the Canadian North, conditions for a long time clearly lacked political legitimacy: While structural characteristics and institutional arrangements only scarcely mirrored a southern model of a conventional, provincial government, residents were denied access to lands and resources in their neighbourhoods. For instance, voting rights for the North's native Inuit population did not exist up into the nineteen-sixties. This all culminated in a situation in which the political order *north of 60* and especially the outset of resource governance had no legitimacy and thus desperately called for change (Dickerson 1992). Therefore, the creation of a territory with its own governmental system in the Central and Eastern Arctic was the declared aim of the Tunngavik Federation of Nunavut (TFN), the emancipation-movement of the Canadian Inuit. In the phase of negotiations with the federal government, the organisations' president Paul Quassa lined out that: "We want to be full citizens in our home and country, our native land. Settlement of the land claims and creation of a Nunavut Territory will bind us closer to Canada and to all Canadians and promote a more productive relationship between Inuit and the federal government" (Paul Quassa as quoted in Dickerson 1992: 10). A new political order fulfilling this vision and thus providing more political legitimacy was found in the Nunavut Land Claims Agreement signed by federal and Inuit negotiators in 1993. This treaty between the Canadian federation and the Inuit fundamentally changed the political order in the Canadian North: By dividing the Northwest Territories into two parts, a new territory called Nunavut emerged and with it new institutional settings in the North. In the Canadian context, this new framework was not a radical departure from already existing approaches. Instead, "the 'Nunavut package' (...) was designed to both accommodate Inuit self-government aspirations yet fit comfortably within established traditions of main-stream Canadian governance" (Hicks & White 2000: 31). It is nonetheless not entirely misleading to assume that, for the federal government, getting Inuit consent on a new governance-model for the North also meant climbing up a step towards more political legitimacy in the country, too.

At the same time, restoring resilience in the territory was a declared aim of the Canadian government. The establishment of the so-called co-management boards prior to the Nunavut Land Claims Agreement not only aimed at implementing the treaty, but also meant reforming the resource governance regime in the Canadian North. Usually, we can identify three efforts of restoring governance: First of all, it envisages dealing with an unknown future by building up resilience, rather than by relying upon prediction. Secondly, it aims at searching for grounds of support other than democratic decisions. And finally, it is an attempt at engaging in multi-level governance (van Gunsteren 2006). The effort of restoring resilience is also relevant for governance in general: "The move from government to governance can also be seen as part of the effort to restore regime resilience. Here also, as was the case with output legitimacy and consensual politics, the price for this improvement is a limitation of the reach of politics – and thereby of democratic deliberation and decision-making" (van Gunsteren 2006: 88). To this end, establishing the five co-management boards in not only turned the tide for the local, predominantly Inuit population of the territory (Borsdorf 2008), but also constituted an early experiment with governance-arrangements more generally.

Constituting a key question relevant for individuals and society, natural resources are the central drivers of economic growth and well-being. Some of these resources are essential to private businesses without being important to all citizens. On the other hand, there are some resources which are relevant to all of us such as air, water, crops, and animals. These resources are called "the commons" (Barr 2008). In his famous study on the problematic overconsumption in Western societies, Garrett Hardin (1968) outlined that the idyllic situation of a subsistent use of resources has come to an end. "Finally, however, comes the day of reckoning, that is, the day when the long-desired goal of social stability becomes a reality. At this point, the inherent logic of the commons remorsely generates tragedy." (Hardin 1968: 1244) This overexploitation of natural resources has also left its impacts on the situation in Nunavut. But it were the southerners that overhunted the lands and overfished the seas, while Inuit lifestyles and their relationship to these resources stayed subsistent. In her seminal book on *Governing the Commons*, Ostrom (1990) outlined the necessity of reinforcing the development of institutions for collective action to anticipate the Tragedy of the Commons. However, such institutions would bind governments, markets and consumers in collectively found agreements on how much to hunt, fish, or harvest. Much in the tradition of such an approach, the Canadian Government installed the so-called Co-Management Boards in the territorial north which initially sought to avoid such a tragic situation in the Arctic.

Within the Canadian political economy, Nunavut occupies the position of a resource hinter-land: A weak economic basis and the high degree of dependence on volatile prices for its products on world markets dominate its economic position in the domestic Canadian context. Problems like high unemployment rates could not be solved without federal funding (Borsdorf 2006; Hicks & White 2000). In the policy area of resource management, though, the Nunavut Land Claims Agreement has transfered rights to lands and resources over to Inuit control: 342,240 $km^2$ of exclusive land ownership and another 36,000 $km^2$ of land use rights were handed over to territorial and local authorities (Hicks & White 2000). But while these exclusive ownership rights to lands and resources were negotiated and co-management boards as advisory bodies came into existence, final decision-making power in the field of resource management remained in the hands of the federation.

Alongside with discussions on the federal level, the Inuit themselves began to fight for their rights to lands and resources (alongside with many other indigenous groups in Canada). In this context, though, it is essential to understand that the federal government of Canada still has proprietary rights to lands and resources in the territorial north (Mitchell 2004). This situation had to change because: "Land and resources are far more than merely something to exploit, as is often the case in non-aboriginal society" (Booth & Skelton 2004). Section 35 of the new Canadian constitution of 1982 meant an enormous improvement in this struggle for indigenous rights in Canada (Booth & Skelton 2004; Borsdorf 2006; Chandran 2002). In this section, the federal government recognised that First Nations have a right of access to and use of resources. From that time onwards, however, aboriginal peoples had to be consulted in many cases that concerned their lands. Nowadays, there is an obligation for federal and provincial authorities to negotiate with aboriginal leaders over natural resources (Booth & Skelton 2004). These obligations were also a central factor that significantly facilitated the negotiations that lead up to the Nunavut Land Claims Agreement as well as the establishment of the so-called Co-Management Boards in the territory.

As institutions of public governance, Nunavut's so-called Co-Management Boards were created in the course of the negotiations that lead up to the *Nunavut Land Claims Agreement*. These new institutions followed the approach of *environmental resource management* (ERM) and thus had the task to deal with environmental issues within a unique institutional setting (White 2002, 2003). While not constituting a Nunavut-specificity, Canadian federal departments retained crucial influence over the management of land and resources due to their personal presence in the boards. To be more precise, these institutions are neither federal, nor territorial (White 2003, 2003). Rather, they constitute advisory institutions comprising the views, approaches and interests of federal, territorial and civil society appointees. While Nunavut became a new territory in 1993, not all rights to lands and resources were given to their full control. "Nunavut has its own legislative assembly, holds unrestricted harvesting rights within the territory, includes water and mineral rights within 10 per cent of the land base in the land title, and requires substantial consultation with wildlife and environmental co-management boards, which have significant Inuit representation" (Booth & Skelton 2004: 106–107). Therefore, there was not much doubt in the scientific community that establishing Nunavut was "the most promising and innovative political development to appear on the northern horizon" (Bone 2003: 189). As mentioned before, the developments that lead up to the Nunavut Land Claims Agreement took place under very favourable circumstances as well as court decisions. "Moving from Aboriginal title to a land claims agreement requires a formal process. The land claim process resolves the matter of size, geographic area, and access to resources" (Bone 2003: 195). While this process lead to the successful implementation of the Nunavut Land Claims Agreement, some institutions remained in place that existed prior to the establishment of Nunavut: the so-called Co-Management Boards (see fig. 1).

Nunavut's five Co-Management Boards have different focuses: The most important Co-Management Board is the *Nunavut Wildlife Management Board*. It deals with wildlife management in the entire Nunavut territory and consists of three representatives of the Canadian federal government, three members of Nunavut's territorial bureaucracy, two people from civil society, and one independent member. The *Nunavut Water Board* deals with water resources in Nunavut and consists of territorial as well as civil society respresentatives. The *Nunavut Surface Rights Tribunal* is the institution that deals with all matters that concern natural resources that were given to the Inuit under the umbrella of the *Nunavut Land Claims Agreement*. It only consists of Inuit and is intended to settle conflicts that concern non-renewable natural resources. The *Nunavut Impact Review Board* was established to supervise and evaluate the environmental impacts of resource development in the territory. It is made up of two representatives from Canadian federal government institutions, three representatives of the Nunavut territorial authorities, and four people from civil society. The Nunavut Planning Commission is the central institution that deals with sustainability issues and the planning for the future. It consists of two representatives from

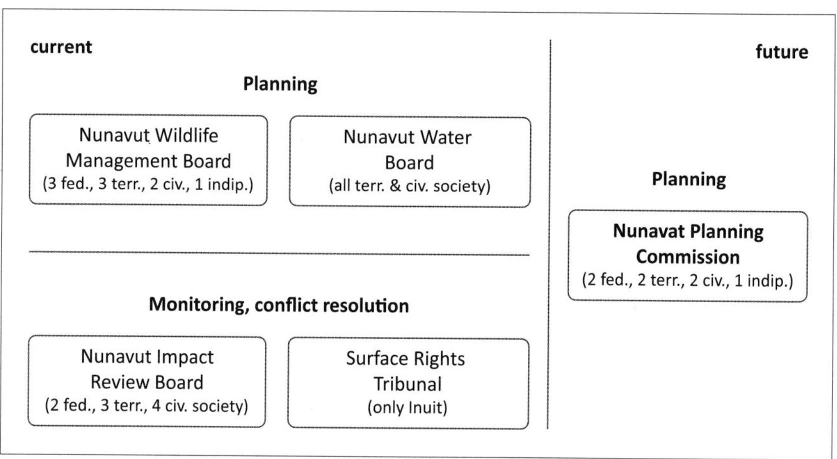


*Fig. 1: Nunavut's Co-Management Boards*

federal government institutions, two people from Nunavut's territorial authorities, two people from civil society organisations, and one independent member.

Currently, many issues dealt with in the Co-Management Boards revolve around a phenomenon that seriously threatens wildlife and fisheries in Nunavut: the problem of Climate Change. "The premier's view was that climate change had already been destroying the environment of his territory and that such destruction could never be compensated for through equalisation payments from the have provinces that benefited from their reliance on fossil-fuel energy. Therefore, he supported Kyoto. (...) In terms of social interests, polls suggested that the general public was strongly in favour of Canada ratifying the Kyoto Protocol, while many in the business community opposed it. With such conflicting perspectives, it was a challenge to develop a national position regarding the protocol" (Mitchell 2004: 4). Furthermore, the melting of the poles managed to whet the appetite of some countries closest to the Arctic (Russia, Canada, the United States of America), especially regarding non-renewable resources of the region (Borsdorf 2008; Krücken 2009). Therefore, scenarios of a changing Climate has also been an important issue in all meetings of the Arctic Council, an institution within which all indigeneous groups living in the Arctic cooperate and try to increase pressure on international negotiations regarding Climate Change.

## 4 Discussion

Looking at the extent to which resilience has been altered in Nunavut through the establishment of co-management arrangements, we need to bare in mind four vital categories of factors for building resilience: First of all, building resilience means learning to live with and accept change and uncertainty. Secondly, it calls for nurturing diversity as a means of ensuring greater options for renewal and reorganisation.

Third, it creates the chance of combining knowledge types to enhance learning. And finally, it means creating conditions and opportunities for self-organisation (Folke et al. 2003). Applied to the example of Nunavut's co-management boards, this means that these new institutions bear the potentials of becoming settings that enhance resilience in the territory: The boards cover all issues that are relevant for the territory. Hunting and fishing quota can be issued according to the knowledge available on the amount of animals present in the Nunavut settlement area. Having institutions like the Nunavut Wildlife Management Board in place already ensures that both traditional and scientific knowledge have a forum to be brought together in helping to adapt to change and uncertainty. "More significantly, from the perspective of this analysis of the role of culture in adaptation, we see that adaptive capacity can also understood as an important cultural property analogous to resilience in ecological terms" (Doubleday 2007: 243). In this view, co-management boards are not only places where different management cultures meat, but also constitute platforms for intercultural learning. Different perspectives and interests herald that dealing with change and uncertainty is part of the programme pursued by these institutions. Furthermore, having the Nunavut Impact Review Board in place can also be read as a sign for the willingness to deal with change and uncertainty in Nunavut's social-ecological landscapes by all actors involved. To sum up, Nunavut's co-management boards are excellent institutions for dealing with change and uncertainty in the territory's settlement area appropriately.

Post-colonial relations in the Canadian North are the central focus of attention when we look at the legitimacy of Nunavut's co-management bodies. As outlined before, legitimacy is a crucial element of democracy (Ewert et al. 2004), and was missing in the area north of 60 for quite a long time. Up until the time speaking, asymmetries of power are a crucial element in the relationship between Nunavut's predominantly Inuit population and Canadian federal authorities. "A dynamic view of co-management as a behavioural form that is both adaptive and participatory is useful. Arguably, it offers an alternative to a fixation on asymmetries of power as obstacles to the emergence of co-management" (Doubleday 2007: 231). To this end, collaboration in co-management boards can be seen as a form of self-defence for Nunavut's population. Despite the fact that resource issues remained in the legislative hands of federal authorities, Co-Management Boards clearly enable Nunavut's citizens to play a more active role in resource governance via influence on their appointed fellow-Inuit officials in these institutions. Therefore, we could argue that despite power asymmetries in relations between Nunavut's officials and federal authorities, the establishment of co-management boards mean an enormous improvement regarding the legitimacy of resource policies in and for the Canadian North. But while input legitimacy is only ensured by the fact that members of the co-management boards are appointed by democratically elected officials of Nunavut's territorial authorities (a rather indirect legitimation), federal authorities always followed the recommendations of Nunavut's co-management boards (Borsdorf 2008). Hence it is not entirely wrong to assume that output legitimacy – "in other words, whether people are content with the product of policies, like customers in the supermarket" (van Gunsteren 2006) – clearly exists in the case of Nunavut's co-management boards.

Taking into account both resilience and legitimacy, however, co-management boards are also important platforms for sustainability learning in the territory. Intepreted with Tábara and Pahl-Wostl's (2007) famous SEIC framework, these collaborative arrangements between federal and territorial authorities ensure that: "(...) energy and resources (e) use is consistent with low-range needs and goals; generate diverse information and knowledge (i) about the system to ensure adaptability; and lead and manage change (c) using the three proceeding factors so that the change does not exceed the system's size, thesholds, and connections" (Diduck 2004: 506). To this end, cooperation and collaboration in co-management boards invite officials from federal and terrirorial authorities as well as members of civil society to learn from each other's approaches to sustainability.

Exceeding questions of resilience and legitimacy, though, co-management boards can be seen as institutions for innovative governance of natural resources in the Canadian North. In the light of an emerging need for participatory processes in natural resource management (Renn 2003), adaptive co-management arrangements signified a move towards more effective and democratic natural resource management (Stoll-Kleemann & Welp 2003) by establishing platforms upon which federal, territorial and civil society representatives can communicate and cooperate in reaching a more sustainable resource use in the territory. In line with this insight, Doubleday (2007) proposes three further additions that would ultimately move us closer to envisioning an emergent, adaptive co-management and sustainable future: "First, we might consider the adoption of a long-term developmental approach to adaptive co-management linked to evolving norms of social and ecological sustainability, recognising cultural resilience as an important emergent property of complex and diverse social / cultural ecological systems. Second, we need to clarify the potential of culture as well as citizenship for creating windows of opportunity. Third, we need to know more about the adaptive potential of co-management as a process for enabling transformational learning and nurturing self-efficacy in these complex systems" (Doubleday 2007: 244). Such an approach could ultimately further improve co-management of natural resources in Nunavut significantly.

## 5 Conclusion

Returning to our key question, however, we can hold that the co-management boards established under the Nunavut Land Claims Agreement open up for greater resilience and legitimacy of the management of natural resources in the territory. Although full participation of the local (Inuit) population in all resource issues could not be reached up until the time speaking, co-management boards clearly constitute an improvement in this realm. Furthermore, creating institutions for governing the Commons in a collaborative and cooperative fashion are in line with suggestions made by several scholars such as Ostrom (1990). Last but not least, restoring resilience by creating institutions for collaborative governance appears to have been a central aim of the establishment of co-management in and for the Canadian North. Nunavut's Co-Management Boards clearly try to establish greater resilience for natural, economic, and social systems.

## References

Arnstein, S. 1969: A ladder of citizen participation. *Journal of the American Institute for Planners* 35, 4: 219–224.

Barr, S. 2008: *Environment and Society: Sustainability, Policy and the Citizen.* Aldershot.

Beetham, D. 2004: Political Legitimacy. In: Nash, K. & A. Scott (eds.): *The Blackwell Companion to Political Sociology*. Oxford: 107–116.

Berkes, F., P. George & R. Preston 1991: Co-Management: The evolution of the theory and practice of joint administration of living resources. *Alternatives* 18, 2: 12–18.

Berkes, F. 2007: Adaptive Co-Management and Complexity: Exploring the many faces of Co-Management. In: Armitage, D., F. Berkes & N. Doubleday (eds.): *Adaptive Co-Management: Collaboration, Learning, and Multi-Level Governance*. Vancouver: 19–37.

Bierbaum, H. 2000: Moderne Unternehmenskonzepte und Co-Management. In: Klitzke, U., H. Betz & M. Möreke (eds.): *Vom Klassenkampf zum Co-Management? Perspektiven gewerkschaftlicher Betriebspolitik*. Wolfgang Klever zum 60. Geburtstag. Hamburg: 147–158.

Bone, R.M. 2003: *The Geography of the Canadian North: Issues and Challenges.* 2nd ed. Toronto.

Booth, A. & N.W. Skelton 2004: First Nations' Access and Rights to Resources. In: Mitchell, B. (ed.): *Resource and Environmental Management in Canada: Addressing Conflict and Uncertainty*. Oxford: 97–121.

Borrini-Feyerabend, G., M. Pimbert, M.T. Farvar, A. Kothari & D. Clark 2004: *Sharing power: Learning-by-doing in co-management of natural resources throughout the world.* Teheran.

Borsdorf, F.F. 2006: *Indigeneous Rights Recognition in Federal Systems: Nunavut – the Good News Case?* Innsbruck.

Borsdorf, F.F. 2008: Gestalterin oder Zuschauerin? Zu Partizipationschancen von Nunavuts Bevölkerung im Politikfeld Ressourcenpolitik. *Zeitschrift für Kanadastudien* 28, 2: 114–123.

Carlsson, L. & F. Berkes 2005: Co-Management: Concepts and methodological implications. *Journal of Environmental Management* 75: 65–76.

Chandran, C. 2002: First Nations and Natural Resources: The Canadian Context. On: http://www.firstpeoples.org/land-rights/canada/summary_of_land_rights/fnnr.htm (accessed: 4.4.2013).

Dickerson, M.O. 1992: *Whose North? Political Change, Political Development, and Self-Government in the Northwest Territories.* Vancouver.

Diduck, A. 2004: Incorporating Participatory Approaches and Social Learning. In: Mitchell, B. (ed.): *Resource and Environmental Management in Canada: Addressing Conflict and Uncertainty*. Oxford: 495–525.

Doubleday, N. 2007: Culturing Adaptive Co-Management: Finding Keys to Resilience in Asymmetries of Power. In: Armitage, D., F. Berkes & N. Doubleday (eds.): *Adaptive Co-Management: Collaboration, Learning, and Multi-Level Governance.* Vancouver: 228–246.

Ewert, A.W., D.C. Baker & G.C. Bissix 2004: *Integrated Resource and Environmental Management.* Wallingford.

Folke, C., J. Coding & F. Berkes 2003: Synthesis: Building resilience and adaptive capacity in social-ecological systems. In: Berkes, F., J. Coding & C. Folke (eds.): *Navigating social-ecological change: Building resilience for complexity and change*. Cambridge: 352–387.

Hardin, G. 1968: The Tragedy of the Commons. *Science* 162: 1243–1248.

Hicks, J. & G. White 2000: Nunavut: Inuit self-determination through a land claim and public government? In: Dahl, J., J. Hicks & P. Jull (eds.): *Nunavut: Inuit Regain Control of their Lands and Lives*. Copenhagen: 30–115.

Holling, C.S. (ed.) 1978: *Adaptive Environmental Assessment and Management*. Chichester.

International Union for the Conservation of Nature (IUCN) 1996: *Resolutions and Recommendations*. World Conservation Congress, Montreal, 13–23 October 1996. Paris.

Krücken, S. 2009: Zieht euch warm an. *Fluter – Magazin der Bundeszentrale für Politische Bildung* 32: 12–15.

Mitchell, B. 2004: Introduction: Policy and practice-issues, challenges, and opportunities. In: Mitchell, B. (ed.): *Resource and Environmental Management in Canada. Addressing Conflict and Uncertainty*. Oxford: 1–18.

Nadasdy, P. 2003: *Hunters and bureaucrats: Power, knowledge, and Aboriginal-state relations in the southwest Yukon*. Vancouver.

Ostrom, E. 1990: *Governing the Commons: The evolution of institutions for collective action*. Cambridge.

Renn, O. 2003: Participatory processes for natural resource management. In: Stoll-Kleemann, S. & M. Welp (eds.): *Stakeholder Dialogues in Natural Resource Management: Theory and Practice*. Berlin: 3–16.

Stoll-Kleemann, S. & M. Welp 2003: Towards a more effective and democratic natural resource management. In: Stoll-Kleemann, S. & M. Welp (eds.): *Stakeholder Dialogues in Natural Resource Management: Theory and Practice*. Berlin: 17–42.

Tábara, J.D. & C. Pahl-Wostl 2007: Sustainability learning in natural resource use and management. *Ecology and Society* 12, 2: 3.

van Gunsteren, H. 2006: Resilience through governance with democracy. In: Benz, A. & Y. Papadopoulos (eds.): *Governance and Democracy: Comparing national, European and international experiences*. ECPR studies in European Political Science 44. London: 81–95.

White, G. 2001: And now for something completely Northern: Institutions of governance in the Territorial North. *Journal of Canadian Studies* 35, 4: 80–99.

White, G. 2002: Treaty federalism in Northern Canada: Aboriginal-government land claims boards. *Publius* 32, 3: 89–114.

Young, O. 2002: *The Institutional Dimension of Environmental Change: Fit, Interplay and Scale*. Cambridge (Mass.).

# Standortbewertungen in der Hotellerie – Ein Scoring-Modell-Ansatz zur Analyse des Marktpotenzials österreichischer Destinationen

**Friedrich M. Zimmermann & Erwin Hammer**

Conrad N. Hilton, Gründer der gleichnamigen Hotelkette, antwortete auf die Frage, welche drei Dinge an einem Hotel am wichtigsten seien mit der Aussage *„Location, Location, Location"*. Diese Einschätzung hat nichts an Bedeutung verloren, insbesondere da aufgrund der gesättigten Märkte und des zunehmenden Verdrängungswettbewerbs viele Hotelbetriebe einen Abwärtstrend in der Auslastung verzeichnen. Standortanalysen sind somit auch für Hotelimmobilien unumgänglich vonnöten. Dem entgegengesetzt werden jedoch in vielen Fällen noch immer intuitionsgeleitete Entscheidungen zugunsten von Standorten in sogenannten renommierten Tourismusregionen getroffen, anstatt vorweg großflächig das Marktpotenzial zu analysieren. Hier setzt das Ziel der vorliegenden Studie an: Der Informationsstand potenzieller Entwickler / Investoren von Hotelprojekten soll durch eine vergleichende Evaluierung österreichischer Destinationen verbessert werden. Diese Standort- bzw. Marktanalyse erfolgt somit mit dem Blickwinkel eines Investors, der in Österreich für einen Hotelneubau einen Standort sucht, welcher hinsichtlich der Struktur und Entwicklung des Beherbergungsmarktes erfolgversprechende Voraussetzungen aufweist; dies jedoch mit der Einschränkung, dass diese Analyse ausschließlich die großräumige Ebene der österreichischen Tourismusdestinationen betrachtet. Als Destination werden dabei annähernd 100 Regionen in Österreich verstanden, die sich als „offizielle" touristische Wettbewerbseinheit sehen und sich somit in touristischen Angelegenheiten sowohl intern koordinieren als auch gemeinsam nach außen vermarkten. Zur Anwendung kommt dabei ein Scoring-Modell, welches speziell für die Marktanalyse von touristischen Destinationen, d. h. für die Analyse auf Makroebene, entwickelt wurde. Das entworfene Bewertungsmodell basiert auf den vier Hauptkriterien Wettbewerb, Nachfrageentwicklung, Saisonalität und Quellgebietsstruktur und wird weiter anhand von insgesamt zehn Kriterien unterteilt. Die Auswertung auf Basis von Daten der österreichischen Tourismusstatistik ergibt, über alle gewerblichen Beherbergungsformen hinweg, die aussichtsreichste Marktsituation. Die empirischen Ergebnisse zeigen im konkreten Fall (basierend auf den Entwicklungen 2006–2010), sehr große Chancen für das Südburgenland, das Großarltal und die Tourismusregion Katschberg-Rennweg, womit diese Regionen – unter Nutzung des vorgestellten Ansatzes – als die geeignetsten touristischen Zielgebiete für weitere Standort-Detailanalysen auf kleinräumiger Ebene angesehen werden können.

**Location assessments in the hotel industry – a scoring model approach for analysing the market potential of Austrian destinations**
When asked for the three most important things for a hotel, Conrad N. Hilton, founder of the hotel chain that bears his name, answered, "Location, Location, Location". This assessment has lost nothing of its validity, especially now that, in a saturated market and with cut-throat competition, many hotels experience falling occupancy rates. Location analyses have thus become a must for hotel real estate. Even so, in many cases decisions are still taken on intuition, favouring so-called prestigious tourist regions instead of analysing the market potential of a larger area first. This is where the objective of the current study comes in. It aims to improve the information basis of potential developers of, or investors in, hotel projects through a comparative evaluation of Austrian destinations. This location and / or market analysis takes up the perspective of an investor who is looking for a location in Austria to build a new hotel, a location that looks promising in terms of structure and trends in the accommodation

market. However, the analysis is restricted to the larger-scale of Austrian tourist destinations. Nearly 100 regions in Austria, which see themselves 'officially' as competitive units in tourism, were chosen as destinations. These units coordinate their efforts in tourism internally and undertake joint marketing initiatives vis-à-vis the wider public. We applied a scoring model developed especially for the market analysis of tourist destinations, i.e. for macro-level analysis. The evaluation model is based on four main criteria, i.e. competition, trends in demand, seasonality and source area structure, further subdivided along a total of ten criteria. The analysis on the basis of Austrian tourism statistics data returns the most promising market situation across all commercial forms of accommodation provision. Empirical results of the concrete case (based on the developments for 2006–2010) point to very good prospects for southern Burgenland, the Großarltal and the tourist region Katschberg-Rennweg. If one used the approach presented here, these regions must be seen as the most suitable tourist destinations to be analysed in more detail at local level.

**Keywords**: tourism destinations, hotel industry, location planning, tourism investments, scoring model

**Evaluación de localización en la industria hotelera. Aplicación de un modelo de puntuación para analizar el mercado potencial de las destinaciones austriacas**

Cuando se le preguntó a Conrad N. Hilton, fundador de la cadena de hoteles que lleva su nombre, cuáles eran las tres cosas más importantes para un hotel, él respondió: localización, localización, localización. Esta aseveración no ha perdido en nada su validez, especialmente ahora que en un mercado saturado y con una competencia feroz, muchos hoteles experimentan tasas de ocupación a la baja. En este contexto, la ubicación de un hotel se ha convertido en un tema obligado para el negocio hotelero. Aun así en muchos casos, estas decisiones son tomadas de manera intuitiva, favoreciendo el llamado prestigio turístico de las regiones, en vez de analizar primero los mercados potenciales del área. En este contexto se plantea el objetivo de este estudio. El artículo busca mejorar la información de potenciales desarrolladores o inversores de proyectos hoteleros a través de una evaluación comparativa de las destinaciones austriacas. Este análisis de localización y / o de mercado parte de la perspectiva de un inversor que busca una locación para construir un nuevo hotel en Austria, en un lugar que sea promisorio en términos de estructura y tendencias de mercado. El análisis está restringido a las grandes destinaciones turísticas de Austria, es decir a alrededor de 100 regiones que se autodenominan oficialmente como unidades competitivas en turismo. Estas unidades coordinan sus esfuerzos en turismo internamente y emprenden iniciativas de marketing en conjunto orientadas al público en general. Se aplicó un modelo de puntuación desarrollado especialmente para el análisis del mercado de los destinos turísticos, por ejemplo para análisis a macro escala. El modelo de evaluación se basa en cuatro criterios principales: la competencia, las tendencias de la demanda, la estacionalidad y la estructura de la zona de origen; los cuales se subdividen en un total de diez. El análisis basado en las estadísticas de turismo austriacas, señala las ubicaciones más promisorias para la prestación de acomodación en sus diferentes formas comerciales. Los resultados empíricos obtenidos para el estudio de caso (evolución del periodo 2006–2010), señala muy buenas perspectivas para el sur de Burgenland, el Großarltal y la región turística de Katschberg. Si se utiliza el enfoque que aquí se presenta, estas regiones deben ser vistas como los destinos turísticos más adecuados para ser analizadas con más detalle a nivel local.

## 1 Der Tourismusmarkt in Österreich

Standortplanungen im touristischen Beherbergungssektor bedürfen der Analyse einiger Rahmenbedingungen und Spezifika, bezogen auf die Genese und die sich daraus ergebende Struktur des touristischen Angebotes in Österreich. Grundsätzlich lässt sich die Beherbergungsbranche in zwei große Bereiche untergliedern: Zum einen in die klassische Hotellerie und zum anderen in die ergänzende Parahotellerie, welche insbesondere für den Urlaubs- und Erholungstourismus von großer Bedeutung ist (Freyer 2006). Eingehende Auseinandersetzungen mit den unterschiedlichen kunden-, unternehmensbezogenen und standortbezogenen Facetten der Hotellerie sowie deren Leistungsspektren finden sich bei Seitz (1997), Althof (2001), Henschel (2005), Berg (2006), Mundt (2006), Fuchs et al. (2008) und Gardini (2010).

Die österreichische amtliche Statistik ermöglicht eine etwas andere Differenzierung, nämlich die Unterscheidung in gewerbliche und nicht-gewerbliche Beherbergung. Im Folgenden wird aufgrund der Zielsetzung dieser Arbeit ausschließlich auf die gewerblichen Betriebe eingegangen. Tabelle 1 zeigt die Verteilung der Betten auf die einzelnen gewerblichen Betriebsarten sowie die durchschnittliche Betriebsgröße in Österreich auf und spiegelt damit auch schon die besondere Struktur mit einem Schwerpunkt im Bereich der kleinen und mittleren (Hotel)betriebe wider; insbesondere der große Unterschied in der Betriebsgröße zwischen den hochwertigen 4- und 5-Sternbetrieben mit durchschnittlich 100 Betten pro Betrieb und den nachfolgenden Kategorien ist bemerkenswert.

Ebenso zeigt Tabelle 1, wie sich der durchschnittliche Auslastungswert aller gewerblichen Beherbergungsbetriebe von 38,5 % in Bezug auf die Qualitätsdifferenzierungen verändert (zur Klassifizierung in der Hotellerie: vgl. WKO – Fachverband Hotellerie 2010): Während die qualitativ hochwertigen 4- und 5-Sternbetriebe mit über 50 % ansprechende Auslastungen verzeichnen, ist die Situation bei den 1- und 2-Sternbetrieben mit knapp über 26 % eher unbefriedigend. Ergänzt werden muss, ohne näher darauf einzugehen, dass hierbei Lage und Saisonalität eine weitere differenzierende Rolle spielen. Ebenso sei ergänzt, dass die privaten Beherbergungsbetriebe mit einer durchschnittlichen Bettenauslastung von 20 % deutlich hinter den gewerblichen Betrieben zurückliegen.

*Tab. 1: Betten nach Kategorien, durchschnittliche Betriebsgröße und Auslastung im Jahr 2012. Quelle: Statistik Austria 2012b*

| | Betriebe | Betten | Betten pro Betrieb | Auslastung in % |
|---|---|---|---|---|
| 4/5*-Hotel | 2 500 | 249 200 | 99,7 | 50,6 |
| 3*-Hotel | 5 300 | 207 500 | 39,1 | 36,6 |
| 1/2*-Hotel | 5 000 | 112 600 | 22,5 | 26,4 |
| Ferienwohnungen und Ferienhäuser | 3 800 | 81 200 | 21,4 | 28,9 |
| Sonstige gewerbliche Unterkünfte | 2 600 | 101 500 | 39,0 | 31,5 |

Obwohl Nächtigungszahlen und Auslastung ohne die Angabe der erzielten Preise und folglich des erwirtschafteten Cashflows keine uneingeschränkten Aussagen zulassen, ist der andauernde Strukturwandel hin zu Hotels mit höherer Qualität und optimaleren Größen doch evident.

Nach Abbildung 1 entwickelte sich spätestens seit den 1980er Jahren ein Verdrängungswettbewerb zu Lasten der weniger gut ausgestatteten, klein- und mittelständischen Individualhotellerie. Erfolgreich sind die größeren Betriebe mit mindestens 3 Sternen, die auf ihre Stärken aufgebaut haben, in Wachstum begriffene Marksegmente bzw. Marktnischen ausfüllen und das Konzept an die Wünsche einer klar definierten Kundengruppe angepasst haben. Die unteren Hotelkategorien, in denen die Betriebe der Individualhotellerie vorwiegend angesiedelt sind (Gardini 2010), zeigen in Österreich eine deutliche Reduktion der Bettenzahlen auf ein Drittel des Werts von 1980. Dies weist auf das in einer globalisierten und konkurrierenden Tourismusindustrie unerlässliche Management-Know-How, auf marktkonforme Strukturanpassungen und das dafür notwendige Eigenkapital für Investitionen hin. Oftmals fehlen diese Voraussetzungen in Österreich, wodurch viele Angebote ohne konkrete Ausrichtung auf eine bestimmte Zielgruppe im Verdrängungswettbewerb eines gesättigten Marktes leicht substituierbar sind und der fortschreitenden Konzentration und Professionalisierung am Markt zum Opfer fallen (vgl. auch Bleile 1995; Zimmermann 1995; Gewald 2001; Eisenstein & Gruner 2007). Verstärkt wird dieser Prozess durch eine starke Expansion der Markenhotellerie in die mittleren Beherbergungssegmente; dies führt konsequenterweise zu einem heftigen Preis- und Konditionenwettbewerb, dem viele kleinere Betriebe ohne Profilierung in einer Marktnische nicht mehr gewachsen sind. Ausführlichere betriebswirtschaftliche Argumentationslinien bezogen auf Nachteile der Individualhotellerie bei gleichzeitig zunehmenden Vorteilen der Marken- und Systemhotellerie in Bezug auf Größenvorteilen (Economies of Scale), Kooperationsformen und Netzwerke, Ausgliederung

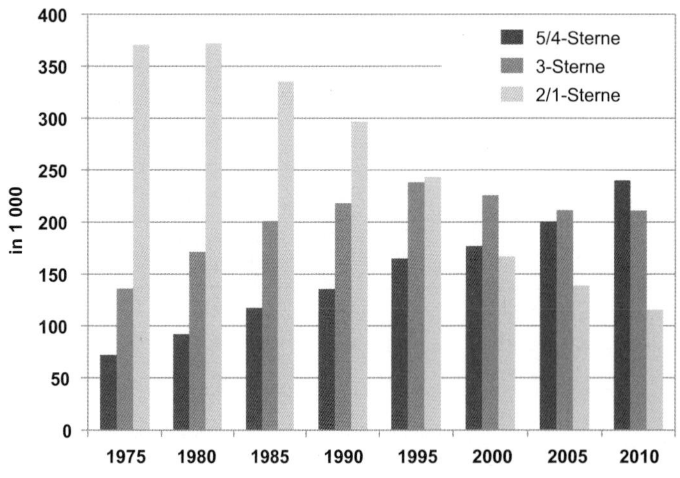


*Abb. 1: Entwicklung der Betten in gewerblichen Betrieben nach Kategorien (1975–2010). Quelle: Statistik Austria 2012b*

von Unternehmensfunktionen, Rationalisierungsvorteilen, höherer Attraktivität bei Personalbeschaffung, Synergien im Bereich Marketing (eigene Reservierungs- und Yield-Management-Systeme oder zentrale Marktforschung) sowie einem leichteren Zugang zum Kapitalmarkt finden sich bei Seitz (1997), Henschel (2005), Berg (2006), Eisenstein & Gruner (2007), Fuchs (2008) und Spath (2010). Zudem spricht die Kettenhotellerie erfolgreich internationale Gäste an, da sie einheitliche Qualitätsstandards bzw. ein bestimmtes Preis-Leistungs-Verhältnis garantieren kann (Gardini 2009).

Zwei weitere Aspekte sind für diese Studie noch von Bedeutung: (1) Die saisonale Verteilung der Nachfrage, die den österreichischen Tourismus sehr deutlich beeinflusst und die für die Rentabilität von Beherbergungsbetrieben entscheidend ist. (2) Die doch relativ einseitige Verteilung der Gästenachfrage in Österreich, bezogen auf die wichtigsten Herkunftsländer, die im Kontext einer globalisierten Wirtschaft und der damit verbundenen externen Einflussfaktoren den österreichischen Tourismus zu einem gewissen Grad vulnerabel macht.

Zunächst sei auf die Saisonalität eingegangen: Abbildung 2 zeigt, dass die Dynamik des Österreichischen Tourismus spätestens seit den achtziger Jahren durch die starke Entwicklung der Winternachfrage im österreichischen Alpenraum konstituiert wird. Dies führt zu einer extrem ungleich verteilten Nachfrage zu Gunsten der alpinen Regionen im Westen Österreichs; die westlichen Bundesländer Vorarlberg, Tirol und Salzburg verzeichnen mehr als 60 % aller Übernachtungen und sehr starke Konzentrationstendenzen (Zimmermann 1997; Zimmermann et al. 2005).

Die Struktur der Herkunftsländer weist eine mit 72 % extrem hohe Auslandsabhängigkeit bei insgesamt 126 Millionen Übernachtungen pro Jahr auf. Außerdem fällt die hohe Abhängigkeit von einem Herkunftsland, nämlich der Bundesrepub-

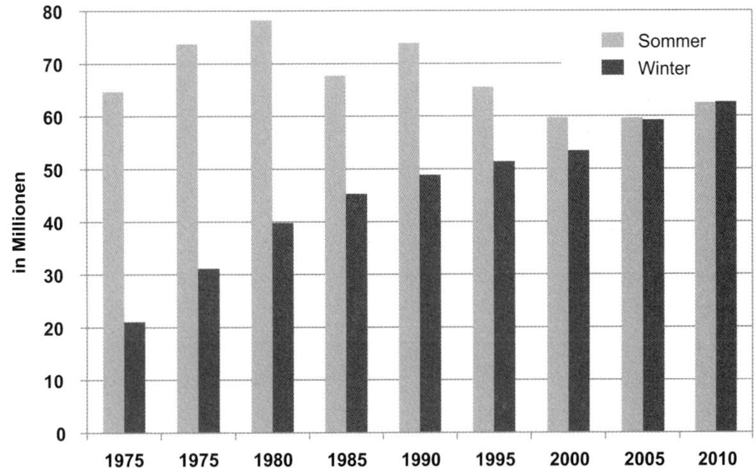


*Abb. 2: Saisonale Verteilung der Übernachtungen (in Millionen) im österreichischen Tourismus 1970–2010 Quelle: Statistik Austria 2012b*

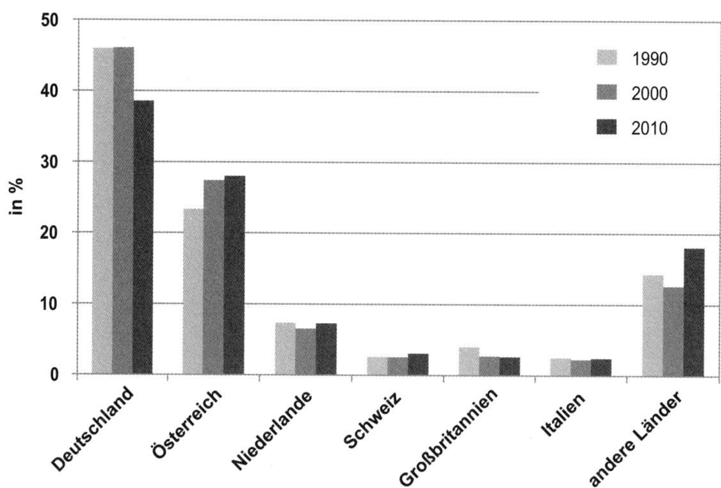


*Abb. 3: Verteilung der Übernachtungen nach den wichtigsten Gästequellgebieten (über 2 %) im österreichischen Tourismus. Quelle: Statistik Austria 2012b*

lik Deutschland auf, die weit über 50 % der ausländischen (und knapp 40 % aller) Übernachtungen umfasst (Statistik Austria 2012; vgl. Abb. 3). Der hohe Ausländeranteil ist so lange ein positiver Faktor für den österreichischen Tourismus, solange größere weltwirtschaftliche Probleme, sektorale oder regionale Rezessionstendenzen, Arbeitslosigkeit, Terrorismus, etc., sich nicht massiv auf die Nachfragesituation auswirken. Allerdings wurde gerade in Folge der Finanzkrise 2009 sichtbar, wie wichtig die inländische Nachfrage für die Stabilität im österreichischen Tourismus ist – bei einem Gesamtrückgang der Übernachtungen von 1,9 % verzeichneten die Übernachtungen österreichischer Gäste einen Zuwachs von 1,7 %, während diejenigen der Touristen aus dem Ausland um 3,2 % abnahmen (Smeral 2010).

Diese Analysen dienen als Voraussetzungen für die vorliegende Studie und als Basis für die in weiterer Folge festgelegten Kriterien zur Bewertung von Tourismusdestinationen im Hinblick auf ihre Eignung als Hotelstandorte. Im Konkreten werden die Wettbewerbsfähigkeit, die Nachfrageentwicklung, die Auswirkungen der Saisonalität sowie die Rolle der Quellgebiete der touristischen Nachfrage bewertet (vgl. 2.4 und 2.5).

## 2 Standortentscheidungen in der Hotellerie

Die Folgen der globalen Finanzmarkt- und Wirtschaftskrise haben die Angebots- und Nachfragestrukturen sowie die Trends für den Tourismus nachdrücklich verändert, so dass Standortentscheidungen strategisch orientiert und an die Wachstumspotentiale des österreichischen Tourismus angepasst sein müssen.

Die weitere Problematik liegt im spezifischen Charakter eines Hotels als standortgebundener Dienstleistungsbetrieb, der sein Angebot am gewählten Standort absetzen muss, die Präsenz des Kunden für die Inanspruchnahme der Leistung erforderlich ist und die Leistung demnach weder lagerfähig noch übertragbar oder transportierbar ist (vgl. Seitz 1997; Gewald 2001). Die Attraktivität eines Hotels umfasst somit nicht nur die eigene Qualität, sondern auch die Gegebenheiten seines Standortes, im Konkreten die Attraktivität der Umgebung sowie dessen Potenzial und Stabilität (vgl. Barth & Theis 1998; Hänssler 2001). Außerdem zählen Hotels aufgrund der notwendigen Größe, Repräsentativität und Qualitätskriterien zu kostenintensiven Immobilieninvestitionen. Dementsprechend bedeutend sind Standortentscheidungen in der Hotellerie, die am Beginn eines Investments stehen (ebenso wie auch die Wahl der Rechtsform, des Marktkonzepts oder von Betriebsart und -typ), langfristig wirksam sind und daher einer eingehenden (Standort- und Markt-)Analyse bedürfen (vgl. Bletschacher 1994; Hänssler 2001; Niemayer 2008; Brauer 2009).

## 2.1 Standortfaktoren

Standortfaktoren hängen immer kontextgebunden von der Größe der Untersuchungsebene sowie der jeweiligen Zielsetzung ab und können stark variieren (Ottmann & Lifka 2010). Die harten, d. h. messbaren Faktoren sind die elementare Basis zur Erfüllung der Nutzeranforderungen und setzen sich in erster Linie aus physischen Rahmenbedingungen (z. B. die vorhandene Infrastruktur) und sozioökonomischen Faktoren, welche die soziale und wirtschaftliche Situation widerspiegeln, zusammen. Kurzfristig können in der Regel meist nur harte Faktoren von Projektentwicklern und Investoren beeinflusst werden (Schneider & Völker 2007). Weiche Standortfaktoren, wie z. B. die Mentalität, das Image oder der Freizeitwert der Region, sind nicht nur schwer quantifizierbar sondern können auch nur mittel bis langfristig positiv beeinflusst werden. Meist gehen diese aber indirekt über das Präferenzsystem der Entscheidungsträger in die Beurteilung ein (vgl. Knox und Marston 2001).

Tabelle 2 zeigt eine Zusammenfassung von harten und weichen Standortfaktoren, die darauf ausgerichtet sind, die Zusammenhänge von Standort und Betriebstyp eines Beherbergungsbetriebes zu berücksichtigen. Allerdings werden bei einer Standortanalyse nur jene Faktoren berücksichtigt, die für das geplante Nutzungskonzept von Bedeutung sind, wobei die einzelnen Faktoren nach der Wichtigkeit für das Gesamtkonzept gewichtet werden müssen (vgl. Dettmer et al. 1999; Schulze et al. 2010).

Michaeler (2006) stellt das Produktpotenzial der Destination als das entscheidende Kriterium einer Tourismusdestination dar. Darunter versteht man die Verkaufbarkeit der Region und ihre Marktausrichtung auf die Kundenbedürfnisse. Die gesamte Infrastruktur muss derart konzipiert sein, dass sie dem Gast langfristig eine attraktive Erlebnisvielfalt bieten kann. Hierzu zählen nicht nur Landschaft, Klima

*Tab. 2: Harte und weiche Standortfaktoren im Tourismus. Quelle: Zimmermann & Hammer 2013, ergänzt und verändert nach Althof 2001; Preuß & Schöne 2006; Gardini 2010*

| Harte Faktoren | Weiche Faktoren |
|---|---|
| Angebot und Nachfrage | Bekanntheitsgrad, Image der Stadt / Region |
| Immobilien: Preisniveau, Erschließung, etc. | Atmosphäre und Attraktivität des Umfeldes |
| Raumordnungsbestimmungen und Baurecht | Historische Nutzung und ökonomischer Charakter des Standortes (Persistenz) |
| Umweltschutzauflagen | Charakter der Landschaft: Berge, Seen, Meer, Naturschutzgebiete, Landschaftsbild etc. |
| Fachkräfteangebot / Nähe zu Tourismusschulen | Klimatische Verhältnisse |
| Lohnniveau und Arbeitszeitregelungen | Umweltqualität: Luftverschmutzung, etc. |
| Wirtschaftsförderung | Sicherheit |
| Steuern und Gebühren | Sauberkeit |
| Basisinfrastruktur: Erreichbarkeit, Parkraum, Kommunikation, Ver- und Entsorgung, Gesundheit etc. | Dienstleistungsmentalität und Freundlichkeit |
| Preise für Basisinfrastruktur | Mentalität der Bevölkerung gegenüber Touristen |
| Kulturangebot, Sehenswürdigkeiten, Attraktionen | Kulturelle Unterschiede und Besonderheiten |
| Erholungs- und Freizeitangebot: Sportstätten, Schigebiete, Badeseen, Wanderwege, etc. | Öffentliche Meinung und Akzeptanz vor Ort |
| Gastronomieangebot u. Einkaufsmöglichkeiten | Unterstützung durch Stadt- und Regionalpolitik |
| Nähe zu regionalen Sport- und Ausflugsgebieten | Politische Stabilität / Politisches Klima |
| Nähe zu Einkaufsmöglichkeiten, Geschäftszentren, Vergnügungszentren | Wirtschaftsklima in der Stadt / Region |
| Nähe zu Messe- und Konferenzzentren | Netzwerke versus Rivalität von Unternehmen |
| Nähe zum Stadtzentrum | Effizientes Destinationsmanagement |
| Agglomerationsvorteile | Leadership und Pioniergeist |
| Konkurrenznutzung | Lebensqualität (für MitarbeiterInnen): Wohnumfeld, Versorgung, Freizeit, Preisniveau, etc. |
| Gesamtwirtschaftliche Entwicklung der Stadt / Region | Serviceorientierung der Verwaltung |

und Umwelt sowie die Struktur des Leistungsangebotes (Beherbergung, Gastronomie, Unterhaltung, etc.), sondern insbesondere auch die Preissituation, Logistik und Erreichbarkeit, Sprache, Sicherheit und medizinische Versorgung. Zu bewerten sind auch der Bekanntheitsgrad und die strategischen Zielsetzungen der Destination sowie die Fähigkeiten und Bemühungen des Managements ein Produkt zu schaffen, das ihre Zielgruppen anspricht. Entscheidend ist, ob die Destination sich so entwickelt bzw. entwickelt werden kann, dass sie in Zukunft eine gute Basis für den wirtschaftlich erfolgreichen Betrieb eines Hotels bildet. Zu erwähnen sei in diesem Zusammenhang, dass nicht nur Hoteliers versuchen von der Attraktivität der Destination zu profitieren, sondern umgekehrt auch für Regionen neue Hotels willkommen sind um die Anziehungskraft des Standortes zu steigern. Die gleichzeitige Erhöhung der Kapazitäten soll hierbei aber nicht nur im quantitativen Sinn erfolgen, sondern differenzierte Hotelangebote für neue Zielgruppen schaffen (vgl. auch Luft 2007).

Neben zahlreichen harten Faktoren ist ein weiteres wichtiges Kriterium die Akzeptanz des neuen Hotels bzw. des neuen Investors vor Ort; die öffentliche Meinung über und die politische Unterstützung für das Projekt und die damit verbunden Bau- und Entwicklungsmaßnahmen sollte positiv sein. Speziell bei internationalen Investitionen müssen die lokalen Befindlichkeiten und Gepflogenheiten bzw. die kulturellen Unterschiede berücksichtigt werden (Michaeler 2006).

## 2.2 Standortanalyse

Der Ausgangspunkt einer Standortanalyse sollte immer die Bestimmung der Zielgruppe, d. h. der potenziellen Hotelgäste sein (Brauer 2009). Auf Basis des Nutzungskonzeptes und den Wünschen der Zielgruppe werden die spezifischen Standortanforderungen, basierend auf den zu untersuchenden Makro- und Mikrostandort definiert.

Abbildung 4 stellt ein mehrstufiges Modell zur Standortsuche dar, als Grundlage für die Einordnung der vorliegenden Methodik. Das Modell zeigt als erste Stufe die Eliminierung jener Standorte, welche die Mindestanforderungen nicht erfüllen oder „Tabu-Eigenschaften" aufweisen. Dabei sind bei dieser Selektion nur besonders wichtige Kriterien zu bewerten und alle Alternativen auszuschließen, die nicht den konzeptuellen Vorstellungen entsprechen. In der zweiten Stufe kommt es zur so genannten Grobselektion, bei der die Forschungsansätze des Scoring-Modells zielführend anzuwenden sind, um anhand von „regionalen" Kriterien eine Ausscheidung zu treffen. Abschließend müssen im Rahmen einer Feinauswahl die verbleibenden Standorte durch Anwendung aller Kriterien einer detaillierten Analyse unterzogen werden – dies kann das vorliegende Modell nicht leisten (vgl. Porzelt 1999; Lifka 2009).

Aufgrund der hohen Dynamik und des ausgeprägten Wettbewerbs bei Immobilieninvestitionen verkürzen sich die Zeiträume für die Analyse zunehmend, wodurch diese an Sorgfalt und Qualität einbüßen können (vgl. Schneider & Völker 2007). Während die Analysemethoden immer ausgereifter werden, mangelt es oftmals an der Zeit, diese auch gewissenhaft und umfassend durchzuführen. Zudem gilt es anzuerkennen, dass trotz aller Methodenvielfalt Standortentscheidungen meist auch der Intuition der Entscheidungsträger und evtl. auch kulturellen Einflüssen unterliegen (vgl. Birkin et al. 2002; Cliquet 2006). Generell wird seltener als man annimmt der Fiktion des „homo oeconomicus" gefolgt und versucht den optimalen Standort zu finden, sondern angesichts begrenzter Informationen im Sinne der behavioristischen Standorttheorie lediglich eine zufriedenstellende Alternative, die die Anforderungen ausreichend erfüllt, realisiert. Das heißt, Entscheider sind, unter den o. a.

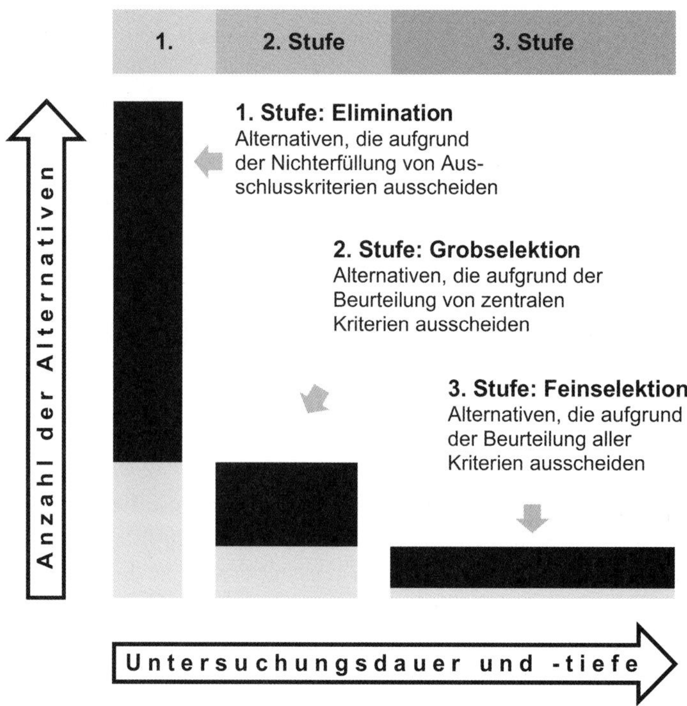


*Abb. 4: Mehrstufiges Modell zur Standortanalyse. Quelle: Hammer 2011, in Anlehnung an Ottmann & Lifka 2010*

Rahmenbedingungen, in der Regel „Satisfizer" und nicht „Optimizer" (vgl. Knox & Marston 2001; Schätzl 2003).

Bevor auf das im Folgenden angewandte Scoring-Modell näher eingegangen wird, ein paar Vorbemerkungen zu methodischen Ansätzen bei Standortanalysen. Grundsätzlich kann man zwischen komplexen totalanalytischen Ansätzen und partialanalytischen Ansätzen unterscheiden (vgl. Poschner 2000). Eine der einfachsten Methoden ist die Checkliste. Diese stellt meistens die Basis für Stärken-Schwächen-Profile und Scoring-Modelle dar, ohne jedoch eine Bewertung von Kriterien durchzuführen (Falk 2000). SWOT-Analysen ergeben bereits eine Bewertungsübersicht unter Einschluss der Chancen und Risiken, die sich für einen Standort ergeben können (Schneider & Völker 2007). Zur Einschätzung zukünftiger Entwicklungen können Umfeldanalysen, wie z. B. Trend- und Regressionsanalysen, Expertengespräche oder die Szenario-Technik, eingesetzt werden (vgl. auch Freyer 2009; Henschel 2005; Zimmermann 1993). Auf mathematisch-methodischer Ebene kommen bei Standortanalysen gelegentlich auch komplexe räumliche Interaktionsmodelle zur Anwendung. Diese Modelle werden standortspezifisch entworfen, basieren auf Methoden zur Ermittlung von Einzugsgebieten im Einzelhandel und sehen den Hotelstandort als Interaktionspunkt an (Birkin et al. 2002; Cliquet 2006). Erwähnenswert sind auch Ansätze, die Geographische Informationssysteme (GIS) verwenden. Diese ermöglichen eine relativ einfache, automatische und somit kosten- und zeitsparende Analyse einer großen Zahl von Standorten, sofern die nötigen Daten in entsprechender räumlicher Differenzierung, Qualität und Aktualität sowie zu einem vertretbaren Preis erhältlich sind (Muncke 2008).

### 2.3 Österreichische Tourismusdestinationen

Wie bereits angesprochen, nimmt diese Standortbewertung die Sicht eines Projektentwicklers ein, der in Österreich ein ganzjährig geöffnetes Hotel errichten möchte. Das bedeutet, dass die Kriterien und Gewichtungen möglichst so festgelegt werden, dass sie die Ansprüche dieses Investors an die Standortbedingungen in einer Destination wiedergeben. Dass auf dieser Makroebene in erster Linie Marktdaten relevant sind, spiegelt sich auch in der Zusammensetzung der Kriterien aus angebots- und nachfrageseitigen Merkmalen wider.

Eine Destination umfasst alle Gebiete, die sich zum Zwecke einer gemeinsamen Vermarktung und Entwicklung von Angeboten zusammengeschlossen haben, d. h. sich gemeinsam unter einer Dachmarke nach außen präsentieren und nach innen ein abgestimmtes, zentrales Destinationsmanagement verfolgen. Im Gegensatz zum stark subjektiven Destinationsverständnis eines Reisenden, welcher abhängig von der Entfernung sowie seinen Aufenthaltswünschen sowohl ein Hotel, eine Stadt oder Region als auch einen ganzen Kontinent als Destination wahrnehmen kann, wird hier der Begriff Destination somit als klar abgegrenzte Wettbewerbseinheit verstanden (vgl. Becker 2007; Bieger 2002). Für die Standort- / Marktanalyse liegt der große Vorteil der Wahl einer Destination als Betrachtungsobjekt in der Tatsache der „gemeinsamen Vermarktung und Entwicklung“ (auch wenn diese Gemeinsamkeit und Homogenität nicht immer zutreffen mag).

Bevor die Erstellung des Scoring-Modells anhand von Kriterien erfolgt, ist es sinnvoll sich auf die zu bewertenden Destinationen im Sinne der oben genannten Voraussetzungen zu verständigen. Gemäß dem Ziel, eine für Österreich flächendeckende Bewertung durchzuführen, wurden sämtliche touristische Destinationen zum Stand Mai 2011 erhoben und die jeweiligen Gemeinden einer solchen Tourismusregion zugeordnet. Als Informationsquellen dienten hierzu zum einen die Webauftritte und die Ansprechpersonen der einzelnen Destinationen sowie der Landes-Tourismusorganisationen und zum anderen die österreichische Hoteliervereinigung, welche Informationen für eine Destinationsstudie bei den Landestourismusorganisationen erhoben hat (ÖHV 2010). Vorhandene Unschärfen wurden bereinigt bzw. sind aufgrund der äußerst niedrigen Gästezahlen in den betroffenen Regionen für das Ergebnis nicht relevant.

Erwähnenswert scheint auch, dass der Großteil jener Gemeinden, die weniger als 1 000 Nächtigungen pro Jahr aufweisen und somit nicht in der Statistik aufscheinen, im Norden und Osten Österreichs liegt. Die Großflächigkeit der Destinationen in diesen Gebieten ist daher zu einem beträchtlichen Teil auf die niedrigere Tourismusintensität zurückzuführen, da unter diesen Umständen eine starke Dachmarke durch das Erreichen höherer Synergien bzw. eines höheren überregionalen Bekanntheitsgrades mehr Sinn macht als etwa in renommierten und imageträchtigen Tourismusorten. Zudem werden diese Gebiete zwar flächendeckend von Destinationen überzogen, jedoch ist davon auszugehen, dass wohl viele der Gemeinden nicht aktiv an der Gestaltung der Tourismusentwicklung innerhalb der Region mitwirken.

In Österreich bestanden (Stand: Mai 2011) 94 offizielle Destinationen (berechtigt zur Mitsprache in Vermarktungsfragen auf Bundesländerebene), zusätzlich wurden sechs touristisch geprägte Regionen (ohne offiziellen Status) in Kärnten und Salzburg in die Untersuchung aufgenommen. Somit werden genau 100 Regionen einer Beurteilung hinsichtlich ihrer Marktsituation unterzogen. Dabei zeigt sich deutlich, dass die Destinationen unterschiedliche Größen aufweisen (vgl. auch Abb. 6). Während im Osten Österreichs eine großflächigere Struktur gegeben ist, herrschen in den stärker touristisch geprägten westlichen Bundesländern Vorarlberg, Tirol, Salzburg sowie Kärnten kleinere Einheiten vor. So finden sich z. B. in der Steiermark neun Destinationen, wohingegen Tirol derzeit 34 solcher Regionen umfasst – auch wenn diese Zahl sich in den letzten Jahren aufgrund einer Vielzahl von Zusammenlegungen verringert hat. Obwohl die erste Phase der Fusionen vorbei zu sein scheint, sind weitere Kooperationen in den feiner strukturierten Gebieten mittelfristig durchaus zu erwarten und auch politisch gewünscht. Z. B. vermarkten sich schon jetzt vier Regionen der Kitzbüheler Alpen unter einer Dachmarke mit einheitlicher Logogestaltung und eigenem Webauftritt.

Trotz aller destinationsübergreifender Kooperation wird die Popularität starker Marken einzelner renommierter Orte nach wie vor genutzt. Als Beispiele für diese „Doppelvermarktung“ lassen sich Sölden in der Destination Ötztal, Nassfeld in Kärntens Naturarena oder Schladming in der Region Schladming-Dachstein nennen, die mitunter einen höheren Bekanntheitsgrad und höhere Zugriffsraten auf ihren Webseiten aufweisen als die gesamte Destination. In diesem Stufenbau der Tourismusvermarktung finden sich den Destinationen übergeordnet die Landes-Tourismusorganisationen und an oberster Stelle die Österreich Werbung.

## 2.4 Das Scoring-Modell

Beim Scoring-Modell, synonym werden auch die Begriffe Nutzwertanalyse, Punktwertverfahren oder Scoring-Methode verwendet, werden unterschiedliche Handlungsmöglichkeiten mittels Nutzwerten bezogen auf ein Zielsystem beurteilt (vgl. Hoffmeister 2008; Strebel 1986; Zangemeister 1976). Angewandt wird sie, wenn eine Vielzahl von entscheidungsrelevanten Größen zu beachten ist, unvollkommene Information herrscht, mehrere Alternativen vergleichbar sind sowie eine monetäre Bewertung nicht möglich ist oder zur alleinigen Entscheidungsfindung nicht ausreicht. Hoffmeister (2008) definiert beim Einsatz eines Scoring-Modells fünf Schritte:

- Durch die Erstellung eines Zielsystems wird versucht die Anforderungen an einen Standort systematisch zu suchen und zu ordnen. Dabei werden die gefundenen Ziele nach sachlichen Aspekten in Gruppen zusammengefasst und in eine hierarchische Ordnung gebracht. Das Zielsystem muss in messbare oder abschätzbare Kriterien münden, muss also weit genug ausdifferenziert werden (vgl. Scholles 2006) sowie aus Gründen der Einfachheit und Nachvollziehbarkeit auf jene Kriterien mit dem größten Einfluss beschränkt sein (Lifka 2009; Ottmann & Lifka 2010).
- Im Zuge der Operationalisierung werden den Kriterien Zielerreichungsgrade zugeordnet (z. B. ein Punkt bedeutet die niedrigste und zehn Punkte die höchste Zielerreichung) (Bechmann 1978; Niklas 2002). Durch die Umwandlung qualitativer Aussagen in Zielerreichungsgrade erhält man Ergebnisgrößen mit einer messbaren Rangordnung. Diese kardinalskalierten Größen können in weiterer Folge für Rechenoperationen herangezogen werden.
- Die Kriterien werden in der Folge, entsprechend ihrer Bedeutung und damit gemäß ihrem möglichen Beitrag zum Gesamtnutzwert, mit Gewichtungen versehen; dabei wird das Gesamtgewicht in der Regel schrittweise von der höchsten Hierarchiestufe bis zur untersten Stufe aufgesplittert.
- Zur Ermittlung der Zielerreichungsgrade werden die Standortbedingungen beurteilt, wobei jeweils für die einzelnen Kriterien der untersten Hierarchieebene Zielerreichungsgrade vergeben werden. Bei der Verwendung von Kriterien mit Mindestanforderungen erhalten diese bei Verfehlen der Vorgaben die niedrigste Punkteanzahl auf der jeweiligen Skala.
- Als letzter Schritt erfolgt die Aggregation zum Gesamtnutzwert. Dazu werden die vergebenen Zielerreichungsgrade mit den entsprechenden Gewichtungen multipliziert, wodurch sich die Teilnutzwerte der einzelnen Kriterien ergeben. Diese werden zum Gesamtnutzwert addiert oder, sofern die Ergebnisunterschiede zusätzlich vergrößert werden sollen, auch multipliziert (vgl. auch: Adam 2000; Lifka 2009; Ottmann & Lifka 2010).

Wurden schließlich die Gesamtnutzwerte aller Alternativen ermittelt, so kann bzw. soll die Plausibilität der Parameter noch mit Hilfe einer Sensibilitätsanalyse überprüft werden. Dabei wird beobachtet, wie sich Änderungen einzelner Gewichtungen, Eingangsdaten oder Zielerreichungsgrade auf das Ergebnis auswirken. Die Durchführung einer solchen Kontrolle ist im Wesentlichen dann zu empfehlen, wenn über die Richtigkeit der Gewichtungen, Daten oder Zielerreichungsgrade Unklarheit herrscht, oder wenn die Nutzwerte der Alternativen nahe beieinander liegen (vgl. Hoffmeister 2008; Ottmann & Lifka 2010).

Jene Alternative mit dem höchsten Gesamtnutzwert stellt grundsätzlich die beste Wahl dar. Allerdings kann die Entscheidung auch auf Basis einzelner, besonders hoher Teilnutzwerte erfolgen, wenn diese Kriterien als ein entscheidender Beitrag zur Problemlösung gesehen werden. „Die Nutzwertanalyse kann somit stets nur Entscheidungshilfe leisten, die letztendliche Entscheidung kann sie dem Anwender nicht abnehmen" (Hoffmeister 2008). Scoring-Modelle sollen im Rahmen einer zweistufigen Standortbeurteilung auch nur zur Vorselektion eingesetzt werden, bevor wenige verbliebene Alternativen einer genaueren ökonomischen Analyse unterzogen werden (Adam 2000).

## 2.5 Bewertungskriterien[1]

In diesem Kapitel sind nun jene Bewertungskriterien dargestellt, die die angebots- und nachfrageseitige Marktsituation im österreichischen Tourismus anhand von Struktur-bzw. Entwicklungskennzahlen wiedergeben. Erwähnt sei, dass die Strukturkennzahlen den Mittelwert der Tourismusjahre 2007 bis 2010 darstellen. Bei den Entwicklungskennzahlen, die mit Veränderungsraten zum Vorjahr arbeiten, werden zusätzlich Daten aus dem Jahr 2006 einbezogen um wiederum vier, nach Jahren gewichtete Ausgangswerte zu erhalten (Statistik Austria 2011a; 2011b; 2011c)[2]. Die vier Hauptkriterien umfassen die folgenden Bereiche:

- Wettbewerb: Die Wettbewerbssituation, als bedeutendes Element jeder Standort- und Marktanalyse, wird in der Bewertung mit den Subkriterien Wettbewerbsintensität, Bettenauslastung und Veränderung der Bettenauslastung beurteilt.
- Nachfrageentwicklung: Die Dynamik der Übernachtungen und damit der potentielle Bedarf nach weiteren Betten, ist für die Hotellerie entscheidend und wird anhand der Subkriterien Entwicklung des Marktanteils, Entwicklung der Nächtigungen und Dynamik der Veränderung bewertet.
- Saisonalität: Die Verteilung der Nachfrage im Jahresverlauf gilt als Indikator für die (zeitlich schwankende) Auslastung; die Subkriterien sind die saisonale Ausgewogenheit und die Entwicklung der Saisonen.
- Quellgebiet: Die Herkunft der Gäste gilt als einer der wichtigsten „Vulnerabilitätsindikatoren". Die dafür ausgewählten Subkriterien betreffen den gerade in Krisenjahren bedeutenden Inländeranteil und die Veränderung des Inländeranteils an den Gesamtübernachtungen.

## 2.6 Gewichtung der Kriterien

Die Gewichtung der Kriterien mit Hilfe der Methode des paarweisen Vergleichs der Zielkriterien trägt dem Umstand Rechnung, dass die Merkmale unterschiedliche Be-

1 Die Bewertung basiert auf Daten der Statistik Austria, d. h. alle Kennzahlen setzen sich ausschließlich aus offiziellen Daten zusammen. Erfasst werden im Zuge der monatlichen Erhebungen Daten aus den Tourismus-Berichtsgemeinden, das sind Gemeinden mit mehr als 1 000 Nächtigungen pro Jahr. Im Jahr 2010 berichteten 1 630 der 2 357 österreichischen Gemeinden ihre Zahlen an die Statistik Austria, d. h. es liegt keine Vollerhebung vor, allerdings kommt es z. B. bei den Nächtigungen nur zu einer Unterschätzung von maximal 0,7 % der Gesamtnächtigungen (vgl. Statistik Austria 2011b; Österreichischer Gemeindebund 2011).

2 Da den kürzer zurückliegenden Werten mehr Bedeutung zukommen sollte, werden die einzelnen Jahreswerte entsprechend gewichtet: Wert 2010 × 0,4 + Wert 2009 × 0,3 + Wert 2008 × 0,2 + Wert 2007 × 0,1

*Tab. 3: Bestimmung der Gewichtungen der Hauptkriterien. Quelle: Hammer 2011*

| Hauptkriterien | 1 | 2 | 3 | 4 | Anzahl | Gewichtung |
|---|---|---|---|---|---|---|
| 1 – Wettbewerb | + | + | + | + | 4 | 40 % |
| 2 – Nachfrageentwicklung | – | + | + | + | 3 | 30 % |
| 3 – Saisonalität | – | – | + | + | 2 | 20 % |
| 4 – Quellgebiet | – | – | – | + | 1 | 10 % |

deutung haben und folglich nur im Ausmaß ihrer jeweiligen Gewichtung zum Teil- sowie Gesamtnutzwert (= 100 %) beitragen (vgl. Schierenbeck 1987; Ottmann & Lifka 2010). Tabelle 3 zeigt das grundsätzliche Verfahren, in dem als erster Schritt die einzelnen Zielkriterien innerhalb einer Matrix paarweise miteinander verglichen und in ihren gegenseitigen Abhängigkeiten bewertet werden. Festzuhalten ist, dass

*Tab. 4: Gewichtetes Bewertungsmodell. Quelle: Hammer 2011*

| Haupt-kriterium | Gewich-tung | Subkriterium | Gew. Haupt-kriterium | Gew. ge-samt | Kennzahl zur Messung der Zielerreichung (ø 4 Jahre gewichtet) |
|---|---|---|---|---|---|
| **Wettbewerb** | 40 % | Wettbewerbsintensität | 35 % | 14 % | Nächtigungen / Anzahl der Hotels / 365 |
| | | Bettenauslastung | 50 % | 20 % | Nächtigungen/(Bettenanzahl × 365) × 100 |
| | | Dynamik der Bettenauslastung | 15 % | 6 % | Veränderung der Bettenauslastung zum Vorjahr in Prozent |
| **Nachfrage-entwicklung** | 30 % | Entwicklung des Marktanteils | 20 % | 6 % | Veränderung des Marktanteils in Österreich zum Vorjahr in Prozent |
| | | Veränderung der Nächtigungen | 50 % | 15 % | Veränderung der Nächtigungen zum jeweiligen Vorjahr in Prozent |
| | | Dynamik der Nächtigungen | 30 % | 9 % | Entwicklung (Zu- oder Abnahme) der Nächtigungen |
| **Saisonalität** | 20 % | Ausgewogenheit der Saisonen | 80 % | 16 % | Abweichung des Verhältnisses Winter: Sommer vom Idealwert 1 |
| | | Dynamik der Saisonalität | 20 % | 4 % | Veränderung der obigen Kennzahl: Divergenz vs. Konvergenz der Saisonen |
| **Quellgebiet** | 10 % | Inländeranteil | 80 % | 8 % | Anteil der Inländer an allen Nächtigungen in Prozent |
| | | Dynamik des Inländeranteils | 20 % | 2 % | Veränderung der Inländernächtigungen zum jeweiligen Vorjahr in Prozent |

Gew. gesamt = Gewichtung für den Gesamtnutzwert (Σ = 100 %)

*Tab. 5: Zielerreichungsgrade für das Subkriterium Veränderung der Übernachtungen. Quelle: Hammer 2011*

| Zielerreichungsgrad | Abweichung vom Mittelwert aller Destinationen (laut Index) | Äquivalentes Destinationsergebnis (untere Grenze) |
|---|---|---|
| 10 Punkte | > 4 % | 5,11 |
| 9 Punkte | 4 < 3 % | 4,10 |
| 8 Punkte | 3 < 2 % | 3,09 |
| 7 Punkte | 2 < 1 % | 2,07 |
| 6 Punkte | 1 < 0 % | 1,06 |
| 5 Punkte | 0 < –1 % | 0,05 |
| 4 Punkte | –1 < –2 % | –0,96 |
| 3 Punkte | –2 < –3 % | –1,97 |
| 2 Punkte | –3 < –4 % | –2,98 |
| 1 Punkt | > –4 % | – |

diese Methode des paarweisen Vergleichs in einigen Fällen Ungenauigkeiten bedient, da die Bewertung trotz Unterstützung durch Expertenmeinungen im Wesentlichen subjektiv ist. Dies gilt insbesondere für die Subkriterien, bei denen Gewichtungen leicht modifiziert bzw. adaptiert werden müssen.

Die weitere Zuordnung der Gewichtungen erfolgt hierarchisch, d. h. zu jedem übergeordneten Kriterium werden für die entsprechenden Subkriterien in Summe 100 % vergeben. Diese Beziehung besteht sowohl zwischen den Hauptkriterien und dem Gesamtnutzwert als auch zwischen den Subkriterien und ihrem jeweiligen Hauptkriterium. Generell wurde darauf geachtet, dass die Gewichtung des Strukturmerkmals (z. B. Inländeranteil) möglichst im Verhältnis von 4 : 1 zur dynamischen Komponente (z. B. Entwicklung des Inländeranteils) steht und ein gutes Ergebnis des Entwicklungsmerkmals schlechte Strukturwerte nicht übermäßig kompensieren kann.

Tabelle 4 bietet eine Übersicht über die nach ihrer Gewichtung gereihten vier Hauptkriterien sowie die zehn weiter differenzierend gewichteten Subkriterien (sowohl in Bezug auf die Hauptkriterien als auch den Gesamtnutzwert). In einem nächsten Schritt werden die Zielerreichungsgrade für die einzelnen Kriterien bestimmt. Tabelle 5 zeigt beispielhaft die Bewertung der Zielerreichung anhand der Dynamik der Übernachtungszahlen in den einzelnen Destinationen. Je positiver dieses Ergebnis in Relation zum Durchschnitt aller Destinationen ausfällt, umso höher ist die Zielerreichung. Dementsprechend erhält eine Region 10 Punkte, wenn sie ein Nächtigungsplus von mehr als 4 % gegenüber dem mittleren Zuwachs aller Destinationen von rund einem Prozent erzielt.

Abschließend werden die Zielerreichungsgrade mit ihren Gewichtungen multipliziert. Die erhaltenen Teilnutzwerte ergeben durch Aggregation entlang der Kriterien-

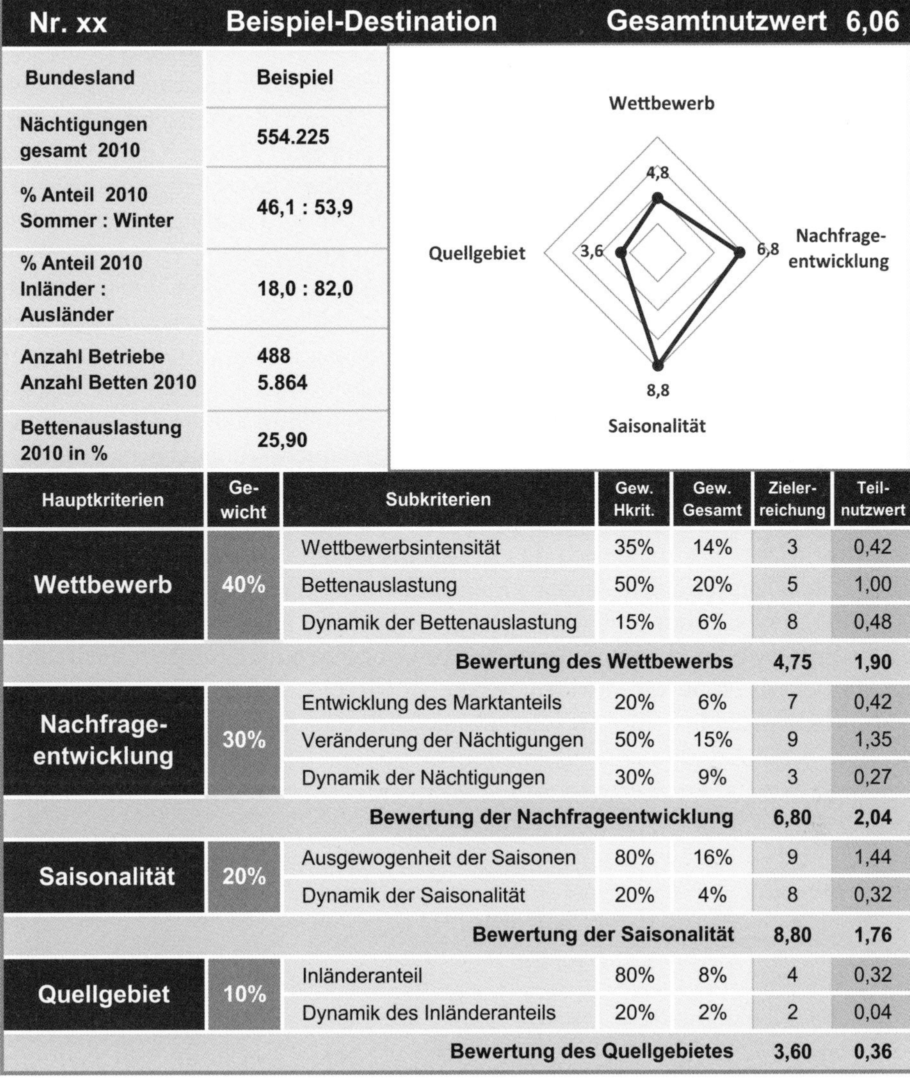

**Nr. xx — Beispiel-Destination — Gesamtnutzwert 6,06**

| | |
|---|---|
| Bundesland | Beispiel |
| Nächtigungen gesamt 2010 | 554.225 |
| % Anteil 2010 Sommer : Winter | 46,1 : 53,9 |
| % Anteil 2010 Inländer : Ausländer | 18,0 : 82,0 |
| Anzahl Betriebe<br>Anzahl Betten 2010 | 488<br>5.864 |
| Bettenauslastung 2010 in % | 25,90 |

| Hauptkriterien | Gewicht | Subkriterien | Gew. Hkrit. | Gew. Gesamt | Zielerreichung | Teilnutzwert |
|---|---|---|---|---|---|---|
| Wettbewerb | 40% | Wettbewerbsintensität | 35% | 14% | 3 | 0,42 |
| | | Bettenauslastung | 50% | 20% | 5 | 1,00 |
| | | Dynamik der Bettenauslastung | 15% | 6% | 8 | 0,48 |
| | | **Bewertung des Wettbewerbs** | | | **4,75** | **1,90** |
| Nachfrageentwicklung | 30% | Entwicklung des Marktanteils | 20% | 6% | 7 | 0,42 |
| | | Veränderung der Nächtigungen | 50% | 15% | 9 | 1,35 |
| | | Dynamik der Nächtigungen | 30% | 9% | 3 | 0,27 |
| | | **Bewertung der Nachfrageentwicklung** | | | **6,80** | **2,04** |
| Saisonalität | 20% | Ausgewogenheit der Saisonen | 80% | 16% | 9 | 1,44 |
| | | Dynamik der Saisonalität | 20% | 4% | 8 | 0,32 |
| | | **Bewertung der Saisonalität** | | | **8,80** | **1,76** |
| Quellgebiet | 10% | Inländeranteil | 80% | 8% | 4 | 0,32 |
| | | Dynamik des Inländeranteils | 20% | 2% | 2 | 0,04 |
| | | **Bewertung des Quellgebietes** | | | **3,60** | **0,36** |



*Abb. 5: Bewertungsbogen mit Daten für eine fiktive Beispieldestination. Quelle: Hammer 2011*

hierarchie die Gesamtnutzwerte. Um eine gute Übersicht und Nachvollziehbarkeit der Beurteilung zu gewährleisten, sind für jede Destination die Zielerreichungsgrade sowie auch alle Teilnutzwerte in einem Bewertungsbogen, der in Abbildung 5 anhand von Beispieldaten dargestellt ist, festgehalten. Zudem umfasst dieser Bogen Eckdaten zur Destination sowie ein Netzdiagramm zur Visualisierung der Ergebnisse der vier Hauptkriterien.

# 3 Synthese

Zieht man Gesamtnutzwerte der einzelnen Destinationen als Entscheidungsgrundlage heran, so zeigt Tabelle 6, dass bei den Destinationen in den Spitzenrängen lediglich eine Region einen Wert über 8 aufweist und nur zehn weitere Regionen Werte über 7 erreichen; dennoch erscheinen diese Ergebnisse ausreichend, um entsprechend den Wünschen eines Projektentwicklers und unter Nutzung weiterer Informationen aus den Hauptkriterien, die passende Ausprägung der Destination (Winter- oder Sommerdestination, Stadt- oder Feriendestination, etc.) für eine Investition zu finden. Die Gesamtnutzwerte schwanken über alle Regionen gemessen, sehr stark um den Mittelwert von 5,58, die Standardabweichung beträgt 1,01. Diese geringe Streuung resultiert daraus, dass sich die Ergebnisse einzelner Kriterien durchaus gegenseitig ausgleichen können. Daher ist es besonders wichtig, auf die der Zielsetzung der Standortanalyse am ehesten entsprechenden Teilnutzwerte nochmals detailliert Rücksicht zu nehmen. Von den elf am höchsten bewerteten Destinationen verdienen die drei ersten das Prädikat „empfehlenswert". Die ausgeprägte Führungsposition des Südburgenlandes begründet sich durch einheitlich hohe Bewertungen in allen vier Ebenen der Hauptkriterien. Andere Destinationen hingegen weisen trotz eines guten Gesamtergebnisses ein relativ unausgewogenes Bild auf, mit zwar durchgehend guten Bewertungen im Hauptkriterium Wettbewerb, aber oft schlechteren Beurteilungen im Bereich Nachfrageentwicklung oder Quellgebiet. Auf diese Schwächen lässt sich auch die sicherlich überraschend geringe Dichte an der Spitze zurückführen.

*Tab. 6: Die Reihung der führenden Destinationen nach Gesamtergebnis und Hauptkriterien. Quelle: Hammer 2011*

| Rang | Destination | Gesamt | HK1 | HK2 | HK3 | HK4 |
|---|---|---|---|---|---|---|
| 1. | Südburgenland | 8,05 | 8,05 | 7,7 | 8,2 | 8,8 |
| 2. | Großarltal | 7,80 | 7,3 | 9,4 | 7,6 | 5,4 |
| 3. | Tourismusregion Katschberg-Rennweg | 7,78 | 8,95 | 7,2 | 7,6 | 5,2 |
| 4. | Wien | 7,59 | 9,4 | 6,1 | 7,8 | 4,4 |
| 5. | Graz und Region Graz | 7,37 | 7,9 | 6,7 | 7,2 | 7,6 |
| 6. | Serfaus – Fiss – Ladis | 7,25 | 8,7 | 9,1 | 3,6 | 3,2 |
| 7. | Sonnenland Mittelburgenland | 7,24 | 7,15 | 6,8 | 7,4 | 8,6 |
| 8. | Wienerwald | 7,11 | 6,9 | 6,5 | 7,4 | 9,2 |
| 9. | Steirisches Thermenland | 7,09 | 7,55 | 5,3 | 8,0 | 8,8 |
| 10. | Stadt Salzburg und Umgebungsorte | 7,04 | 9,4 | 4,2 | 7,0 | 6,2 |
| 11. | Linz | 7,02 | 7,65 | 5,6 | 8,2 | 6,4 |

HK1: Wettbewerb; HK2: Nachfrageentwicklung; HK3: Saisonalität; HK4: Quellgebiet

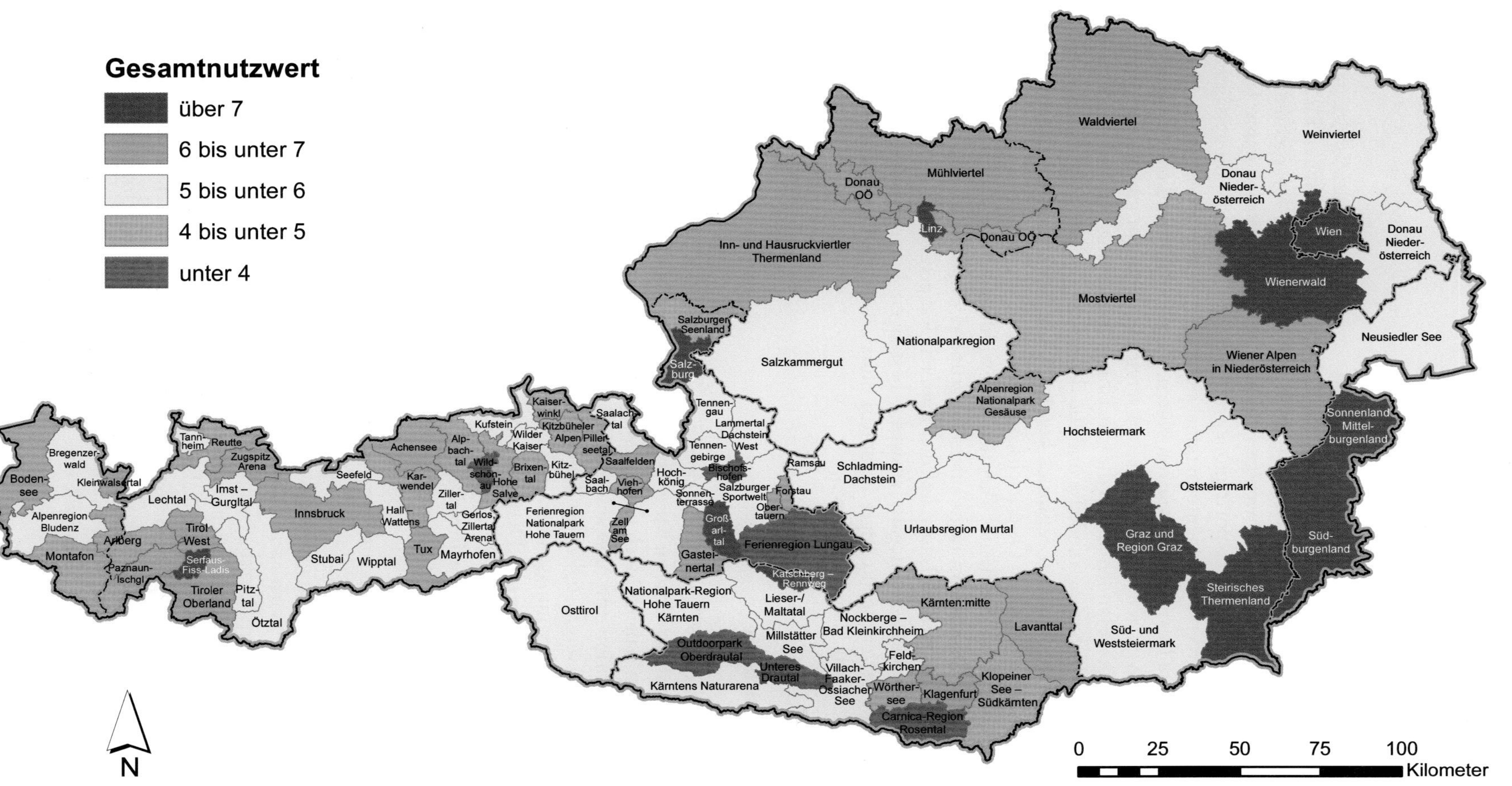


*Abb. 6: Die Ergebnisse der Scoring-Analyse für die österreichischen Tourismusdestinationen. Quelle: Hammer 2011; Grafik: Zimmermann-Janschitz*

Abbildung 6 verdeutlicht eindrucksvoll, dass die Standortqualitäten für Investitionen in der Hotellerie in Österreich – unter Anwendung der vorliegenden Methode des Scoring-Modells – auf wenige Regionen fokussiert werden kann. So zeigen einige aufstrebende Wintersportregionen im Westen Österreichs interessanterweise oftmals bessere Werte als die international sichtbaren Wintersportzentren. Hier wären weitere detailliertere Analysen von Nöten. Ebenso wird deutlich, dass die Stadtdestinationen (vgl. Wien, Salzburg, Graz) vergleichsweise sehr gut platziert sind, ein Umstand, der insbesondere durch die ganzjährige Auslastung (das bedeutendste Kriterium dieses Bewertungsmodells) und die damit verbundene hohe Bewertung der Wettbewerbsfähigkeit zum Ausdruck kommt. Gute Bewertungen haben außerdem Destinationen im Osten Österreichs, insbesondere die beiden Thermenregionen Südburgenland und Steirisches Thermenland, wohingegen die Tourismusdestinationen im Süden Österreichs, nicht zuletzt aufgrund der massiven Umstrukturierungsprozesse im Sommertourismus, auf den hinteren Rängen zu finden sind. Dass sich mangelnde Kooperation negativ auswirkt, bestätigen – zumindest teilweise – die schlechten Platzierungen einiger Regionen ohne offiziellen Destinationsstatus bzw. oftmals auch sehr kleiner Regionen.

## 4 Conclusio

Um das touristische Angebot in Zeiten der Globalisierung und des Strukturwandels auch in Zukunft attraktiv zu halten, bedarf es gezielter Investitionen. Entwickler von Hotelprojekten haben jedoch eine Vielzahl von Regionen und Orten als Standorte für ihre Investition zur Auswahl, viele Entscheidungen werden intuitiv getroffen. Aufgrund der Langfristigkeit und Erfolgswirksamkeit einer Standortentscheidung bedarf es u. E. einer umfassenden und systematischen Analyse der Marktsituation in den potenziellen Gebieten. Diese muss neben aktuellen Strukturen auch eine Analyse des zukünftigen Entwicklungspotenzials anstreben, um die Wettbewerbs- und Nachfragesituation für eine Erweiterung des Beherbergungsangebotes in einer Destination zu bewerten. Dies ist insbesondere in Zeiten des globalen Wettbewerbs wichtig, um Fehlinvestitionen zu vermeiden.

Durch die flächendeckende Analyse, basierend auf den österreichischen Tourismusdestinationen als Wettbewerbseinheit, wird versucht, einen Beitrag zur Standortwahl im Beherbergungswesen in Österreich zu leisten und damit einen Wettbewerbsvorteil zu generieren. Das Scoring-Modell, differenziert nach den vier Hauptkriterien Wettbewerb, Nachfrageentwicklung, Saisonalität und Quellgebiet, scheint im Vergleich zu anderen touristischen Marktanalysen umfangreich, hat sich aber in der Umsetzung als praktikabel und relativ einfach anwendbar erwiesen. Zudem kann es als Methode an unterschiedliche touristische Raum- bzw. Wettbewerbseinheiten auf Makro- und Mesoebene angepasst und in unterschiedlichen Ländern und Regionen eingesetzt werden. Wichtig ist dabei festzuhalten, dass die Übertragbarkeit der Methode in jedem Falle eine Anpassung der Zielsetzungen und Zielerreichungsgrade sowie der Gewichtungen notwendig macht. Diese müssen den touristischen Strukturen und Perspektiven der jeweiligen Region entsprechen und hängen von der Datenverfügbarkeit und Detailliertheit ab.

Die Schwächen des Scoring-Modells bzw. der Nutzwertanalyse liegen darin, dass dieser Methode eine gewisse Subjektivität bei der Auswahl der Kriterien sowie bei der Festlegung der Gewichtungen immanent ist. Hier liegt die Schwierigkeit für den Anwender, subjektive Wertvorstellungen zu objektivieren und in ein intersubjektiv nachvollziehbares, quantitatives Gewichtungsschema zu bringen (vgl. Uttermark 1996). Diesem Umstand wird durch eine systematische Vorgehensweise und eine transparente Darstellung der subjektiven Entscheidungselemente sowie die genaue Prüfung der entscheidungsbestimmenden Kriterien Rechnung getragen (vgl. auch Niklas 2002). Dies begründet auch die ausführliche Darstellung der methodischen Umsetzung im Kapitel 2. Auf einige Aspekte, die für die Umsetzung entscheidend sind, sei nochmals hingewiesen:

- Bei der Wahl der Kriterien müssen Kompromisse zwischen Wichtigkeit und Vollständigkeit (z. B. Datenverfügbarkeit, Kosten etc.) getroffen werden.
- Die gewählten Kriterien müssen sowohl auf Redundanz als auch auf gegenseitige Abhängigkeiten (Korrelationen) überprüft werden.
- Der Messbarkeit und damit die Operationalisierung der Kriterien und Subkriterien kommt entscheidende Bedeutung zu.
- Die Gewichtung der Kriterien muss – trotz aller Subjektivität – transparent und nachvollziehbar sein; nach Vorliegen der Bewertungsergebnisse ist eine Sensitivitätsanalyse empfehlenswert.
- Eine breite Punkteskala (1–10 Punkte, bezogen auf den Mittelwert aller Destinationen) erhöht die Aussagekraft der Bewertung der Zielerreichungsgrade.
- Die Methode bietet zudem den Vorteil, dass bei Bedarf qualitative und nichtmonetäre Einflussfaktoren berücksichtigt werden können.
- Die Bewertung der Ergebnisse muss berücksichtigen, dass die Auswertung statistischer Daten generell nur eine rückblickende Analyse mit eingeschränktem Zukunftsbezug ermöglichen.

Die vorliegende Studie baut auf Daten der offiziellen Tourismusstatistik auf, was gleichzeitig als Stärke und Schwäche gesehen werden muss. Hinsichtlich der Einfachheit und Objektivität überwiegen die Vorteile. Andererseits stehen oftmals Daten in der benötigten Form nicht oder nur mit hohen Kosten zur Verfügung. Diese Einschränkung limitiert auch die Aussagekraft der vorliegenden Ergebnisse, da im konkreten Fall nur auf Zahlen aller Beherbergungsbetriebe zurückgegriffen werden konnte. Die erzielten Beurteilungsergebnisse bieten daher gute Basisinformationen und können als exemplarische Anwendungen des Scoring-Modells angesehen werden. Im Vordergrund dieser Studie stehen der Entwurf und die Nachvollziehbarkeit des Bewertungsmodells.

Nach der Standortsuche auf Makroebene steht dem Investor somit eine kleine Anzahl von Regionen zur Auswahl, innerhalb der auf kleinräumiger Ebene mit Hilfe von entsprechend angepassten Zielsystemen eine detailliertere Analyse durchzuführen ist. Durch diese systematische Vorgehensweise und der damit einhergehenden Verbesserung der Entscheidungsgrundlage ist zu hoffen, dass zukünftige Hotels vermehrt an Standorten errichtet werden, die sowohl ihrem Nutzungskonzept als auch der Marktsituation entsprechen – im Sinne eines wirtschaftlich erfolgreichen Betriebs zum Vorteil von Investoren und Destinationen.

## Bibliographie


Adam, D. 2000: *Investitionscontrolling.* 3. Auflage. München, Wien.

Althof, W. 2001: *Incoming-Tourismus.* München, Wien.

Barth, K. & H.-J. Theis 1998: *Hotel-Marketing: Strategien – Marketing-Mix – Planung – Kontrolle.* 2. Auflage. Wiesbaden.

Bechmann, A. 1978: *Nutzwertanalyse, Bewertungstheorie und Planung.* Bern, Stuttgart.

Becker, C. 2007: Destinationsmanagement. In: Becker, C. et al. (Hg.): *Geographie der Freizeit und des Tourismus – Bilanz und Ausblick.* 3. Auflage. München, Wien: 464–474.

Berg, W. 2006: *Tourismusmanagement.* Ludwigshafen.

Bieger, T. 2002: *Management von Destinationen.* 5. Auflage. München, Wien.

Birkin, M. et al. 2002: *Retail Geography & Intelligent Network Planning.* Chichester.

Bleile, G. 1995: *Tourismusmärkte – Fremdenverkehrsmarkt, Hotelmarkt, Touristikmarkt, Bädermarkt, Luftverkehrsmarkt im Wandel.* München, Wien.

Bletschacher, P.A. 1994: Hotels, Ferienzentren und Boardinghouses. In: Falk, B. (Hg.): *Gewerbeimmobilien.* Landsberg / Lech: 57–81.

Brauer, K.-U. (Hrsg.) 2009: *Grundlagen der Immobilienwirtschaft: Recht – Steuern – Marketing – Finanzierung – Bestandsmanagement – Projektentwicklung.* 6. Auflage. München.

Cliquet, G. 2006: *Geomarketing – Methods and Strategies in Spatial Marketing.* Newport Beach.

Dettmer, H. et al. 1999: *Tourismus-Marketingmanagement.* München.

Eisenstein, B. & A. Gruner 2007: Der Hotelmarkt in Deutschland: Struktur – Entwicklung – Trends. In: Becker, C. et al. (Hg.): *Geographie der Freizeit und des Tourismus – Bilanz und Ausblick.* 3. Auflage. München, Wien: 371–380.

Falk, B. (Hrsg.) 2000: *Fachlexikon Immobilienwirtschaft.* 2. Auflage. Köln.

Freyer, W. 2006: *Tourismus – Einführung in die Fremdenverkehrsökonomie.* 8. Auflage. München.

Freyer, W. 2009: *Tourismus-Marketing – Marktorientiertes Management im Mikro- und Makrobereich der Tourismuswirtschaft.* 6. Auflage. München.

Fuchs, W. et al. (Hg.) 2008: *Lexikon Tourismus – Destinationen, Gastronomie, Hotellerie, Reisemittler, Reiseveranstalter, Verkehrsträger.* München.

Gardini, M.A. 2009: *Marketing-Management in der Hotellerie.* 2. Auflage. München.

Gardini, M.A. 2010: Grundlagen der Hotellerie und des Hotelmanagements im Tourismus. In: Schulz et al. 2010: *Grundlagen des Tourismus.* München: 275–422.

Gewald, S. 2001: *Hotel-Controlling.* 2. Auflage. München, Wien.

Hammer, E. 2011: *Standortplanung in der Hotellerie – Eine Analyse des Marktpotenzials österreichischer Destinationen.* Unveröffentlichte Diplomarbeit. Karl-Franzens-Universität Graz.

Hänssler, K.H. 2001: *Management in der Hotellerie und Gastronomie – Betriebswirtschaftliche Grundlagen.* 5. Auflage. München.

Henschel, K. 2005: *Hotelmanagement.* 2. Auflage. München.

Hoffmeister, W. 2008: *Investitionsrechnung und Nutzwertanalyse – Eine entscheidungsorientierte Darstellung mit vielen Beispielen und Übungen.* 2. Auflage. Berlin.

Knox, P.L. & S.A. Marston 2001: *Humangeographie.* Hg. von Gebhardt, H. et al. Heidelberg, Berlin.

Lifka, S. 2009: *Entscheidungsanalysen in der Immobilienwirtschaft.* München.

Luft, H. 2007: *Destination Management in Theorie und Praxis – Organisation und Vermarktung von Tourismusorten und Tourismusregionen.* Meßkirch.

Michaeler, O. 2006: Hoteliers willkommen – Ab wann ist ein Standort für Hotelansiedlungen attraktiv? In: Pechlaner, H. et al. (Hg.): *Standortwettbewerb und Tourismus – Regionale Erfolgsstrategien.* Berlin: 109–116.

Muncke, G. et al. 2008: Standort- und Marktanalysen in der Immobilienwirtschaft. In: Schulte, K.-W. & S. Bone-Winkel (Hg.): *Handbuch Immobilien-Projektentwicklung.* 3. Auflage. Köln: 133–207.

Mundt, J.W. 2006: *Tourismus.* 3. Auflage. München, Wien.

Niemayer, M. 2008: Hotel-Projektentwicklung. In: Schulte, K.-W. & S. Bone-Winkel (Hg.): *Handbuch Immobilien-Projektentwicklung.* 3. Auflage. Köln: 771–798.

Niklas, C. 2002: Mehr Entscheidungssicherheit mit der Nutzwertanalyse. *Projektmagazin* 23/2002. http://community.easymind.info/page-76.htm, Zugriff im Mai 2011.

ÖHV 2010: Österreichs Destinationen im Vergleich – Destinationsstudie und -karte der Österreichischen Hoteliervereinigung. http://www.oehv.at/?seIDM=G103K047-E950-03NZ-VE32-IXRLD3CSBK00 (Zugriff im April 2011).

Ottmann, M. & S. Lifka 2010: *Methoden der Standortanalyse.* Darmstadt.

Porzelt, P. 1999: *Standortplanung von Hotelunternehmungen.* Diplomarbeit, Diplomarbeiten Agentur, Hamburg. http://www.diplom.de/Diplomarbeit-1748/Standortplanung_von_Hotelunternehmungen.html, Zugriff im April 2011.

Poschner, E.A. 2000: *Die systematische Behandlung von Standortfaktoren im Rahmen der Standortsuche.* Unveröffentlichte Diplomarbeit, Karl-Franzens Universität Graz.

Preuß, N. & L.B. Schöne 2006: *Real Estate und Facility Management – Aus Sicht der Consultingpraxis.* 2. Auflage. Berlin, Heidelberg.

Schätzl, L. 2003: *Wirtschaftsgeographie 1 – Theorie.* 9. Auflage. Paderborn.

Schierenbeck, H. 1987: *Grundzüge der Betriebswirtschaftslehre.* 9. Auflage. München.

Schneider, W. & A. Völker 2007: Grundstücks-, Standort- und Marktanalyse. In: Schäfer, J. & G. Conzen (Hg.): *Praxishandbuch der Immobilien-Projektentwicklung.* 2. Auflage. München: 101–120.

Scholles, F. 2006: *Die Nutzwertanalyse und ihre Weiterentwicklung.* Institut für Umweltplanung, Abt. Landesplanung und Raumforschung – Universität Hannover, http://www.laum.uni-hannover.de/ilr/lehre/Ptm/Ptm_BewNwa.htm, Zugriff im Mai 2011.

Seitz, G. 1997: *Hotelmanagement.* Berlin, Heidelberg.

Smeral, E. 2010: *Tourismusstrategische Ausrichtung 2015 – Wachstum durch Strukturwandel. Kurzfassung.* Österreichisches Institut für Wirtschaftsforschung, Wien.

Spath, D. (Hg.) 2010: *Bericht aus dem Forschungsprojekt Futurehotel: Futurehotel Basics – Grundlagenwissen zur Hotellerie in Deutschland.* Fraunhofer-Institut für Arbeitswirtschaft und Organisation (IAO). Stuttgart.

Statistik Austria 2011a: *Standard-Dokumentation Metainformationen (Definitionen, Erläuterungen, Methoden, Qualität zur Tourismusstatistik: Jährliche Bestandsstatistik.* http://www.statistik.at/web_de/statistiken/tourismus/dokumentationen.html, Zugriff im Mai 2011.

Statistik Austria 2011b: *Ankünfte und Übernachtungen nach Unterkunftsarten im Tourismusjahr 2009/10.* http://www.statistik.at/web_de/statistiken/tourismus/beherbergung/ankuenfte_naechtigungen/index.html, Zugriff im Juni 2011.

Statistik Austria 2011c: *Betriebe, Betten, Bettenauslastung im Sommerhalbjahr/Winterhalbjahr 2010 nach Gemeinden.* http://www.statistik.at/web_de/statistiken/tourismus/beherbergung/betriebe_betten/index.html, Zugriff im April 2011.

Statistik Austria 2012a: *Betriebe, Betten im Sommerhalbjahr2012.* http://www.statistik.at/web_de/statistiken/tourismus/beherbergung/betriebe_betten/034890.html, Zugriff im Februar 2013.

Statistik Austria 2012b: *STATcube – Statistische Datenbank von Statistik Austria.* http://statcube.at/superwebguest/login.do?guest=guest&db=dewatlas10. Zugriff im Februar 2013.

Strebel, H. 1986: Scoring-Methoden. In: Staudt, E. (Hg.): *Das Management von Innovationen.* Frankfurt a. M.: 171–183.

Utermarck, J. 1996: *Nutzwertanalyse im Beschaffungsbereich des Industriebetriebs.* Göttingen.

WKO – Fachverband Hotellerie 2010: *Das Verfahren zur Hotelklassifizierung 2010–2014.* http://www.hotelsterne.at/4.0.html, Zugriff im Mai 2011.

Zangemeister, C. 1976: *Nutzwertanalyse in der Systemtechnik.* 4. Auflage. München.

Zimmermann, F. 1993: Tourismusprognosen. In: Hahn, H. & H.J. Kagelmann (Hg): *Tourismuspsychologie und Tourismussoziologie. Ein Handbuch zur Tourismuswissenschaft.* München: 567–573.

Zimmermann, F. 1995: Tourismus in Österreich – Instabilität der Nachfrage und Innovationszwang des Angebotes. *Geographische Rundschau* 47, 1: 30–37.

Zimmermann, F. 1997: Austria: Contrasting tourist seasons and contrasting regions. In: Williams, A. & G. Shaw (Hg.): *Tourism and Economic Development: European Experiences.* 3. Auflage. Chichester, London.

Zimmermann, F., N. Kurka & P. Eder 2005: Tourismus in Österreich. In: Borsdorf, A. (Hg.): *Das neue Bild Österreichs.* Wien: 133–153.

# Der Niedergang der Regionalen Studien

**Cesar N. Caviedes**

Der Artikel zeichnet die Geschichte der auf Lateinamerika ausgerichteten Regionalen Geographie in Europa und Nordamerika vom Beginn des 20. Jahrhunderts bis heute. Nach ihrer Blütezeit vor und nach den Weltkriegen erlebte diese seit etwa 1980 einen merklichen Niedergang, bedingt durch einen wechselnden Zyklus von Moderichtungen wie der Quantitativen Geographie, der Spezialisierung von Teildisziplinen, und der Handlungstheorie. Dieser Entwicklung fielen viele ehemalige auf Lateinamerika konzentrierte Lehrstühle und Zentren zum Opfer, was mit einem Bedeutungsschwund der Geographie in den Schulen und in der Allgemeinbildung einherging.

**The decline of regional studies on Latin America**
The paper retraces the history of regional geography during the 20th century in Europe, Latin America and North America. After their halcyon times following the world wars, an unprecedented decline of regional studies focused on Latin America has taken place in North America and Europe. This reflects changing paradigms such as the onset of quantitative geography, the intrusion of remote sensing, and the excessive over-specialization in geographical subfields. Many prestigeous chairs in Latin American studies and entire regional centers have succumbed to this development and the status of geography has been eroded in schools and education in general.

**Keywords**: regional studies, quantitative geography, discipline history in Europe and North America

**La decadencia de los estudios regionales sobre América Latina**
Luego del auge alcanzado antes y después de las guerras mundiales, se produjo un declive sin precedentes de los estudios regionales acerca de América Latina en Norteamérica y Europa. Esto fue causado por modas disciplinarias que buscaban suplantar la Geografia tradicional por la geografía cuantitativa, los sensores remotos y una sobre-especialización en campos secundarios de la Geografia. Este desarrollo tuvo consecuencias nefastas para para numerosas cátedras especializadas en estudios regionales y ha coincidido con una pérdida de importancia de la Geografía en las escuelas y en el sistema educativo en general. El artículo aborda la historia de la Geografía Regional sobre la América Latina durante el siglo XX, concentrandose en Europa y Norte América.

## 1 Einleitung

Es ist mir eine Freude, an der Ehrung meines Kollegen Christoph Stadel teilzunehmen, denn wir beide beschäftigten uns nicht nur mit der gleichen Region, es verbinden uns auch persönliche und professionelle Bande aus der Zeit, da wir uns in den entlegenen Prairieprovinzen Kanadas bemühten, die Verbindung zu unserem Interessengebiet aufrecht zu erhalten.

Alter und Erfahrung gelten als Quellen der Weisheit, und so möchte ich nach mehr als fünfzig Jahren Lehre und Forschung auf drei Kontinenten einige Überlegungen anstellen. Es geht um den Niedergang des regionalen Paradigmas in den

Ländern, in denen ich private und berufliche Erfahrungen gesammelt habe. Was folgt, ist nicht ein nostalgischer Lament, sondern meine Reaktion darauf, dass die Geographie fast überall in Europa, Nord- und Lateinamerika seit einigen Jahrzehnten den erklärenden und integrativen regionalen Weg bewusst verlassen und durch „wissenschaftliche Techniken" ersetzt hat, mit denen sich Daten mechanisch auswerten lassen, ohne dass bei dem Wissenschaftler kulturelle Kenntnisse vorausgesetzt sind. Eine natur- und wirtschaftswissenschaftliche Betrachtungsweise hat die regional ausgerichteten Disziplinen – und damit auch ihre erfahrenen Vertreter – in den Hintergrund gedrängt.

Ein Überblick über die Personen, in deren Händen heute die Veröffentlichung ehemals typisch geographischer Arbeiten liegt, wird diese Behauptung untermauern. Das Ergebnis ist ernüchternd. Es zeigt sich nicht nur ein starker Rückgang in der Zahl von Verlagen, Büchern und geographischen Fachzeitschriften, sondern auch – was hier besonders interessiert – von regionalen Monographien, historischen Landschaftsanalysen und kulturregional ausgerichteten Dissertationen. Geowissenschaftliche Zeitschriften wie Catena, Palaeogeography, Palaeoclimatology, Palaeoeoecology, Quaternary Research, Climate Change, Quaternary oder Journal of Climate, hatten früher Geographen in der Schriftleitung.

## 2 Die Blütezeit der Regionalen Studien

In der Mitte des letzten Jahrhunderts entstand nach dem Zweiten Weltkrieg eine neue internationale Ordnung mit politischen und wirtschaftlichen Schwerpunkten. Im Bemühen um Legitimation ihrer Vormachtstellung ließen die westlichen Siegernationen – oftmals Kolonialmächte – dem höheren Bildungswesen großzügige Förderungsgelder zufließen. Nun, da Deutschland und Japan aus dem Rennen geschieden waren, erneuerteten England und Frankreich ihren vormaligen politischen und kulturellen Einfluss in Afrika, weiten Regionen Südasiens und Teilen von Lateinamerika. Der Pazifik wurde zum *mare americanus*, dessen *rimlands* zum Wirtschaftswachstum Nordamerikas beitrugen. Die militärische, wirtschaftliche und politische Überlegenheit der Vereinigten Staaten ging mit einer ideologischen Ausdehnung einher, der Verbreitung der amerikanischen Lebensart. Immer mehr Studenten aus Lateinamerika, Afrika und Asien, für die vor dem Zweiten Weltkrieg die europäischen Universitäten – inbegriffen die deutschen – als attraktiv galten, bewarben sich jetzt um einen Platz an einer nordamerikanischen Universität.

In Europa begann der akademische Wiederaufbau zunächst in den Naturwissenschaften, denn Disziplinen wie Geschichte, Philosophie, Soziologie, Anthropologie – und natürlich die Politischen Wissenschaften – waren von totalitären Regimen zu ihren Zwecken manipuliert worden. Beheimatet zwischen Umwelt- und Humanwissenschaften, profitierte die Geographie von diesem Aufbau. Da sich außerdem im Landkrieg die strategische Notwendigkeit kartographischer, meteorologischer und klimatologischer Grundkenntnisse, und im Seekrieg der Nutzen der Meeresobservation und der maritimen Meteorologie gezeigt hatten, wurden nun diese Fächer nun vorrangig in den Universitätslehrplänen.

Die intellektuelle Elite Lateinamerikas blieb auch zu Beginn der zweiten Hälfte des 20. Jahrhunderts dem europäischen Kulturmodell treu und erwarb ihre fortführende Ausbildung an englischen und französischen Universitäten. Viele junge Leute aus dem englischsprachigen Commonwealth jedoch studierten in Großbritannien mit der Absicht, nicht mehr in ihre rückständigen Heimatländer zurückzukehren. *Les Cahiers d'Outremer* wurde in den 1950er Jahren von Louis Papy und Henri Enjalbert, Dekan und Professor an der Université de Bordeaux gegründet. Spanisch sprechende Studenten gingen gerne nach Frankreich, nicht nur wegen der geringeren sprachlichen Herausforderungen, sondern auch weil dort die intellektuellen, humanistischen und kulturellen Aspirationen eher ihren eigenen entsprachen. Entgegenkommend war auch die kulturelle Auslandspolitik Frankreichs, im Zuge derer in vielen Großstädten Lateinamerikas und Mexikos dynamische *centres de culture française* eröffnet wurden. Die Franzosen versuchten auf diese Weise, den Einfluss der Kriegsverlierer Deutschland und Italien, sowie auch Spaniens, zu untergraben. Speziell in der Geographie verbreiteten Aspiranten für die Universitätslaufbahn im Mutterland die französische Prägung der Disziplin. Die Zentren in Mendoza (Argentinien), Lima (Peru), Bogotá (Kolumbien), São Paulo (Brasilien) und Santiago de Chile hatten einen ausgezeichneten Ruf als Trainingslager. Nicht nur Doktoranten, auch etablierte Universitätslehrer vornehmlich aus der Université de Bordeaux engagierten sich mit solcher Begeisterung in diesem kooperativen Programm, dass in den 1960er Jahren die Geographie Südamerikas fest in den Händen der Franzosen lag. Die Forschung, die damals von diesen Wissenschaftlern und ihren lateinamerikanischen Studenten betrieben wurde, fand ihren Niederschlag in *Les Cahiers d'Outremer*, der ersten Veröffentlichung für geographische Forschung in Übersee. Auch die Université de Paris und die Sorbonne beteiligten sich an der Ausbildung der jungen Lateinamerikaner; das Institut Français des Etudes Andines in Lima, z. B., stand jahrelang unter der Leitung von Professor Olivier Dollfus (Sorbonne). Er verbrachte viele Jahre in Peru, wo er Herausgeber des *Bulletin de l'Institut Français d'Études Andines* war. Von ihm stammen zahlreiche Artikel und Bücher (z. B. Dollfuss 1968).

Das Hauptinteresse Frankreichs waren natürlich seine Inseln in der Karibik, und es erschienen ausgezeichnete Monographien, z. B. *La Guadalupe* von Guy Lasserre. Sein monumentales Werk (Gaignard 1979) ist eine ausführliche Abhandlung über Erschließung und Werdegang der argentinischen Pampa als Agrarlandschaft. In späteren Jahren war Gaignard ein hoher Verwalter an der Université de Toulouse. Großes Talent für die regionale Betrachtungsweise offenbahrte sich, u. a., auch in den Abhandlungen über Brasilien von Pierre Monbeig (La Sorbonne), Maurice Le Lannou (Lyon), und Hervé Théry (Paris) (Monbeig 1968; Le Lannou 1971; Hervé 1989). In Peru befasste sich Collin Delavaux (1968) mit den Flussoasen im Küstenbereich und Olivier Dollfus (1968) verfasste mehrere Abhandlungen. Richtungsweisend für die Entwicklung der modernen Geographie waren in Argentinien die Lehre und Forschung von Romain Gagnard, späterer Institutsdirektor an der Université de Toulouse. Sein monumentales Werk (Gaignard 1979) ist eine ausführliche Abhandlung über Erschließung und Werdegang der argentinischen Pampa als Agrarlandschaft. In späteren Jahren war Gaignard ein hoher Verwalter an der Université de Toulouse. In Chile war die Lehrtätigkeit von Jean Borde und Roland Paskoff richtungsweisend, bis heute ist der Einfluss der französischen Schule der Geographie spürbar.

Warum fand man Mitte des vorigen Jahrhunderts in Spanien und Italien nur wenige lateinamerikanische Anwärter auf höhere geographische Ausbildung? Dass Spanien nicht viel zu bieten hatte, zeigt sich darin, dass die meisten seiner Universitätslehrer in Frankreich ausgebildet waren, und auch in Italien fehlte eine eigenständige Lehrtradition; keine seiner Geographischen Schulen hatte sich einen Namen gemacht. Spanische Geographen gingen während des Regimes von Francisco Franco (1936–1969) nach Lateinamerika und nahmen dort Kontakte mit einheimischen Akademikern und potentiellen Studenten auf. Den größten Exodus erfuhr die Universidad de Barcelona.

Ganz anders sah es mit der Lateinamerikanistik in Deutschland aus. Seit Alexander von Humboldts Reisen in Lateinamerika zu Beginn des 19. Jahrhunderts, galt die deutsche Geographie als besonders fortschrittlich. Den Spuren des großen Forschers folgten deutsche Reisende und Naturwissenschaftler auf den wenig bekannten Kontinent und sicherten ihrem Heimatland Respekt und Bewunderung. Später in jenem Jahrhundert schärfte der junge Alfred Hettner sein Beobachtungs- und Interpretationsgeschick in Panama, Kolumbien, Peru, Chile, Argentinien und Südbrasilien mit dem Ergebnis, dass die deutsche Geographie zwischen 1870 und 1920 seinen prägenden Stempel trug (vgl. Beck 1982). Hettner erreichte den Höhepunkt seines Schaffens an der Universität Heidelberg, an der er prominente Lateinamerikanisten wie Oskar Schmieder und Leo Waibel betreute, welche dann ihrerseits eine weitere Generation ausbildeten. Diese Vertreter der Regionalgeographie mit Blickrichtung auf Lateinamerika praktizierten eine Geographie mit Betonung auf Landschaftsentwicklung, Lebensweise und ethno-kulturelle Wurzeln der Bewohner. Enge Kontakte wurden mit Carl O. Sauer gepflegt, der in den 1920er Jahren als Leiter des Geography Department an der University of Berkeley, California, ähnliche Schwerpunkte setzte (vgl. Kilchenmann 1985). Bei ihm sammelten u.a., die deutschen Junggeographen Oskar Schmieder, Gottfried Pfeiffer und Fritz Bartz Auslandserfahrungen.

Diese positive Entwicklung nahm mit dem Zweiten Weltkrieg ein jähes Ende. Erst in den 1950er Jahren hatten die deutschen Universitäten wieder Gelder für Forschung im Ausland und Stipendiaten aus Lateinamerikan. Hervorragend in der lateinamerikanischen Regionalgeographie war damals die Universität Bonn, an der Carl Troll eine ganze Reihe von später führenden Lateinamerikanisten ausbildete. Vor dem Krieg hatte Troll seine Feldstudien in den Anden Südamerikas betrieben und so konzentrierten sich auch seine regionalen Studien auf den westlichen Teil des Kontinents (vgl. Lauer 1970). Der blieb auch der Fokus seines Schülers Wilhelm Lauer, der nach ihm die Institutsleitung in Bonn übernahm. Troll und Lauer schickten viele ihrer Doktoranten zur Feldarbeit nach Bolivien, Chile, Argentinien und auch Mexiko (vg. Eriksen 1983). Dem Troll-Doktoranten Wolfgang Weischet bot man im Jahr 1961 den Freiburger Lehrstuhl Nikolaus Creutzburgs an, und damit war das dortige Geographische Institut auf dem Weg zur Hochburg der Regionalen Südamerikageographie. Weischets Chile-Buch und sein Aufsatz über die Anden als indianische Kulturlandschaft sind Kleinode der regionalen Literatur (Weischet 190, 1974/1985). Weischets Regionale Klimatologie (1996) ist ein besonderes Werk, es erinnert an Trewarthas bahnbrechendes Werk (1961). Weischets Schüler Werner Mikus war an der Universität Heidelberg tätig er schrieb u. a. über Peru (1988), und Wilfried Endlicher machte Karriere an die Humboldt-Universität zu Berlin – heute ein weiteres Zentrum der Larteinamerikanistik (Endlicher 1988, Endlicher & Weischet 2000). César N. Caviedes übernahm den Lehrstuhl von Raymond Crist an der University of Florida (Caviedes 1984; Caviedes & Knapp 1994).

Im Wettstreit mit Bonn stand das Geographische Institut der Universität Kiel unter der Leitung von Oskar Schmieder. Ihm verdanken wir die meisterhafte Darstellung von Nord- und Südamerika (1945, 2. Aufl. 1962), bis heute das beste Gesamtwerk von jenseits des Atlantiks. Schmieder erwarb seine kulturlandschaftliche Perspektive in den Vorkriegsjahren bei Carl O. Sauer in Berkeley. Seine Arbeiten waren so außergewöhnlich, dass sie ohne Verzug an mexikanischen Universitäten ins Spanische übersetzt wurden (Tamayo 1952; Schmieder 1965). lässt sich Schmieders Erbe bei Helmuth Blume weiter verfolgen – dem bekannten Karibik- und Mittelamerikaspezialisten aus Hamburg – und bei Herbert Wilhelmy, dem legendären Tübinger Ordinarius. Jahre später setzte Jürgen Bähr in Kiel die lateinamerikanistische Tradition fort. In seinen Arbeiten über regionalwirtschaftliche Themen – wie Stadtmodelle und Stadtausbreitung – benutzte er die quantitativen Methoden in angebrachter Weise (Bähr 1992; Bähr & Mertins 1995; Borsdorf et al. 2002).

Den Aufschwung Tübingens in der Lateinamerikanistik ist Herbert Wilhelmy zu verdanken. In den 1920er Jahren war Wilhelmy auf Geländeforschung in Paraguay, als ihn eine Einladung von Carl O. Sauer nach Berkeley erreichte, doch der Ausbruch des Zweiten Weltkriegs machte diese Pläne zunichte. Nach dem Krieg konnte er dann doch eine Gastprofessur in Berkeley wahrnehmen. Kürzere Stationen in Kiel und Stuttgart bereiteteten seine Ernennung zum Institutsdirektor in Tübingen vor. Die Mannigfaltigkeit seiner wissenschaftlichen Interessen fand ihren Niederschlag in profilierten Werken (Wilhelmy 1980). Aus Wilhelmys Feder flossen regionale Abhandlungen – deren beste ist wohl *Die Rio de La Plata Länder*, in Zusammenarbeit mit W. Rohmeder (1963) – kolonial- und kolonisationsgeschichtliche Werke, agrargeographische und geomorphologische Abhandlungen, klimageomorphologische und ökologische Untersuchungen. Sein Interesse an Stadtgeographie gipfelte in dem Doppelband *Die Städte Südamerikas,* enstanden in Zusammenarbeit mit Axel Borsdorf (Wilhelmy & Borsdorf 1984, 1985). Sein Schüler Axel Borsdorf hat sich als Regionalist an der Universität von Innsbruck profiliert; seine Arbeiten beschäftigen sich mit Städtewachstum und Stadtökologie. Axel Borsdorf ist Ordinarius am Institut für Geographie der Universität Innsbruck. Seine regionale Orientierung zeigt sich in zahlreichen Schriften über Stadtprobleme in Südamerika; als Leiter des Instituts für Interdisziplinäre Gebirgsforschung (IGF), setzt er den Schwerpunkt auf die Alpen (Borsdorf 2005; Tappeiner et al. 2008) und arbeitete, oft gemeinsam mit Christoph Stadel über die Anden (Borsdorf & Heller 1995; Borsdorf & Stadel 1997, 2001, 2013).

Der Lehrstuhl in Tübingen wurde von dem Brasilienspezialisten Gerd Kohlhepp besetzt (Kohlhepp 1987), dessen Schüler Martin Coy (Innsbruck) und Martina Neuburger (Hamburg) heute Lehrstühle innehaben. In Heidelberg begann im Jahr 1949 Gottfried Pfeiffer mit dem Ausbau von Hettners Erbe zu einem erstklassischen Geographischen Institut. In diesem Zusammenhang erinnere ich mich an den Felsblock mit der Hettner-Plakette, an dem ich wahrend eines Lehraufenthaltes im Wintersemester 2005–2006 auf dem Langenheimer Feld täglich vorbeikam. In Pfeiffer vereinten sich verschiedene Traditionen, die sich in der Regionalen Geographie durchgesetzt hatten. Er war nicht nur ein treuer Anhänger seines Doktorvaters Leo Waibel, sein Verständnis für Lateinmerika war auch geprägt durch vier Jahre Lehrtätigkeit an der UC-Berkeley (Pfeiffer 1965; Kohlhepp 1987/88). Während seines langen Wirkens in Heidelberg beschäftigte er sich dann – auf Anregung Waibels – vornehmlich mit Brasilien, und auch wenn es von ihm keine einschlägige Monographie gibt, so befassen sich eine große Anzahl seiner Arbeiten zwischen 1950 und 1970 mit der Agrargeographie, Landinwertsetzung und Kolonisation dieses aufstrebenden Landes. Aus der Schule Pfeiffers stammen eine Reihe bekannter Lateinamerikanisten, u. a., Felix Monheim, Albrecht Kessler, Erdmann Gormsen und Gerd Kohlhepp (Kohlhepp 1981).

In Hamburg lehre Gerhard Sandner, der mit seinen Werken über die Städte und Regionalgeographie Mittelamerikas sowie einer Länderkunde Lateinamerikas (mit Hanns-Albert Steger) bekannt wurde. Seine Schüler Jürgen Ossenbrügge und Beate Ratter führten seine Arbeiten dort und in der Karibik fort. Aus Hamburg stammt auch der Mittelamerikaspezialist Helmut Nuhn, der in Marburg Ordinarius wurde und dort mit Günter Mertins und Ekkehard Buchhofer einen Lateinamerikaschwerpunkt bildete. Vorübergehend war auch Mainz mit Erdmann Gormsen und Gerhard Abele (später Innsbruck) auf Lateinamerika ausgerichtet.

Ohne die Verdienste anderer Geographischer Institute zu schmälern, so muss man doch Bonn, Kiel, Heidelberg, Marburg, Tübingen und Freiburg als den Hochburgen der Lateinamerikanistik Anerkennung zollen. An diesen Instituten wurde das regionale Paradigma während der Nachkriegsjahre endgültig formuliert. Projekte der Universitäten Hamburg, Mainz und Gießen hingegen, die zum Ziel hatten, Forschungsfronten in Lateinamerika aufzubauen, scheiterten. Immerhin lässt sich sagen, dass sich am Ende der 1980er Jahre die Regionale Geographie Deutschlands in guter Verfassung befand, und ein steter Zustrom engagierter junger Spezialisten ließ auf eine gesunde Weiterentwicklung dieses Wissenschaftszweiges hoffen. Doch dann schoben sich auf den Britischen Inseln und in den Vereinigten Staaten neue Tendenzen in der geographischen Forschung unerbittlich in den Vordergrund und bedrohten die traditionellen Bezugssysteme.

Zu der Zeit, da in Europa die Regionale Geographie ihren Aufschwung nahm, entwickelte sich in den Vereinigten Staaten eine Kulturgeographie, die die damalige positivistisch/materialistische Ausrichtung der Geographie verändern sollte. Führend in dieser Bewegung war ein aus dem ländlichen Missouri stammender Geograph mit strengen philosophischen Prinzipien: Carl Otwin Sauer. Er hatte seinen PhD an der Northwestern University (Chicago) erworben und seine Laufbahn an der University of Michigan fortgesetzt. Im Jahr 1923 akzeptierte er den Ruf als Institutsleiter an der University of California in Berkeley. Unabhängig von seinen Kollegen machte er es sich zur Aufgabe, die bisher physische Basis der amerikanischen Geographie zu verändern. Kontakte mit Anthropologen und Historikern in Berkeley hatten ihn auf die unterschiedlichen landschaftlichen Merkmale im anglo-amerikanischen Mittleren Westen und im indianisch-spanischen Südwesten der Vereinigten Staten aufmerksam gemacht. In diesen suchte er nach Anhaltspunkten für den Gegensatz zwischen der Kultur der *Border*-Regionen von Kalifornien/Mexiko und des übrigen Nordamerika. Sein Hauptaugenmerk richtete sich auf die Verknüpfung von physischen Gegebenheiten und kulturellen Determinanten.

Seine ersten Doktoranten waren sehr empfänglich für das neue Bezugssystem und durchforsteten eifrig den amerikanischen Südwesten und den Norden Mexikos nach Beispielen für diese markante Dichotomie. Als Pragmatiker waren sie danach bestrebt, die Theorien, die Sauer in seiner bahnbrechenden Schrift *The Morphology of Landscape* (1925) vorgestellt hatte, zu untermauern. Weitere wichtige Werke erschienen 1952 und 1966. Bezeichnenderweise wurden die meisten seiner Schüler Lateinamerikanisten: Fred Kniffen, Joseph Spencer, Donald Brand, Henry Bruman, Felix McBryde, Robert Bowman, George Carter, Dan Stanislawski, Robert C. West, James J. Parsons und Philip Wagner waren die bekanntesten Verfechter der Sauer'schen Kulturgeographie. Was die Philosophie der Geographie anbetrifft, so stießen in Amerika nur die Ideen von Yi-Fu Tuan – der interessanterweise in Geomorphologie promoviert hatte – auf Widerhall, und das erst während seiner späteren Jahre in Minnesota und Wisconsin (vgl. Pfeiffer 1965). Große Achtung bei seinen Schülern und Kollegen genoss Sauers Nachfolger an der University of California-Berkeley, James J. Parsons, Experte in Kolumbien und der Karibik und Doktorvater mehrerer Lateinamerikanisten im Stil der Berkeley-Schule (Denevan 1997). Eine klassische regional-historische Studie ist sein 1949 erschienenes Buch über Westkolumbien.

Ähnlich wie nach dem Zweiten Weltkrieg Doktoranten von Bonn, Kiel, Heidelberg und Tübingen die ersten waren, denen die Geographischen Institute in Deutschland eine Stelle anboten, so herrschte an den amerikanischen Universitäten, die nach Legitimation und Prestige strebten, starke Nachfrage nach Sauers Schülern: Los Angeles, Louisiana State, Wisconsin, Arizona, Texas, Chicago, Oregon und Pennsylvania State. In beiden Ländern wetteiferten die bekannten Ordinarien, ihre „Produkte" an angesehenen Instituten unterzubringen.

In Nordamerika stand die University of California-Berkeley an erster Stelle, gefolgt von Syracuse, vor allem unter der Leitung des redegewandten und klugen Preston E. James, der an der Clark University in Massachusetts promoviert hatte. James' Interesse war auf Brasilien und die spanisch-sprechende Karibik gerichtet (James

1942, 1946, 1967); dies waren auch die Gegenden, in die er seine Studenten schickte und aus denen er viele Schüler annahm und zu erfolgreichen Lateinamerikanisten ausbildete. Sein *Latin America* (1942) wurde zum Standard Lehrbuch der nordamerikanischen Geographie, und sein *All Possible Worlds* (1967) stellt seine Sicht der Geographie um die Mitte des vorigen Jahrhunderts vor. Seinen Schülern ist es zu verdanken, dass Michigan State University, Columbia University (New York City) und die University of Tennessee zu bekannteren Zentren für geographische Studien In Lateinamerika avanzierten. Sein Nachfolger David J. Robinson, Spezialist für die nördlichen Länder Südamerikas und Historische Geographie, sorgte weiterhin für den guten Ruf der University of Syracuse.

Die University of Florida, an dritter Stelle unter den auf Lateinamerika ausgerichteten Geography Departments im Lande, entwickelte Dank der Forschung und Lehraktivitäten von Raymond Crist ein europäisches Flair. Als geschulter Geologe, hatte Crist bei dem bekannten Regionalisten Raoul Blanchard promoviert, einem Schüler des legendären Paul Vidal de la Blache. Sein Schaffen konzentrierte sich auf Themen wie Landerschließung und Pioniersiedlungen im tropischen Süd- und Mittelamerika (Crist & Nissly 1973). Nach seiner Emeritierung im Jahr 1975 wechselte der Schwerpunkt des Geography Department über auf die Andenländer, West-Südamerika und Amazonien. In den letzten Jahren jedoch scheinen die Forschungsgelder Afrikaprojekten zuzufließen, obwohl an dieser Universität eines der führenden Centers for Latinamerican Studies beheimatet ist.

Nicht übersehen darf man schließlich die University of Texas und Louisiana State University, in denen zwei frühe Sauer-Doktoranten tätig wurden, Donald Brandt und Robert C. West, sowie die University of Wisconsin, wo William E. Denevan – Doktorant von James J. Parsons – viele Jahre als Lateinamerikanist arbeitete.

Somit stand die regionale lateinamerikanistische Tradition in den Vereinigten Staaten auf einem soliden persönlichen und institutionellen Fundament; ferner wurde sie unterstützt von der *Conference of Latin American Geographers* (CLAG), bis heute die größte regional ausgerichtete Schirmorganisation innerhalb der *Association of American Geographers* (AAG). Von 1920 bis 1990 bestand eine bemerkenswerte Übereinstimmung in den regionalen Postulaten der Vereinigten Staaten und Deutschlands, welche zweifellos auf den intellektuellen Grundsätzen und den Vorschriften für die Arbeit im Gelände von Carl Sauer, Leo Waibel, Wilhelm Schmieder, Gottfried Pfeiffer, Carl Troll und später ihrer Schüler beruht, und welche zu einem lebhaften Gedankenaustausch hin und her über den Atlantik führte. Einem glücklichen Umstand ist es zu verdanken, dass ich während meines Aufenthaltes an der University of Wisconsin-Milwaukee (1970–72) vier Kollegen antraf, die durch Kontakte mit der Berkeley Schule geprägt waren: Clinton Edwards (Doktorand von Sauer), David H. Miller (Doktorand von Sauer), Robert C. Eidt (Doktorand von H. Bruman, Schüler von Sauer), und Norman Stewart (Doktorand von Joseph Spencer, Schüler von Sauer). Unsere Interaktionen boten mir die einmalige Gelegenheit, die vielen Übereinstimmungen zwischen der deutschen regionalen Tradition der Bonner Schule (Troll) und der Berkeley-Tradition (Sauer) aus der Nähe zu studieren. Diese philosophische und methodologische „Verwandtschaft“ ist der Grund, warum ich mich gleich von Anfang an in Nordamerika heimisch gefühlt habe.

## 3 Die Auswirkungen der Quantitativen Revolution

Dank des Großrechners waren Ende der 1960er Jahre die Verarbeitung von enormen Datenmengen und die Durchführung komplexer statistischer Verfahren möglich geworden. Die ersten Lochband-Prozessoren und die FORTRAN Programmiersprache wurden vor allem in der sozial- und naturwissenschaftlichen Forschung eingesetzt, sowie in den Rechenzentren, die an den europäischen und nordamerikanischen Universitäten aus dem Boden schossen. Es war ein willkommener Fortschritt. Die Großrechner eigneten sich bestens zur Analyse von Datenserien aus der Demographie, Sozioökonomie, Landschaftskunde, Klimatologie und Hydrologie. Zu Anfang der 1980er Jahre erschien der PC in der Finanzwelt, in den Wissenschaften und im Heim. Letzteres war besonders praktisch für Akademiker, denn nun war auch ungestörtes Arbeiten zu Hause möglich.

Die Geographen konnten aus Datensammlungen aktuelle und virtuelle Realitäten herausfiltern und Simulationsmodelle erstellen (Harvey 1970). Während an den Geographischen Instituten von Europa – vor allem in Deutschland und Frankreich – Geländearbeit in Form von Exkursionen und ausgedehnten Studienreisen ein Kernstück der Studienanforderungen darstellte, distanzierten sich nach dem Zweiten Weltkrieg westlich des Atlantiks die Anhänger der quantitativen Revolution von diesen Lehrmethoden. Brian J.L. Berry (University of Chicago) legte, ohne selbst in Chile gewesen zu sein, eine Arbeit über dieses Land vor (1969). Nur Kanada blieb seinen britischen Wurzeln treu und hielt an diesen Forderungen fest. Die Quantifizierer trugen ihre Abneigung gegenüber Geländearbeit offen zur Schau, was ihnen bei ihren Gegnern Bezeichnungen wie *„armchair geographers“* und *„map-library arsenists“* eintrug. An Stelle von Kartenzimmern richteten amerikanische Departments *quantitative laboratories* ein, großzügig ausgestattet mit PCs. Die Benutzung von Karten im Unterricht galt als überholt und wurde belächelt.

In dem Maß, in dem die Quantifizierer mit immer abstrakteren Darstellungen aufwarteten, wuchs ihr Selbstbewusstsein und sie grenzten ihre mit wissenschaftlicher Exaktheit betriebene Geographie – *Scientific Geography* – gegen die „alte Geographie“ ab. Sie beschäftigten sich mit *reality modelling, systems analysis und location theory* und ignorierten die deutschen Wurzeln der neuen *Regional Science.* Die bahnbrechenden Schriften eines Johann Heinrich von Thünen, Wilhelm Launhardt oder Alfred Weber gerietern in Vergessenheit, und Walter Christallers *Die Zentralen Orte in Deutschland* (1933) wurde kaum erwähnt (Thünen 1875; Weber 1909; Christaller 1933). Das gleiche Schicksal ereilte die Arbeiten über Standortstheorie und die hierarchige Struktur von Siedlungen und Vernetzungssystemen, welche schon im Jahr 1935 von Tord Palander und 1940 von August Lösch erarbeitet worden waren.

Zum Idol der Quantifizierer wurde Walter Isard, Wirtschaftswissenschaftler an der University of Pennsylvania und Begründer der modernen *location theory* (Isard 1956, 1961).

Geblendet von der Sachlichkeit der regionalen Wirtschaftswissenschaftler, schufen die Geography Departments in den Vereinigten Staten und Kanada in den 1980er Jahren neue Positionen für Quantifizierer. In Europa war man vorsichtiger. Nur Schweden (Hägerstrand 1967; Olsson 1969) und Deutschland (Bartels 1969, 1979; Giese 1980) nahmen angemessene Änderungen im Lehrprogramm vor. Die Franzosen waren von dem neuen Trend nicht sonderlich beeindruckt und hielten an den traditionellen Lehr und Forschungsmethoden der Geographie fest (Pumain & Saint-Julien 1997).

Nach einem Jahrzehnt hatte sich das quantitative Fieber in Nordamerika gelegt; neue Forschungsthemen wie Ressourcenmanagement, Umweltplanung, Globalisierung und Nachhaltigkeit schoben sich in den Vordergrund, und der Lockruf der Quantifizierer hat die Studenten in den letzten Jahren kalt gelassen. Als die University of Pennsylvania in den 1990er Jahren beschloss, Isards Department of Regional Science wegen Mangel an Geldern und Studenten zu schließen, waren die quantitativen Geographen empört; ihre Kollegen im Department of Economics enthielten sich bezeichnenderweise aller Kommentare.

Inzwischen jedoch hatte die Quantitative Revolution dazu geführt, dass mit der Abschaffung der Arbeit im Gelände die reflektierte Beobachtung und regionale Perspektive in der Landschaftsbeschreibung verlustig gegangen waren. Der Wirbel hatte außerdem die bisherigen Fremdsprachenanforderungen durch quantitative Pflichtkurse ersetzt, und so war da plötzlich eine Generation von Dokoranten mit unterentwickeltem Beobachtungsvermögen und unfähig, sich mit fremden Völkern und Kulturen auszutauschen.

## 4 Pixel Geographie: die letzte Neuheit

Die Computerbegeisterung hat in der letzten Zeit ein weiteres Werkzeug gefunden: das Geographische Informationssystem (GIS) – auch kräftig unterstützt von den Quantifizierern – welches die Überlebenschancen der Regionalen Geographie weiterhin mindern wird (Fotheringham & Rogerson 1994).

Schon in den 1980er Jahren ließ sich Information über die Erdoberfläche mit Hilfe elektromagnetischer Strahlen gewinnen, die meist von Satelliten aufgefangen werden; daher die Bezeichnung Fernkundung (*Remote Sensing).* Der Rechner ermöglichte die Nutzung der auf diese Weise gewonnen Informationen nicht zuletzt den Geographen. Vorallem die Quantifizierer waren begeister. Und wieder wurde den traditionellen geographischen Methoden ein Schlag versetzt: statt persönlicher Beobachtung und individueller Faktensammlung noch mehr Datenbearbeitung im Computerlabor. Eine weitere Technologie tauchte zu dieser Zeit auf – *Geographic Information Systems* (GIS) – mit Hilfe derer sich geographische Daten organisieren und darstellen ließen und die überlegte Interpretation der vom Auge erfassten Realitäten nicht mehr gefragt ist (Montello & Sutton 2006).

GIS eignet sich besonders gut zur Darstellung von Landnutzungsmustern, Erdoberflächenbedeckung, Wasserressourcen, Entwaldung, Umweltverschmutzung und überall dort, wo die Umwelt erfasst werden muss, bevor man sich mit Problemlösungen beschäftigen kann. Inzwischen jedoch zeigt sich, dass die neuen Geographen auf Identifizierung der Probleme fixiert bleiben, statt nach Ursachen zu suchen und mit Lösungsvorschlägen aufzuwarten. Wieder ist die Methode zum Selbstzweck geworden, Darstellungen in lebhaften Farben: die Pixel-Geographie. Die Universitäten preisen die neue Technologie, denn da sie keine enge Zusammenarbeit zwischen Studenten und Professoren erfordert, kann sie im Computerlabor erledigt und sogar online angeboten werden – letzteres ein weiterer pädagogischer Irrweg. In den Vereinigten Staaten und in Deutschland wird er schon beschritten. Der Vormarsch der neuen Denkweise spiegelt sich wider in einer Bemerkungen aus dem Department of Geography an der University of California-Santa Barbara: gemessen an Studentenzahl und GIS Angeboten, seien sie die Nummer eins im Land.

## 5 Trübe Aussichten für die Geographie als Disziplin und die Berufschancen für Geographen

In einer der letzten Hefte von *Science* äußert sich der ehemalige Geschäftsführer einer bekannten Raumfahrtsgesellschaft sehr pessimistisch über die Zukunft der Universitätsausbildung in Nordamerika und in anderen westlichen Demokratien (Augustine 2013). Das Bild, das er zeichnet, trifft in vieler Hinsicht auf die Entwicklung der zeitgenössischen akademischen Ausbildung im Allgemeinen und der Regionalen Geographie im Besonderen zu. Der persönliche Kontakt mit den Professoren wird durch online-Kurse ersetzt werden; Bibliotheken werden nicht mehr notwendig sein, denn „Veröffentlichungen" lassen sich (wenn auch nicht kostenlos) auf Computer, bzw. Tablet PCs, herunterladen; Institute und Professoren werden langsam verschwinden und damit dem Staat enorme Operationskosten ersparen; die persönliche Interaktion zwischen Lehrer / Forscher und Schüler, die das Wesen der traditionellen Universitätsausbildung ausmacht, wird es nicht mehr geben; zum Ziel der höheren Ausbildung wird die Vermittlung von technischem Know-how, nicht Anregung zu geistigem Wachstum, nicht Anstoß zu kritischem Denken. Bezeichnend dabei ist, dass die Verfechter der modernen Ausbildungsmethoden sich nicht der Gefahr bewusst sind, die sie verkörpern.

Es ist nicht zu verwundern, dass die Bürger der Vereinigten Staaten, in denen die *high schools* keine Geographiekurse anbieten und Kenntnisse über andere Länder nicht als erstrebenswert gelten, zu den Ignoranten der Industrieländer gehören. Auf der internationalen Bühne unterlaufen amerikanischen Politikern immer wieder peinliche Fehler. Im Land selbst ist man sich dieser beschämenden Situation kaum bewusst. Themen, mit denen einst die Geographiestunde vertraut machte, werden schon seit Jahrzehnten in einem Kurs namens *social studies* summarisch kurz vorgestellt von Lehrern, die selber keinen Geographieunterricht genossen haben.

Eine weitere Entwicklung droht zum Untergang der Geographie in Nordamerika, womöglich auch in Europa und Lateinamerika, beizutragen: eine zunehmend utilitäre Perspektive. So gab es an angesehene Universitäten wie Harvard, Yale, Princeton und Stanford niemals ein Geography Department, oder man hatte es schon vor mehr als hundert Jahren geschlossen. Aus finanziellen Gründen wurden in den 1990er Jahren die angesehenen Geography Departments der University of Michigan und von Chicago, Northwestern, Columbia in New York City und Pittsburgh abgeschafft. Der akademischen Verwaltung waren sie keinen Kampf wert.

Noch schlimmer ist es, dass ehemalige Nebendisziplinen der traditionellen Geographie inzwischen von Lehrern und Forschern der Nachbarwissenschaften angeboten werden. In der letzten amerikanischen Bewertung der höheren Ausbildung in Geographie (2010) stehen Boston, California-Santa Barbara und die University of Maryland an der Spitze, wobei zwei dieser Universitäten gar kein eigentliches *Department of Geography* mehr haben, sondern ein *Department of Earth and Environment* (Boston) und ein *Department of Geographical Sciences* (Maryland), an denen ein Gemisch von Kursen in Geophysik, Geologie, Ozeanographie, Geochemie und GIS angeboten werden. Wo bleiben die Methodik und die Theorie der Geographie? Ein weiteres Anzeichen für den Niedergang ist der Umstand, dass man unter den sechs ersten Departments of Geography vergeblich nach den früheren dynamischen Institutionen in California-Berkeley, Wisconsin, Clark und Syracuse Ausschau hält (National Research Council 2010).

Im Vergleich damit, sieht es in England, Frankreich, Deutschland, den Niederlanden, der Schweiz und Österreich besser aus. In diesen Ländern wird die Geographie noch an den Schulen gelehrt; die Bürger sind wohl informiert über internationale Belange und bereisen andere Länder. Trotzdem lassen sich auch dort beunruhigende Entwicklungen beobachten, wie z. B. eine Schwerpunktsverschiebung unter bestimmten Nebenfächern, eine Maßnahme, die die Studentenzahl anheben soll. In Europa werden Institute, die als attraktiv für eine Berufsausbildung gelten, mit Direktoren besetzt, die an der Geographie als einer Disziplin der Synthese nicht mehr interessiert sind. Die neuen Direktoren zögern nicht, die alten Forschungszentren durch solche zu ersetzen, die ihrer eigenen Schwerpunktsetzung entgegenkommen. Dies ist kein guter Weg, denn angesehene Institute verdanken ihren Erfolg einer Professorenschaft mit solider Laufbahn und langjähriger Erfahrung. Statt die Nebendisziplinen der Geographie zu vereinen und die Synthesierungsrolle der traditionalen Regionalgeographie auszubauen, führt eine solche Zersplitterung nur zu weiterer Schwächung. Es muss aber festgestellt werden, dass sich vor allem in Österreich eine Gegenbewegung in Form der sog. „Dritten Säule" der Geographie, der „Integrativen Geographie" durchzusetzen scheint. Sie ist stark von Peter Weichhart (Wien) beeinflusst und ist zum Paradigma der Universitäten Innsbruck (mit Axel Borsdorf, Martin Coy und Johann Stötter) und Graz geworden. Mensch-Umwelt-Relationen im regionalen Kontext bilden das Rückgrat dieser Ausrichtung. Mit Christoph Stadel und Axel Borsdorf hat sich eine glückliche Zusammenarbeit der Institute Salzburg und Innsbruck ergeben, die 2013 in die Erarbeitung eines – in der deutschen Geographie bislang einmaligen – Andenbuchs mündete (Borsdorf & Stadel 2013). Der Erfolg ist abzuwarten.

Wie zu Beginn dieses Beitrags aufgezeigt, ist es wegen all dieser Entwicklungen kein Wunder, dass unter den Herausgebern der neuen erdwissenschaftlichen Fachzeitschriften kaum noch Vertreter unserer ehemals so angesehenen Wissenschaft zu finden sind und dass die Geographen ihren Ruf als die Experten in der physischen und anthropogenen Landschaftskunde unserer Erde verspielt haben... *and they never saw it coming!*

## Danksagungen

Der Verfasser ist Professor Axel Borsdorf für die kritische Durchsicht und Christiana Donauer-Caviedes für die stilistische Überarbeitung des Manuskripts verpflichtet.

## Literatur

Augustine, N.R. 2013: They never saw it coming. *Science* 339: 373.

Bähr, J. 1992: Grundstrukturen der modernen Großstadt in Lateinamerika. In: Reinhard, W. & P. Waldmann (Hg.): *Nord und Süd in Amerika.* 1, Freiburg: 194–211.

Bähr, J. & E. Gormsen 1988: Field research of German geographers in Latin America. In: Wirth, E. (Hg.): *German Geographical Work Overseas.* Bonn: 51–72.

Bähr, J. & G. Mertins 1995: *Die lateinamerikanische Großstadt.* Wege der Forschung 288. Darmstadt

Bähr, J., K. Paffen & R. Stewig 1979: Entwicklung und Schwerpunkte der Amerikaforschung am Kieler Geographischen Institut. In: Paffen, K. & R. Stewig (Hg.): *Die Geographie an der Christian-Albrechts-Universtät.* Kieler Geographische Schriften 50: 431–470.

Bartels, D. 1969: Theoretische Geographie: Zu neuerer englischsprachiger Literatur. *Geographische Zeitschrift* 57: 132–144.

Bartels, D. 1979: *Regionalplanung unter veränderten wirtschaftlichen Rahmenbedingungen.* Arbeitsmaterialien zur Raumordnung und Raumplanung 17.

Beck, H. 1982: *Große Geographen. Pioniere-Außenseiter-Gelehrte.* Berlin.

Berry, B.J.L. 1969: Relationships between regional economic development and the urban system: The case of Chile. *Tijdschrift voor Economische en Sociale Geographie* 60: 307–315.

Blakemore, H. & C.T. Smith (eds.) 1971: *Latin America: Geographical perspectives.* London.

Blakemore, H. 1971: *Latin American in British universities: Progress and prospects.* London.

Borsdorf, A. (Hg.) 2005: *Das neue Bild Österreichs.* Wien.

Borsdorf, A., J. Bähr & M. Janoschka 2002: Die Dynamik stadtstrukturellen Wandels in Lateinamerika im Modell der lateinamerikanischen Stadt. *Geographica Helvetica* 57, 4: 300–310.

Borsdorf, A. & A. Heller 1995: *Chile im Profil.* Inngeo – Innsbrucker Materialien zur Geographie 1. Innsbruck.

Borsdorf, A. & C. Stadel 1997: *Ecuador in Profilen.* Inngeo – Innsbrucker Materialien zur Geographie 3. Innsbruck.

Borsdorf, A. & C. Stadel 2001: *Peru im Profil.* Inngeo – Innsbrucker Materialien zur Geographie 10. Innsbruck.

Borsdorf, A. & C. Stadel 2013: Die Anden, ein geographisches Porträt. Heidelberg.

Caviedes, C.N. & G. Knapp 1994: *South America*. Englewood Cliffs, N.J.

Caviedes, C.N. 1984: *The Southern Cone*. Totowa, N.J.

Christaller, W. 1933: *Die Zentralen Orte in Süddeutschland*. Jena.

Collin Delavaud, C. 1968: *Les régions côtières du Pérou septentrional*. Lima.

Crist, R.C. & C.M. Nissly 1973: *East of the Andes*. Gainesville.

Demangeot, J. 1972: *Le continent brésilien: Étude géografique*. Paris.

Denevan, W.M. 1997: James J. Parsons. 1915–1997. In: Armstrong, P.H. & G.J. Martin (eds.): *Geographers Bibliographical Studies* 19. London, New York: 86–101.

Dollfuss, O. 1968: *Le Pérou: Ques ai-je?* Paris.

Endlicher, W. 1988:. *Geoökologische Untersuchungen zur Landschaftsdegradation im Küstenbergland von Concepción/Chile*. Erdwissenschaftliche Forschung 22. Stuttgart.

Endlicher, W. 2007: Argentinien – Landschaften und Probleme zwischen Pampa und Puna. *Bremer Geographische Blätter* 5: 9–27.

Eriksen, W. 1983: Wilhelm Lauer zum 60. Geburtstag. *Studia Geografica* 16: 9–14.

Fotheringham, S. & P.A. Rogerson 1994: *Spatial Analysis and GIS*. London.

Gaignard, R. 1979: *La Pampa Argentine : L'occupation du sol et la mise en valeur: Tome 1 et Tome 2 : L'occupation du sol et les étapes de la mise en valeur (vers 1550 – vers 1950) ; Tome 3 : Une soudaine fortune (1880–1930) ; Tome 4 : Modernité et retard dans l'agriculture Pampéenne : un espace sous exploité*. Bordeaux.

Giese, E. 1980: Entwicklung und Forschungsstand der Quantitativen Geographie im deutschsprachigen Bereich. *Geographische Zeitschrift* 68: 256–282.

Gormsen, E. 1988: Deutsche Geographische Lateinamerikaforschung. Ein Überblick über regionale und thematische Schwerpunkte der letzten drei Jahrzehnte. In: Gormsen, E. (Hg.): *Lateinamerika im Brennpunkt: Aktuelle Forschung deutscher Geographen*. Berlin: 25–64.

Hägerstrand, T. 1967: *Innovation Diffusion as a Spatial Process*. Chicago.

Harvey, D. 1970: *Explanation in Geography*. London.

Hervé, T. 1989: *Le Brésil*. Paris.

Isard, W. 1956: *Location and Space-Economy: A General Theory Relating to Industrial Location, Market Areas, Land Use, Trade, and Urban Structure*. Boston.

Isard, W. 1961: *Regional Economic Planning. Techniques of Analysis*. Paris.

James, P.E. 1942: *Latin America*. New York: Odyssey Press, 1942.

James, P.E. 1946: *Brazil*. New York.

James, P.E. 1967: *All Possible Worlds: A History of Geographical Ideas*. New York.

Kilchenmann, A. 1985: *Interview mit Gottfried Pfeiffer*. Karlsruher Manuskripte zur Mathematischen und Theoretischen Wirtschafts- und Sozialgeographie 72. Karlsruhe.

Kohlhepp, G. 1981: Die Forschungen Gottfried Pfeiffers zur Kulturgeographie der neuen Welt. In: Kohlhepp, G. (Hg.): *Beiträge zur Kulturgeographie der Neuen Welt*. Berlin: 7–21.

Kohlhepp, G. 1987: *Amazonien. Regionalentwicklung im Spannungsfeld ökonomischer Interessen sowie sozialer und ökologischer Notwendigkeiten*. Köln.

Kohlhepp, G. 1987/1988: Gottfried Pfeiffer (1.19.1901–6.7.1985). *Geographisches Taschenbuch*: 133–156.

Lasserre, G. 1961: *La Guadeloupe:* Étude *Géographique*. Bordeaux.

Lauer, W. 1970: Carl Troll zum 70. Geburtstag. *Argumenta Geographica* 12: 11–42.

Le Lannou, M. 1971: *Le Brésil*. Paris.

Lösch, A. 1940: *Die räumliche Ordnung der Wirtschaft. Eine Untersuchung über Standort, Wirtschaftsgebiete und internationalen Handel*. Jena.

Mikus, W. 1988: *Peru: Raumstrukturen und Entwicklung in einem Andenland*. Klett Länderkunden. Stuttgart.

Monbeig, P. 1968: *Le Brésil.* Paris.
Montello, D. & P.C. Sutton 2006: *An Introduction to Scientific Research Methods in Geography.* Thousand Oaks CA.
National Research Council 2010: *A Data-based Assessment of Doctorate Programs in the United States.* Washington D.C.
Olsson, G. 1969: Inference problems in locational analysis. In: Cox, K.R. & R. Golledge (eds.): *Behavioral Problems in Geography.* Northwestern University Studies in Geography 17. Evanston: 14–34.
Palander, T. 1935: *Beiträge zur Standortstheorie.* Uppsala: N.A.
Parsons, J.J. 1949: *Antioqueño Colonization in Western Colombia.* Berkeley.
Pfeiffer, G. 1965a: Carl Ortwin Sauer zum 75. Geburtstag am 24.12.1964. *Geographische Zeitschrift* 53, 1: 1–9.
Pfeiffer, G. 1965b: Die Berkeleyer geographische Schule im Spiegel der unter Leitung und auf Anregung von C.O. Sauer hervorgegangenen Dissertationen. *Geographische Zeitschrift* 53, 1: 74–77.
Pumain. D. & T. Saint-Julien 1997: *Analyse spatiale, Tome 1 : Les localisations dans l'espace.* Paris.
Sandner, G. 1976: *Die Hauptstädte Zentralamerikas. Wachstumsprobleme, Gestaltwandel und Sozialgefüge.* Heidelberg.
Sandner, G. 1985: *Zentralamerika und der ferne karibische Westen. Konjunkturen, Krisen und Konflikte 1503–1984.* Stuttgart.
Sandner, G. & H.-A. Steger 1973: *Lateinamerika.* Fischer Länderkunde. Frankfurt/M.
Sauer, C.O. 1925: *The Morphology of Landscape.* Publications in Geography 2. Berkeley.
Sauer, C.O. 1952: *Agricultural Origins and Dispersals.* New York.
Sauer, C.O. 1966: *The Early Spanish Main.* Berkeley.
Schmieder, O. 1962: *Die Neue Welt. 1. Teil: Mittel- und Südamerika. 2. Teil: Nordamerika.* Heidelberg-München.
Schmieder, O. 1965: *Geografía de América Latina.* Traductores Pedro R. Hendrichs y Hildegard Schilling. México D.F.
Tamayo, J. 1952: *Geografía de América.* México D.F.
Tappeiner, U., A. Borsdorf & E. Tasser (Hg.) 2008: *Mapping the Alps. Alpenatlas.* Heidelberg.
Thünen, J-H.v. 1875: *Der isolierte Staat in Beziehung auf Landwirtschaft und Nationalökonomie. 3. Auflage.* Berlin.
Weber, A. 1909: *Reine Theorie des Standorts.* Tübingen.
Weischet, W. & W. Endlicher 2000: *Regionale Klimatologie. Teil 2. Die Alte Welt. Europa – Afrika – Asien.* Stuttgart.
Weischet, W. 1996: *Regionale Klimatologie. Teil 1. Die Neue Welt. Amerika – Neuseeland – Australien.* Stuttgart.
Weischet, W. 1970: *Chile: Seine Länderkundliche Individualität und Struktur,* Darmstadt.
Weischet, W. 1974: Die Andenländer. In: Fochler-Hauke, G. (Hg.) *Länder, Völker, Kontinente.* Bd. II. Bertelsmann Lexikothek. Gütersloh: 280–309.
Wilhelmy, H. 1980: *Geographische Forschung in Südamerika.* Berlin.
Wilhelmy, H. & A. Borsdorf 1984, 1985: *Die Städte Südamerikas. Teil 1. Wesen und Wandel. Teil 2. Die urbanen Zentren und ihre Regionen.* Berlin-Stuttgart.
Wilhelmy, H. & W. Rohmeder 1963: *Die La Plata Länder. Argentinien – Paraguay – Uruguay.* Braunschweig.

# Länderkunde und Entwicklungsländer

## Der Beginn außereuropäischer Lehre und Forschung in der Geographie an der Universität Salzburg

**Gerhard L. Fasching**

Der Beginn geographischer Forschung und Lehre an der 1963 wiederbegründeten Paris Lodron Universität Salzburg (PLUS) ist untrennbar mit den beiden ersten Ordinarien, dem Gründungsrektor o. Univ.-Prof. Dr. Egon Lendl (1906–1989) und dem Langzeitdekan o. Univ.-Prof. Dr. Helmut Riedl (geb. 1933) verknüpft.

Neue Impulse für den Bereich Länderkunde außereuropäischer Länder und geographische Grundlagen der Entwicklungszusammenarbeit erfolgten mit dem Beginn der akademischen Lehrtätigkeit im Jahr 1967 und der Habilitierung von Dr. Josef Schramm 1968. Durch lange Aufenthalte in frankophonen Staaten Nord-, West- und Zentralafrikas im Rahmen von Entwicklungszusammenarbeit sowie durch zahlreiche wissenschaftliche Aufenthalten zusätzlich in Süd- und Mittelamerika konnte er auf ein enormes länderkundliches Wissen zurückgreifen, das er lebhaft und praxisnah seinen Hörerinnen und Hörern vermittelte. Bleibende Verdienste hat Schramm sich durch bevölkerungsnahe preiswerte außereuropäische Auslandsexkursionen sowie durch die Gründung der bis heute bestehenden beiden Institutsschriftenreihen erworben.

Mit der Gründung der Abteilung Länderkunde und Entwicklungsländer im Jahr 1976 hat er die Grundlagen für die beiden Schwerpunkte von Forschung und Lehre von o. Univ.-Prof. Dr. Christoph Stadel an der Geographie der Universität Salzburg ab 1991 geschaffen. Stadel fand also ein für Außereuropa durchaus aufgeschlossenes Publikum in Salzburg vor und konnte, freilich mit anderer regionaler Ausrichtung, die regionalgeographische Ausbildung auf ein noch höheres Niveau heben.

**Regional geography and developing countries**
**The start of extra-European teaching and research in geography at the University of Salzburg**

The beginning of geographical research and teaching at the Paris Lodron University of Salzburg, established in 1963, is inextricably linked with the first professors, founder Egon Lendl and long serving dean Helmut Riedl.

When Josef Schramm started academic teaching in 1967 and obtained his postdoctoral lecturing qualification, this meant a new impetus for regional studies of non-European countries and studies of the geographical bases of cooperation in development. In the course of long stays in francophone states of North, West and Central Africa related to this cooperation and during numerous scientific stays in South and Central America, he gathered enormous regional knowledge, which he passed on to his students in a lively and relevant manner. Schramm earned lasting credit for inexpensive excursions to foreign non-European countries, paying attention to close contact with the local population, and for founding the still existing two periodicals of the institute.

By establishing the division on regional studies and developing countries at the geographical institute in 1976, he created the basis for the key areas of research and teaching of professor Stadel who started in 1991 at the University of Salzburg. So Stadel found an open-minded public when he came to Salzburg. He could lead the regional geography on to an even higher level.

**Keywords**: regional geography, developing countries, overseas, Salzburg

**Geografía regional y países en vías de desarrollo. El comienzo de la enseñanza e investigación fuera del contexto europeo en el Instituto de Geografía de la Universidad de Salzburgo.**
En Salzburgo, la enseñanza e investigación en Geografía Regional comenzó con la fundación del Instituto de Geografía en 1964. La Geografía en Salzburgo y en todos los institutos austriacos nunca siguió el camino de la especialización y permaneció en la autoconvicción de la unidad de la Geografía. Josef Schramm comenzó con su especialización sobre África y contribuyó a promulgar el interés hacia países en desarrollo, temática continuada por Christoph Stadel. Schramm organizó, tal como Stadel, numerosas excursiones a regiones del tercer mundo. Fue también fundador del Instituto de Investigaciones sobre Trópicos y Subtrópicos. El profesor Lendl amplió el interés regional a otros países europeos y el mundo. Helmut Riedl se centró en Grecia. Schramm fue un pionero de los estudios regionales, tema que tuvo su época más fructífera bajo las actividades de Christoph Stadel. Stadel se especializó en Canadá, Norte y Centroamérica, el ambiente Andino y en los Alpes y –tal como Schramm- también en África.

# 1 Vorbemerkung

Eine Festschrift ist eine gute Gelegenheit, nicht nur fachwissenschaftliche Beiträge zu den thematischen und regionalen Interessen des Jubilars zu veröffentlichen, sondern auch Beiträge zur Dokumentation von Zeit- und Wissenschaftsgeschichte. Die Emeritierung und der 75. Geburtstag von o. Univ.-Prof. Dr. Christoph Stadel in Nachfolge der früheren Abteilung Länderkunde und Entwicklungsländer am Institut für Geographie der Universität Salzburg (von 1964–1980 Geographisches Institut, bis Wintersemester 1999/2000 Institut für Geographie, bis 31.12.2003 Institut für Geographie und Angewandte Geoinformatik, bis Wintersemester 2005/06 Fachbereich Geographie, Geologie und Mineralogie, seither Fachbereich Geographie und Geologie) sind eine solche Gelegenheit, Rückschau auf den Beginn dieser beiden geographischen Disziplinen am Standort Salzburg zu halten. Als achter Student der 1964 wiedererrichteten Paris-Lodron Universität Salzburg (PLUS) war nämlich diese Pionierzeit am Geographischen Institut für die gesamte spätere Berufslaufbahn und für die wissenschaftliche Arbeit des Autors als Zeitzeuge prägend. Damals im Prä-EDV-Zeitalter erfolgte die Nachweisung über den Besuch von Lehrveranstaltungen (An- und Abtestate) sowie Prüfungen durch Eintragungen im Studienbuch. Auch gab es 1964 Studiengebühren, die relativ hoch waren: Inskription öS 100, Matrikeltaxe öS 12, Hochschülerschaftsbeitrag öS 16, Kolleggeld/Wochenstunde öS 4. Zum Vergleich verdiente der Autor als Leutnant nach der Ausmusterung 1963 öS 1 280 und nach der ersten Gehaltssteigerung 1964 ca. öS 1 800 netto. Maßgeblichen Anteil an der Wiedererrichtung der PLUS hatte neben dem damaligen Landeshauptmann w. Hofrat Dipl.-Ing. DDr. Hans Lechner der Geograph und Gründungsrektor o. Univ.-Prof. Dr. Egon Lendl (1906–1989), der spätere Erstbegutachter der Dissertation des Autors.

## 2 Länderkundliche Vorlesungen

Den damaligen Usancen entsprechend, nahmen die Vorlesungen in Länderkunde seit dem Beginn des Lehrbetriebes am Geographischen Institut – zunächst sehr beengt in der Wolf-Dietrich-Straße 16 (heute Studentenheim des Katholischen Hochschulwerkes) einen breiten Raum ein. Einige Vorlesungen fanden, zunächst wegen der Nähe zum Rektorat, auch im neu adapierten Wallistrakt der Residenz 1. Stock sowie im Hörsaal I in der Hofstallgasse 4, 1. Stock (heute Universitätsbibliothek) statt. Im Wintersemester 1969/70 (freundliche Mitteilung von H. Slupetzky, gemäß Vorlesungsverzeichnis erst ab Sommersemester 1970) erfolgte die Übersiedlung in den als recht luxuriös empfundenen neuen Fertigteilbau in der Akademiestraße 24 (2012 abgerissen und in den neuen Unipark Nonntal integriert) sowie 1986 nach der Errichtung eines repräsentativen Neubaus für die Naturwissenschaftliche Fakultät (Architekt W. Holzbauer) auf den derzeitigen Standort in der Hellbrunnerstraße 34, 3. Stock.

Ein Atlas im Handgepäck jedes Studierenden der Geographie zu jeder(!) Vorlesung war in den 1960er und 1970er-Jahren selbstverständlich, um die topographischen sowie länder- und kartenkundlichen Kenntnisse zu vertiefen und um (vor allem für die Studierenden für das Lehramt Geographie gedacht) den damaligen in Verwendung stehenden Hölzel-Schulatlas weitgehend auswendig zu lernen.

Neben Lendl waren in den ersten Studienjahren tätig lediglich der Univ.-Ass. (später a.o. Prof.) Dr. Guido Müller (Humangeographie und Landeskunde Salzburg), Frau Pechmann bzw. Frau Dr. Sonja Süßner im Sekretariat sowie als Lehrbeauftragte Oberrat (später Hofrat und Hon.-Prof.) Dr. Kurt Conrad (Volkskunde), Oberstudienrat i. R. (später Universitätsdozent für Philosophie und tit a.o. Prof.) Dr. Walter Del Negro (Geologie), (später Hon.-Prof.) Dr. Therese Pippan (Geomorphologie) und der Observator 1. Klasse sowie Leiter der Wetterdienststelle Salzburg (später Hon.-Prof.) Dr. Hanns Tollner (Klimatologie und Meteorologie). In weiterer Folge erfolgte eine Erweiterung des Lehrkörpers durch die Assistentin (später Oberassistentin) Dr. Malvine Stenzel, durch die Wissenschaftliche Hilfskraft (später a.o. Prof.) Dr. Heinz Slupetzky (Hydrogeographie und Glaziologie), durch den Assistenten (später Univ.-Doz.) Dr. Franz Zwittkovits (Physische Geographie) sowie durch den Direktor der Lehrerinnenbildungsanstalt Hofrat Dr. Ferdinand Prillinger (Didaktik der Geographie).

Die breite humanistische Bildung sowie das enorme historische und länderkundliche Wissen Seiner Spektabilität als Dekan der im Aufbau befindlichen Philosophischen Fakultät 1964 und ab dem Studienjahr 1964/65 als Rector magnificus sowie als erster Ordinarius und Vorstand des Geographischen Instituts o. Univ.-Prof. Dr. Lendl haben das Bild und Selbstverständnis von Universität und Geographie bei allen seinen Schülerinnen und Schülern stark beeinflusst. Vor allem seine Formulierung von Mindeststandards für geographische (einschließlich grundlegender historischer) Landeskundekenntnisse – als integraler Bestandteil und Selbstverständnis der Geographie – beim ersten Geographischen Seminar im Sommersemester 1964 –

sind dem Autor eine Leitlinie und zugleich als Vermächtnis / Verpflichtung bis heute geblieben:

| | |
|---|---|
| ***Lebensbereich*** *(z. B. Salzburg-Stadt)* | *bis ins kleinste Detail* |
| ***Region*** *(z. B. Land Salzburg)* | *bis ins Detail* |
| ***Österreich und eine der Regionen Europas*** *(z. B. Schweiz)* | *sehr genau* |
| ***Mitteleuropa und eine/n außereuropäische/n Staat / Großregion*** | *(z. B. Vd Orient) genau* |
| ***Europa*** | *genauer Überblick* |
| ***Welt*** | *Überblick alle Staaten & Int. Org.* |

Am Schluss dieses ersten Geographischen Seminars wurde durch Lendl als Außenstellenleiter für einen Beitritt zur Österreichischen Geographischen Gesellschaft (ÖGG) geworben. Wie hätte es anders sein können bei der Hochachtung vor der Geographie und ihrer Repräsentanten, traten wir Studierenden geschlossen der seit 1952 bestehenden ÖGG-Außenstelle Salzburg bei (Umbenennung unter der Leitung von Riedl in Zweigstelle Salzburg. Einer der späteren Leiter der ÖGG-Zweigstelle Salzburg war Stadel). Themen der Gesellschaftsvorträge – und als wertvolle Ergänzung unseres Geographiestudiums empfunden – waren in den ersten Jahren fast ausschließlich Reiseberichte. Mediendidaktisch ganz modern wurden die ÖGG-Vorträge damals visualisiert mit Farbdiapositiven, meist im Kleinbildformat bzw. von den Profireisenden und von Forschern im Format 6x6 cm. Beeindruckend waren u.a. die Luftbilder von Dr. Lothar Beckel 1970 sowie die Luft- und Gletscherbilder von Dr. Heinz Slupetzky im Großformat. Im Prä-TV-Zeitalter waren diese ÖGG-Vorträge durchwegs sehr gut besucht.

Gefürchtet bei uns Studierenden in der Wolf Dietrich-Straße war – wenn ein Seminarvortrag ausfiel – die Überprüfung des präsenten Wissens aus allen Bereichen der Geographie sowie der Allgemeinbildung (Geschichte, Mineralogie, Pflanzenkunde...) aus der Mittelschulzeit. Vor allem legte Lendl sehr viel Wert auf geographische Landeskunde (später von der 1968er-Generation als „Briefträgergeographie" wissenschaftlich geächtet) als Grundlage für Raumverständnis. Die Vorlesungen zur Länderkunde waren durch eine konsequente Anwendung des länderkundlichen Schemas, beginnend mit Geologie und Boden über Klima, Bodenbedeckung, Siedlungen, Flur- und Hausformen, Bevölkerung und Wirtschaft bis zur Raumentwicklung, Raumnutzung und Raumplanung, gekennzeichnet. Auch bei den Proseminaren wurde sehr darauf geachtet, dass zu allen Raumfaktoren gemäß länderkundlichem Schema entsprechende Aussagen getroffen wurden. Das kam dem Autor später als erstem Ingenieurkonsulenten für Geographie in Österreich sehr zugute, denn gemäß Ziviltechnikergesetz 1993 BGBl Nr. 156/1994 i.d.g.F. ist die Befugnis für das *gesamte* Fachgebiet wahrzunehmen und damit in der vollen Bandbreite der (Angewandten) Geographie. Nichts ist nämlich peinlicher und für den Ausgang eines Verfahrens verheerender vor Gericht oder bei Gegengutachten, als wenn eigene tatsächliche oder vermeintliche fachliche Schwächen von der Gegenseite genüsslich breitgetreten werden.

Mit der Berufung 1968 von o. Univ.-Prof. Dr. Helmut Riedl aus Graz und Aufnahme der Lehrveranstaltungen im Wintersemester 1969/70 als zweiter Vorstand des Geographischen Instituts, wurde einerseits das Lehrangebot in Natur- und Kulturgeographie, besonders in Bodenkunde und Politischer Geographie, vertieft. Aus der Berufspraxis als Angewandter Geograph wird nämlich den Begriffen Natur- und Kulturgeographie gegenüber Physische und Anthropogeographie der Vorzug gegeben, weil letztere für Politiker und Medienvertreter unverständlich. Anderseits wurde von Riedl das länderkundliche Lehrangebot vor allem Richtung Südosteuropa und mediterranem Raum stark erweitert (Kern et al. 1993). Daraus entwickelten sich später ein Forschungsschwergewicht des Instituts sowie eine enge und fruchtbare Zusammenarbeit mit Griechenland. Riedl war später Zweitbegutachter der Dissertation des Autors und Langzeit-Dekan der Naturwissenschaftlichen Fakultät von 1991–1997.

Riedl verstand es ganz ausgezeichnet, uns Studierende für die Zusammenhänge zwischen den geologischen, klimatologischen, bodenkundlichen und sonstigen naturgeographischen Voraussetzungen sowie den kulturgeographischen Entwicklungen und Entwicklungstrends zu begeistern. Seine Lehrveranstaltungen wurden als äußerst innovativ und damit als völlig neuartig empfunden, denn erstmalig wurde auf Paradigmenvielfalt auch in der Geographie, auf methodische und methodologische Verfahren sowie auf eine komplexe geographische Denk- und Arbeitsweise Wert gelegt. Dies war auch eine wesentliche Motivation für den Autor, eine methodologische verkehrsgeographische Dissertation zu verfassen. Die Einheit der Geographie (einschließlich Länderkunde und Kartographie), heute manchmal aus Jux und Tollerei in Frage gestellt, wurde von Riedl immer vehement vertreten (vgl. Riedl 2008). Es zeichnet die Geographie in ganz Österreich aus, dass einem angelsächsischen Modetrend einer Trennung zwischen Natur- und Kulturgeographie Ende des 20. Jahrhunderts nicht gefolgt wurde und, bei aller Notwendigkeit einer Spezialisierung, immer die Einheit der Geographie an allen Universitätsstandorten nach außen vertreten wird.

## 3 Univ.-Prof. Dr. Josef Schramm

Untrennbar verbunden mit dem Beginn von Forschung und Lehre der Länderkunde außereuropäischer Gebiete und Entwicklungsländer war die Betrauung mit Lehraufträgen ab 1967 und die Habilitation von Dr. Josef Schramm (Abb. 1).

Schramm wurde am 14.10.1919 in Kula geboren und stammte damit aus der Batschka, einem früher extrem multikulturell geprägten Gebiet der alten Habsburger-Monarchie, heute in der Autonomen Region Woiwodina in Serbien gelegen. Schramm wuchs zweisprachig auf: Deutsch war die Muttersprache und Ungarisch die Schul- und Umgangssprache im Dorf. Daneben lernte er auch noch Kroatisch

*Abb. 1: Univ.-Prof. Dr. Josef Schramm, zeitlebens ein starker Raucher, Weihnachten 1984 am Institut für Geographie der Universität Salzburg (Foto W. Gruber)*

als slawische Sprache und Französisch als romanische Sprache am Jesuitengymnasium in Travnik (Bosnien). Nach Abschluss der Lehrerbildungsanstalt in Neu Werbaß war er als Volksschullehrer zunächst in Jugoslawien und bei Kriegsende in Schneiderau / Stubachtal (Land Salzburg) für die Kinder der beim dortigen Kraftwerksbau eingesetzten Familien (freundliche Mitteilung von G. Müller) tätig. Sein Geographiestudium an der Universität Skopje (Makedonien) musste er 1941 abbrechen, da er nach dem Jugoslawienfeldzug zur Deutschen Wehrmacht als Dolmetscher einberufen wurde. Dann studierte er (zeitweise vom Dienst freigestellt) Geographie, Geschichte, Völkerkunde, vergleichende Philologie und Tropenmedizin an den Universitäten Wien, Berlin, Innsbruck (Geographische Dissertation 1949 bei Univ.-Prof. Dr. Hans Kinzl) und Paris. Das Zertifikat der Sorbonne verhalf ihm nach der Promotion zur Anstellung am Krankenhaus in Efok (Kamerun).

Die weiteren Etappen in Leben waren, ebenfalls in Kamerun, Jaunde / Yaoundé und Duala / Douala als Universitätsassistent, dann Assistent bei Prof. Dr. Metz am Institut für Geographie und Landeskunde der Universität Freiburg im Breisgau (einer seiner Studenten war damals Stadel) sowie am Institut für Volkswissenschaft in Marburg an der Lahn. Mit Fragen der Entwicklungszusammenarbeit war er als Wissenschaftlicher Leiter des Instituts für Soziale Zusammenarbeit der Caritas in Freiburg im Breisgau befasst. Daneben führten ihn verschiedene Forschungsaufträge in den Vorderen Orient und Maghreb (Tunesien, Algerien, Marokko), nach West- und Zentralafrika, nach Südamerika sowie in die Karibik.

Im Sommersemester 1967 nahm Dr. Schramm seine Forschungs- und Lehrtätigkeit am Institut für Geographie in Salzburg auf. Das Thema seiner ersten Vorlesung in Salzburg war „Afrika und sein Entwicklungsproblem". Diese Lehrveranstaltung wurde gleichzeitig auch vom neu gegründeten Institut für Rechts- und Staatsphilosophie und Politische Wissenschaft (Nukleus für die spätere Rechtswissenschaftliche Fa-

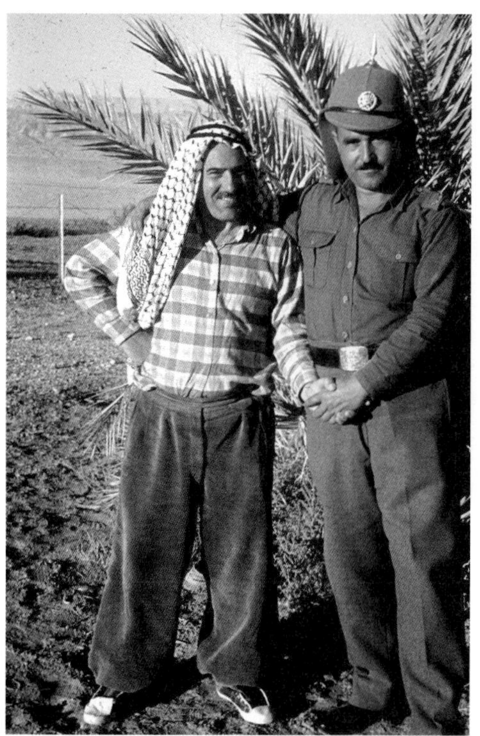

*Abb. 2: Jordanienexkursion 1960 der Universität Freiburg im Breisgau. Einer der Exkursionsteilnehmer war Christoph Stadel. Im Bild Dr. Schramm mit einem jordanischen Grenzer in Kallia am Toten Meer (Foto Stadel)*

kultät der PLUS) angeboten. Für die Universitätslaufbahn von Schramm in Salzburg waren seine Kontakte im Wege der Donauschwaben zu Lendl, einem ausgewiesenen Spezialisten für die Demographie Südosteuropas und Experten der Vereinten Nationen für Flüchtlingsfragen, sicher hilfreich gewesen. Das Zentrum für derartige Forschungen mit Archiv und Bibliothek ist bis heute das Haus der Donauschwaben in Salzburg, Friedensstraße 14. Ein Jahr später (9. Oktober 1968) erfolgte die kumulative Habilitation von Schramm für „Geographie unter besonderer Berücksichtigung der ethnographischen Methoden" sowie die Ernennung zum Universitätsdozenten. Während der Freisemester von Prof. Dr. Lendl im Studienjahr 1970/71 vertrat er ihn als Institutsvorstand (freundliche Mitteilung von Dr. P. Aumüller).

Auf Wunsch des Staatspräsidenten Senghor, eines Gönners und Förderers von Schramm im Wege von Univ.-Prof. Dr. Pichl, entsandte die österreichische Bundesregierung den Universitätsdozenten Dr. Schramm von 1973–1975 an die Universität Dakar (Senegal), wo er zum Ordinarius des Departements für Landeskunde der germanophonen Länder sowie für deutsche Sprach- und Literaturwissenschaft gewählt und zum ordentlichen Professor ernannt wurde. Im Vorlesungsverzeichnis der PLUS Wintersemester 1973/74 scheint die Eintragung „o. Prof. der Univ. Dakar, wohnhaft in Innsbruck" auf. Die genannten Personen seien noch kurz charakterisiert: S.E. Präsident Léopold Sédar Senghor (1906–2001) war senegalesischer Dichter und Politiker. Nach seinem Studium in Paris war er Mitbegründer der Négridude, einer literarisch-philosophisch-politischen Strömung für eine kulturelle Selbständigkeit der Schwarzafrikaner. Von 1960–1980 war er der erste Staatspräsident nach der Unabhängigkeit Senegals und als erster Afrikaner Mitglied der Académie Française. Prägend bei der Westafrikaexkursion 1974 unter der Leitung von Schramm war die persönliche Begegnung mit diesem außergewöhnlichen Menschen und Vordenker. Pichl erfreute sich als Deutscher Wehrmachtsoffizier in einem Offizierslager für französische Kriegsgefangene großer Wertschätzung wegen seines korrekten und menschlichen Verhaltens auch bzw. gerade bei den schwarzafrikanischen Offizieren, u. a. gegenüber Senghor. Nach dem 2. Weltkrieg entwickelten sich daraus eine persönliche Freundschaft und die Berufung von Pichl an die Universität Dakar, an die er Schramm nachholte.

Zurück aus Westafrika, führte Schramm mit neuem Selbstbewusstsein und Selbstverständnis (Ernennung als erster Österreicher zum assoziierten Mitglied der Académie des Sciences d'outre-mer Paris) seine Lehrveranstaltungen an der Universität Salzburg quasi als o. Univ.-Prof. fort, ohne aber jemals eine systemisierte Planstelle besetzt zu haben. Dieses Kuriosum fiel erst bei der Planung der Nachbesetzung auf und war auch der Grund für die Gewährung einer ständigen Unterstützung ab 1972 durch das Bundesministerium für Wissenschaft und Forschung auf Intervention von Frau Univ.-Prof. Dr. Erika Weinzierl vom Internationalen Forschungszentrum Salzburg (mündliche Mitteilung von J. Schramm). 1976 erfolgte auf der Grundlage des Universitätsorganisationsgesetzes 1975 auf Anregung von Schramm die Gründung der Abteilung Länderkunde und Entwicklungsländer am Geographischen Institut Salzburg. Das ist auch der Grund, sich in der vorliegenden Festschrift der Anfänge dieser beiden Arbeitsschwergewichte von Prof. Dr. Stadel an der Universität Salzburg zu erinnern. Am 9. April 1975 wurde Schramm dann zum außerordentlichen Universitätsprofessor neuen Typs ernannt.

Unvergessen sind die Übungen von Schramm in Allgemeiner Human- und Wirtschaftsgeographie, in denen er seine Studierenden in Interviewtechnik sowie Entwicklung von Fragebögen schulte. Die Unterlagen zu den Semesterarbeiten des Autors „Käsekonsum in Salzburg" (Erhebung des damaligen Interspar-Angebots sowie der Konsumgewohnheiten von 120 Mann der Kommandokompanie) sowie „Religiöse Minderheiten in Salzburg" (besonders interessant die vielen christlichen Sekten) sind kürzlich ausgeapert. Reizvoll aus wirtschafts- bzw. sozialgeographischer Sicht wäre eine gegenwärtige vergleichende Erhebung des / der Angebotes / Konsumgewohnheiten bzw. der Mitgliederentwicklung. Die mathematisch-statistische und kartographische Auswertung der Fragebögen war damals Neuland, ist heute natürlich eine Selbstverständlichkeit und gehört zum Handwerkszeug besonders der Sozialgeographie.

Dass Schramm in Salzburg nicht vergessen ist, zeigte sich am 19. März 2011: Anlässlich seines 10. Todestages erfolgte an seinem Grab in Innsbruck eine feierliche Kranzniederlegung. Auch Prof. Dr. Stadel hatte sich damals an dem Gedenken an seinen Lehrer und Förderer beteiligt. Der frühere Pradler Friedhof in Innsbruck heißt heute Hauptfriedhof Ost. Dort wurde der UNIV. PROF. DR. PHIL. JOSEF SCHRAMM MEMBRE DE L'ACADEMIE DES SIENCES D'OUTRE MER *14.10.1919 † 18.3.2001 (so die Grabaufschrift) in der Abteilung 52, Grab 98 beerdigt. Am selben Friedhof Neuer Teil Grabfeld II, Nische 293 fand auch seine Schwester Frau Elisabeth Nuss, die J. Schramm jahrelang bis zu seinem Tode pflegte, ihre letzte Ruhestätte.

## 4 Vorlesungen Länderkunde außereuropäischer Länder

Einige länderkundliche Vorlesungen über außereuropäische Länder wurden von Lendl (Vorlesungen von Assistenten waren damals noch nicht üblich) auch angeboten, wie z. B. „Die neuen Staaten der Erde“ oder: „Die Kleinstaaten der Erde“oder: „Die pazifische Inselwelt“. Diese Vorlesungen wurden im wahrsten Sinne des Wortes „vorgelesen“ und stützten sich auf die aufliegende geographische Literatur.

Im Gegensatz dazu konnte Schramm aus eigener Anschauung über die in seinen Lehrveranstaltungen (Vorlesungen, Übungen, Proseminaren) behandelten Räume zwischen Patagonien und Nordfinnland sowie zwischen der Karibik und Mittelasien berichten, in denen er selbst wissenschaftlich gearbeitet oder die er bereist hatte. Seine Lehrveranstaltungen, abgehalten im kleinen Institutshörsaal in der Wolf-Dietrich-Straße 16 im 5. Stock und durchwegs frei vorgetragen, waren zwar sehr interessant und lehrreich, wenngleich wenig systematisch. Sie erforderten nämlich von uns Studierenden immer eine umfassende Nachbereitung für die Prüfungen. Ein zentrales Anliegen war Schramm die Vorbereitung seiner Hörerinnen und Hörer für die Berufspraxis. Hier forderte er vor allem den Erwerb entsprechender Sprachkompetenz nicht nur in der englischen Sprache (die er als Selbstverständlichkeit voraussetzte), sondern auch in anderen Sprachen, vor allem in Französisch und Spanisch. Weiters war ihm ein großes Anliegen der Erwerb von interkultureller Kompetenz, gelehrt durch zahlreiche Beispiele und Anekdoten, die seine Lehrveranstaltungen so spannend und lebhaft machten. Auch das kam dem Autor in der späteren Berufspraxis und bei Auslandsexkursionen oftmals sehr zugute.

Mit der Berufung von o. Univ.-Prof. Dr. Helmut Heuberger wurde die Länderkunde außereuroäischer Gebiete in Richtung Hochgebirge der Erde und Anrainerstaaten mit Schwergewicht Himalaya / Indischer Subkontinent und Afrika erweitert. Weiters wurden durch den Karst- und Höhlenspezialisten (später a.o. Prof.) Dr. Hubert Trimmel auch sehr viele außereuropäische Regionen behandelt.

Völlig neue Impulse für länderkundliche Vorlesungen außereuropäischer Gebiete mit Schwergewicht Nord-, Mittel- und Südamerika brachte die Gastprofessur von Univ.-Prof. Dr. Stadel. Diese Räume waren bis dato eher stiefmütterlich behandelt worden. Stadel kam von der Brandon University (Kanada) und war ausgewiesener Lateinamerikaspezialist. „Sehr profund, spannend und neuartig“ waren seine beiden Vorlesungen im Sommersemester 1981 über Kanada und Lateinamerika aus der Sicht einer seiner damaligen Studierenden, der Tochter des Autors und damals Studienrichtungsverteterin. Aus dieser Zeit stammt auch der Beginn eines engen persönlichen Kontaktes von Stadel zum Autor, damals häufig am Institut anwesend als Lehrbeauftragter und als Fachmann für Kartographie und Reproduktionstechnik (vgl. Kapitel 8). Viel Gesprächsstoff gab es durch das gemeinsame Interesse am Fach Länderkunde als eine der Kernkompetenzen für Angehörige der Geographie im Bildungsbereich sowie im angewandten Bereich. Gerade als neuer Leiter Militärischer Geodienst des Österreichischen Bundesheeres und damit verantwortlich für die Erstellung von Militärischen Landesbeschreibungen im Inland, aber auch (für internationale Einsätze) im Ausland, wurde ein umfassendes Verständnis für Land und Leute (Interkulturalität und interkulturelle Kompetenz) gerade bei Geographinnen und Geographen als sehr wichtig erachtet. Diese universitäre Ausbildung wurde aber damals stark zugunsten der neu etablierten Geoinformatik zurückgefahren.

## 5 Vorlesungen Entwicklungsländer

Probleme der Entwicklungszusammenarbeit wurden an der Salzburger Geographie erstmalig von Riedl im Rahmen der Politischen Geographie (heute Politikgeographie, vgl. Fasslabend 1999: 8) thematisiert. Von Schramm erfolgte dann eine breite Behandlung der wissenschaftlichen und praktischen Aspekte an Hand von zahlreichen Beispielen. Diese waren ihm aus seiner Tätigkeit für den Deutschen Entwicklungsdienst in Afrika, durch seine Forschungen als wissenschaftlicher Leiter des Instituts für soziale Zusammenarbeit in Freiburg / Breisgau sowie durch Beobachtungen vor Ort diverser Entwicklungshilfeprojekte anderer Nationen bekannt. Sehr klar war schon damals die Ablehnung von Entwicklungshilfe in Form von Neokolonialismus und Ideologieexport. Denn nichts anderes war / ist die staatlich finanzierte Lieferung von Überschussgütern aus der Ersten Welt (kapitalistischer demokratischer Westen) und Zweiten Welt (sozialistischer parteidiktatorischer Osten) für die Dritte Welt (rohstoffreiche, aber industriearme Länder des Südens in Asien, Afrika sowie in Mittel- und Südamerika mit einem breiten politischen Spektrum).

Um das Ziel einer effektiven Hilfe zur Selbsthilfe erreichen zu können, waren gemäß Schramm breite natur- und kulturgeographische Forschungen und Erhebungen vor Ort sowie entsprechende Kenntnisse des historischen und kulturellen Erbes erforderlich. Der Schlüssel zu einer erfolgreichen Entwicklungszusammenarbeitet liege vor allem im Verständnis der einzelnen verschiedenartigen Ethnien und Kulturen.

An zahlreichen Beispielen wurden negative und positive Beispiele der Entwicklungszusammenarbeit auf der Grundlage geographischer Faktoren aufgezeigt. Gleichzeitig erfolgte eine sehr praktisch ausgerichtete Schulung in Erstellung von Beiträgen der Geographie für Entwicklungsprojekte sowie die Vergabe entsprechender Themen für Hausarbeiten und Dissertationen. Als Beispiele seien die Dissertation von P. Aumüller 1975 über Gambia, M. Klausberger 1984 über Sudan, A. Hochgatterer 1986 über Brasilien sowie O. Udosen 1987 über Nigeria genannt.

Mit der Berufung von Stadel als o. Univ.-Prof. am 1.9.1992 wurde das Lehrangebot zur Thematik auf ein völlig neues akademisches Niveau gestellt. Standen früher deskriptive und stark persönlich gefärbte Sichtweisen sowie regional Afrika im Fokus, so wurde nunmehr analytisch und systematisch die gesamte Bandbreite der Entwicklungszusammenarbeit behandelt. Regionales Schwergewicht seiner einschlägigen Lehrveranstaltungen war dabei Mittel- und Südamerika. Da waren sicher seine Sprachkenntnisse (neben der deutschen Muttersprache auch Englisch, Französisch und Spanisch) und selbstverständlich auch seine umfassenden Landeskenntnisse sehr hilfreich. Auch hier gab es viele angeregte Diskussionen, wie Entwicklungszusammenarbeit sinnvoll gestaltet werden soll und wie wir von der Geographie hierzu beitragen können. Dieses Angebot wurde durch Exkursionen, die Besuche bei verschiedenen Institutionen der Entwicklungszusammenarbeit beinhalteten, ergänzt.

An dieser Stelle sei eine kleine persönliche Anmerkung gestattet: Es gibt kaum einen anderen ausgeglicheren und immer freundlicheren Kollegen als Stadel. Nur einmal platzte ihm die Geduld, als er einen gesellschaftspolitisch extrem argumentierenden und provozierenden Studenten sehr klar zurechtwies. Das sprach sich natürlich rasch am Institut herum, und die sachliche geographische Forschung und Lehre auf dem Gebiet der Entwicklungsländer konnte bis zur Emeritierung fortgesetzt werden.

## 6 Exkursionen Länderkunde und Entwicklungsländer

Die Exkursionen wurden in der Anfangszeit des Lehrbetriebes am Geographischen Institut als „Geographische Lehrwanderungen" bezeichnet. Von Lendl als Institutsvorstand war festgelegt worden, dass Hauptfachgeographen mindestens 20 anrechenbare Exkursionstage bis zu den Schlussprüfungen aufweisen müssen, davon eine Großexkursion. Dies bedeutete, dass bei einer eintägigen Exkursion maximal ein halber Tag und bei einer dreiwöchigen Exkursion maximal zehn Tage angerechnet werden konnten, wenn Vorbereitung, Referat(e), Mitarbeit und Exkursionsprotokoll/-bericht positiv beurteilt worden waren (vgl. Schramm 1969, Vorwort).

Die erste Großexkursion des Geographischen Instituts und der Universität Salzburg ins außereuropäische Ausland stand unter der Leitung von Schramm und führte in der Zeit vom 2.–22. April 1968 per Eisenbahn, Schiff, Bus und Wüstentaxis nach Tunesien (Abb. 3). Dabei gab es Schlüsselerlebnisse, die prägend fürs Leben und für die wissenschaftliche Arbeit waren.

*Abb. 3: Tunesienexkursion 1968. Gründonnerstag-Abendmahl der Exkursionsgruppe in der Oase Ben Galuf, südlich des Schott el Dscherid. Der Hausherr (links im Bild im Kreis seiner Familie) war ein französisch- und deutschsprechender ehemaliger Gastarbeiter, der u. a. in Freiburg im Breigau gearbeitet hatte. Aus dieser Zeit stammte der Kontakt zu Dr. Schramm (hinten 2. von links, Foto Aumüller)*

Didaktisch ganz ausgezeichnet (man merkte die Ausbildung und Tätigkeit von Schramm als Grundschullehrer) waren die Studierenden häufig gezwungen, Geländeanalysen nach den Merkhilfen „Grundriss, Aufriss, Funktion" durchzuführen. Als ein strebsamer Kollege, sehr gut vorbereitet und vollgepfropft mit Buchwissen, an einem Aussichtspunkt uns andächtig lauschenden Kommilitonen sein mit Fachausdrücken nur so gespicktes Referat zu seinem Thema hielt, explodierte Schramm: „Herr Kollege, wo sehen Sie das alles hier? Der Reisebericht von XY, aus dem Sie eben so schön zitiert haben, ist doch völlig überholt! Machen Sie die Augen auf und beobachten Sie, wie *heute* die Siedlung aussieht und wie die Raumnutzung erfolgt. Der Geographie Anfang und Ende – ist der Blick ins Gelände". Das saß und ging unter die Haut. So wie bei der Jagd, muss nämlich auch geographisches Beobachten und Analysieren gelehrt, gelernt und vor allem viel geübt werden. Das lernten wir – notgedrungen – alle sehr rasch, was sich für das spätere Leben als sehr wertvoll herausgestellt hat.

Überdies musste jeder der Exkursionsteilnehmerinnen und -teilnehmer jeden Tag etwas Neues in bleibender Erinnerung behalten. Das waren – zweckmäßigerweise – zunächst bestimmte einheimische Getränke (wie Pfefferminz- und Jasmintee) und dann Speisen (u. a. Honigkuchen mit Heuschrecken). Erst in weiterer Folge kamen dann Opuntien, Agaven, Stein-, Kork- und Flaumeichen, Tamarisken, Dattelpalmen, Smaragdeidechsen, Skorpione und ähnliches an die Reihe.

Weitere außereuropäische Auslandsexkursionen führten unter der Leitung von Schramm 1970 nach Kamerun (einer der Teilnehmer war Stadel) sowie 1974 nach Senegal, Gambia und Mauretanien (Abb. 4). Höhepunkt bei der Westafrikaexkursion war ein Empfang beim damaligen Staatspräsidenten von Senegal, S.E. Leopold Senghor, einem hochgebildeten und charismatischen Schwarzafrikaner, der sich für mehr politisches und kulturelles Verständnis sowie Ausgleich auf Augenhöhe zwischen Europa und Afrika (u. a. Eurafrika 1972) engagiert hatte.

*Abb. 4: Westafrikaexkursion 1974. Im Bild der o. Univ.-Prof. der Universität Dakar Dr. Schramm im Gespräch mit einer Targifrau auf der Straße nach Atar in Mauretanien (Foto Aumüller)*

Anzumerken ist, dass all diese Afrikaexkursionen unter der Leitung von Schramm extrem einfach hinsichtlich der Verkehrsmittel, der Unterkunft (billige einheimische Hotels, Jugendherbergen, teilweise Zelt) und der Verpflegung waren. Das wäre heute undenkbar und würde als Zumutung – vor allem von weiblichen Studierenden – empfunden werden.

Derartige Auslandsexkursionen gehörten zum Selbstverständnis und damit zum Alltag der Universitätsgeographie der 1970er und 1980er Jahre nicht nur in Salzburg. Durch staatliche Zuschüsse für derartige Exkursionen konnte zwar zunächst das Angebot und der Komfort erheblich gesteigert werden, wurde aber aus Sparzwängen schließlich auf das gegenwärtige Minimalausmaß reduziert.

Die von Stadel ab 1992 geführten Auslandsexkursionen führten dann selbstverständlich in seine Arbeitsgebiete in Amerika, wobei auch wieder seine vielfältigen Sprachkenntnisse und seine umfassende Landeskenntnis sehr hilfreich waren. Für seine Offenheit gegenüber anderen Disziplinen und Lehrmeinungen spricht, dass er manchmal auf seine Exkursionen Vertreter anderer Fächer einlud und auch eine große Exkursion gemeinsam mit dem Amerikanisten Waldemar Zacharasiewicz (Universität Wien) durchführte.

## 7 Das Österreichische Forschungsinstitut für die Tropen und Subtropen

Eine der vielen innovativen Ideen von Schramm war die Gründung des Österreichischen Forschungsinstituts für die Tropen und Subtropen in Salzburg. Es war aber kein Institut einer übergeordneten Institution und auch kein eingetragener Verein gemäß österreichischem Vereinsrecht, hatte aber ein eigenes gedrucktes Briefpapier. Das Institut bestand praktisch nur aus ihm und einem losen Schüler- und Freundeskreis, der sich in seiner Salzburger Eigentumswohnung in der Fischer von Erlach-Straße 17/45 zum Gedankenaustausch – vorwiegend zum Thema Entwicklungszusammenarbeit – in unregelmäßigen Abständen zusammenfand.

Diese Tradition wurde vom Jubilar Stadel nach seiner Berufung nach Salzburg in Form des „Café International“, nunmehr aber auf ganz anderem, höherem akademischem Niveau, fortgeführt.

Interessant ist festzuhalten, dass Schramm aufgrund seiner tropenmedizinischen Ausbildung häufig bei diesen Gesprächen, aber auch in seinen Lehrveranstaltungen, das Thema Geomedizin angesprochen hat, was damals wissenschaftliches Neuland war. Eine der Semesterarbeiten war z. B. die kartographische Auswertung von bestimmten Krankheiten (Krebs, Herzinfakt...) nach Verwaltungsbezirken in Österreich. Heute ist Geomedizin wieder ein Forschungsthema am Fachbereich Geographie und Geologie der PLUS durch einschlägige Lehrveranstaltungen von Dr. Christian Gruber und Dr. Peter Schatzl in Zusammenarbeit mit dem Zentrum für Tropen- und Reisemedizin in Salzburg (Leiter: Facharzt für Innere Medizin sowie für Infektiologie und Tropenmedizin Dr. med. Ch. Gruber).

Das gegenständliche Forschungsinstitut war auch Plattform für die Herausgabe einiger Schriften von Schramm im Eigenverlag.

# 8 Publikationen des Instituts für Geographie

Bis zum Beginn der Lehrtätigkeit von Schramm gab es keine Institutspublikationen, da weder die personellen, noch die materiellen oder technischen Voraussetzungen vorhanden waren. Ausgehend von dem geschlossenen Exkursionsbericht zur Tunesienexkursion 1968 unter der redaktionellen und technischen Leitung des Autors sowie einem Buch von Schramm im folgenden Jahr „Die Westsahara", das kurzerhand von ihm eigenmächtig – nur in mündlicher Absprache mit Lendl – als 1. Band einer neuen Schriftenreihe herausgegeben wurde, entstanden zwei Publikationsreihen, die – unter geändertem Titel – weiter geführt wurden.

## 8.1 Exkursionsberichte des Geographischen Instituts Salzburg (EGIS)

Um Exkursionen angerechnet zu bekommen, müssen selbstverständlich umfangreiche Exkursionsberichte von den Studierenden abgegeben werden. Beginnend mit der Tunesienexkursion 1968 erfolgte auf Anregung von Schramm eine Herausgabe der einzelnen Beiträge als geschlossener Band im Umdruckverfahren (Abb. 5). Damit wurde zusätzlich Projektmanagement und Teamarbeit geschult, denn auch die Vorbereitungsarbeiten sowie Redaktions-, Schreib- und Zeichenarbeiten wurden mit einem Exkursionszeugnis gewürdigt. Damit sollten vor allem die künftigen Lehrerinnen und Lehrer auf die Organisation von Schulausflügen und von Schülerfahrten vorbereitet werden.

*Abb. 5: Umschlag des ersten Bandes der Exkursionsberichte des Geographischen Instituts Salzburg 1968, hergestellt in Eigenregie im Umdruckverfahren mittels IBM-Kugelkopfschreibmaschine ohne Farbband bzw. Griffelzeichnung auf Wachsmatritze*

Die Herstellung der Exkursionsbände erfolgte in Eigenregie mit den am Geographischen Institut zur Verfügung stehenden Mitteln, nämlich Wachsmatrizen für eine Vervielfältigung im Umdruckverfahren sowie Tuschezeichnungen auf Transparentpapier zur Vervielfältigung im Lichtpausverfahren.

Das Konzept der Herausgabe geschlossener Exkursionsberichte in dieser Schriftenreihe wurde ab 1968 bei allen Großexkursionen des Instituts angewendet.

Ab dem Band 6 (Riedl-Exkursion 1980 „Geographische Studien im Bereich der Kykladen Santorin und Mykonos mit einem Beitrag über Karpathos") erfolgte eine Umbenennung der Reihe entsprechend der Umbenennung des Instituts in „Exkursionsberichte des Instituts für Geographie" (EGIS). Von 1981 bis 1986 mit den Bänden 7–10 (Riedl-Exkursionen nach Griechenland) hieß dann die Reihe „Salzburger Exkursionsberichte", seit 1988 nunmehr „Salzburger geographische Materialien", um auch Arbeitsberichte über Projektarbeiten in dieser Reihe veröffentlichen zu können. In der Reihe „Materialien" ist allerdings schon lange kein Band mehr erschienen.

Auch Stadel publizierte einzelne, sorgfältig redigierte Exkursionsberichte, darunter über die mit Axel Borsdorf durchgeführten Exkursionen nach Ecuador und Peru in der Reihe „inngeo – Innsbrucker Materialien zur Geographie". Sie wurden mehrfach in Rezensionen und geographiedidaktischen Publikationen als musterhaft bezeichnet.

## 8.2 Arbeiten aus dem Geographischen Institut Salzburg (AGIS)

Diese Schriftenreihe diente zur Veröffentlichung von Monographien, vor allem von Dissertationen, Habilitationen und Forschungsberichten. Folgende Arbeiten sind unter diesem Reihentitel in der ersten Phase erschienen:
Bd. 1 (1969) Schramm, Josef: Die Westsahara
Bd. 2 (1971) Müller, Guido: Landwirtschaft Salzburg
Bd. 3 (1973) Lendl, Egon (Hrsg.): Beiträge zur Klimatologie und Meteorologie
Bd. 4 (1977) Roisz, Hubert: Fremdenverkehrsgeographie Freistadt
Bd. 5 (1978): Spangenberg-Resmann, Dagmar: Almwirtschaft Pinzgau
Bd. 6 (1975) Müller, Guido: Dissertationen Bundesland Salzburg

*Abb. 6: Buchumschlag des ersten Bandes der „Arbeiten aus dem Geographischen Institut Salzburg" 1969. Dieser Band von Schramm erschien bei Pannonia-Verlag in Freilassing, der sich auf kostengünstige Kleinauflagen für Veröffentlichungen über Südosteuropa spezialisiert hatte.*

Unter dem geänderten Reihentitel „Arbeiten aus dem Institut für Geographie Salzburg“ erfolgte eine Umbenennung entsprechend der Umbenennung des Instituts. Als Band 8 erschien 1981 der Sammelband von Riedl, H. „Beiträge zur Landeskunde von Griechenland II“. Die Druckvorbereitung für diesen Band war recht mühsam, weil völliges Neuland dabei betreten wurde. In dreijähriger Arbeit erfolgte nämlich erstmals die Erstellung der Druckvorlagen für einen Offsetdruck komplett in Eigenregie mittels eines elektronischen Schreibautomaten (ein Erprobungsgerät der Firma Rank-Xerox beim Österreichischen Bundesheer), während der Druck noch nach außen vergeben werden musste. Der Autor, eben zurück von einem Europarat-Forschungsstipendium an der ETH Zürich und dort ausgebildet in den neuen Technologien, war damals neuer AGIS-Schriftleiter sowie Leiter des Militärgeographischen Dienstes beim Korpskommando II Salzburg. Seit dem Band 11 (Wintges 1984) heißt nunmehr die Reihe „Salzburger Geographische Arbeiten“.

## 8.3 Festschrift zum 60. Geburtstag von Josef Schramm

Die Schramm-Festschrift (Abb. 8), erschienen 1981, war dann die erste völlig in Eigenregie mittels elektronischer Textverarbeitung erstellte und im Offsetdruck in der hauseigenen Druckerei der Universitätsdirektion hergestellte wissenschaftliche Publikation der Paris-Lodron Universität Salzburg.

Die Erstellung der Textbausteine (Fließtext, Bildunterschriften) erfolgte elektronisch auf einem, eben vom Rektorat neu beschafften, Schreibautomaten der Firma Rank-Xerox mit Magnetkarte, Zeilendisplay und der Möglichkeit für einen automatischen Blocksatz. Diese Arbeit wurde von Herrn Johann Leitner durchgeführt, der während seiner Bundesheerdienstzeit 1978/79 im MilGeo-Dienst den Umgang mit so einem Schreibautomaten gelernt hatte. Anschließend war er zunächst bei der Poststelle und Quästur tätig, dann von 1979–2008 als Sekretär in der Universitätsdirektion und ist heute – nach Abendmatura und Ablegung der Beamtenaufstiegsprüfung – Amtsrat bei Zentrale Wirtschaftsdienste der PLUS.

Der Umschlag für die Festschrift wurde von dem Bundesheer-Kartographen, Grafiker und Kalligraphen Karl Neuhofer gestaltet. Die Herstellung der seitenrichtigen Negative sowie der seitenverkehrten Positivfilme von diesen Textbausteinen und Grafiken sowie die Rasterfilme der Halbtonaufnahmen, vor allem Fotografien, erfolgte im Rahmen der Lehrveranstaltung „Kartographie und Reproduktionstechnik für Geowissenschaften“ des Autors in Zusammenarbeit mit der Berufsschule III Abteilung Grafik. Dabei wurden die handwerklichen Tätigkeiten beim Schriftsatz und Reproduktionswesen durch die beiden Universitätsinstruktoren Schulrat Hans Mertl und Oberschulrat (später Direktor) Ing. Rudolf Schmidbauer geschult. Die Abdeckarbeiten sowie die Montage der seitenverkehrten Filme auf speziellen hochtransparenten Montagefolien wurden in zahlreichen Wochenendarbeiten von den beiden Schramm-Schülern Aumüller und Fasching, die beide auch als Herausgeber fungierten, eher mühsam – wegen fehlender handwerklicher Routine – durchgeführt. Nach der Kopie auf die Aluminiumdruckplatten im Format DIN A4+ im Rahmen der o. a. Lehrveranstaltung erfolgte der Offsetdruck bei der Hausdruckerei der Universität Salzburg, wobei die Schulung durch den damaligen Leiter Herrn Georg Klaushofer (1923–2007) erfolgte. Die Druckweiterverarbeitung (Zusammentragen der Einzelblätter, Klebebindung) wurde wiederum vom Team Aumüller / Fasching bewerkstelligt. Unschlagbar war die kostengünstige Herstellung dieser Festschrift, nachteilig hingegen war der enorme Zeitaufwand, der jede Firma unmittelbar in den Konkurs geführt hätte. Bleibend waren, neben der handwerklichen Erfahrung, der Beweis, dass wissenschaftliche Publikationen mittels der neuen EDV- und Vervielfältigungstechniken rasch und kostengünstig in Eigenregie hergestellt werden können.

Heute 32 Jahre später, ist wissenschaftliches Arbeiten und Erstellung von Publikationen ohne einen EDV-Einsatz (Internet und Computer) unvorstellbar.

## Danksagungen

Für zahlreiche Hinweise und Unterlagen bin ich Dr. Peter Aumüller (Michaelbeuern), Mag. Walter Gruber (Institutskartograph), Frau Brigitte Hauser (Tochter von J. Schramm, Paris), Herrn Felix Lackner, Mag. Barbara Mayerhofer, Univ.-Prof. Dr. Guido Müller, Univ.-Prof. Dr. Heinz Slupetzky, Mag. Ulrike Pimingstorfer (alle Salzburg), Frau Eva Spielmann (Nichte von J. Schramm, Innsbruck) und Hofrat Dr. Hubert Weinberger (Salzburg) sehr verbunden. Herzlicher Dank für das Lektorat und für die Übersetzung der Zusammenfassung gilt Frau Mag. Eva Hoffmann (Kottingbrunn).

## Literatur

Aumüller, P. 1975: *Agrar- und Fremdenverkehrsgeographie von Gambia.* Phil. Diss Univ. Salzburg.

Aumüller, P. & G.[L.]Fasching (Hg.) 1981: *Länderkunde und Entwicklungsländer.* Festschrift für J. Schramm. Salzburg.

Deniau, X. 1981: Josef Schramm – eine Würdigung. In: Aumüller, P. & G. Fasching (Hg): *Länderkunde und Entwicklungsländer.* Salzburg: 19–30.

Fasching, G.[L.] 1973: *Verkehrserschließung und Durchgängigkeit. Ein methodologischer Beitrag zur Erfassung und Darstellung von Verkehrswegen nach der Leistungsfähigkeit unter besonderer Berücksichtung österreichischer Verhältnisse.* Phil. Diss. Universität Salzburg.

Fasslabend, W. 1999: Österreichische Sicherheitspolitik in Hinblick auf die geostrategische Situation. *Mitteilungen der Österreichischen Geographischen Gesellschaft* 141: 7–18.

Geographisches Institut der Universität Salzburg (Hg.) 1968: *Geographische Beobachtungen in Tunesien.* Leitung: Josef Schramm. Exkursionsberichte des Geographischen Institutes 1. Salzburg.

Geographisches Institut der Universität Salzburg (Hg.) 1969: *Eindrücke und Beobachtungen und Beobachtungen auf einer Fahrt durch Nordspanien und Südfrankreich.* Leitung: Egon Lendl. Exkursionsberichte des Geographischen Institutes 2.

Geographisches Institut der Universität Salzburg (Hg.) 1970: *Geographische Beobachtungen in Griechenland.* Leitung: Helmut Riedl. Exkursionsberichte des Geographischen Institutes 4. Salzburg.

Geographisches Institut der Universität Salzburg (Hg.) 1971: *Geographische Beobachtungen in Kamerun.* Leitung: Josef Schramm. Exkursionsberichte des Geographischen Institutes 3. Salzburg.

Geographisches Institut der Universität Salzburg (Hg.) 1977: *Geographische Beobachtungen in Westafrika* 1974. Senegal, Gambia, Mauretanien. Leitung: Josef Schramm. Exkursionsbericht des Geographischen Institutes 5. Salzburg.

Hochgatterer, A. 1986: *Entre Rios. Donauschwäbische Siedlung in Südbrasilien.* Salzburg.

Kern, W., E. Stocker & H. Weingartner (Hg.) 1993: *Festschrift Helmut Riedl.* Salzburger Geographische Arbeiten 25. Salzburg.

Klausberger, M. 1984: *Das Boma-Plateau im Distrikt Pibor (Provinz Jonglei). Eine ethnographische Studie im Südostsudan.* Naturwissenschaftliche Dissertation Universität Salzburg.

Lendl, E. 1968: *Festschrift zum 60. Geburtstag.* Mitteilungen der Österreichischen Geographische Gesellschaft 109. Wien.

Lendl, E. (Hg.) 1973: *Beiträge zur Klimatologie, Meteorologie und Klimamorphologie.* Festschrift für Hanns Tollner zum 70. Geburtstag. Arbeiten aus dem Geographischen Institut Salzburg 3. Salzburg.

Müller, G. 1967: Das Geographische Institut und die geographische Forschung in Salzburg. *Mitteilungen der Österreichischen Geographischen Gesellschaft* 109: 227–235.

Müller, G. 1971: *Die Landwirtschaft als prägendes und geprägtes Element in der Stadtlandschaft.* Arbeiten aus dem Geographischen Institut Salzburg 2. Salzburg.

Müller, G. 1975: *Bundesland Salzburg. Geographische und fachverwandte Dissertationen. Ein Verzeichnis mit Kommentaren.* Arbeiten aus dem Geographischen Institut Salzburg 7. Salzburg.

Riedl, H. (Hg.) 1981: *Landeskunde von Griechenland II.* Arbeiten aus dem Institut für Geographie der Universität Salzburg 8. Salzburg.

Riedl, H. 2008: *Rechenschaft vor Alfred Philippson. 55 Jahre gelebte Geographie.* Salzburger Geographische Arbeiten 44. Salzburg.

Roisz, H. 1977: *Fremdenverkehrsgeographische Untersuchung des Gerichtsbezirkes Freistadt, Oberösterreich.* Arbeiten aus dem Geographischen Institut Salzburg 4. Salzburg.

Schramm, J. 1946: *Kulturlandschaftsgestaltung der Batschka.* Phil. Diss. Leopold-Franzens Universität Innsbruck.

Schramm, J. 1969: *Die Westsahara.* Freilassing: Pannonia-Verlag: 169 (= Arbeiten aus dem Geographischen Insitut Salzburg, 1).

Schramm, J. 1987: *In Afrika verschwinden Minderheiten.* Salzburg.

Spangenberg-Resmann, D. 1978: *Die Entwicklung der Almwirtschaft in den Oberpinzgauer Tauerntälern, Salzburg.* Arbeiten aus dem Geographischen Institut Salzburg 5. Salzburg.

Udosen, O. 1987: *Medizinisch-geographische Verhältnisse von Ikot Ekpene. Unter besonderer Berücksichtigung der sozioökonomischen Verhältnisse.* Naturwissenschaftliche Dissertation Universität Salzburg.

Universität Salzburg (Hg.) 1963–1993: *Vorlesungsverzeichnisse.* Salzburg.

Universität Salzburg (Hg.) 1994–2013: *Handbücher.* Salzburg.

Wintges, T. 1984: *Untersuchungen an gletschergeformten Felsflächen im Zemmgrund, Zillertal (Tirol) und in Südskandinavien.* Arbeiten aus dem Institut für Geographie 11. Salzburg.

# Deforestation, environmental perception and rural livelihoods in tropical mountain forest regions of South Ecuador

Perdita Pohle

Profound knowledge of region-specific human ecological parameters is crucial for the sustainable utilization and conservation of tropical mountain forests in southern Ecuador, a region with heterogenic ethnic, socio-cultural and socio-economic structures. In order to satisfy the objectives of environmental protection of tropical mountain forests on the one hand and the utilization claims of the local population on the other hand, an integrated concept of nature conservation and sustainable land use development is being sought. In biodiversity-rich places local people usually have a detailed ecological knowledge of species, ecosystems, ecological relationships and historical or recent changes of them. At the local level, utilitarian and socio-cultural values, such as local perceptions and beliefs, are the driving force behind use, management and conservation of natural resources. Additionally, economic and political factors influence people's decision-making. Under current pressures of deforestation, fragmentation and species extinction, there is an urgent need to thoroughly study the issues of environmental perception and knowledge, livelihood strategies, land use conflicts and land tenure. The analysis and evaluation of these topics is indispensable for the sustainable management of a megadiverse mountain ecosystem.

**Keywords:** deforestation, environmental perception, livelihoods, tropical mountain forest, South Ecuador, Podocarpus NP

**Entwaldung, Umweltwahrnehmung und kleinbäuerliche Lebenssicherung in tropischen Bergwaldregionen von Südecuador**

Gründliche Kenntnisse regionalspezifischer humanökologischer Parameter sind eine wichtige Voraussetzung für die Entwicklung nachhaltiger Schutz- und Nutzungskonzepte in tropischen Bergregenwäldern Südecuadors, einer Region mit heterogenen ethnischen, soziokulturellen und sozioökonomischen Strukturen. Um einerseits den Zielen des Naturschutzes im tropischen Bergregenwald und andererseits den Nutzungsansprüchen der lokalen Bevölkerung gerecht zu werden, wird ein integratives Konzept des Naturschutzes und der nachhaltigen Landnutzung gesucht. In biodiversitätsreichen Regionen hat die lokale Bevölkerung zumeist ein detailliertes Wissen über Arten, Ökosysteme, ökologische Wechselbeziehungen und ihre historischen und rezenten Veränderungen. Auf lokalem Maßstab sind Daseinssicherung und soziokulturelle Werte, wie lokale Wahrnehmungen und Geisteshaltungen treibende Kräfte der Nutzung, des Managements und der Erhaltung der natürlichen Ressourcen. Zudem beeinflussen ökonomische und politische Faktoren die Entscheidungen. Unter dem aktuellen Druck von Entwaldung, Fragmentierung und Artenverlust ist es dringend nötig, Themen wie Umweltwahrnehmung und -wissen, livelihood-Strategien, Landnutzungskonflikte und Landbesitz zu untersuchen. Die Analyse und Bewertung dieser Themen ist für das nachhaltige Management eines megadiversen Bergökosystems unverzichtbar.

**Deforestación, percepción del medio ambiente y medios de vida rurales en regiones de bosque tropical montano del sur del Ecuador**

El conocimiento profundo de los parámetros antropoecológicos específicos de cada región es crucial para el uso sostenible y la conservación de los bosques tropicales de montaña en el sur del Ecuador, una región caracterizada por estructuras étnicas, socio-culturales y socioeconómicas heterogéneas. Con el objetivo de satisfacer por un lado los objetivos de protección medioambiental de los bosques tropicales de montaña y por otro las reclamaciones de la población local, se hace necesario encontrar un concepto integrado de conservación de la naturaleza y de desarrollo sostenible del uso del territorio. En lugares con una alta riqueza en biodiversidad los habitantes tienen frecuentemente un conocimiento muy detallado de la ecología de las especies, de los ecosistemas, las relaciones ecológicas y de los cambios históricos recientes. A nivel local, los valores utilitarios y socioculturales, tales como las percepciones y creencias locales, son la fuerza conductora detrás del uso, el manejo y la conservación de los recursos naturales. Además, factores económicos y políticos influyen la toma de decisiones de las personas. Bajo las presiones actuales de deforestación, fragmentación y extinción de especies existe una necesidad urgente de estudiar la percepción y el conocimiento medioambiental, las estrategias de supervivencia, los conflictos por el uso del territorio y la posesión de tierras. El análisis y la evaluación de estos temas es indispensable para la gestión sostenible de un ecosistema de montaña megadiverso.

# 1 Introduction: conceptual framework, research area and ethnic groups

The tropical mountain rainforests of the eastern Andes in Ecuador constitute one of the most important hotspots of biodiversity worldwide (Barthlott et al. 2007; Jørgensen & Ulloa Ulloa 1994; Myers et al. 2000). However, this region contains some of the world's most rapidly changing landscapes due to deforestation (FAO 2007), and also faces the threat of stress from climate change (Malhi et al. 2008). Both problems are directly linked, as deforestation is considered to be responsible for approximately 20% of the annual global carbon dioxide emissions (UNFCCC 2008). Most land conversion can be attributed to new settlers or colonists (e. g. Pichón 1996) but indigenous peoples as well are turning to more intensive land uses and are assimilating themselves into local and regional market economies (e. g. Sierra 1999; Rudel et al. 2002). To understand how local people use forest resources is of outmost importance to develop sustainable productive alternatives that reduce deforestation while encouraging local development and poverty alleviation. In order to be successfully developed and implemented, these alternatives should take local and ethnic particularities into account.

The agricultural frontier zone of southern Ecuador is an area of heterogenic ethnic, socio-cultural and socio-economic structures (Pohle 2008). Here, profound knowledge of human ecological dimensions – the various aspects of the interplay of individuals or social groups with their natural environment (Weichhart 2007) – is crucial for the sustainable utilization and conservation of tropical mountain forests. In order to satisfy the objectives of forest conservation on the one hand and the utilization claims of the local people on the other, an integrated concept of nature conservation and sustainable land use development is being sought (e. g. Ellenberg 1993). Within the DFG-Research Unit 402 "Tropical Mountain Rainforest" (cf. Beck et al. 2008) and the DFG-Research Unit 816 "Biodiversity and Sustainable Management of a Megadiverse Mountain Ecosystem in South Ecuador" (cf. Bendix et al. 2013) the human ecological approach towards sustainability of eco- and livelihood systems has

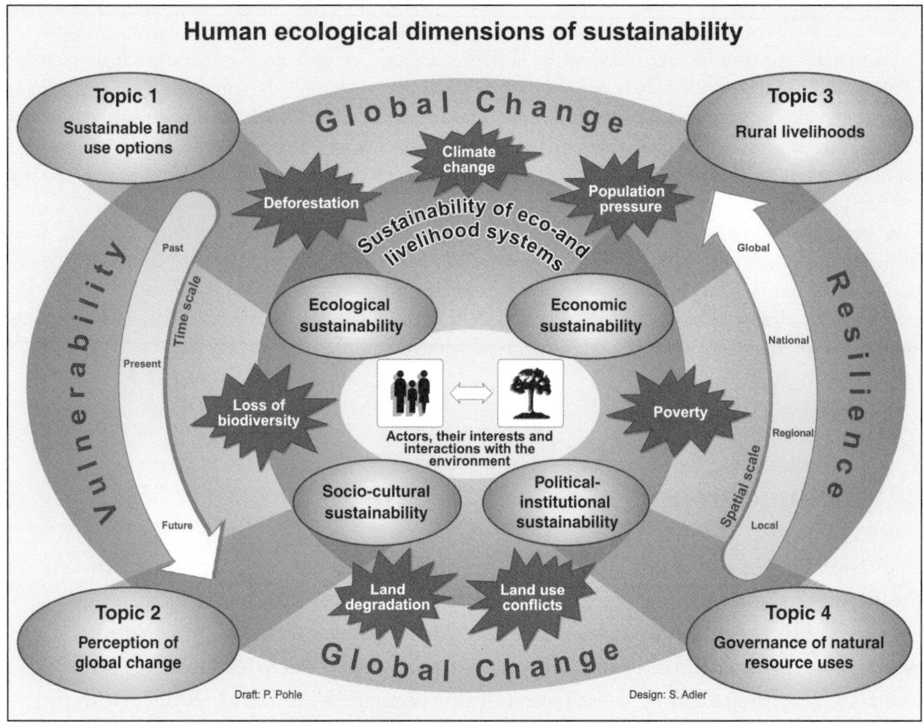


*Fig. 1: Conceptual framework of the research project: the human ecological approach towards sustainability of eco- and livelihood systems*

been developed and applied (Fig. 1, Pohle et al. 2010). Under current pressures of deforestation and agrarian colonization in biodiversity hot spot areas the analysis of four human ecological parameters or research topics have proved to be indispensable, and thus have been explored in detail in indigenous and local communities:

Topic 1: land use / land cover change at local scale to identify causes and driving forces of change;

Topic 2: environmental knowledge and perception of local people to evaluate traditional ecological knowledge;

Topic 3: livelihood strategies of small-scale farming households to estimate the household's dependence on natural resources and to assess strengths and weaknesses of livelihood assets;

Topic 4: governance of natural resource uses to determine political and administrative use agreements including land tenure systems.

The conceptual framework of the human ecological research approach is given in Figure 1. The overall problems in the research area are the typical global change problems like deforestation (Mosandl et al. 2008), loss of biodiversity (Koopowitz et al. 1994 cit. in Mosandl et al. 2008: 38), land degradation (Harden 1996; Göttlicher et

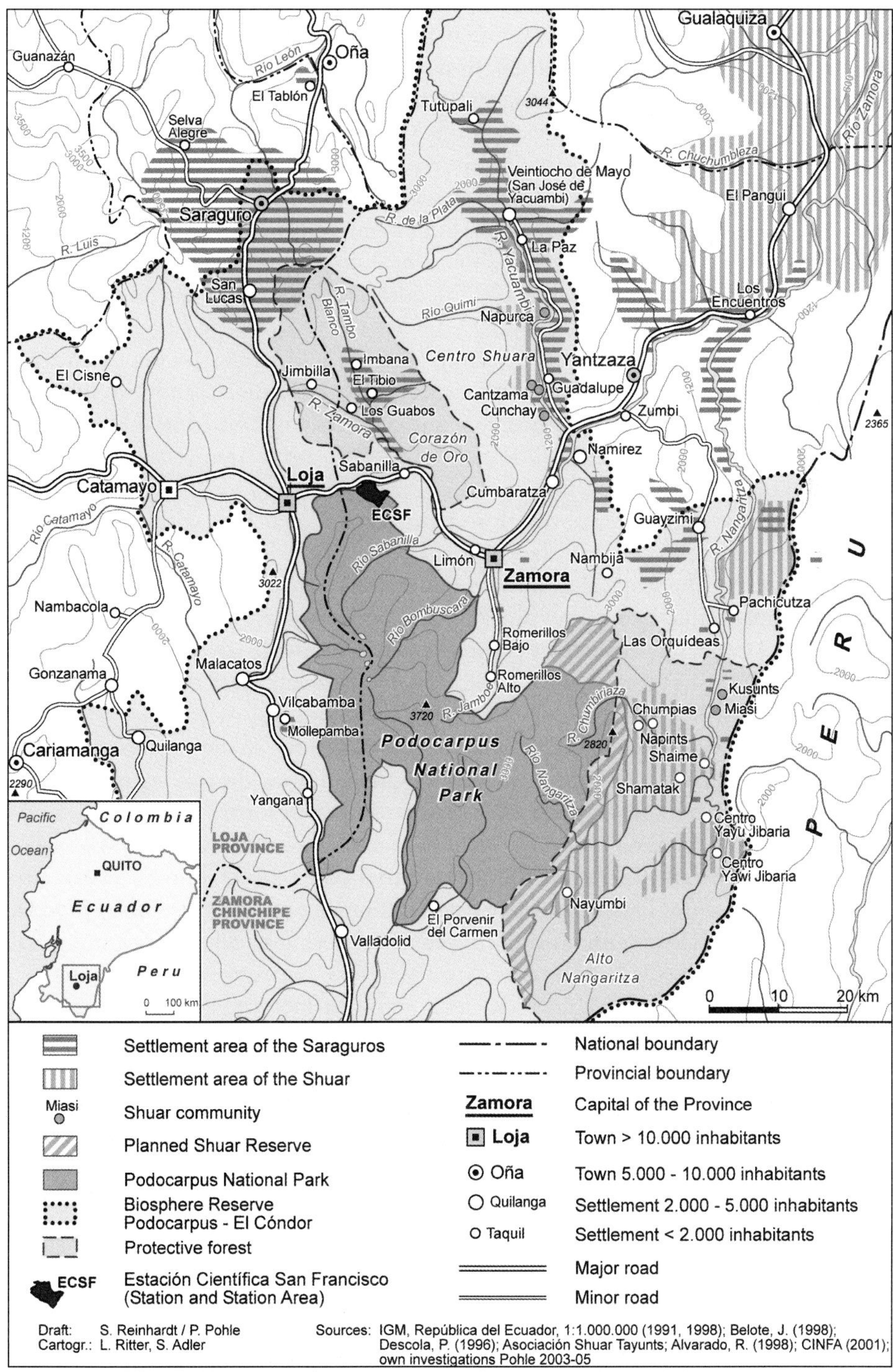


*Fig. 2: The Podocarpus National Park and the settlement areas of indigenous groups*

al. 2009), climate change (Bendix et al. 2013), land use conflicts (Pohle 2004: 20), colonization pressure (Pohle et al. 2010) and rural poverty (INEC 2003) – shown in their sometimes explosive character. At the centre of the research are the local people – either individuals or social groups – in their interaction with the natural environment. The main goal of the research project is to identify development strategies for achieving the sustainability of eco- and livelihood systems (e. g. Farrington et al. 1999). The project chose to use the human-environment related approaches of geographical development research (Scholz 2004), including the concepts of human ecology (e. g. Meusburger & Schwan 2003), ethno-ecology (e. g. Nazarea 1999), political ecology (e. g. Bryant & Bailey 1997; Krings 2008) and the sustainable livelihood approach (e. g. Chambers & Conway 1992). These integrative approaches are applied to explore interrelations and interactions between humans and societies with their natural environment. As conceptual and methodological frameworks they can considerably contribute to the solution of the conflict "protection versus utilization" of tropical mountain forests.

Research was undertaken north of Podocarpus National Park within the area of the Bosque Protector Corazón de Oro of the Biosphere Reserve Podocarpus – El Cóndor (Fig. 2). The tropical mountain rainforests of the eastern Andean slopes in southern Ecuador have an extraordinary rich biodiversity and are recognized as one of the "mega hotspots" of vascular plant diversity worldwide (Barthlott et al. 2007; Myers et al. 2000). However, during the past five decades, these mountain rainforest ecosystems, which have been described as particularly sensitive (cf. Die Erde 2001; Beck et al. 2008), have come under enormous pressure due to the expansion of agricultural land – especially pastures –, the extraction of timber, the mining of minerals, the tapping of water resources, road constructions and other forms of human intervention. According to the FAO-report (2007) the annual deforestation rate of 1.7% for Ecuador is the highest of all South American countries (FAO 2007). In the research area (catchment area of the Tambo Blanco) a deforestation rate of 1.16% (1976–1987) and 0.86% (1987–2001) was estimated by Tutillo (2010) using satellite images and aerial photograph analysis.

Population figures on the provincial level show an increase of the total population in Loja province from 404,835 in 2001 (population density 36.8) to 448,966 in 2010 (population density 40.8) with an increase of the annual population growth rate of 0.46% between 1990 and 2001 to 1.15% between 2001 and 2010 (INEC 2001, 2010). It is mainly the urban population growth that has been responsible for the total population growth in Loja province, while the rural population in total numbers has even decreased (e. g. *Parroquia* Imbana: total population 1,300 in 2001, 1,126 in 2010). Regarding the ethnic composition *mestizos* represent the major population group at 92.8% in 2010 (INEC 2010). The *mestizos*, a term generally used to indicate people of mixed Spanish and indigenous descent, are a very heterogeneous group who either live in towns, rural communities or scattered farms (*fincas*). In the area north of Podocarpus National Park, along the road Loja – Zamora, many arrived from the 1960s onwards, encouraged by the national land reform of 1964, to log

*Fig. 3: Mestizos on their pasture in the Río Zamora valley (Photograph by E. Tapia)*

timber and to practice cattle farming and agriculture. As colonizers they converted large areas of tropical mountain rainforests into almost treeless pastures (Fig. 3). Indigenous inhabitants in Loja province are for the most part *Saraguros* (3.7%). The Saraguros are Quichua-speaking highland Indians who predominantly live as agro-pastoralists in the temperate mid-altitudes of the Andes (Sierra) between 1,700 and 2,800 m a. s. l. As early as the 19$^{th}$ century the Saraguros kept cattle to supplement their traditional "system of mixed cultivation", featuring maize, beans, potatoes and other tubers (Gräf 1990). Now, cattle ranching is the main branch of their economy (Fig. 4).

## 2 Land Use and Land Cover Change (LULCC): Landscape transformation and deforestation north of Podocarpus National Park

Patterns of land use and land cover change at local scale are to the one hand influenced by regional and national resource use regulations but depend to the other also on decisions of individual farming households. Thus, its analysis provides important insights into the human-environment relations underlying current common and individual resource use strategies.

In the research area spatio-temporal landscape transformations are mainly linked to the political and land use history, especially to the colonization process and the allocation of land. Additionally, land use / land cover changes largely depend on the decisions of the *mestizo* or Saraguro farming households. As consequence, deforestation rates in the research area have not followed a constantly increasing trajectory as high rates interfere with decreasing rates and to a lower extent even with forest recovering.

To analyse the landscape transformation process, land use / land cover change detection (1969–2001) was undertaken in the communities of Los Guabos (*mestizos*)

*Fig. 4: Saraguro woman milking one of her cows (Photograph by A. Gerique)*

and El Tibio (Saraguros) in the upper Zamora valley north of Podocarpus National Park (cf. Fig. 2, Pohle et al. 2013). The analysis was based on a visual interpretation of a sequence of orthorectified aerial photographs with ArcGis. Field work for ground-truthing and qualitative data assessment was carried out between 2003 and 2007. The analysis was focused on three land use / land cover classes – forest, *matorral*, pasture –, and their spatio-temporal development in the period 1969 to 2001. The forest category comprises tropical mountain forest, either as primary forest or in a successional stage. The category *matorral* comprises shrub (*lusara*) and bracken (*llashipa*) vegetation. Pastures in the research area are either *pastos naturales* (prevalent in Los Guabos) or cultivated *mequerón* (*Setaria sphacelata*) pastures (dominant in El Tibio).

The LULC change analysis shows two dynamics: a) a main process of forest loss due to pasture expansion and b) a secondary process of vegetation succession (*matorral* and forest). In both study sites a substantial loss of forest cover in favor of pastures has taken place: in 2001 the forest coverage in both areas was below 50% (Table 1). Regarding the spatio-temporal development of specific land use / land cover classes, differences between both villages are obvious. Whereas in Los Guabos 33% of the land use / land cover was classified as pasture in 1969 and 2001 respectively, in El Tibio the proportion of pastures increased considerably from 25% in 1969 to 39% in 2001, while forests declined dramatically from 68% to 42%. Accordingly, in El Tibio the highest proportion of land use / land cover change can be attributed to the change category 'forest to pasture' (44%) compared to Los Guabos with 20% (Table 2). The differences in pasture expansion between the two communities can be related to their history of settlement and colonization. As reported by the villagers, the area of Los Guabos was colonized more than 100 years ago whereas El Tibio was founded in the 1950s. Thus it appears that Los Guabos with its stable or decreasing deforestation rate is in a more advanced phase of the landscape transformation process.

*Table 1: Land use / land cover 1969 and 2001 in Los Guabos (1,900 m a. s. l.) and El Tibio (1,770 m a. s. l.)*

| Proportion of research area[1] (%) | Los Guabos (*mestizo*) | | El Tibio (Saraguro) | |
|---|---|---|---|---|
| | 1969 | 2001 | 1969 | 2001 |
| Forest | 58 | 49 | 68 | 42 |
| *Matorral*[2] | 9 | **18** | 7 | **16** |
| Pasture | 33 | 33 | 25 | 39 |

[1] The LULC change analysis covers an area of about 2000 ha (Los Guabos) and 500 ha (El Tibio)
[2] Schrubbery comprising shrub (*lusara*) and bracken (*llashipa*) vegetation
Source: Land use / land cover change maps of Los Guabos and El Tibio (Pohle et al. 2013)

*Table 2: Land use / land cover change 1969–2001 in Los Guabos (1,900 m a. s. l.) and El Tibio (1,770 m a. s. l.)*

| Proportion of change area (in %) | Change period 1969 to 2001 | |
|---|---|---|
| | Los Guabos (*mestizo*) | El Tibio (Saraguro) |
| Forest to pasture | 20 | **44** |
| Forest to *matorral*[1] | **29** | **31** |
| *Matorral* to pasture | 12 | 11 |
| *Matorral* to forest | 7 | 3 |
| Pasture to forest | 9 | 5 |
| Pasture to *matorral* | **23** | 6 |

[1] Schrubbery comprising shrub (*lusara*) and bracken (*llashipa*) vegetation
Source: Land use/ land cover change maps of Los Guabos and El Tibio (Pohle et al. 2013)

Concerning the process of vegetation succession, similar features could be observed in Los Guabos and El Tibio. From 1969 to 2001 in both research areas the proportion of the land cover class *matorral* at least doubled: from 9 to 18% in Los Guabos and 7 to 16% in El Tibio (Table 1). According to the transformation matrix (Table 2) this doubling can be attributed mainly to the change category 'forest to *matorral*' comprising 29% of the change area in Los Guabos and 31% in El Tibio, and to a lesser degree to the change category 'pasture to *matorral*', in El Tibio with 6%, whereas in Los Guabos this category is more pronounced with 23%. While the changes from forest to *matorral* suggest an initial stage in post-fire vegetation regeneration, changes of pasture to *matorral* indicate a degradation or abandonment of pastures to successional vegetation.

The relatively high rates of change from forest to *matorral* can be understood in view of the legal demands for land adjudications given by the two Laws of Agrarian Reform and Colonization in 1964 and 1973, which encouraged land clearing for obtaining official land titles (Barsky 1984; Sierra 1996; Pohle et al. 2010). During that time obviously more forest was cleared than was needed for pastures. As reported in the interviews, the cleared land was often too large or located too far from the village for effective maintenance. These areas were therefore left abandoned and secondary vegetation developed. With the Law of Agrarian Development of 1994 forest clearing as a pre-condition for land adjudication was eliminated. Another reason for the high rates of change from forest to *matorral* can be seen in the slash and burn practice to establish pastures among the *mestizos* and Saraguros where fire often gets out of control. The unintentionally burned forest areas just give way to the development of a secondary bracken and shrub vegetation.

The higher percentage of change from pasture to *matorral* in Los Guabos (23%) can partly be related to the emigration of landowners to the town of Loja, and the scarcity of labour for the maintenance of pastures as stated by the interviewed farmers. These plots are found in favorable locations close to the village or close to previously (before 1969) established pastures.

From the LULC change analysis it can be concluded that due to the substantial loss of forest cover in favor of pastures, forest products play only a marginal role in food and income (from timber) supply for the local population who are becoming increasingly dependent on cattle ranching and products derived from that source. In areas, which are in a more advanced stage of the landscape transformation process (Los Guabos), forest clearing occurs side by side with land abandonment, the latter may give new possibilities for reforestation and rehabilitation measures (Bendix et al. 2013). Although *matorral* areas in general are of limited use, their potential towards sustainable land use options – either for forest recovery by succession, for reforestation with native tree species, or for pasture rehabilitation – might be rated as promising, with complementary financial incentives, as suggested by Knoke et al. (2011).

## 3 Perception and evaluation of the natural environment by the local people

In biodiversity-rich places local people usually have a detailed ecological knowledge e.g. of species, ecosystems, ecological relationships and historical or recent changes of them, collectively named 'Traditional Ecological Knowledge' (TEK) (Warren et al. 1995; Alcorn 1999). Numerous case studies have shown, how traditional ecological knowledge and traditional practices serve to effectively manage and conserve natural and man-made ecosystems and the biodiversity contained within (e.g. Posey 1985; Toledo et al. 1994; Alcorn 1999; Berkes 1999; Müller-Böker 1999; Fujisaka et al. 2000; Pohle 2004). At the local level, utilitarian and socio-cultural values such as local perceptions and beliefs are the driving force behind use, management and conservation of natural resources. Besides, economic and political factors influence people's decision-making. Under current pressures of deforestation, fragmentation and species extinction, traditional ecological knowledge has a high importance. According to their specific cultural tradition and according to the time spent in the specific region, local people usually have a differentiated perception and evaluation of their natural environment and of environmental stress / risk factors like deforestation, loss of biodiversity and land degradation. They may also have reacted to certain risks and developed risk avoiding strategies (Stadel 1989, 1991). By now it is also well understood that nature conservation is only possible if the local population is included or, better yet, if conservation is managed by the local population. In this respect the local peoples' attitudes towards nature conservation and conservation measures are of major concern and form the basis for a sustainable development.

To reveal the local people's perception and evaluation of the natural environment, environmental stress / risk factors, and conservation measures, the following investigations have been undertaken in 2008 and 2009 in the *mestizo* community of Los Guabos and the Saraguro community of El Tibio (Pohle et al. 2010):

- Gathering of qualitative data with the help of contrasting photographs concerning the perception and evaluation of different cultural landscapes;
- Based on a standardised questionnaire, assessment of environmental stress / risk factors like land degradation (landslides), deforestation, loss of biodiversity etc. perceived by the rural population (awareness, reaction, risk-avoiding strategies);
- Based on a half-standardised questionnaire, investigation of the local peoples' attitudes towards nature conservation and conservation measures.

Two group discussions as a pre-test, and 28 individual interviews could be recorded, each directed towards the perception of different cultural landscapes, environmental stress / risk factors and conservation measures. In Los Guabos members of 11 *mestizo* households (2 female, 9 male), and in El Tibio members of 17 Saraguro households (7 male, 4 female, 6 male and female) were participating.

To find out, how *mestizos* and Saraguros perceive and evaluate different cultural landscapes, two photographs taken north of the Podocarpus National Park were shown to them, one with a totally deforested landscape and another still with forests (Fig. 5 & 6). They were then asked: Where would you prefer to live? The *mestizo* and Saraguro farmers both clearly prefer to live in areas with forests (Los Guabos: 9 of 11; El Tibio: 13 of 17). „I will not stay in an area that looks like a desert", was the comment of one farmer. The photograph without forest was described as exhausted and empty land. "If you have fertilizer, you can use it", was one farmer's statement. However, gender and age related differences could be observed as well. While the household heads and men being actively engaged in agro-pastoralism in all interviews pointed out the benefits from the forests, women and old people also preferred the open landscape. Among young women forests were even perceived as fearful and dangerous places. The landscape with forest was also highly valued as a clean and tranquil place, characterised by a healthy environment with fresh water supply and pure air.

In the interviews the *mestizo* and Saraguro farmers highly valued the aesthetic, health related and economic functions of the forests. All interviewees stated that forests are important to them because the forest landscape is most beautiful and peaceful ("*ambiente es mas bueno y tranquillo*"), because forests provide fresh air and water ("*se respire air puro*", "*con arboles hay agua*"), and because forest have multipurpose economic functions (to have work, pasture for the animals, wood and other commodities for the household) and thus provide a safety net and a traditional risk-avoid-

*Fig. 5 & 6: Photograph comparison to evaluate farmers' perception of two cultural landscapes, one totally deforested and one with forests remaining (Photographs by P. Pohle)*

ing strategy to the farmers. The most frequently mentioned forest benefits named by the interviewees of both ethnic groups were:

- forests are good to provide work (24),
- forests are a fresh water supply (23),
- forests are agricultural reserves (potential land for grass) (18),
- forests can be inherited by the children (18),
- forests are a safety net (10),
- forests provide people with construction wood, fuel, and to a limited extent with food and medicinal plants (9).

When people were asked about their estimation of whether forest land is increasing or decreasing, astonishingly all *mestizo* interviewees of Los Guabos (11) answered: "it remains the same" whereas the Saraguros of El Tibio (14) stated that the forest is decreasing. The *mestizo* perception reflects the more advanced stage of Los Guabos in the forest transition process where deforestation has slowed down and land abandonment with different stages of vegetation succession occurs (cf. Rudel 1998; Farley 2010). Accordingly, the last time forest clearing in Los Guabos was reported to be 3–40 years back, whereas in El Tibio it was reported to be 1 day to 25 years back. In contradiction to the incorrect perception that forest land remains the same, half of the *mestizo* interviewees could enumerate disappeared native tree species due to deforestation. Romerillo (*Prumnopitys montana*), Cedro (*Cedrela odorata*), Laurel (*Aniba cf. hostmanniana*), and Nogal (*Juglans neotropica*) were the most commonly named disappeared species.

When people were asked if they consider afforestation important, only a few interviewees stated that it is not important because there is still enough forest, but the majority estimated afforestation as an important task to protect nature, as a measure against species extinction, and to maintain fresh water supply and pure air. Almost all interviewees had experience with planting trees, especially along the edges of their pastures and to a lesser degree in their home gardens. As the most commonly planted species Pino (*Pinus patula*) and Cipre (*Cupressus macrocarpa*) were named; only a few had also planted native tree species like Romerillo (*Prumnopitys montana*) and Cedro (*Cedrela odorata*).

Environmental stress/ risk factors as perceived by the rural population form – beside other parameters – the basis for the need for sustainable development. Every year the Saraguros of El Tibio have to struggle with flooding and river erosion; a large landslide is endangering the settlement due to backward erosion. According to the perception survey the local people are very much aware of environmental risks such as erosion and landslides. All people consider too much rain as a stressor and almost all number erosion and landslides as environmental risk. Only the moving away from endangered places could be observed as a traditional risk-avoiding strategy. Besides, remnants of forests preserved in river ravines can be taken as a form of biological erosion control. Severe environmental problems reported by all interviewees included plant diseases (lancha), animal pests and the lack of timber.

The research area has a long history of conservation efforts (CINFA 2006): in 1982 the Podocarpus National Park was declared, in 2000 the Bosque Protector Corazón de Oro and in 2007 the Biosphere Reserve Podocarpus – El Cóndor (Fig. 2). However, concerning the perception of conservation measures, the survey indicates that only a minority of local inhabitants know about conservation areas. The majority do not even know of the Podocarpus National Park and, although they are living within it, they do not know of the Bosque Protector Corazón de Oro. All of the interviewees claimed to have no idea of what the specific conservation areas are for, where the borders are, and what resource use regulations and restrictions exist. Moreover, at the moment there are considerable jurisdiction problems between national institutions in the land legalization process within the Bosque Protector Corazón de Oro that in future will make local people very sceptical about conservation measures.

Although forests are highly valued economically by the local *mestizo* and Saraguro farmers, deforestation is an ongoing process in the area. In colonization areas the main reason for forest clearing is the arrival of new settlers, the founding of new households and the subsequent conversion of forests into agricultural land. In the vicinity of the two investigated villages of Los Guabos (*mestizo*) and El Tibio (Saraguro) the colonization process, however, is mainly completed. In these areas the clearing of forests seems to be a household-based decision which takes place under the following circumstances:

- if land is divided after inheritance, the clearing of new lots often follows;
- if soil and pasture gradually lose their fertility, forest is cleared to gain new pastures;
- if the farmer has the strong desire to improve livelihood, this is mainly realised by means of extensive cattle ranching and consequently in forest clearing.

The latter might be the main reason for deforestation in the area. In this respect the distribution of land among the farmers and landownership has to be investigated more closely to find out which household type is contributing most to the deforestation process.

## 4 Analysis of livelihood strategies of small-scale farming households

To document and analyse ethno-specific livelihood strategies of rural farming households and their impact on natural resources a household survey was conducted in accordance with the concept of sustainable livelihoods (Chambers & Conway 1992) from September to November 2008 in six rural communities, including the *mestizo* community of Los Guabos and the Saraguro community of El Tibio (cf. Pohle et al. 2010, 2012, 2013). In these two communities a complete inventory of households was undertaken comprising data from 48 households and 240 permanently present household members. The household survey included 161 mainly standardized questions directed towards the five capitals or resources – financial, physical, human, social and natural (Fig. 7). Also included was general information about household composition and biographical data of each household member. All data were entered into a SPSS database.

The Saraguros and the *mestizos* of the research area are mainly engaged in agro-pastoral activities that combine both a market economy (cattle ranching for cheese, milk and meat production) and a subsistence economy (crop production, horticulture and cattle ranching for subsistence needs). Whereas corn and beans are cropped in shifting fields (*chacras*), vegetables, fruits, spices and other useful plants are cul-

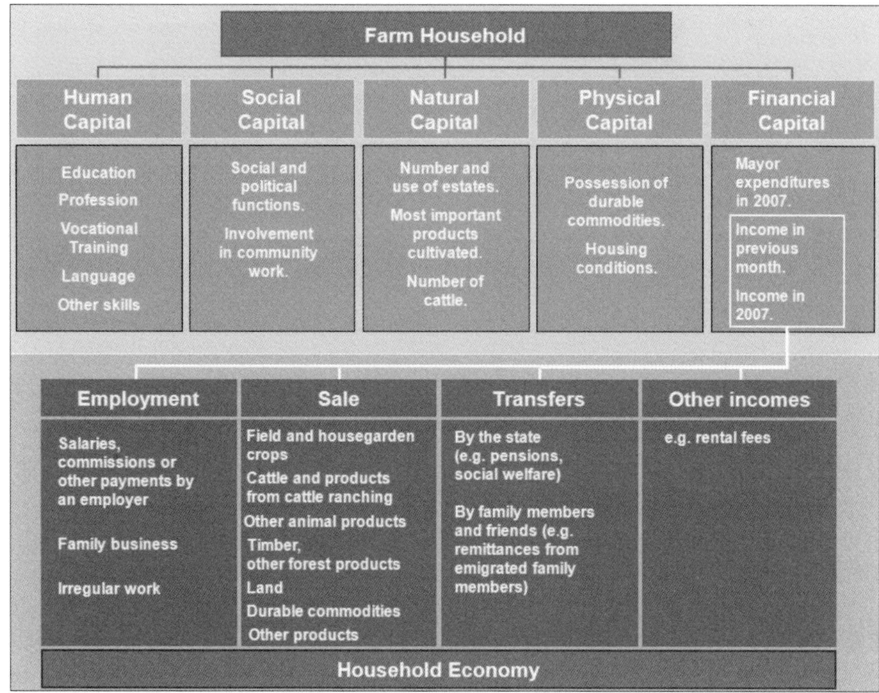


*Fig. 7: Framework of the livelihood analysis conducted in six rural communities in southern Ecuador. Survey by M. Park*

tivated in permanent home gardens (*huertas*). The main product drawn from cattle ranching is cheese, which is sold weekly in the markets of Loja.

Figure 8 shows the monetary household incomes of the studied *mestizo* and Saraguro communities in 2007 according to different revenue categories. In all communities revenues from employment and pasture economy were the most important sources of household income, comprising in 2007 in El Tibio 83% (n = 28 households) and in Los Guabos 80% (n = 18 households). Revenues from cattle ranching (mainly sales of cheese) are far higher in Saraguro households (El Tibio 41.2%) than in *mestizo* households (Los Guabos 25.5%). The contribution of employment (mainly in the form of irregular work, day labour) is higher in the *mestizo* households of Los Guabos (54.5%), than in those of the Saraguros of El Tibio (41.8%).

The stronger engagement of Saraguros in cattle ranching becomes obvious also in the share of land per land use category and the number of cattle per household (Fig. 9 and 10). The Saraguros of El Tibio maintain more pasture (11.0 ha per household, n = 29) than the *mestizos* of Los Guabos (8.4 ha per household, n = 18) and own more cattle (11.4 head compared to 9.4 head). In contrast, the *mestizos* of Los Guabos show a stronger engagement in cropping than the Saraguros (4.2 ha crop fields (*chacras*) per household compared to 2.1 ha).

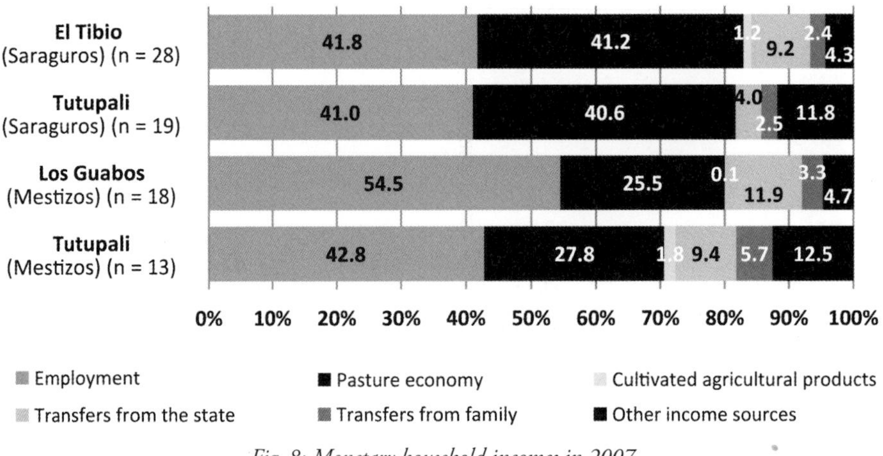


*Fig. 8: Monetary household incomes in 2007*

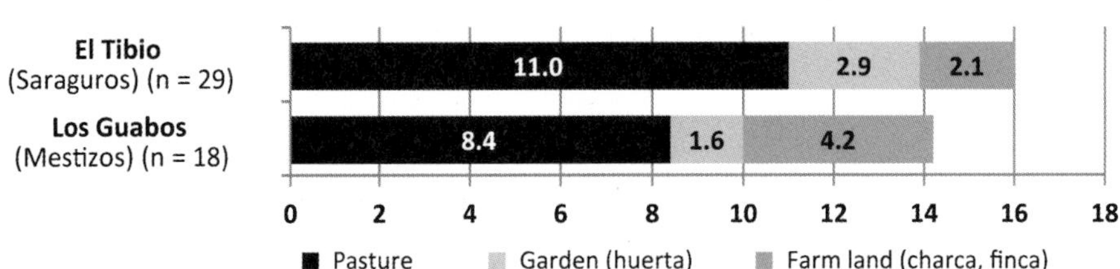


*Fig. 9: The households' average share of land per land use category (in ha)*

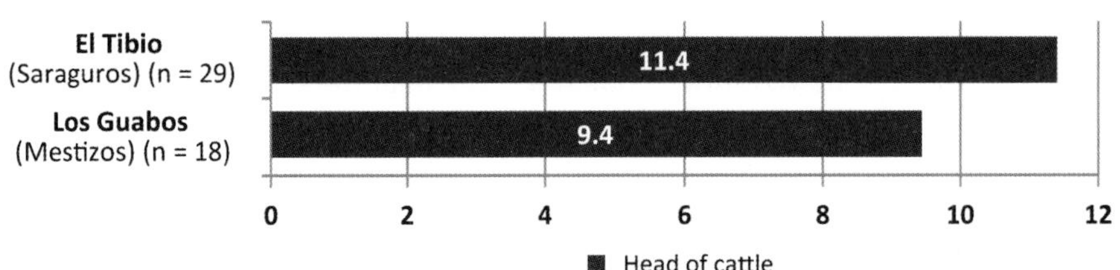


*Fig. 10: Average number of cattle per household*

Household types are heterogeneous in the *mestizo* and Saraguro communities studied and vary e. g. by household size, age and composition, owned land and cattle, as well as income structure in general. Figures 11 and 12 show the number of cattle and total area of land under use for all *mestizo* households of Los Guabos and all Saraguro households of El Tibio. It becomes obvious, that household types are very heterogeneous regarding their natural capital assets. A small number of privileged households owns a high number of cattle and maintains a big area of land (mainly pastures), whereas the majority of households has access to only small land holdings and owns very few head of cattle. There is also quite a number of landless

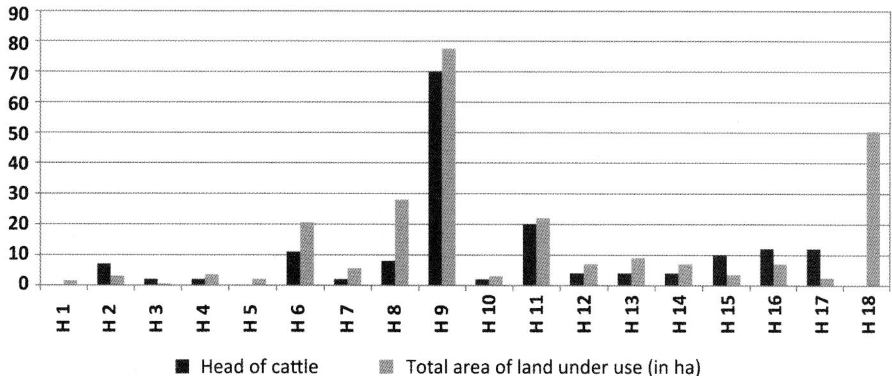


*Fig. 11: Los Guabos: Number of cattle and total area of land under use per household*

households and households with extremely small holdings (less than one ha) especially among the *mestizos*. Their household income mainly stems from day labour on the pastures and fields of the bigger landowners. Concerning the question of which household type participates most in the deforestation process, these landless and poorest households are probably no relevant actors in this respect. Rather, the decision to clear forest is apparently undertaken by the small number of more privileged landowners who also have the equipment and can afford to hire workers. Their decision is often based on a strong desire to improve their livelihood by integrating more into the market economy and this is realised especially by means of extensive cattle ranching. Concerning the "poverty-forest-debate", these findings would contradict the frequently held belief that poverty increases deforestation, at least on a household level (cf. Wunder 1996).

## 5 Conclusions

Similar to other tropical frontier areas the land use / land cover changes in the research area are characterized by a substantial loss of forests and a concomitant loss of biodiversity due to pasture extension. However, the trajectories of change are non-linear, showing high deforestation rates in the 1960s and 1970s as a result of national colonization policy and land reforms, but also various stages of vegetation succession and even some forest recovery.

In order to protect the remaining biodiversity it is necessary to develop land use systems that conserve the existing forest patches and offer attractive and affordable alternatives for cattle ranching (Marquette 2006). The experience in international nature conservation during the past 2–3 decades (Ellenberg 1993; Ghimire & Pimbert 1997; Müller-Böker et al. 2002) has shown that resource management, if it is to be sustainable, must serve the goals of both nature conservation and the use claims of the

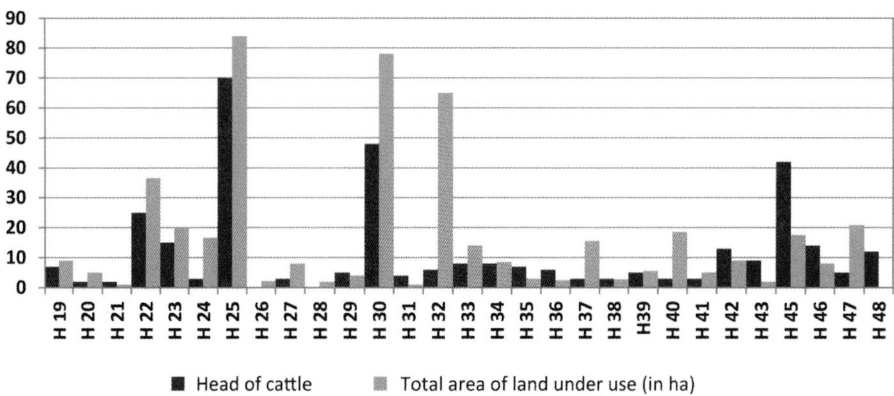


*Fig. 12: El Tibio: Number of cattle and total area of land under use per household*

local population. The strategy is one of "protection by use" instead of "protection from use", a concept that has emerged throughout the tropics under the philosophy "use it or lose it" (Janzen 1992, 1994). In line with this concept is the integrated concept of conservation and development exemplified by UNESCO's Biosphere Reserve (UNESCO 1984). Since September 2007 the research area belongs to the Biosphere Reserve Podocarpus – El Cóndor. Programmatically, Biosphere Reserves are strongly rooted in cultural contexts and traditional ways of life (Bridgewater 2002). With regard to the area under study, in the buffer and transition zone of Podocarpus National Park measures to be taken should take into account ethno-specific environmental knowledge and know-how. The Biosphere Reserve in southern Ecuador could thus be the vehicle for protecting tropical mountain ecosystems and developing sustainable forms of land use at the same time.

Regarding cultural preferences, Rudel & Horowitz (1993) pointed out that generic factors such as land-titling requirements, year of settlement, population growth, and improvement of infrastructure homogenize the land-use patterns of different ethnic groups. Indeed, the Saraguros and the *mestizos* share modes of land and plant use, and are engaged in similar agro-pastoral activities. However, the Saraguros of El Tibio have a stronger engagement in cattle ranching and seem to be more successful from an economic perspective.

Since cattle ranching poses the main threat to the biodiversity rich tropical mountain rainforests of southern Ecuador alternative activities for securing rural livelihoods are needed in order to reduce the pressure on the forests. Decades of global efforts to conserve biodiversity have shown that people are more likely to incorporate new sources of income as complements to their existing activities than as substitutes for them (Ferraro & Kiss 2002). Moreover, in the research area cattle ranching fulfils multiple objectives within the farmers' livelihood strategies that are very difficult to substitute: as well as providing households with regular income, cattle awards a prestigious social status; cattle also represents a way of accumulating wealth as a private insurance, which is especially important in regions with weak loan and pension systems. Therefore, only a partial substitution of pasture land appears to be realistic. As one promising approach, the cultivation of useful plants (e. g. medicinal herbs, fruits, vegetables, and ornamental flowers) in home gardens for a regional market could be discussed (cf. Pohle & Gerique 2008; Pohle et al. 2010; Gerique 2011). An additional option could be the use of non-timber forest products like the production of honey, teas, liquors and conserves (Añazco et al. 2005; Ordoñez & Lalama 2006). However, in order to stem the further loss of forests and biodiversity, it may be necessary to convince local people that scrub and wasteland (*matorral*) should be replanted with native tree species, preferably with useful native trees in demand (Mosandl & Günter 2008; Stimm et al. 2008; Knoke et al. 2009). The introduction of silvipastoral and agroforestry systems should also be taken into account (v. Walter et al. 2008). Additionally, the improvement of the pasture economy (Roos et al. 2011) as well as the veterinary service is indispensable. Finally, the promotion of off-farm employment opportunities as well as payments for environmental services to protect the watershed area of Loja would benefit the local farmers. In any case, alternative land use systems should incorporate existing sustainable practices, should be based on local knowledge and experience and should take into account cultural preferences in order to be socially accepted.

## Acknowledgements

The research carried out in southern Ecuador was very much inspired by the comprehensive work of Christoph Stadel. His detailed studies concerning the Andean farmer's perception of environmental stress (natural and human) in the northern Ecuadorian Sierra were guiding the presented research project (Stadel 1989, 1991).

For their hospitality and generous participation in this study I wish to thank the inhabitants of the communities of Los Guabos and El Tibio. My gratitude also goes to Eduardo Tapia and Tatiana Ramón for their contribution to this work. We are grateful to the German Research Foundation (DFG) for funding this project within the research units FOR 402 and FOR 816.

## References

Alcorn, J. 1999: Indigenous resource management systems. In: Posey, D.A.: *Cultural and Spiritual Values of Biodiversity. A Complementary Contribution to the Global Biodiversity Assessment.* London: 203–206.

Añazco, M., L. Loján & R. Yaguache 2005: Productos forestales no madederos en el Ecuador. DFC/FAO / Ministerio de Ambiente, Gobierno de los Países Bajos. Quito.

Barsky, O. 1984: *La Reforma Agraria Ecuatoriana.* Quito (reprinted 1988).

Barthlott, W., A. Hostert, G. Kier, W. Küper, H. Kreft, J. Mutke, D. Rafiqpoor & H. Sommer 2007: Geographic patterns of vascular plant diversity at continental to global scales. *Erdkunde* 61, 4: 305–315.

Beck, E., J. Bendix, I. Kottke, F. Makeschin & R. Mosandl (eds.) 2008: *Gradients in a Tropical Mountain Ecosystem of Ecuador.* Ecological Studies 198. Berlin.

Bendix, J., E. Beck, A. Bräuning, F. Makeschin, R. Mosandl, S. Scheu & W. Wilcke (eds.) 2013: *Ecosystem Services, Biodiversity and Environmental Change in a Tropical Mountain Ecosystem of South Ecuador.* Ecological Studies. Berlin 221 (in press).

Berkes, F. 1999: *Sacred Ecology: Traditional Ecological Knowledge and Resource Management.* Philadelphia.

Bridgewater, P.B. 2002: Biosphere reserves: special places for people and nature. *Environmental Science & Policy* 5, 1: 9–12.

Bryant, R.L. & S. Bailey 1997: *Third World Political Ecology.* London.

Chambers, R. & G. Conway 1992: *Sustainable rural livelihoods: practical concepts for the 21st century.* IDS-Discussion Papers 296. Brighton.

CINFA 2006: *Informe técnico. Estado de conservación de Áreas Naturales Protegidas y Bosques Protectores de Loja y Zamora.* Loja.

Die Erde 2001: *Tropische Wald-Ökosysteme.* Themenheft. Die Erde 132, 1.

Ellenberg, L. 1993: Naturschutz und Technische Zusammenarbeit. *Geographische Rundschau* 45, 5: 290–300.

Farley, K.A. 2010: Pathways to forest transition: Local case studies from the Ecuadorian Andes. *Journal of Latin American Geography* 9, 2: 7–26.

Farrington, J., D. Carney, C. Ashley & C. Turton 1999: Sustainable Livelihoods in Practice: Early Applications of Concepts in Rural Areas. Overseas Development Institute (ODI) – *Natural Resource Perspectives* 42. London.

FAO 2007: *State of the World's Forests 2007.* Rome.

Ferraro, P.J. & A. Kiss 2002: Direct payments to conserve biodiversity. *Science* 298: 1718–1719.

Fujisaka, S., G. Escobar & E.J. Veneklaas 2000: Weedy fields and forests: interactions between land use and the composition of plant communities in the Peruvian Amazon. *Agriculture, Ecosystems and Environment* 78: 175–186.

Gerique, A. 2011: *Biodiversity as a resource: plant use and land use among the Shuar, Saraguros, and Mestizos in tropical rainforest areas of southern Ecuador.* Dissertation, University of Erlangen-Nuremberg.

Ghimire, K.B. & M.P. Pimbert (eds.) 1997: *Social Change and Conservation: An Overview of Issues and Concepts.* London.

Göttlicher, D., A. Obregón, J. Homeier, R. Rollenbeck, T. Nauss & J. Bendix 2009: Land-cover classification in the Andes of southern Ecuador using Landsat ETM+ data as a basis for SVAT modelling. *International Journal of Remote Sensing* 30: 1867–1886.

Gräf, M. 1990: *Endogener und gelenkter Kulturwandel in ausgewählten indianischen Gemeinden des Hochlandes von Ecuador.* München.

Harden, C.P. 1996: Interrelationships between land abandonment and land degradation: a case from the Ecuadorian Andes. *Mountain Research and Development* 16: 274–280

INEC (Instituto Nacional de Estadística y Censos) 2001: Censo de Población y Vivienda 2001. http://redatam.imec.gob.ec/cgibin/RpWebEngine.exe/PortalAction?&MODE=MAIN&BASE=CPV2010&MAIN=WebServerMain.inl (accessed: 21.11.12)

INEC (Instituto Nacional de Estadística y Censos) 2010: Censo de Población y Vivienda 2010. http://redatam.imec.gob.ec/cgibin/RpWebEngine.exe/PortalAction?&MODE=MAIN&BASE=CPV2010&MAIN=WebServerMain.inl (accessed: 21.11.12)

Janzen, D.H. 1992: A south-north perspective on science in the management, use and economic development of biodiversity. In: Sandlund, O.T., K. Hindar & A.H.D. Brown (eds.): *Conservation of Biodiversity for Sustainable Development* Oslo: 27–52.

Janzen, D.H. 1994: Wildland biodiversity management in the tropics: where are we now and where are we going? *Vida Silvestre Neotropical* 3: 3–15.

Jørgensen, P.M. & C. Ulloa Ulloa 1994: Seed plants of the high Andes of Ecuador – a checklist. *Aarhus (AAU) University Reports* 34: 1–443

Koopowitz, H., A.D. Thornhill & M. Andersen 1994: A general stochastic model for the prediction of biodiversity losses based on habitat conversion. *Conservation Biology* 8: 425–438.

Knoke, T., B. Calvas, N. Aguirre, R. Roman-Cuesta, S. Günter, B. Stimm, M. Weber & R. Mosandl 2009: Can tropical farmers reconcile subsistence needs with forest conservation? *Frontiers in Ecology and the Environment* 7: 548–554.

Knoke, T., O.-E. Steinbeis, M. Bösch, R.M. Román-Cuesta, T. Burkhardt 2011: Cost-effective compensation to avoid carbon emissions from forest loss: An approach to consider price-quantity effects and risk-aversion. *Ecol Econ* 70: 1139–1153.

Krings, T. 2008: Politische Ökologie. Grundlagen und Arbeitsfelder eines geographischen Ansatzes der Mensch-Umwelt-Forschung. *Geographische Rundschau* 12: 4–9.

Malhi, Y., J. Timmons Roberts, R.A. Betts, T.J. Killeen, W. Li & C.A. Nobre 2008: Climate Change, Deforestation and the Fate of the Amazon. *Science* 319: 169–172.

Marquette, C.M. 2006: Settler Welfare on Tropical Forest Frontiers in Latin America. *Popul Environ* 27: 397–444. doi 10.1007/s11111-006-0029-y.

Meusburger, P. & T. Schwan (eds.) 2003: *Humanökologie. Ansätze zur Überwindung der Natur-Kultur-Dichotomie*. Erdkundliches Wissen 135. Wiesbaden.

Mosandl, R., S. Günter, B. Stimm & M. Weber 2008: Ecuador suffers the highest deforestation rate in South America. In: Beck, E., J. Bendix, I. Kottke, F. Makeschin & R. Mosandl (eds.): *Gradients in a Tropical Mountain Ecosystem of Ecuador.* Ecological Studies 198. Berlin: 37–47.

Mosandl, R. & S. Günter 2008: Sustainable management of tropical mountain forests in Ecuador. In: Gradstein, S.R., J. Homeier & D. Gansert (eds.): The tropical mountain forest. *Biodiversity and Ecology Series* 2, Göttingen: 179–195.

Müller-Böker, U. 1999: *The Chitawan Tharus in Southern Nepal. An Ethnoecological Approach*. Nepal Research Centre Publications 21. Stuttgart.

Müller-Böker, U., M. Kollmair & R. Soliva 2002: Der Naturschutz in Nepal im gesellschaftlichen Kontext. *Asiatische Studien* LV 3. Berne: 725–775.

Myers, N., R.A. Mittermeier, C.G. Mittermeier, G.A.B. da Fonseca & J. Kent 2000: Biodiversity hotspots for conservation priorities. *Nature* 403: 853–858.

Nazarea, V.D. (ed.) 1999: *Ethnoecology, Situated Knowledge/Located Lives*. Arizona.

Ordoñez, O., K. Lalama 2006: *Experiencias del Manejo Apícola en Uritusinga*. PROBONA, Fundación Ecológica Arco Iris, Samiri-ProGeA. Loja.

Pichón, F.J. 1996: The forest conversion process: a discussion of the sustainability of predominant land uses associated with frontier expansion in the Amazon. *Agriculture and Human Values* 13, 1: 32–51.

Pohle, P. 2004: Erhaltung von Biodiversität in den Anden Südecuadors. *Geographische Rundschau* 56, 3: 14–21.

Pohle, P. 2008: The People Settled Around Podocarpus National Park. In: Beck, E., J. Bendix, I. Kottke, F. Makeschin, R. Mosandl (eds.): *Gradients in a Tropical Mountain Ecosystem of Ecuador.* Ecological Studies 198. Berlin: 25–36.

Pohle, P. & A. Gerique 2008: Sustainable and Non-Sustainable Use of Natural Resources by Indigenous and Local Communities. In: Beck, E., J. Bendix, I. Kottke, F. Makeschin & R. Mosandl (eds.): *Gradients in a Tropical Mountain Ecosystem of Ecuador.* Ecological Studies 198. Berlin: 331–345.

Pohle, P., A. Gerique, M. Park & M.F. López 2010: Human ecological dimensions in sustainable utilization and conservation of tropical mountain rain forests under global change in southern Ecuador. In: Tscharntke, T., C. Leuschner, E. Veldkamp, H. Faust, E. Guhardja & A. Bidin (eds): *Tropical Rainforests and Agroforests under Global Change*. Environmental Science and Engineering. Berlin, Heidelberg: 477–509.

Pohle, P., M. Park & T. Hefter 2012: Livelihood analysis of small-scale farming households in southern Ecuador. *Tropical Mountain Forest Newsletter* 16, DFG Research Unit 816: 10–11.

Pohle, P., A. Gerique, M.F. López & R. Spohner 2013: Current provisioning ecosystem services for the local population: Landscape development, food production and plant use. In: Bendix, J., E. Beck, A. Bräuning, F. Makeschin, R. Mosandl, S. Scheu & W. Wilcke (eds.): *Ecosystem Services, Biodiversity and Environmental Change in a Tropical Mountain Ecosystem of South Ecuador.* Ecological Studies 221. Berlin (in press).

Posey, D.A. 1985: Indigenous management of tropical forest ecosystems: the case of the Kayapó indians of the Brazialian Amazon. *Agroforestry Systems* 3: 139–158.

Roos, K., H.G. Rödel, E. Beck 2011: Short- and long-term effects of weed control on pastures infested with Pteridium arachnoideum and an attempt to regenerate abandoned pastures in South Ecuador. *Weed Res* 51: 165–176.

Rudel, T. 1998: Is there a forest transition? Deforestation, Reforestation, and Development. *Rural Sociology* 63, 4: 533–552.

Rudel, T. & B. Horowitz 1993: T*ropical Deforestation. Small farmers and Land Clearing in the Ecuadorian Amazon.* Columbia University Press, New York.

Rudel, T.K., D. Bates & R. Machinguiashi 2002: Ecologically noble Amerindians? Cattle ranching and cash cropping among Shuar and colonists in Ecuador. *Latin American Research Review* 37, 1: 144–159.

Scholz, F. 2004: *Geographische Entwicklungsforschung: Methoden und Theorien.* Stuttgart.

Sierra, R. 1996: *La Deforestación en el Noroccidente del Ecuador 1983–1993.* Quito.

Sierra, R. 1999: Traditional resource-use systems and tropical deforestation in a multi-ethnic region in North-West Ecuador. *Environmental Conservation* 26, 2: 136–145.

Stadel, C. 1989: The perception of stress by *campesinos*: A profile from the Ecuadorian Sierra. *Mountain Research & Development* 9, 1: 35–49.

Stadel, C. 1991: Environmental stress and sustainable development in the Tropical Andes. *Mountain Research & Development* 11, 3: 213–223.

Stimm, B., E. Beck, S. Günter, N. Aguirre, E. Cueva, R. Mosandl & M. Weber 2008: Reforestation of abandoned pastures: seed ecology of native species and production of indigenous plant material. In: Beck, E., J. Bendix, I. Kottke, F. Makeschin & R. Mosandl (eds.): *Gradients in a Tropical Mountain Ecosystem of Ecuador.* Ecological Studies 198. Berlin: 417–429.

Toledo, V.M., B. Ortiz & S. Medellín-Morales 1994: Biodiversity islands in a sea of pasturelands: indigenous resource management in the humid tropics of Mexico. *Etnoecologica* 2, 3: 37–50.

Tutillo Vallejo, A. 2010: *Die Nutzung der natürlichen Ressourcen bei den Saraguro und Mestizen im Wassereinzugsgebiet des Tambo Blanco in Südecuador.* Dissertation, University of Erlangen-Nuremberg.

UNESCO (ed.) 1984: Action plan for biosphere reserves. *Nature and Resources* 20, 4.

UNFCCC 2008: Fact Sheet: Reducing Emissions from Deforestation in Developing Countries: Approaches To Stimulate Action. United Nations Framework Convention on Climate Change.

Von Walter, F., J. Barkmann & R. Olschewski 2008: Ex-ante analysis of an agroforestry management option in Southern Ecuador – The Tara example. *EURECO-GfÖ Proceedings*: 527.

Warren, D.M., L.J. Slikkerveer & G. Brokensha 1995: *The Cultural Dimension of Development: Indigenous Knowledge Systems.* London.

Weichhart, P. 2007: Humanökologie. In: Gebhardt, H., R. Glaser & U. Radtke (eds.): *Geographie. Physische Geographie und Humangeographie.* Heidelberg: 941–958.

Wunder, S. 1996: Deforestation and the uses of wood in the Ecuadorian Andes. *Mountain Research and Development* 16, 4: 367–382.

# El transporte urbano como factor determinante en la sostenibilidad ambiental de las ciudades: caso de Lima


## Hildegardo Córdova Aguilar



La ciudad es un sistema complejo que necesita no sólo procesar la energía que entra y sale a su organismo, sino también la movilidad interna de sus elementos, entre los cuales está la población. Desde sus orígenes, las ciudades han necesitado arterias para la circulación de sus habitantes. El diseño y amplitud de estas arterias se hizo en función de los vehículos que se conocían al momento de la fundación. Sólo unas cuantas ciudades se proyectaron a lo que podría venir en el futuro.

En esta ponencia se buscará responder, entre otras, a las siguientes preguntas ¿De qué manera afectan estas infraestructuras la cohesión de los barrios? ¿Cómo responden los usuarios? El objetivo es mostrar algunas respuestas a estas preguntas que de manera directa afectan la sostenibilidad de las vías urbanas, estableciendo redistribuciones del tráfico y poniendo en discusión la sostenibilidad y calidad de vida en la ciudad. Aquí se ponen en la balanza dos prioridades que no necesariamente deben ser excluyentes: la circulación de vehículos motorizados y la circulación de personas. Aparecen así zonas libres del tráfico vehicular – calles peatonales – y zonas expresas para el tráfico vehicular con una barra en el centro para evitar el paso de peatones. Se toma como experiencia a la ciudad de Lima en donde se vienen construyendo equipamientos viales importantes como el Sistema Metropolitano de Transporte (SMT) y el Metro más conocido como Tren Eléctrico. Además se han construido dos vías expresas a desnivel, y canales de uso exclusivo para el transporte público, lo que obliga a un reordenamiento del tráfico urbano sacando de circulación a algunas rutas operadas con vehículos pequeños conocidos localmente como "combis" y "custers".

Lima es el principal centro político, administrativo, económico y cultural del Perú. El área metropolitana incluye El Callao y cubre alrededor de 900 km$^2$.

**Urban transport as determining factor for ecological sustainability in cities: the case of Lima**
Cities are complex systems that need to process not only energy as input and output but also to ensure the internal mobility of their elements, including the population. From their origin, cities have needed arteries for the circulation of their inhabitants. The design and amplitude of these arteries went along with the type of vehicle known at the time the arteries were created. Few cities were able to plan for future technological changes.

In this paper I will try to answer, among other things, the following questions: how do these infrastructures affect the cohesion of neighbourhoods? How do locals react to these changes? The objective is to show that some answers to these questions directly affect the sustainability of urban transport networks, redistributions of traffic and also the quality of life in a city. Two priorities emerge: zones that are free of motorized traffic, such as pedestrian streets, and express zones for motorized traffic. This study is based on the example of the city of Lima where important transport infrastructure projects are under construction, such as the Metropolitan Transport System (SMT) and the Metro, better known as Electric Train. In addition, two underpass expressways, and lanes reserved for public busses have been constructed. As a result, urban traffic was reorganized and some roads put aside for smaller vehicles, locally known as *combi* or *custers*.

Lima is the principal political, administrative, economic and cultural centre of Perú. Metropolitan Lima includes El Callao and extends over more than 900 km$^2$.



**Keywords***:* Transport, environmental sustainability, walking streets, quality of life, traffic management

**Stadtverkehr als determinierender Faktor der ökologischen Nachhaltigkeit in Städten: Der Fall Lima**

Städte sind komplexe Systeme, in denen u.a. nicht nur Energie als Input und Output, sondern auch die interne Mobilität ihrer Elemente wirksam sind. Zu diesen Systemelementen gehört auch die Bevölkerung. Seit ihrem Ursprung benötigten Städte Arterien für die Zirkulation ihrer Einwohner. Design und Amplitude dieser Arterien richtete sich nach dem Stand der Fahrzeugtechnik zur Zeit ihrer Anlage. Nur wenige Städten konnten bereits vorausschauend den technischen Fortschritt der Zukunft vorausschauend projektieren.

In diesem Artikel werden u.a. folgende Fragen behandelt: Wie wirken die Infrastrukturen auf die soziale Kohäsion der Nachbarschaften? und: Wie reagieren die lokalen Bewohner auf die Veränderungen? Dabei wird deutlich, dass manche Fragen die Nachhaltigkeit der städtischen Verkehrsnetze, die Verlagerung des Verkehrs und die Lebensqualität in der Stadt betreffen. Zwei Prioritäten schälen sich heraus: Der motorisierte und der Fußgängerverkehr. Als Fallstudie dient Lima, in der derzeit wichtige Verkehrssysteme installiert werden, wie das Metropolitane Transportsystem (SMT) und die Metro, bekannter als Elektrozug. Außerdem wurden zwei kreuzungsfreie Schnellstraßen und Trassen errichtet, die dem ÖPNV vorbehalten sind. Dies hatte eine Reorganisation des städtischen Verkehrs zur Folge, in der auch einige Straßen für kleinere Fahrzeuge vorbehalten sind.

Lima ist das wichtigste politische, administrative, wirtschaftliche und kulturelle Zentrum Perus. Die Metropolitanregion schließt Callao ein und umfasst ca. 900 $km^2$.

# 1 Introducción

Los seres humanos somos gregarios por naturaleza y nos encanta comunicarnos con nuestro entorno y con lugares más alejados. Cualquiera que fuera la localización, rural o urbana, necesitamos desplazarnos para cumplir con nuestras funciones. Esta condición es fundamental para el desarrollo de las sociedades y no es una exageración el señalar que el atraso socio-económico que afecta al conjunto de habitantes de las tierras montañosas es porque las comunicaciones son más difíciles que en los terrenos llanos. Así, la movilidad es fundamental para las actividades económicas y sociales, incluyendo la conmutación, la fabricación, y el suministro de energía. Tiene que ver con las infraestructuras, instituciones y corporaciones que apoyan a los desplazamientos. Trata de unir limitaciones espaciales y atributos con el origen, el destino, el grado, la naturaleza y el objetivo de los movimientos.

El transporte es un servicio que depende básicamente de la oferta industrial para su funcionamiento eficiente. Las ciudades preindustriales son un ejemplo de este aserto; y hoy nos sentimos transportados a épocas pasadas cuando transitamos por los centros históricos de las grandes ciudades, en donde siempre encontraremos calles angostas que, a veces, sólo permiten el paso de un vehículo motorizado pequeño. La construcción de vehículos en masa obligó al ensanchamiento de algunas vías para lo cual hubo necesidad de acortar el tamaño de algunas parcelas y con ello modificar la morfología de los centros. El incremento de la población y su ubicación en sitios periféricos cada vez más lejos de los centros de actividades comerciales y financieras demanda el uso de vehículos de transporte colectivo. Así, a medida que el sistema crece en volumen también la movilidad se convierte en más intensa y exige canales de circulación más amplios y vehículos más grandes y rápidos, que al mismo tiempo no contaminen el ambiente urbano. Vista así la ciudad se enfrenta a una encrucijada de encontrar soluciones para mejorar el tráfico vehicular y de los peatones. Para eso se amplían las arterias de circulación motorizada o se construyen canales expresos cercando o limitando el tráfico de peatones. Algunas ciudades han escogido utilizar el subsuelo como estrategia para la construcción de vías de transporte masivo dejando libre la superficie de las calzadas para la circulación de vehículos de menor envergadura. Tales son las experiencias de un gran número de metrópolis de Europa y América. Sin embargo, hay otras metrópolis que han escogido alternativas como la construcción de canales a desnivel o la separación de las calzadas para la circulación de vehículos articulados o la limitación de circulación vehicular mediante turnos. Todo esto produce cambios en el paisaje urbano que muchas veces tiene que convalidarse con la importancia histórica de algunos sectores y con la estética urbana.

El transporte en las ciudades es uno de los más complejos desafíos de la sociedad contemporánea. Comprende varios sistemas, algunos muy especializados, pero el objetivo final es siempre garantizar la movilidad de personas y mercancías en diferentes volúmenes según las distribuciones espaciales de la población. En las ciudades se concentran tres tipos fundamentales de transporte: el de pasajeros, el de mercancías y el privado (individual). Al analizar el transporte urbano debemos tener en cuenta los tipos de vehículos, la infraestructura, y las operaciones que se refieren, por un lado, a la carga, descarga y almacenaje de mercaderías; y por el otro, al transporte de personas. A grandes rasgos se distinguen dos categorías de transporte de personas: el público y el privado. El transporte público es cuando las personas usuarias del servicio pagan una tarifa para viajar de un lugar a otro. El transporte privado es cuando los vehículos son usados por sus propios dueños y no hay pagos fungibles. En las sociedades urbanas medianas y grandes existe una dominancia del transporte privado que cubre todas las arterias de las ciudades aumentando los problemas de contaminación por los gases que sueltan a la atmósfera, la saturación de las vías y el ruido. Las ventajas de este transporte es que se realiza a discrecionalidad por las rutas y en el momento que el propietario desea. El transporte público, por el contrario, al mover mayor cantidad de población y de mercancías, reduce el consumo de energía y demanda menos vehículos, con lo cual se reduce la contaminación del aire y se aligera la concentración vehicular. La desventaja es que no están disponibles en cualquier momento – salvo los taxis – y tampoco van a cualquier parte sino que siguen rutas preestablecidas.

## 2 El Transporte Urbano

Cualquiera que fuera una ciudad, encontraremos sistemas y vías de transporte en número y calidad variable según las necesidades de la población urbana (Stadel 2000). Como ya lo mencionó Mikušová (2011) esta necesidad se acentúa en las megaciudades en donde se ha masificado el transporte individual motorizado, aun cuando está presente la preocupación política de implementar servicios de transporte público ambientalmente sostenibles.

Para entender mejor el funcionamiento del sistema se hace necesario tener en cuenta diferentes escalas espaciales representadas por centros de tamaños diferentes. Las vías de desplazamiento en las ciudades pequeñas son redes de aceras y calzadas que se entrecruzan y superponen. Las aceras forman la red más sencilla y se construyen para garantizar la movilidad de las personas a pie. Se distribuyen alrededor de las manzanas (o cuadras) pegadas a los edificios con anchuras variables según se trate de calles secundarias o principales. En medio de las aceras que bordean las calles se encuentran las calzadas para los vehículos y el cruce de una acera a otra se hace en las esquinas sobre unas líneas cebra que garantizan teóricamente la seguridad de los peatones. A medida que el tránsito de peatones y vehículos aumenta se instalan semáforos para control de paso y evitar los estancamientos en los desplazamientos. Claro está que este sistema de tránsito funciona en tanto los usuarios del espacio urbano respeten las normas establecidas.

Las infraestructuras de transporte se organizan en redes. Estas son muy complejas, pero básicamente se componen de tres partes: los lugares de recojo, donde los pasajeros y las mercancías acceden a los vehículos de la red (como una estación de metro o paradero de buses), los canales de flujos, que son los lugares físicos por donde se desplazan los vehículos (vías expresas, avenidas, etc.) y los nodos, que son los lugares de cruce entre canales de flujos con trayectorias diferentes o de intercambio entre diversas redes.

El diseño de redes de transporte comprende dos partes importantes. Por un lado está la de ingeniería, que trata de la construcción física de la red (puentes, viaductos superficiales y subterráneos, asfaltado, etc.), y por el otro lado esta la selección de los lugares que debe conectar una red. Puede decirse que este aspecto es más geográfico porque además tiene en cuenta la capacidad de demanda, los accesos, etc. que son determinados en muchos casos por la morfología del terreno y de las edificaciones.

Las vías por donde circulan los vehículos constituyen un aspecto vital en la movilidad urbana, al punto que hoy se nota una deshumanización de la ciudad cuyo diseño se hace pensando más en el desplazamiento de los vehículos motorizados que en el bienestar de los usuarios de la ciudad. En principio, las calzadas permiten la circulación de todo vehículo con ruedas. Sin embargo, a medida que se intensifica el tráfico vehicular se llega a saturaciones de las capacidades de vías y entonces se ponen restricciones para el ingreso de algunos vehículos a esas zonas, tal como ocurre en los centro históricos de la mayoría de ciudades del mundo. El diseño de las calzadas es también importante porque permite la fluidez o estancamiento de la circulación. Aquí se tiene en cuenta no solo el desplazamiento vehicular sino también las paradas para dejar o recibir pasajeros o carga sin que eso interrumpa fuertemente el paso de otros vehículos. Además deben preverse las playas de estacionamiento que pueden ser al aire libre, subterráneas o en multipisos.

Los cruces de vehículos en el encuentro de calzadas están regulados por semáforos que indican mediante colores el permiso de su paso o no. Últimamente estos semáforos están equipados con un sistema de contabilidad de segundos que avisa los tiempos de espera en cada parada.

En las ciudades grandes y metrópolis, existen además rutas expresas en donde los vehículos pueden desplazarse a velocidades mayores. Por lo general estas rutas conectan los extremos de las áreas metropolitanas o se alinean en corredores centrales para facilitar el tráfico entre distritos de alta densidad. La intensidad de la fricción espacial del tráfico urbano hace que estas rutas expresas se conviertan en las de mayor demanda y con ello llegan momentos de saturación, produciendo atascos con la pérdida de tiempo consecuente.

Además de lo ya mencionado existen otras rutas más especializadas, construidas para el paso de vehículos especiales, como el carril-bus que sirve para el tránsito exclusivo de vehículos de transporte público, como el *Bus Rapid Transit* (BRT) de Curitiba, el TransMilenio en Bogotá, el Metrovía en Guayaquil, el Metropolitano en Lima. Los sistemas de metro son también bien populares en estas ciudades metropolitanas, como ocurre en Sao Paulo, México, D.F, Caracas, Santiago, Lima y otras. La mayoría de estas vías son subterráneas, pero también están las superficiales y las elevadas. Actualmente, las grandes ciudades deben atender las demandas de redes de transporte capaces de mover grandes cantidades de población. Esto lleva a la búsqueda de estrategias que mejoren la eficiencia y capacidad del transporte ¿Qué es mejor el bus en superficie o el metro subterráneo? Tradicionalmente se ha favorecido los desplazamientos en buses y automóviles, pero investigaciones recientes muestran que el ideal del transporte público es la vía subterránea. Los buses quedan excluidos porque ocupan mucho espacio en superficie y eso hace que el desplazamiento sea muy lento (Bassett & Marpillero-Colomina 2011: 154). Además, existe el estigma, especialmente en los países desarrollados, que el transporte público en buses es propio de la gente pobre *(ibidem)*.

Todas estas formas, incluyendo corredores para bicicletas y rutas de peatones, constituyen el sistema urbano de transporte subdividido en redes según tipos. En las páginas siguientes dedicaremos la atención a las redes de transporte urbano de Lima Metropolitana, especialmente en los desarrollos recientes que están cambiando la cultura urbana de desplazamientos así como la localización de servicios y actividades comerciales.

El primer esfuerzo para desarrollar un sistema eficiente de transporte urbano rápido, conocido internacionalmente como *Bus Rapid Transit* (BRT), fue en la ciudad de Curitiba, Brasil, en 1974. Allí se diseñó un sistema de buses que comunicaran con la línea de metro subterráneo. Para esto se construyeron vías para buses con derecho de paso exclusivas, que permitieron separar los buses del resto del tráfico especialmente en áreas de congestionamiento, con lo cual se hicieron los recorridos en menos tiempo que el usualmente empleado (Rodriguez & Targa 2004: 587). Además se estableció el servicio de pago externo al bus, de tal manera que los usuarios solo tengan que esperar al bus en una plataforma y subir directamente al vehículo. Esto ahorra tiempo y hace que el servicio sea más rápido. Otra característica de este servicio es que los paraderos son más espaciados en comparación con los de buses tradicionales.

La experiencia de Curitiba fue seguida por Bogotá, en donde se construyó el TransMilenio (2000), que rápidamente se convirtió en un modelo a seguir por otras ciudades, entre las cuales está Lima.

## 2.1 El Transporte Urbano en Lima Metropolitana y Estrategias de Mejoramiento.

Lima es una metrópoli que poco a poco se acerca a los 10 millones de habitantes. Se extiende desde los 50 metros de altitud a orillas del mar en El Callao hasta los 800 metros de altitud en el piedemonte andino. Su población actual se calcula en nueve millones de habitantes que equivalen a cerca de un tercio del total nacional. Ocupa el quinto lugar dentro de las ciudades más pobladas de América Latina y el Caribe y ya se encuentra entre las treinta aglomeraciones más pobladas del mundo. Lima es una mezcla de modernidad y tradición producto de una rica fusión de culturas que reflejan la idiosincrasia de sus habitantes y las formas de valoración de las infraestructuras de servicios, entre los que está el transporte. En efecto, la población limeña necesita movilizarse de manera eficiente, consolidando los barrios periféricos con los centros de producción y de servicios. Sin embargo, su sistema de transporte adolece de una serie de problemas que hacen de la ciudad uno de los lugares más desordenados de América. Este problema es vivido cotidianamente por los limeños cuando se enfrentan a las enormes congestiones viales, y al poco respeto de las normas de tránsito.

El resultado es que según un estudio de la Organización Mundial de la Salud realizado el 2009 (citado en Vega Centeno et al. 2011) el Perú ocupa el primer lugar en accidentes de tránsito, entre los 178 países estudiados. De allí también que los limeños sientan al problema del transporte como el segundo en importancia *(ibídem)*. Esto hace que sea un reto el caminar por las calzadas, especialmente en los barrios con poca vigilancia policial. Si bien el Reglamento de Tránsito indica claramente a los motoristas que la vida de los peatones es primero, en la práctica es al revés. Es decir, cuando se tiene que cruzar una calle, el vehículo motorizado es primero aun cuando el peatón tenga derecho de paso. El estudio de Vega Centeno et al. (2011) también hace notar que hay una segregación social en la frecuencia de atropellos a peatones, en donde casi el 100 % ocurren en barrios pobres y casi ninguno en los barrios más ricos. La razón es que los barrios pobres ubicados en la periferia de la ciudad están ocupados por población inmigrante venida en gran parte de ambientes rurales o de pueblos en donde el tránsito vehicular es casi inexistente. Así no les es fácil adecuarse a las normas del dinamismo vehicular en la gran ciudad.

Además está el hecho que Lima viene organizando las vías para aliviar el tráfico vehicular sin importar las necesidades de los peatones. Son los casos de las avenidas Brasil, Tomás Marsano, Circunvalación, etc., en donde se colocan mallas de alambre en el centro para evitar el cruce de peatones, obligándolos a caminar hasta 200 metros para llegar a una esquina y cruzar las calzadas. Esto interrumpe la vida de vecindad al aumentar las fricciones espaciales que comunican un lado a otro de las avenidas. En otras circunstancias construyen puentes peatonales sobre vías de tránsito rápido, con escaleras de ascenso muy empinadas que no pueden ser usadas por adultos mayores o personas con discapacidad motora. Hay algunos usuarios que se quejan de que los canales de los puentes son muy estrechos y que les producen mareos. Como consecuencia de eso arriesgan sus vidas cruzando por el nivel de la calzada y en más de una ocasión terminan arrolladas. A esto se suman algunos problemas de ingeniería como el construir un puente muy corto haciendo que los pasajeros desciendan en medio de dos calzadas y sin un semáforo para cruzarlas.

La preocupación por mejorar la fluidez del tráfico vehicular está en la agenda de las administraciones municipales desde hace unas seis décadas más o menos. El informe final del Plan Maestro de Transporte Urbano para el Área Metropolitana de Lima y Callao (PMTUAMLC), señala que en el 2004, la movilidad se realizaba en un 77.3 % en transporte público, 15.3 % en carros privados y 7.4 % en taxis (Yachiyo Engineering Co.; Ltd y Pacific Consultants International, 2005: 2) y que tomando en cuenta esos datos se espera que el 2025 estos porcentajes se mantengan con una muy débil variación en el uso de transporte público y taxis, mientras que el uso de vehículos privados se incrementaría a 22 %. Al año 2005, la congestión ya era fuerte en la zona central y algunas avenidas principales con una velocidad media de 16.8 km / ora, que podría disminuir al año 2025 a 7.5 km / hora (*ibídem*) (ver Figu-

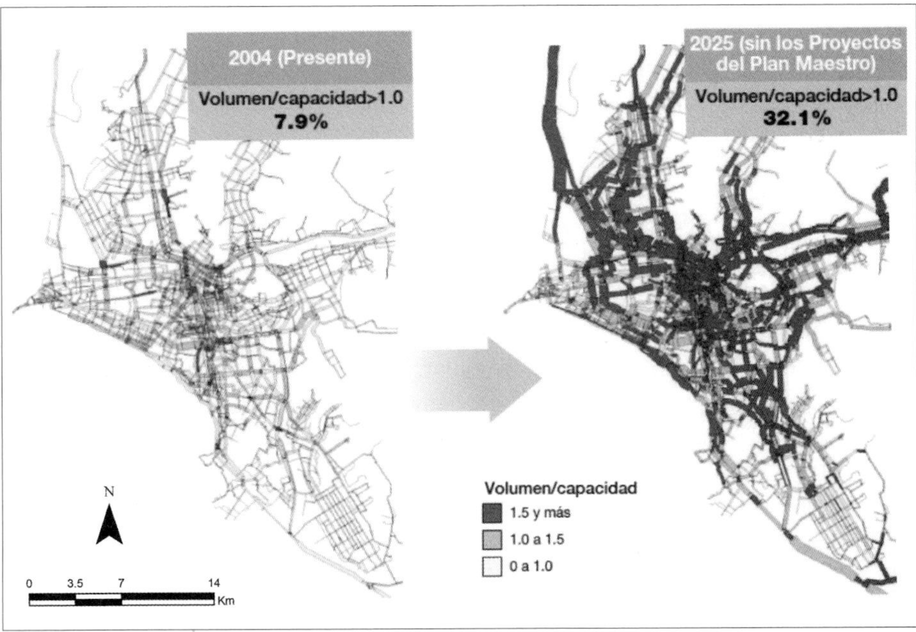


*Figura N° 1. Tasa de congestión del tránsito. Aquí se mide el volumen del tránsito en relación con la capacidad de carga de la vía. Así, el año 2004 había una sobrecarga de 7.9 % y al año 2025 esta sobrecarga se acentuaría al 32.1 % (Fuente: Yachiyo Engineering Co.; Ltd y Pacific Consultants International 2005: 2. Redibujado por C. Mallqui)*

ra N° 1). Efectivamente, siete años más tarde se nota que este problema se va acentuando y no hay una ruta aceptable cuando se trata de atravezar la ciudad en cualquier dirección en las horas punta.

Este estudio dirigido por Koichi Tsuzuky prestó atención a tres temas principales que aparecen como los principales frenos para la fluidez del transporte: a) un sistema de transporte público inadecuado, b) la gran concentración del tránsito en las principales avenidas, y c) la contaminación ambiental por la concentración vehicular. En función de esto se diseñaron estrategias integrales de política de planeamiento que atiendan prioritariamente al sistema de transporte público. Para eso, se combinaron cuatro planes sectoriales: el ferroviario, el de buses troncales, la red vial, y la administración del tránsito. Las propuestas de estos planes se muestran en la figura siguiente:

En este estudio también se proponen actividades a corto plazo que comprenden un sistema tronco-alimentador de buses en donde se considera una línea troncal con buses alimentadores que salen y llegan a las estaciones del bus troncal. Para mitigar la congestión del tránsito se recomienda un mejor control de las señales de tránsito, mejoramiento de intersecciones, administración de demanda de tránsito, seguridad vial, control de estacionamientos, educación en seguridad vial, monitoreo de accidentes, e inspección vehicular. Como la demanda de transporte seguirá aumentando, especialmente de los conos sur y norte, se necesita ampliar la ruta del tren (metro) desde Villa Salvador a San Juan de Lurigancho. Para la evaluación de demanda de transporte se dividió a LM en cinco sectores:

1) Lima Centro con el 26.1 % de la población y esta formada ´por 16 distritos: Cercado de Lima, La Victoria, Santiago de Surco, Rímac, Surquillo, San Miguel, San Borja, San Luis, Breña, Miraflores, Pueblo Libre, Jesús María, Lince, San Isidro, Magdalena del Mar y Barranco.
2) Lima Norte con el 23.3 % de la población y esta formada por ocho distritos: San Martín de Porres, Comas, Independencia, Puente Piedra, Carabayllo, Ancón, Santa Rosa y Los Olivos.
3) Lima Este con el 22.2 %, y está formada por siete distritos: San Juan de Lurigancho, El Agustino, Ate Vitarte, Lurigancho, Chaclacayo, La Molina y Santa Anita.
4) Lima Sur con el 18.3 %, y esta formada por 12 distritos: San Juan de Miraflores, Villa María del Triunfo, Villa El Salvador, Chorrillos, Lurín, Punta Hermosa, Cieneguilla, Pucusana, San Bartolo, Punta Negra, Pachacámac y Santa Maria del Mar.
5) Callao con el 10.1 % y esta formado por seis distritos: Callao, Bellavista, La Perla, Carmen de La Legua, Ventanilla y La Punta (Ver Figura N° 3).

Ya el Plan de Desarrollo Metropolitano de Lima-Callao 1990–2010, elaborado en 1988 por el Instituto Metropolitano de Planificación (IMP) de la Municipalidad Metropolitana de Lima y las actualizaciones posteriores como el Plan Estratégico de Transporte Urbano – Proyectos Metropolitanos, había propuesto el desarrollo de vías radiales y anillos viales a partir del centro de Lima, utilizando las vías principales (IMP 1992: 152). Algunas han sido desarrolladas de acuerdo a esta propuesta, sin haber llegado a establecer jerarquías de las funciones específicas. El IMP realizó una

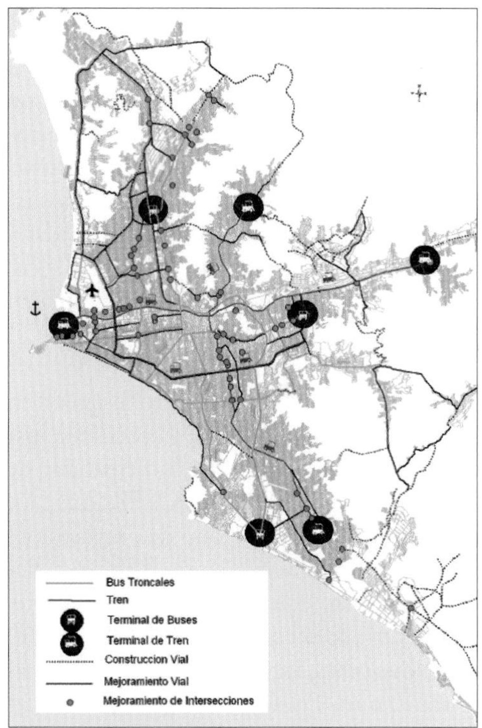


*Figura N° 2. Modalidades de transporte, rutas y equipamientos propuestos por Yachiyo Engineering Co.; Ltd y Pacific Consultants International, 2005: 3 (Redibujado por C. Mallqui)*

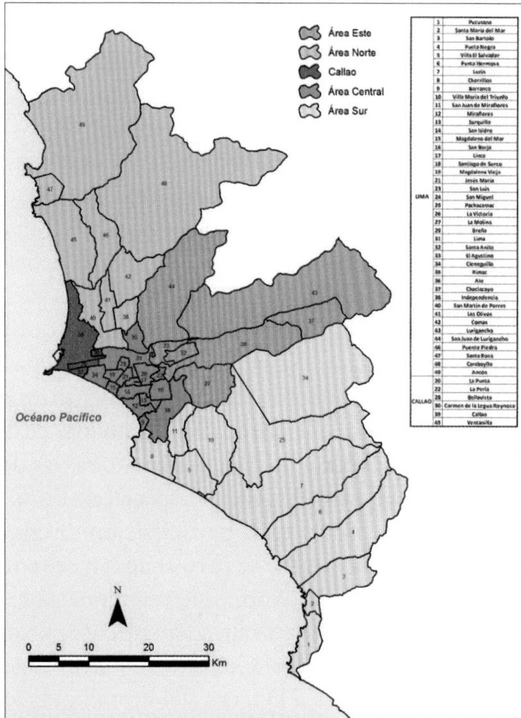


*Figura N° 3. Mapa de los sectores del área metropolitana de Lima-Callao (elaborado por C. Mallqui)*

clasificación de funciones distinguiendo Vías Expresas, Vías Arteriales y Vías Colectoras, determinando los derechos de vía en cada caso. Esta propuesta fue aprobada mediante la Ordenanza Municipal 341 de diciembre del 2001. El reparo a esta propuesta fue más de tipo conceptual porque se dio mayor atención al desarrollo urbano antes que las necesidades de vías para el transporte motorizado.

### 2.1.1 Proyectos de Desarrollos Viales

El desorden del transporte en la ciudad de Lima se fue acumulando a partir de la segunda mitad del siglo XX a medida que la ciudad aumentaba en población y se extendía como una mancha de aceite en los valles del Rimac y Chillón. Hasta finales de los años 1980 se mantenía un sistema controlado de rutas cuyos concesionarios no podían atender eficientemente la demanda. Era un asunto cotidiano ver a las personas apretujadas en los vehículos grandes y pequeños después de haber esperado en los paraderos alrededor de media hora. En 1990 se abrieron las rutas de transporte público permitiendo el ingreso de otros operarios y se facilitó la importación de vehículos usados de Japón. Esta política se fue acentuando en los años posteriores y según la Municipalidad de Lima (citado en Gallegos 2011: a2) la ciudad recibió entre el 2003 y el 2010 36,472 taxis. A esto se agregó el gran número de "combis"[1] que saturaron el tráfico del transporte público de pasajeros en las avenidas principales. Estos vehículos con capacidad de 12 a 25 pasajeros son incómodos e inseguros y forman parte de más de la mitad de los accidentes de tránsito urbano. Se encuentran distribuidos en más de 652 rutas que operan, en la mayoría de los casos, con unidades descuidadas y antiguas que ofrecen un servicio deficiente en cuánto a estándares de seguridad y comodidad (Höpner 2001). Algunas de estas rutas son "informales", es decir, no tienen el permiso de operación validado por las autoridades correspondientes.

Si antes se perdía tiempo en los paraderos, después se perdía el tiempo en los embotellamientos. El mantenimiento de las vías expresas, arteriales y colectoras quedó en manos de la Dirección Municipal de Transporte Urbano (DMTU); y como esta institución no podía atender a todas las demandas de conservación, la Municipalidad de Lima creó el Comité Especial de Promoción de la Inversión Privada (CEPRI-LIMA), para promover la participación de empresas privadas en el desarrollo de proyectos de transporte. Así se tuvo el apoyo económico para mejorar las siguientes rutas: a) el Periférico vial Norte que interconecta el puerto El Callao con la Panamericana Norte. Este proyecto avanza lentamente porque, entre otras, se necesita reubicar a unas 2000 viviendas; b) el Circuito de Playas Costa Verde que busca interconectar El Callao con Chorrillos a lo largo del litoral; c) la autopista Ramiro Prialé que va paralela a la carretera central por el lado derecho del río Rimac; y d) la Vía Expresa de la Av. Faucett que conecta el aeropuerto con la Av. La Marina, y de la cual sólo se ha avanzado dos km. La Empresa Municipal Administradora de Peaje (EMAPE) también viene interviniendo en algunas obras como la construcción del túnel de Santa Rosa para unir los distritos de Rimac y San Juan de Lurigancho, que está en plena construcción; y la extensión de la Av. Paseo de la República hacia el sur que sigue como proyecto.

Estas propuestas mostradas en las figuras 4, 5, 6, 7, 8, 9, sirvieron de base al Plan Maestro de Transporte Urbano para el área metropolitana de Lima y Callao elaborado el año 2005.

El Corredor Segregado de Alta Capacidad (COSAC-1) es un proyecto de transporte rápido en buses que operan bajo un sistema de troncales alimentadoras. Se basa en el proyecto de vías de buses exclusivas propuesto en el Proyecto de Transporte Urbano Metropolitano (PROTUM) en el segmento norte de la Av. Próceres de la Independencia, mientras que COSAC-a propone la Av. Tupac Amaru. Las vías de buses tendrían una longitud total de 28.6 km utilizando la vía existente en el Paseo de la República.

El programa contempló la construcción de una vía exclusiva para buses de 29.4 km con dos terminales de buses y 35 paraderos. A esto se agregaron rutas alimentadoras con una longitud total de 40 km.

1 Existen 24,924 vehículos de transporte público entre buses, coasters y combis que circulan en la ciudad de Lima (Gallegos 2011: a2).

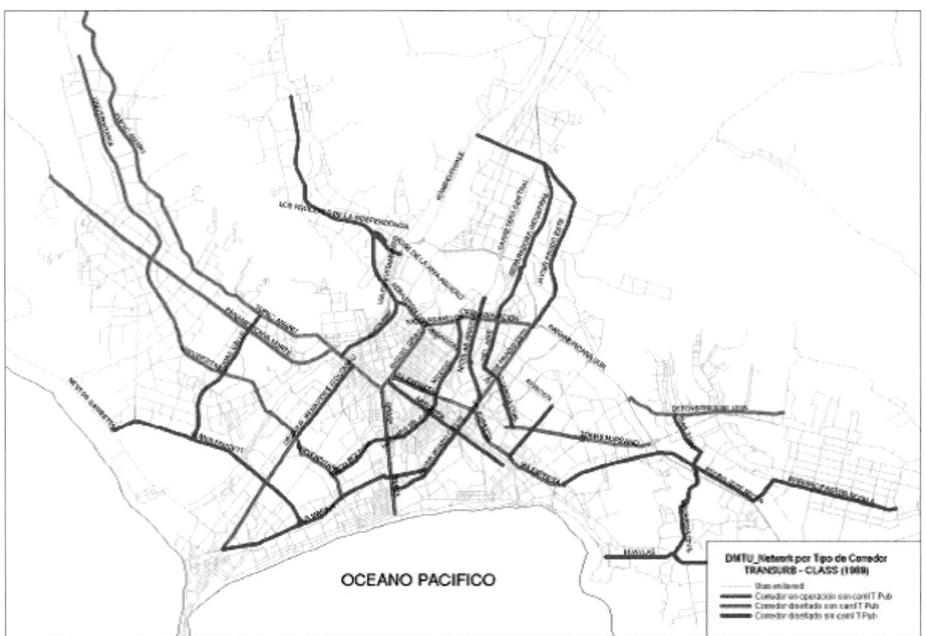


*Figura N° 4. Red de transporte en buses propuesta en 1989 (Fuente: PMTUAMLC 2005: 8-15 o 336. Redibujado popr C. Mallqui)*

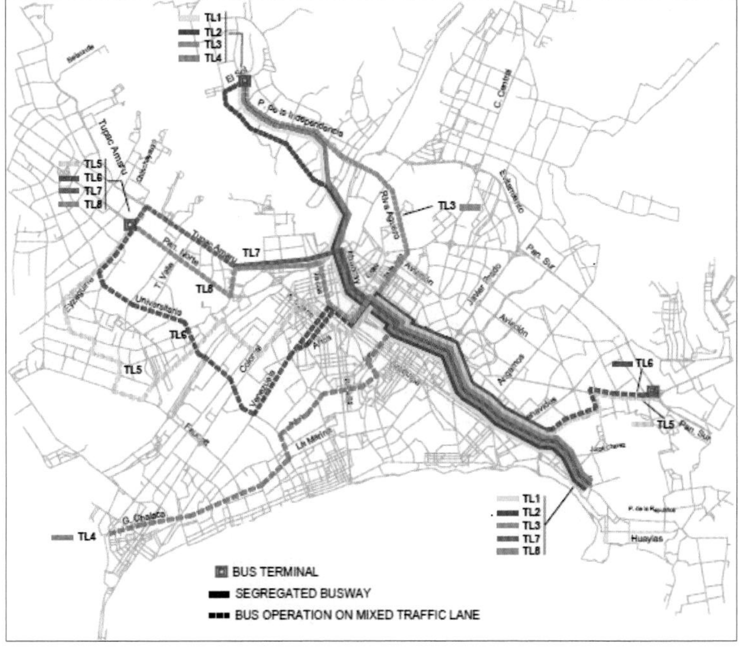


*Figura N° 5. Red de transporte en buses propuesta por PROTUM (Fuente: PMTUAMLC 2005: 337. Redibujado por C. Mallqui)*

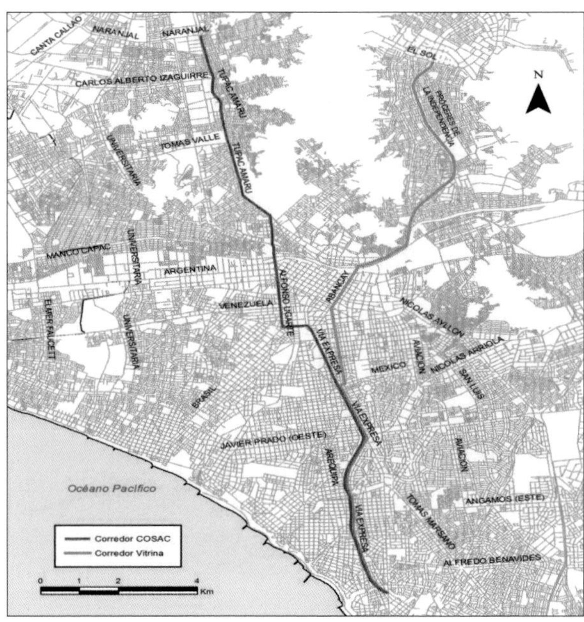


*Figura N° 6. Vías de buses propuesta por PROTUM y COSAC-1 (Fuente: PMTUAMLC 2005: 337. Elaborado por C. Mallqui)*

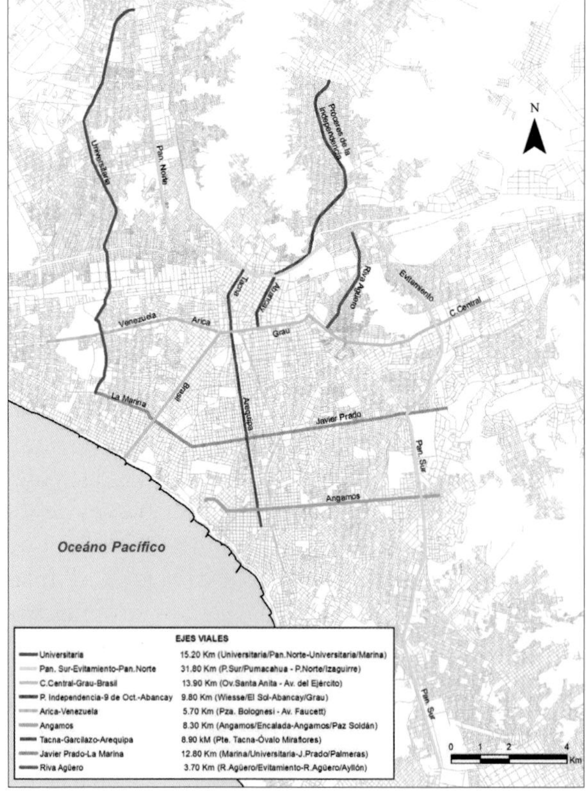


*Figura N° 7. Nueve rutas de buses propuestas por la DMTU (Fuente: PMTUAMLC 2005: 8-18 o 339. Elaborado por C. Mallqui)*

*Figura N° 8. La ruta segregada del Metropolitano permite un viaje rápido y seguro desde el centro de la ciudad hacia los distritos Independencia en el Norte y Chorrillos en el Sur, con estaciones intermdias (foto: H. Córdova)*

Las primeras iniciativas de construir un metro para Lima ocurrieron en la segunda mitad de los años 1960. Luego en 1973 una empresa alemana-suiza elaboró el "Diseño Preliminar del Sistema de Transporte Rápido de Pasajeros en el Área Metropolitana de Lima y Callao", que se muestra en la Figura N° 9. Allí se proponía un total de 125 km.

En 1986 se creó la Autoridad Autónoma del Tren Eléctrico (AATE). Esta autoridad elaboró un plan maestro en donde se consideraba la construcción de cinco líneas. En 1998 la AATE elaboró un proyecto complementario que consideraba prioritaria la construcción de la ruta sur-norte (línea 1) con un cambio en el uso de la vía central de la Av. Paseo de la República porque esta ya había sido habilitada para el transporte segregado de buses. La nueva ruta debería rediseñarse a partir de la Estación Atocongo, pero como ya se había avanzado a lo largo de la Av. Tomás Marsano y parte de la Av. Aviación, se decidió continuar hasta la intersección de ésta con la Av. Grau, con una extensión hacia San Juan de Lurigancho.

Existe el Comité de Transporte de Lima Metropolitana (TRANSMET) presidido por el Gerente Municipal metropolitano; y tiene como funciones el organizar el reglamento de transporte metropolitano, y regular la integración entre los diferentes proyectos de transporte. Agrupa a INVERMET (administración financiera de los proyectos), DMTU (reglamentación, institucionalización y control del transporte público), EMAPE (cobranza de peajes y ejecución de proyectos y obras), IMP (planificación urbana y regional), AATE (proyectos, reglamentos, control y administración del sistema ferroviario) y PROTRANSPORTE (planeamiento y ejecución del sistema operativo de buses arteriales que alimentan al COSAC).

El TRANSMET ha considerado las siguientes rutas integradas para el transporte público en Lima Metropolitana a corto plazo: 1) la red del tren urbano con dos líneas; la línea 1 de sur a norte (color verde) y la línea 2 (roja) de este a oeste. 2) La red de los

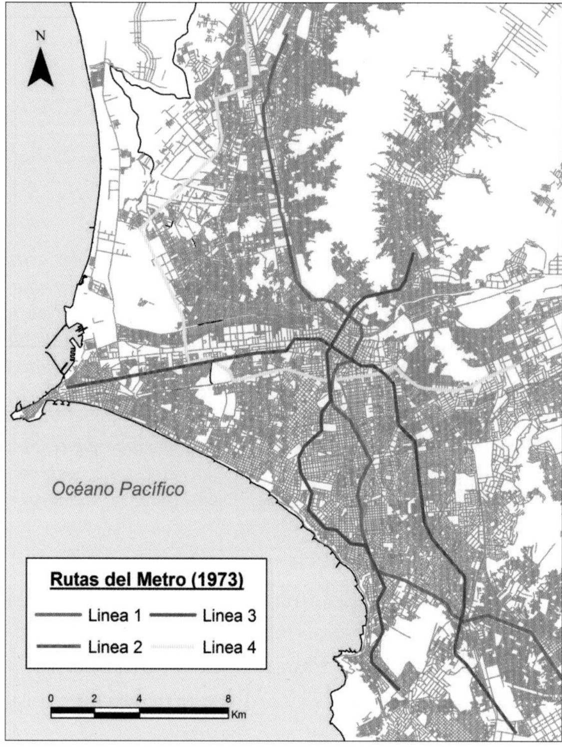


*Figura N° 9. Rutas de la construcción de un metro propuesta en 1973 (Fuente: PMTUAMLC, 2005: 346). Elaborado por C. Mallqui*

buses troncales a cargo del COSAC (amarillo). 3) Las vías arteriales (línea azul) a cargo de la DMTU que ha previsto hacer un reordenamiento de la concesión de rutas.

La puesta en servicio de la ruta a cargo de COSAC-1 conocida como El Metropolitano provocó una serie de artículos periodísticos en los diarios limeños, especialmente en El Comercio. Allí se comentó si este servicio cumplía con el alivio del transporte público o no en vista que continuaban circulando los vehículos tradicionales en rutas muchas veces paralelas a las del Metropolitano. Además se publicaron resultados de encuestas hechas a los usuarios para saber opiniones sobre el transporte urbano en general. Un artículo de Carmen Gallegos (Diario El Comercio 20/09/2011: a2) ofrece unos datos interesantes obtenidos por la empresa de opinión pública Ipsos Apoyo: se calcula que en Lima hay 240,000 taxis entre formales e informales que contribuyen a asfixiar las vías de la ciudad con ruido, tráfico y smog. Hay 121,510 vehículos registrados en la Gerencia de Transporte Urbano (GTU) para servicio de taxi; de estos solo 115,334 están autorizados, es decir quedan unos 124,666 informales que recorren la ciudad. Sin embargo, en opinión de expertos del Instituto de Tránsito y Transporte de Lima bastarían entre 50,000 y 100,000 taxis. La administración municipal actual ha instalado una mesa técnica con los gremios de taxistas en donde se vienen aceptando algunas reformas como la uniformización de las placas de taxis, con un aviso luminoso que va encima de la capota y un fotochek visible en

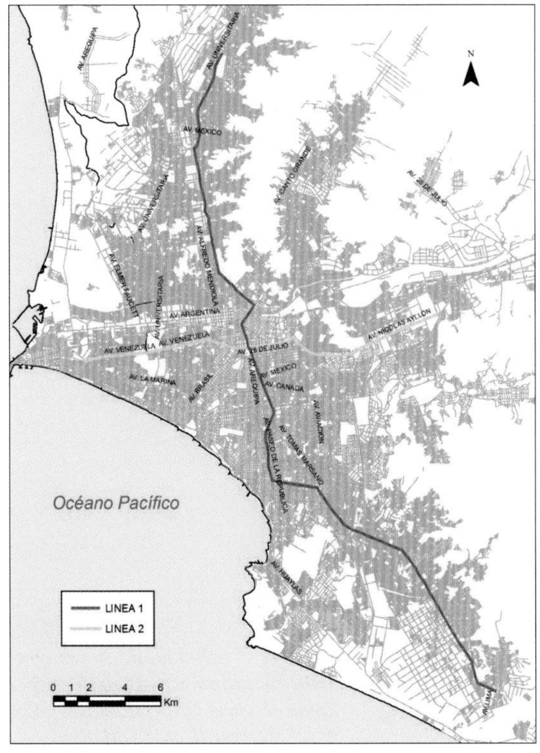


*Figura N° 10. Proyecto del metro, 1998. (Fuente: PMTUAMLC 2005: 8-27 o 348). Elaborado por C. Mallqui*

el interior del vehículo; luego en 18 meses deben tener colores que los identifiquen; en dos años deben estar afiliados a un sistema de radiocomunicación visible en el vehículo, y en tres años deben contar con un taxímetro.

El servicio del Metropolitano está cambiando el comportamiento de los usuarios del transporte público. Así, la encuesta ya mencionada, señala que el 68 % de los usuarios actúan "civilizadamente" y el 58 % cuidan de no ensuciar los vehículos. Esto es importante porque muestra que un buen servicio puede cambiar el comportamiento desorganizado de los limeños elevando su autoestima. Por supuesto que esto exige un mantenimiento de la infraestructura de parte de los concesionarios quienes deben cuidar de ofrecer la limpieza de los vehículos con la información oportuna a los nuevos usuarios que llegan día a día. En esta encuesta también se hizo una clasificación de usuarios por estrato socioeconómico. Un 46 % son del estrato A (más ricos), un 31 % del B (clase media), 30 % del C (media inferior), 26 % de D (obreros) y 14 % del E (más pobres). La explicación de estas diferencias está en el precio, porque en el metropolitano cuesta S / 2.50 por viaje, mientras que en las combis cuesta entre S / 0.50 y S / 4.00, según la distancia a recorrer.

En julio del 2011, antes de terminar sus funciones como Presidente de la República del Perú, el señor Alan García Pérez inauguró la línea del tren eléctrico desde Villa El Salvador hasta la Avenida Grau. Esta inauguración fue solo para el registro

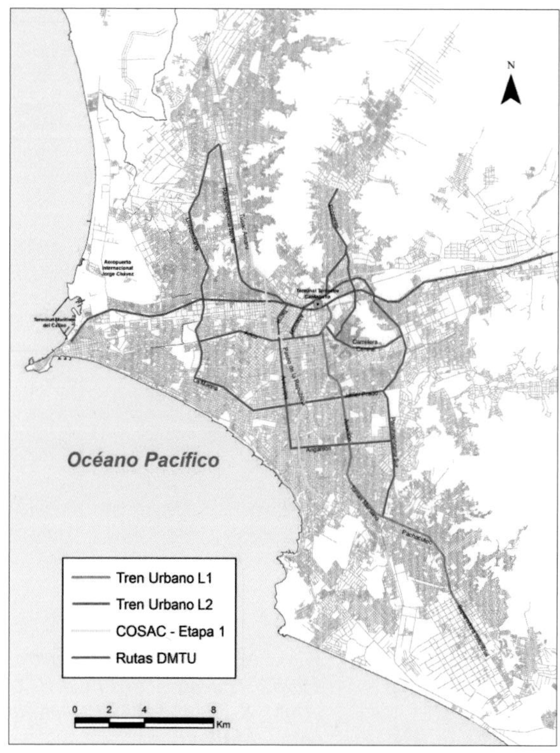


*Figura N° 11. Red del sistema integrado de transporte para Lima Metropolitana (Fuente: PMTULM, p: 352 o 8-31). Elaborado por C. Mallqui*

fotográfico, porque los trabajos de acabado estaban incompletos, y recién se puso en operación el tres de enero del 2012 (Figura N° 12). Como en el caso del Metropolitano, se puso un periodo de prueba de uso gratuito, que duró un par de meses, para que los usuarios se acostumbraran al nuevo sistema.

Actualmente se está construyendo el tramo que va de la Av. Grau hasta San Juan de Lurigancho de 12.42 km de extensión, con lo cual se completará la ruta 1 del tren eléctrico (ver Figura N° 10). También se ha comenzado la construcción de la ruta N° 2 que unirá Ate-Vitarte al Este de la ciudad con El Callao, siguiendo una línea casi paralela y en parte debajo el río Rimac (Yachiyo Engeneering, 2007: cap. 6-1 y Figura N° 13) en un túnel de dos kilómetros. Esta vía permitirá unir Ate y el Callao en 20 minutos (hoy se hace en 120 minutos) y se construirán 11 pasos a desnivel. Esta decisión obligó a un cambio en el trazo de la línea 2 del Metropolitano (COSAC II) que ahora unirá Ate con El Callao a lo largo de las avenidas Javier Prado con La Marina (Figura N° 14). También se viene trabajando en la adjudicación de rutas a empresas organizadas que alimentarán las estaciones del tren eléctrico y de los buses troncales en los sectores por construir.

A todo esto se agregan estudios para interconectar las rutas de servidores complementarios con las estaciones del tren eléctrico de tal manera que se agilice el traslado de personas que viajan en una dirección determinada (ver Figura N° 15).

*Figura N° 12. Estación del tren eléctrico a lo largo de la avenida Aviación (foto: H. Córdova)*

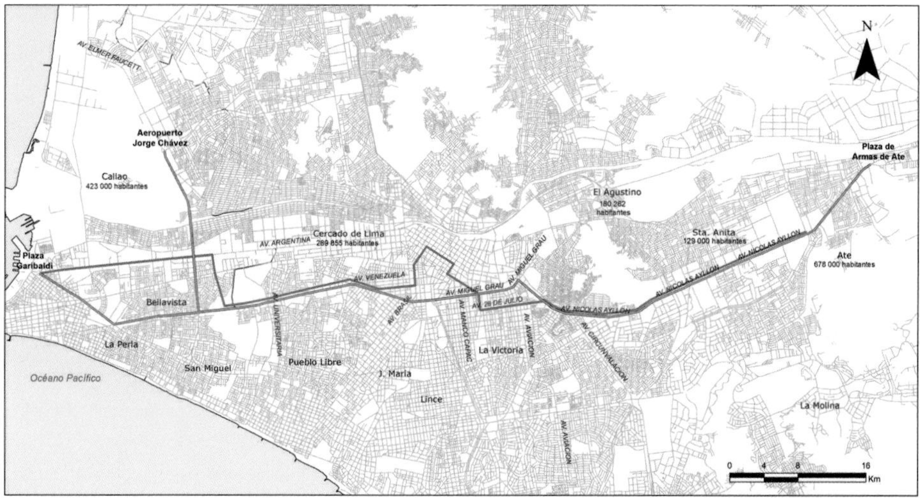


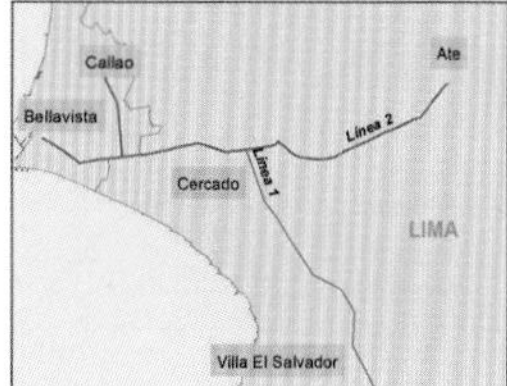


*Figura N° 13. Rutas de la línea 2 de Tren Eléctrico (en rojo) y el Metropolitano (línea azul) que unirán Ate-Vitarte con El Callao (Fuente: Diario El Comercio 16/02/12:a2. Redibujado por C. Mallqui)*

Los cuellos de botella se siguen presentando en algunas vías que sirven de paso a grupos poblacionales grandes como la entrada al distrito de San Juan de Lurigancho en el lado norte del río Rimac, o en la entrada al distrito La Molina. Para resolver el primer caso se viene construyendo un túnel que unirá a los distritos de Comas con San Juan de Lurigancho y estudia la construcción de otro túnel que una a los distritos de La Molina con Santiago de Surco.

Las reformas de infraestructura del transporte se complementan con el ordenamiento de los lugares de subida y bajada de pasajeros a lo largo de avenidas principales. Esta tarea es compleja debido al comportamiento de los usuarios, quienes están acostumbrados a que el vehículo los deje o recoja en cualquier parte de la acera. La autoridad municipal ya ha conseguido ordenar los paraderos de los vehículos de transporte público en las Avenidas Abancay-Manco Cápac, Tacna, Garcilaso de la Vega, Canadá y los paraderos Acho y Rayito de Sol en la vía de Evitamiento (Aquino Rojas 2013: a10), que reciben una carga vehicular intensa y están bordeando el centro histórico. Esto se acompaña del establecimiento de canales exclusivos para buses y de vehículos particulares, de tal manera que se disminuyan los bloqueos por el cruce de vehículos entre canales. Según los responsables del proyecto este ordenamiento ha permitido disminuir en un cuarenta porciento el tiempo de viaje por estas vías. Se espera que el desplazamiento por la ciudad mejor aún más cuando se reemplace los vehículos pequeños llamados "combis" por buses grandes. Dados los buenos resulta-

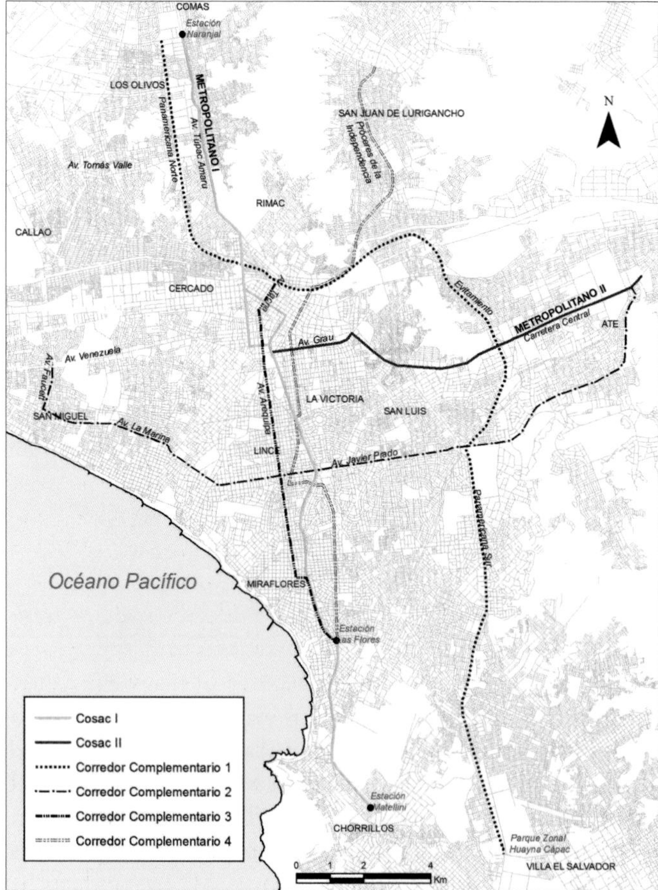


*Figura N° 14. La nueva ruta del Metropolitano 2 por la avenida Javier Prado (Fuente: Diario El Comercio 12/02/12: a13. Redibujado por C. Mallqui)*

*Figura N° 15. Posible interconexión entre la red del tren eléctrico con el Metropolitano (Foto Perú 21)*

dos de esta experiencia se ha proyectado extender este ordenamiento a toda la ciudad de Lima Metropolitana.

Otro tema que afecta al bienestar de los limeños es la falta de respeto a las señales de tránsito tanto de parte de los conductores como de los peatones. Como consecuencia de esto se tienen accidentes vehiculares y atropellos a personas casi todos los días del año. Un reporte de Rosa Aquino Rojas (2011: a18) señala que de los 359 atropellos registrados en el centro de Lima y de El Callao durante el primer semestre del 2011, el 21 % fue causado por la imprudencia de los peatones y un 19 % por culpa de los conductores. La persistencia de conductores ebrios es alarmante porque a pesar de las campañas de sensibilización, los accidentes mortales siguen siendo preocupantes. El estudio citado indica que de enero a junio, 2011, ocurrieron 1.688 accidentes de tránsito en el centro de Lima y El Callao. Como resultado de estos hubo 19 muertos, 1.027 heridos de gravedad y 316 heridos leves. Los lugares de mayor riesgo son las avenidas Alfonso Ugarte (136), Abancay (88) y Venezuela (79) (ver Figura N° 16).

Como ya se dijo anteriormente, la infraestructura vial ha sido diseñada pensando en los motoristas y no en los peatones. Se construyen puentes poco atractivos en donde las personas mayores o discapacitados no pueden acceder, lo cual viene dando lugar a accidentes mortales porque los peatones tratan de cruzar las calzadas sin utilizar los puentes peatonales. Así, el caminar por las calles de Lima-Callao se convierte en una actividad de alto riesgo, que contribuye al nerviosismo de la población y al poco disfrute de los paisajes urbanos.

Teniendo en cuenta este contexto, la Municipalidad de Lima acaba de aprobar la Ordenanza 1613 que crea el Sistema Integrado de Transporte (SIT) y también ha

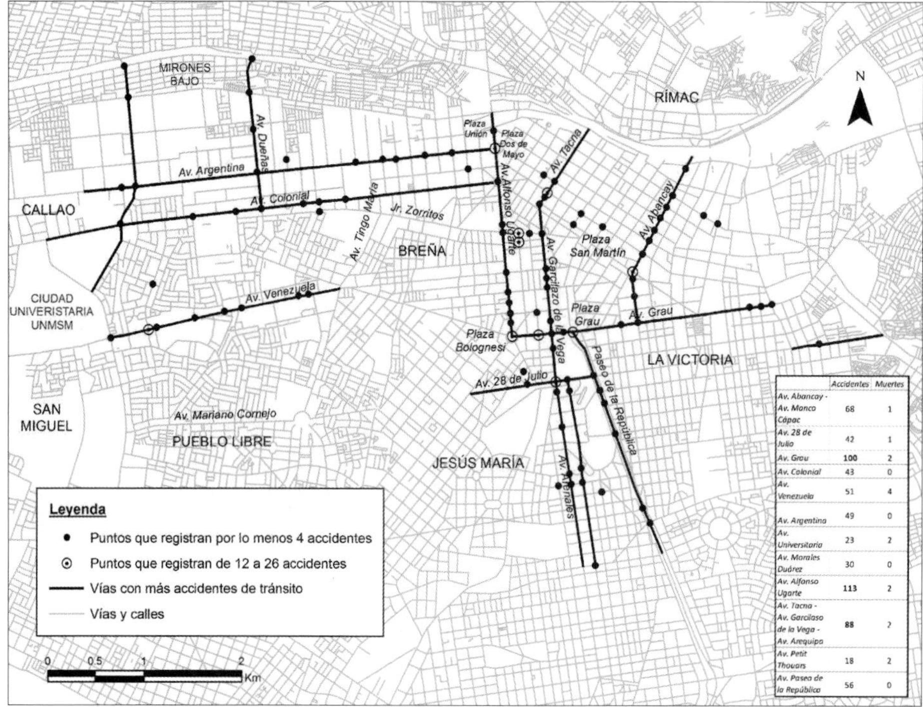


| | Accidentes | Muertes |
|---|---|---|
| Av. Abancay - Av. Monco Cápac | 68 | 1 |
| Av. 28 de Julio | 42 | 1 |
| Av. Grau | **100** | 2 |
| Av. Colonial | 43 | 0 |
| Av. Venezuela | 51 | 4 |
| Av. Argentina | 49 | 0 |
| Av. Universitaria | 23 | 2 |
| Av. Morales Duárez | 30 | 0 |
| Av. Alfonso Ugarte | **113** | 2 |
| Av. Tacna - Av. Garcilaso de la Vega - Av. Arequipa | **88** | 7 |
| Av. Petit Thouars | 18 | 2 |
| Av. Pasea de la República | 56 | 0 |

*Figura N° 16. Los puntos negros indican los sitios donde han ocurrido por lo menos cuatro accidentes de tránsito (Fuente: El Comercio 20/11/2011: a18).*

aprobado el Plan Regulador de Rutas en donde se norma las interconexiones entre trenes, el Metropolitano, corredores complementarios y de integración (Aquino Rojas 2013: a10).

## 3 A manera de Conclusión

Los seres humanos somos gregarios por naturaleza. Desde los inicios, los humanos hemos sido frágiles ante las amenazas de la naturaleza y por eso hemos buscado mantenernos juntos, construyendo defensas que nos protejan de los animales salvajes y posteriormente de otros grupos humanos. Poco a poco fueron apareciendo las ciudades a las cuales acudían las poblaciones rurales en busca de protección. Pero estas ciudades han crecido tanto y acumulado tal cantidad de vicios y virtudes que se vuelven insostenibles. La seguridad aparece como un bien relativo y aun cuando los urbanos buscan incrementarla, se encuentran con desajustes de todo tipo: socioeconómicos, políticos, culturales, religiosos, etc., que hacen que disminuya dando mayor paso a la inseguridad. El transporte público es solo uno de los problemas visibles de inseguridad e insostenibilidad ambiental, porque implica la capacidad de desplazamiento de los urbanos dentro de su ciudad, y el riesgo de ser atropellado al cruzar una calzada. En este artículo solo se ha hecho referencia al movimiento de personas en Lima-Callao. Si agregáramos el transporte de bienes y servicios encontraríamos otros cuellos de botella que contribuyen a deteriorar la calidad de vida urbana, como los amontonamientos de desperdicios alrededor de mercados, la limpieza pública, ruido, y otros.

Hemos visto el funcionamiento del transporte público y los programas de resolverlo o al menos hacerlo más aceptable. Es una tarea complicada porque se debe trabajar con personas que tienen distintos comportamientos de vida en la ciudad. Se necesita una campaña de educación cívica permanente que cubra todos los estratos sociales y económicos, insistiendo en la construcción de valores de solidaridad, honestidad, respeto al prójimo y a los peatones. Hay que educar al peatón sobre el uso de los espacios públicos, a cruzar las calzadas por los lugares asignados, etc. Solo así, podremos adquirir conductas más o menos homogéneas de respeto a la vida del prójimo y de nosotros mismos, y con esto podremos soñar en una ciudad ambientalmente sostenible (Stadel 2000).

## Referencias Bibliográficas


Aquino Rojas, R. 2011: Imprudencia de peatones es principal causa de atropellos. *Diario El Comercio*. Lima, 20 de noviembre: a18.

Aquino Rojas, R. 2013: La formalización del transporte está en marcha pero hay retrasos en el chatarreo. *Diario El Comercio*. Lima, 19 de febrero: a10.

Bassett, T. & A. Marpillero-Colomina 2011: BRT en contexto: Bus Rapid Transit y el papel de la política local en las redes de transporte en Bogotá y New York City. *Pre Conferencia UGI Valparaíso: Fenómenos Informales Clásicos en la Megaciudad Latinoamericana*. Valparaíso, Universidad Técnica Federico Santa María, Departamento de Arquitectura: 153–169.

Gallegos, C. 2011: Limeños piden formalizar taxis. *Diario El Comercio*. 20 de setiembre: a2.

Höppner, K. 2001: Villa El Salvador. In: Borsdorf, A. & C. Stadel (eds.). *Peru im Profil*. Inngeo – Innsbrucker Materialien zur Geographie 10. Innsbruck: 20–23.

[IMP] Instituto Metroplitano de Planificación 1992: *Plan de Desarrollo Metropolitano de Lima-Callao 1990–2010*. Lima; Municipalidad de Lima Metropolitana. Versión digital en http://www.urbanistasperu.org/inicio/PlanMet/planmet.htm, visitada el 9/05/2012.

López Tafur, H.F. 2013: Avanza la reforma del transporte en la capital, persiste la inseguridad. *Diario El Comercio*. Lima, 18 de febrero: a10.

Mikušová, M. 2011: Benchmarking como potente herramienta para mejoramiento de los sistemas de transporte urbano. *Pre Conferencia UGI Valparaíso: Fenómenos Informales Clásicos en la Megaciudad Latinoamericana*. Valparaíso, Universidad Técnica Federico Santa María, Departamento de Arquitectura: 199–209.

Rodríguez, D. & F. Targa 2004: Value of Accessibility Bogotá´s Bus Rapid Transit System. Reino Unido. *Transport Reviews* 24, 5: 587–610.

Stadel, C. 2000: Ciudades medianas y aspectos de la sustentabilidad urbana en la región andina. *Espacio y Desarrollo* 12: 25–44.

Vega Centeno, S.L., J.C. Dextre Quijandría & M. Alegre Escorza 2011: Inequidad y fragmentación: Movilidad y sistemas de transporte en Lima Metropolitana. En: Matos, C. de & W. Ludeña (eds). *Lima-Santiago. Reestructuración y Cambio Metropolitano*. Lima: 289–328.

Yachiyo Engineering Co.; Ltd y Pacific Consultants International 2005: *Plan maestro de transporte ubano para el area metropolitan de Lima y Callao en la República del Perú (Fase 1). Informe Final. Volumen 1*. Lima. Agencia de Cooperación Internacional de Japón (JICA), Consejo de Transporte de Lima y Callao, Ministerio de Transportes y Comunicaciones de la República del Perú. Responsable del Equipo: Koichi Tsuzuky.

Yachiyo Engineering Co.; Ltd y Pacific Consultants International 2007. *Estudio de Factibilidad de Transporte Urbano para el área metropolitana de Lima y Callao en la República del Perú. Informe Final.* Lima. Agencia de Cooperación Internacional de Japón (JICA), Consejo de Transporte de Lima y Callao, Ministerio de Transportes y Comunicaciones de la República del Perú. Responsable del Equipo: Koichi Tsuzuky.

## NOTA

Christoph Stadel es uno de mis grandes amigos con quien he compartido muchas horas y días trabajando en temas del desarrollo sostenible de ciudades medianas en América Latina y en temas de desarrollo de áreas de montañas. El tema del desarrollo le ha atraído en gran manera y así fue el contacto inicial que tuvimos hace más de 20 años. En esta ocasión me adhiero al justo homenaje por sus 75 años de experiencia con un tema que va más allá de las ciudades medianas y que afecta especialmente a las grandes urbes como es el caso del transporte en Lima. Es un grano de arena con el que quiero expresar mi respeto al profesor, al geógrafo, y al amigo. Ojalá que nuestro Dios nos permita seguir celebrando esos años de experiencia por unos lustros más. Muchas gracias Christoph y felicitaciones por esos bien ganados 75 años.

# Social housing policies under changing framework conditions in Santiago de Chile


## Axel Borsdorf, Rodrigo Hidalgo & Hugo Zunino



Social housing in Chile and its capital Santiago has a chequered history. After the government of Salvador Allende (1970–1973), when emergency quarters were constructed in great numbers and illegal land occupation was tolerated or even fostered, the military government (1973–1989) started with slum clearance and constructed simple family homes, partly with the labour of the future owners, or multi-occupancy houses. The squatter settlements were almost completely demolished. The policy of social housing was continued by the following democratic administrations. It must be noted that the plots made available for social housing are found in ever more peripheral locations and concentrated in poorer communities. While absolute and extreme poverty rates have declined, a new poverty has arisen, characterized by difficult living conditions, crime and drug abuse.



**Keywords:** social housing, policy, segregation, new poverty, Santiago de Chile



**Soziale Wohnbaupolitik unter wechselnden Rahmenbedingungen in Santiago de Chile**

Der soziale Wohnungsbau in Chile und seiner Hauptstadt Santiago hat eine wechselvolle Geschichte. Nach der Regierungzeit von Salvador Allende (1970–1973), in der in großen Umfang Notquartiere errichtet wurden und illegale Grundstücksbesetzungen von Landlosen geduldet oder sogar gefördert wurden, setzte mit der Militärregierung (1973–1989) eine rasche Beseitigung der Squattersiedlungen ein, auf deren Territorien einfache Eigenheime, teils im Selbstbau durch die späteren Bewohner, teils als Mehrfamilienhäuser errichtet wurden. Die Hüttenviertel wurden nahezu vollständig beseitigt. Die Politik des Sozialbaus setzte sich auch unter den folgenden demokratischen Regierungen fort. Dabei ist zu beobachten, dass sich die für den sozialen Wohnungsbau zur Verfügung gestellten Flächen in immer entfernterer Lage vom Stadtzentrum befinden und sich in den ärmeren Stadtgemeinden konzentrieren. Während die absolute und extreme Armut auf geringe Raten zurückgegangen ist, gibt es eine „neue Armut", die durch erschwerte Lebensbedingungen, Kriminalität und Drogenkonsum gekennzeichnet ist.

**Vivienda Social bajo diferentes regímenes políticos en Santiago de Chile**

La vivienda social en Chile y en su capital Santiago, ha tenido una historia en constante evolución. Tras el gobierno de Salvador Allende (1970–1973), en el cual una serie de viviendas de emergencia fueron construidas y las ocupaciones ilegales de terrenos fueron toleradas o incluso impulsadas; el gobierno militar (1973–1989) inició un programa de saneamiento y construcción de viviendas unifamiliares en modalidad de autoconstrucción o bloques de viviendas plurifamiliares. Con ello los campamentos de viviendas irregulares disminuyeron considerablemente. La política de vivienda social fue continuada por los gobiernos democráticos siguientes. Es posible observar como la construcción de viviendas sociales se realizó mayormente en locaciones periféricas de la ciudad y mayormente en comunas con altos índices de pobreza. Mientras la absoluta y extrema pobreza declinó, emergió una "nueva pobreza" caracterizada por duras condiciones de vida, criminalidad y consumo de drogas.

## 1 Introduction

Despite extensive literature that has placed the analytical attention on macro-sociological forces – like neo-liberal reforms and ideological settings – to explain and give meaning to the recent reproduction of Santiago's urban landscape (De Mattos, 1996, 1998, 1999; Rodriguez & Winchester, 2001; Romero & Toledo 1998), urban studies in Chile need to advance comprehensive socio-spatial and empirically based views, acknowledging that urban development processes are not deterministically driven by structural forces. Indeed, as a social product, the socio-spatial layout of cities represents the outcome of the practice of distinct urban agents defending particular agendas.

Many studies on the socio-spatial effects of housing policies in recent decades have focused on the continuity of the policies launched by the military government in the 1980s (Nickel-Gemmeke 1991; Sugranyes and Rodríguez 2005; Tokman 2006). Other researchers have argued that market-based social housing policies implemented during the authoritarian regime (1973–1990) have replicated the effects of previous policies implemented under governments that gave the state and its agents an active role in urban planning decisions (Petermann 2006; Tokman 2006). At the micro-level, several studies have emphasized the deficiencies in the construction regulations issued under formal democratic ruling (1990–2006), along with the segregation of poor families in large housing complexes (Sugranyes & Rodríguez 2005; Tironi 2001). These studies are limited in terms of the period considered and the empirical data used. Hence there is a need to undertake rigorous empirical studies on a metropolitan scale in longer spatiotemporal frames. In this paper we pay particular attention to the macro-sociological context framing social housing policies and their consequence for the socio-spatial layout of Santiago between 1950 and the present.

Social housing policies implemented in Latin America since the 1950s were deeply influenced by the Organization of American States (OAS), which defined the framework for articulating public policies, especially encouraging the self-construction of housing for poor families (Hidalgo 2000; Hidalgo et al. 2008). Following Bravo (1996), social housing can be understood as planned units designed to reduce the exchange value by limiting the basic services provided and the amenities of the surrounding living space. To implement these programmes, the Chilean state has institutionalized a variety of governmental units and applied a range of planning instruments, including construction regulation, minimum hygiene requirements and land-use regulations. Moreover, Chile was the first Latin-American country that implemented a vast plan of demand-based subsidies in the late1970s as the basic instrument to resolve housing issues, triggering a line of research that has analysed the positive and negative impacts produced by its application in an urban context (see discussions in Gilbert 2000, 2004).

One of the principle claims sustaining this paper is that policy decisions taken by the Chilean state apparatus have played a major role in transforming the physical and social layout of cities. Moreover, the central state, as an active urban developer, represented by the agency of a range of public officials, has responded differently across time and space to housing needs and infrastructure problems. We argue that although public policies have been relative effective in diminishing housing deficits, they have produced and reproduced a landscape characterized by high levels of social segregation and the development of functional clusters that have fragmented or partitioned the city (see Borsdorf & Hidalgo 2008a and collections of studies in Cáceres & Sabatini 2004).

The externalities of the action of the Chilean state in terms of social segregation and physical partitioning are studied here by examining some key policies and the location of social housing initiatives. To accomplish this task we analysed formal laws and regulations, governmental programmes and socio-spatial information derived from governmental sources. The empirical analysis considered the construction of a data base depicting the location and construction period of housing solutions between 1970 and 2004. As social housing projects we consider those initiatives promoted by the Ministry of Housing and Urbanism (MINVU) for the construction of housing units with an exchange value under US$ 5,000 (current price) and with a maximum constructed surface of 45 square meters. These units could be up to four storeys high or individual solutions constructed in a linear pattern.

To obtain the basic information we examined the annual reports of MINVU and put together a listing of residential complexes constructed each year in the different municipalities of the Metropolitan Region of Santiago. Once constructed, each project was located in a data based map. If the necessary information to locate the project was not provided in MINVU's annual reports, a research team visited each project and located it using a Geographical Positional System (GPS). To analyse the information across time and space, a Geographical Information System (GIS) was utilized. To relate housing solutions provided by the central state to the socio-economic evolution within the Metropolitan Region of Santiago we used information provided by secondary sources such as surveys conducted by the Ministry of National Planning (MIDEPLAN). We made use of an Index of Social Development (Borsdorf & Hidalgo 2008b) to map the socio-economic status of each local government (municipality) of the Metropolitan Region of Santiago. The variable use to estimate the socio-economic status measured the availability of commodities.

This paper is organized as follows. In the next section we lay down our understanding of the functioning of the state in relation to society and space. Then we give a brief descriptive analysis of housing policies implemented in Chile. Section 4 offers an empirical analysis of the spatial dimension of housing policies, paying particular attention to the degree to which the action of the state in the post-dictatorship period (1990–present) has been effective in modifying previous urban trends that had negative social and urban impacts. In section 5 we discuss the main results of this paper, emphasizing that current policies have mainly reinforced trends that were already consolidated in the 1950s.

## 2 The state – society space nexus

Housing policies are an integral part of the state-society relationship. For Giddens (1984) the social system – defined as a complex web of prescriptions – sets up a number of possibilities and constraints for individual agents, including those representing the interest of the state. The recursive relation between the broader social system and individuals commanding the social construction of cities changes over time. While certain actions might appear as expressions of the autonomy of the self or of a given organization, many, maybe most, decisions and social performances are influenced – but not determined – by forces beyond the direct control of policy-making actors. Furthermore, geographers and other social scientists have made the point that social relations do not occur in a vacuum; they are enmeshed in spatial relations (Gregory & Urry 1985).

We conceive the action of the state not as a result of the deterministic influence of macro-structures but as a result of a set of localized socio-spatial practices and policies, as the means through which certain interests attempt to control urban outcomes. Foucault (1982, 1991) refers to the set of procedures, reflections, calculations, strategies and tactics deployed by actors as 'technologies of government' or 'governmentalities', through which actors exercise power and produce knowledge and rules, making society amenable to rational control. Housing policies in particular can be seen as a form of social control, aimed at reducing the dangers of civil unrest while providing political and economic elites with upscale environments. In Chile a Foucauldian framework has been deployed to investigate the interests embedded in specific urban redevelopment projects (Zunino 2005, 2006)

One of the analytical consequences of this approach is that the attention moves from the preconditions of action to the concrete mechanisms (like urban policies) that generate order and predictability in defined situations. In an urban setting, for instance, a non-Foucauldian approach to power might claim that a given land use regulatory instrument possesses power, say 'power of a plan' (Healey 1995). From Foucault's perspective, a plan represents a particular form of political technology embedded in power relations, the application of which produces or re-produces power (see also Bevir 1999; MacKinnon 2000; McGuirk 2000).

This paper's methodological entry point are the housing policies implemented in recent decades in Santiago by the Chilean state, questioning how they intermesh with the socio-spatial outcomes in Santiago. We acknowledge that this work reduces the inquiry of spatial formation to the action of the central state apparatus in regard to social housing, leaving aside, for the moment, a more detailed analysis of other social practices unfolding at different levels of analysis. In particular, this papers does not consider the role of private initiatives. Such issues are currently studied in a separate large-scale project (see Hidalgo et al. 2005). Nevertheless, a study like the one we offer here is wanting, given that much of the literature on urban processes has placed the accent on broader social conditions affecting urban outcomes while ignoring the role of concrete social and political practices. As a consequence, the influence of housing policies on the socio-spatial structure has received little attention. A framework to conduct detailed studies on governmental arrangements representing particular power configuration can be found in Zunino (2002, 2005, 2006). This paper represents a continuation of this line of inquiry.

## 3 One century of housing policies in Santiago

One of the first regulations in relation to popular housing issued in Latin America was the Chilean 'Law for Workers' Housing' of 1906. This legislation encouraged the construction of low-cost housing units through direct governmental intervention. The main effect was the demolition of *conventillos*, small but crowded low-income residential complexes built in the 19th century in the core of the city. This policy was enacted during a period of civil unrest. The main socio-spatial consequence was the gradual expansion of the urban boundary as poor families migrated from the city centre to peripheral locations on the southern, eastern and northern fringes of Santiago. At the same time, land rents in central areas rose significantly, triggering an invasion of middle-class families who replaced lower-income families. The upper class tended to migrate to the eastern edge of the city, creating what is known as the 'high-income cone'.

The Chilean state steadily acquired more responsibilities in regard to social housing. It intervened by establishing construction standards, encouraging private initiatives, regulating rents, attempting to prevent the negative effects of speculation, promoting the creation of housing associations and by directly constructing new housing complexes for those in need (Hidalgo 1999). The sheer scope of the measures, along with the need for intra-governmental coordination, led the government in 1936 to create the Popular Housing General Fund, which played a major role until 1952, when a formal institution was created to deal with housing needs. Between 1936 and 1952 the fund administered the construction of 43,410 units. These urban interventions are linked to a modernist concept that favoured the construction of large residential complexes for poor families on the periphery. In this period the first signs of large-scale spatial segregation appeared. Inhabitants of these complexes lived in very deprived conditions, lacking even minimal infrastructure and having to take long journeys to their work place.

In the 1950s the Housing Corporation (CORVI) was created in connection with a thorough reengineering of the Chilean public administration, promoted by governmental coalitions that attempted to strengthen state interventions in housing policies. Innovations included the rationalization of public resources and controlling public expenditure, along with optimizing and coordinating a variety of public offices related to housing issues. CORVI took on the challenge of implementing urbanization programmes and establishing procedures for the construction and reconstruction of neighbourhoods as framed in the Land Use Plans developed by the Ministry of Public Works (see Godoy 1972).

Similarly to the Brazilian case, the creation of a powerful public agency relates to the operation of a developmental state, which promoted policies that had the effect of creating a strong national industrial sector. This process went hand in hand with rural to urban migration, which impacted heavily on the creation of informal / illegal settlements on the periphery of the main cities. At the same time that CORVI took institutional shape, the Ministry of Public Works put in place the Housing Plan of 1953; a basic strategy to articulate public-private collaboration in an effort to meet increasing housing needs. During this period measures were taken to increase the role of private agents in housing policies to face the economic crisis of the 1950s. Formally the Housing Plan was realized in a number of regulatory and economic norms. This initiative established a number of tax incentives to generate the conditions for private investment and motivate auto-construction efforts for low-income families as well as for those who had achieved a minimum economic capacity (Haramoto 1983). Under these circumstances, peripheral locations were the site that offered the best condition for capital accumulation and large urban complexes were constructed. These privately-driven initiatives intermeshed with informal settlements built to cope with the rural-urban migration, a situation that contributed to shaping Santiago's urban landscape. Therefore the agents of the state played a major role in triggering segregation, which finds it spatial expression in the social fragmentation of Santiago's metropolitan region and the exclusion of a large proportion of the population from the consolidated and modern city. The city boundary expanded considerably during the 1950s and 1960s.

Responding to a more socially-driven political agenda, the main measure taken in the 1960s was the creation of the Ministry of Housing and Urbanism, MINVU (República de Chile 1965). This institution took command of Chile's urban policy and the coordination of diverse institutions with the power to enact norms related to housing issues. Within this framework, the national authority mandated MINVU to guide and control housing programmes, distribute public resources for the construction of affordable housing, plan the urban development and provide neighbourhoods with social infrastructure and sanitary facilities. In the midst of the political turmoil of late 1960s, urban social movements became major players in pressing authorities for solutions. During those years housing demand increased due to two interrelated factors: (a) natural population growth and (b) rural to urban migration. Although the state continued with its approach to the housing problem, the social and political context demanded rapid solutions, as the number of illegal occupations of urban and peri-urban areas increased rapidly. In 1970 a left-wing Marxist coalition of political parties took control of the formal state (the Popular Unit). One of the leading principles for this coalition was that a living space was not a privilege but a right for all people. Under this approach, the state attempted to play a direct role in the provision of housing for low-income families. Illegal occupations of parcels of land acquired new characteristics and dynamism. Supported by some political parties of the governing coalition, fractions of the social movement formed paramilitary organizations to confront the capitalist system and defend the revolution initiated under the Popular Unit (1970–1973). Illegal occupations were particularly encouraged on the outer ring of the city to create 'workers' rings' to help control spatial dynamics and, eventually, defend the government against reactionary forces (Borsdorf 1980).

The military coup of 1973 had impacts on the society as a whole, instituting new forms of society-individual interrelations. The neoliberal revolution initiated by general Pinochet required a radical transformation of the economic and social structure of the country, not simply the suppression of parliamentary institutions and civil liberties. The goal was to found a new society based on the rule of the market, introducing scientific methodology and rigorous analytical practices and professional ethos (Cavarozzi 1992). Indeed, neo-liberalisms rejects the idea that 'true economics' is value-based, reasserting the role of positive science, a process that paralleled the predominance of economic science in public life and elevated the economists to an unquestionable position of intellectual and political privilege within society (Valdés 1995; see also E. Silva 1996; P. Silva 1998)

One of the first measures taken by the military government was to radically renovate the administrative structure of the country, which led to a reorganization of MINVU. In 1978 a housing policy based on demand-based subsidies was the chosen alternative for tackling the immediate needs of the poorer population. This policy meant the construction of 122,078 units in the period 1978–1995 alone. This housing solution was based on establishing minimum standards for affordable housing defined for bathroom, kitchen, living room and bedroom. These standards constituted the basis for designing housing solutions during the 1990s. Homogenized social housing complexes became a symbol of Chile's main urban centres in the 1980s and have remained largely unchallenged in post-military Chile (Hidalgo 1997a, 1997b).

In the political sphere, the 1990s marked the reinstitution of formal democratic ruling. For Silva (1995) the military government has left an enduring legacy of a technocratic political style, the 'management of things' being the hallmark of the new democratic governments. Technocrats now focused on political demobilization and elite politics as the means to consolidate democracy, stressing expert management of economic policy instruments as a fundamental tool for consolidating democracy and achieving social equity.

Consequently, housing programmes continued the trend established during the last phases of the military government, but significantly increased the number of housing solutions realized. At present, some initiatives are being put forward to integrate the construction of affordable housing complexes within the overall functioning of the urban system; that is a more comprehensive approach to urban and social planning. However, plans for the repopulation of Santiago's urban core remained marginal, as social housing complexes continue to be located in peripheral municipalities. Auto-construction programmes have also continued, constituting one of the programmatic bases of the coalition of parties now in power.

# 4 The socio-spatial dimension of housing policies

One main critique made of the 1980s and 1990s urban policies is their effect on increasing the levels of social segregation. Figure 1 shows the location of affordable housing units constructed for poor families in four time periods: 1970–1980, 1980–1990, 1990–2000.

The figure shows how the actions of the Chilean state apparatus through the intervention of CORVI and MINVU has reinforced the pattern established in the mid-20th century. Indeed, social housing has traditionally been located on the fringe of urban areas, taking advantage of low-cost land and the fact that the state owns significant portions of land. In Chile, rather than urbanizing areas within the consolidated urban space, urban policies are replicating the historical process put in motion since the implementation of first housing policies.

Table 1 shows the total number of units constructed between 1978 and 2002 at municipal level, subdivided into periods of six years. For the period as a whole, the municipalities receiving the higher number of affordable housing units were all located on the periphery: Puente Alto (15.58%), La Pintana (11.54%), San Bernardo (9.11%), La Florida (8.07%), Maipú (6.89%), Pudahuel (6.11%), Renca (5.83%),

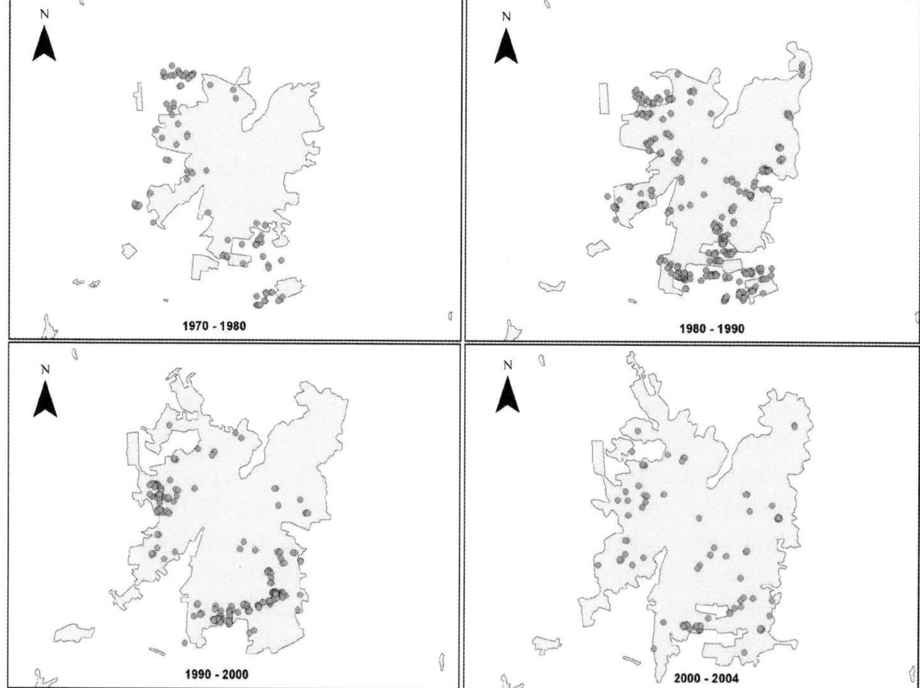


*Fig. 1: Social housing complexes built between 1960 and 2004. Compiled by the authors, cartography: Gastón Aliaga*

*Table 1: Social housing construction in Greater Santiago 1979–2002*

| **Municipality / year** | **1979 –1983** | **%** | **1984 –1989** | **%** | **1990 –1995** | **%** | **1996 –2002** | **%** | **Total** | **%** |
|---|---|---|---|---|---|---|---|---|---|---|
| Puente Alto | 2,674 | 7.05 | 5,740 | 8.34 | 12,831 | 23.22 | 9,812 | 26.26 | 31,057 | 15.58 |
| La Pintana | 4,179 | 11.02 | 9,283 | 13.49 | 7,103 | 12.85 | 2,439 | 6.53 | 23,004 | 11.54 |
| San Bernardo | 645 | 1.7 | 6,795 | 9.88 | 2,994 | 5.42 | 7,734 | 20.7 | 18,168 | 9.11 |
| La Florida | 2,893 | 7.63 | 11,579 | 16.83 | 1,608 | 2.91 | 0 | 0 | 16,080 | 8.07 |
| Maipú | 2,342 | 6.18 | 2,544 | 3.7 | 5,134 | 9.29 | 3,725 | 9.97 | 13,745 | 6.89 |
| Pudahuel | 1,892 | 4.99 | 4,992 | 7.26 | 4,748 | 8.59 | 542 | 1.45 | 12,174 | 6.11 |
| Renca | 1,868 | 4.93 | 6,942 | 10.09 | 652 | 1.18 | 2,166 | 5.8 | 11,628 | 5.83 |
| El Bosque | 2,781 | 7.34 | 4,162 | 6.05 | 3,358 | 6.08 | 463 | 1.24 | 10,764 | 5.4 |
| Peñalolén | 1,966 | 5.19 | 1,811 | 2.63 | 4,283 | 7.75 | 1,114 | 2.98 | 9,174 | 4.6 |
| Quilicura | 565 | 1.49 | 738 | 1.07 | 5,042 | 9.12 | 1,660 | 4.44 | 8,005 | 4.02 |
| La Granja | 4,030 | 10.63 | 1,853 | 2.69 | 1,109 | 2.01 | 156 | 0.42 | 7,148 | 3.59 |
| Lo Prado | 1,810 | 4.77 | 1,637 | 2.38 | 996 | 1.8 | 1,009 | 2.7 | 5,452 | 2.73 |
| Macul | 3,052 | 8.05 | 1,368 | 1.99 | 144 | 0.26 | 330 | 0.88 | 4,894 | 2.45 |
| Cerrillos | 454 | 1.2 | 0 | 0 | 0 | 0 | 3,347 | 8.96 | 3,801 | 1.91 |
| Cerro Navia | 0 | 0 | 2,970 | 4.32 | 140 | 0.25 | 646 | 1.73 | 3,756 | 1.88 |
| Lo Barnechea | 148 | 0.39 | 1,670 | 2.43 | 1,250 | 2.26 | 582 | 1.56 | 3,650 | 1.83 |
| San Ramón | 2,038 | 5.38 | 806 | 1.17 | 480 | 0.87 | 266 | 0.71 | 3,590 | 1.8 |
| Conchalí | 1,908 | 5.03 | 572 | 0.83 | 0 | 0 | 60 | 0.16 | 2,540 | 1.27 |
| Lo Espejo | 0 | 0 | 275 | 0.4 | 1,608 | 2.91 | 75 | 0.2 | 1,958 | 0.98 |
| Estación Central | 0 | 0 | 1,470 | 2.14 | 136 | 0.25 | 0 | 0 | 1,606 | 0.81 |
| Las Condes | 396 | 1.04 | 324 | 0.47 | 0 | 0 | 537 | 1.44 | 1,257 | 0.63 |
| P. Aguirre Cerda | 0 | 0 | 0 | 0 | 852 | 1.54 | 0 | 0 | 852 | 0.43 |
| Huechuraba | 0 | 0 | 0 | 0 | 429 | 0.78 | 279 | 0.75 | 708 | 0.36 |
| Santiago | 513 | 1.35 | 0 | 0 | 178 | 0.32 | 0 | 0 | 691 | 0.35 |
| La Reina | 334 | 0.88 | 263 | 0.38 | 0 | 0 | 0 | 0 | 597 | 0.3 |
| San Joaquín | 112 | 0.3 | 422 | 0.61 | 0 | 0 | 60 | 0.16 | 594 | 0.3 |
| La Cisterna | 0 | 0 | 588 | 0.85 | 0 | 0 | 0 | 0 | 588 | 0.29 |
| Ñuñoa | 393 | 1.04 | 0 | 0 | 129 | 0.23 | 0 | 0 | 522 | 0.26 |
| Providencia | 492 | 1.3 | 0 | 0 | 0 | 0 | 0 | 0 | 492 | 0.25 |
| Recoleta | 0 | 0 | 0 | 0 | 64 | 0.12 | 367 | 0.98 | 431 | 0.22 |
| San Miguel | 338 | 0.89 | 0 | 0 | 0 | 0 | 0 | 0 | 338 | 0.17 |
| Quinta Normal | 85 | 0.22 | 0 | 0 | 0 | 0 | 0 | 0 | 85 | 0.04 |
| **Total** | **37,908** | **100** | **68,804** | **100** | **55,268** | **100** | **37,369** | **100** | **199,349** | **100** |

El Bosque (5.4%), Peñalolén (4.6%), Quilicura (4.02%) and La Granja (3.59%). Within the boundaries of these 11 peripheral municipalities, 80.7% of the total number of social units was constructed. In other words, of the 34 municipalities comprising Greater Santiago, 11 municipalities contain more than ¾ of the housing solutions offered in the last 24 years. Spatially this has meant concentrating populations of similar socio-economic background, often functionally linked to the city but socially isolated and lacking basic urban infrastructure. The same table illustrates that the number of housing solutions realized in Greater Santiago fell progressively between 1984 and 2002; from 64,804 units between 1984–1989 to 37,369 units between 1996 and 2002. This can be related to decreasing housing demand due to the apparent success of the housing strategy, along with the increasing participation of the private sector in offering housing solutions.

Based on the information shown on figure 1 it can be argued that the allocation of affordable housing units on the fringe of the city has led to an uncontrolled horizontal extension of the urbanized area. The data in table 2 show that in the aforementioned 11 municipalities 3,467 units were built between 1978 and 1983, 5,575 between 1984 and 1989, 10,628 between 1990 and 1995, and 9,076 between 1996 and 2002.

Most analysts of spatial and social effects of the state action on social housing described in the current literature have concentrated on the negative aspects. The emerging city structure has been related to the consolidation of social 'ghettos' characterized by progressive physical deterioration, lack of urban infrastructure (schools, health facilities, community centres, etc.), lack and deterioration of open space, threats to safety and the presence of undeveloped urban space (see Ducci 1997; Sabatini 2000; Sabatini et al. 2001).

In a similar vein, the minimum standard of the solutions offered to poor families – in terms of size and services – is not considered adequate to maintain the traditional life cycle of Chilean families or to accommodate new family members. These negative externalities have been referred to as the "dark side of the housing policy in Chile" (Ducci 1997). Although it could be argued that housing policies have advanced in resolving the most immediate aspect of the problem (lack of living space), there still remains controversy about the impacts on the quality of life of people. In fact, poor families now located on the periphery face a variety of problems ranging from inadequate levels of services to low-quality housing that is rapidly deteriorating.

As regards the effects of the spatial concentration of housing, some investigators have noted that state policies have exacerbated social segregation, disintegrating personal links among individuals (e.g. Sabatini et al. 2001). Precisely in poor sectors where housing has been provided by the state, a subculture of poverty and disintegration seems to reign. In this context Chilean sociologist Sabatini points out that although objective indicators might indicate the opposite, poor families 'favoured' by governmental actions have been the segment of the population most negatively affected by the neoliberal reforms, giving birth to a 'new poverty'. This cannot be corroborated by official statistics, which document a steady decline of the poverty and extreme poverty rates in quantitative terms since the 1980s, but can be observed in a qualitative way and in the widening income gap between upper and lower classes.

Recent studies following the line of investigation proposed by Sabatini (2000) claim that the neighbourhoods where social housing is concentrated are the physical manifestation of what he calls the 'new poverty'. At the same time it has been emphasized that the municipalities with the most newly constructed social housing have experienced a positive dynamism in terms of land prices and of the total square feet constructed. However, these indicators do not immediately translate into benefits for poor families living in these sectors. In fact, housing complexes constructed under the guidance of governmental programmes are reproducing negative social pathologies such us crime, drug abuse and high truancy rates (Tironi 2003; Rodríguez & Winchester 2001; Sugranyes 2005).

One important element complementing these assertions is the fact that the municipalities with the higher number of social housing units are also the ones where the total size of housing complexes is higher. Of the approximately 700 housing complexes constructed between 1978 and 2002, 36% were erected in low-income neighbourhoods with more than 300 housing units. The strategy used by the urban agents aimed at increasing the economic outcomes per erected square foot by developing large and cheap parcels of land. Such sites could only be found in peripheral municipalities where social housing was concentrated. What worries most in the Chilean context is that this social housing is not only irrationally located but also designed to the same pattern, not considering the culture of the people that have to use of these spaces.

The strategies used by private enterprises reflect the absence of a comprehensive housing policy, in particular, and a comprehensive city planning policy, in general. Bigger residential complexes accumulate poor people in segregated sectors, often separating families and disconnecting people from their jobs. International experience shows that such solutions based on purely architectural rationalism have failed to resolved social problems, as illustrated in the demolition of high-density complexes in the United States and Europe.

Using governmental sources, figure 2 depicts the distribution of the population by socio-economic level. It is clear that in 1990 the low-income sectors concentrated on the periphery, except on the eastern side of Santiago, where a high-income cone is clearly recognizable. In 2003 the high-income families tended to migrate to gated communities on the northern fringe and in sections on the south-eastern side. This spatial behaviour is related to policies since the mid-1990s that have deepened the market liberalization initiated under the authoritarian regime and have allowed the extension of the high-income sector to non-urban areas.

The location of social housing on the periphery is not merely one more factor to be analysed. It is an effect of the operation of land markets and of the absence of a comprehensive territorial planning policy that considers how social housing inserts itself in the overall functioning of the city. The location of social housing complexes

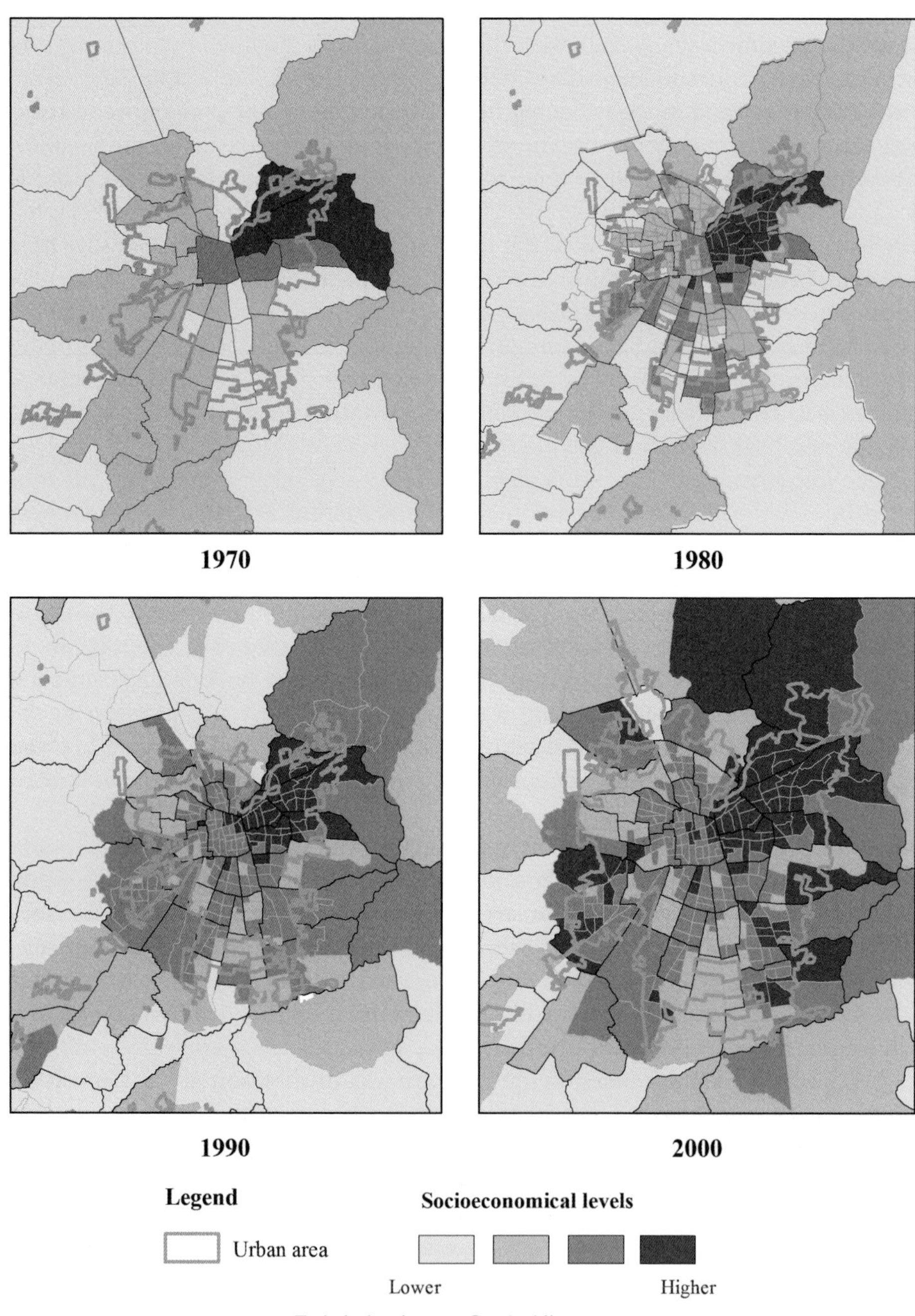


*Fig. 2: Socio-economic levels in Metropolitan Santiago's municipalities 1970–2000. Compiled by the authors, cartography: Gastón Aliaga*

is not just a descriptive fact but a central element in explaining the effects of broader economic and urban policies.

Investigations conducted in the mid-1990s found that the location of social housing complexes was one main explanatory factor in the evaluation of the satisfaction of the people who benefited by governmental programmes (see Hidalgo & Zunino 1992). Using the notion of residential satisfaction as a tool to evaluate the acceptance of the housing solution and its location they found that the beneficiaries of housing solutions in peri-urban areas returned lower residential satisfaction scores than those located in central or peri-central areas (Hidalgo 1997a). In this context, the location of social housing is a factor to consider in designing and implementing urban policies that adequately respond to the needs of the people.

## 5 Conclusions

The historical analysis of urban development policies provided here demonstrates that the trends toward horizontal extension, social segregation and physical fragmentation have remained unchanged for over half a century. In fact, recent policies, framed by a consolidated market economy and a liberal democracy, have had the effect of maintaining the urban development pattern induced by the national policies implemented in the mid-1950s and the market-driven initiatives taken during the authoritarian regime. Along with broader macro-sociological conditions, political regimes and ideological dimensions, the externalities created by public policies relate to a given planning mentality embraced by public officials and reflected in the action of public offices. This mentality places the discursive accent on offering a given number of housing solutions rather than producing an articulated and socially integrated urban system. The absence of a clear spatial dimension of public policies shows a lack of consideration for integrating low-income people in the functioning of the urban system. Achieving minimum levels of urban functionality – i. e. a connected spatial system – will require spending significant economic resources on linking functionally deprived areas on the outskirts of the urbanized area to the rest of the city.

In short, the challenge for the state apparatus on urban issues is to reduce the housing deficit estimated at 400,000 units and, at the same time, to improve housing standards and integrate poor families in the overall urban system. Urban policies should not be solely guided by market forces but should take into account the wants and needs of the affected community. It is in this context that issues like public participation, inclusionary policies and proactive initiatives for class integration should take predominance over a technocratic mentality that reduces the housing problem to degrees of deprivation. On a more theoretical level, our analysis shows that, alongside broader structural factor affecting the physical layout of the city, attention should also be paid to the agency of public officials and the discourses framing their actions and decisions. The urban landscape is, in the last instance, constructed by people operating under the possibilities and constraints imposed by a given social system.

## 6 Final remark

This paper was written to honour the great personality of Christoph Stadel. He dedicated his life to the regional geography of the Andes, but even more to justice for and empowerment of the poor. We know that he did remarkable research on intermediate cities and other urban topics, but because of his engagement in rural areas, the lower classes in urban environments have not appeared in his publications, even though this topic has figured in his teaching, especially in the joint field trips with one of the authors. With this paper we want to expand his interest towards an interesting topic in the urban geography of Andean capitals. It also is to acknowledge the cooperation of European and Latin-American researchers, which always have been a quality of Christoph's field work.

## References

Bevir, M. 1999: Foucault, power, and institutions. *Political Science* 47: 345–359.

Borsdorf, A. 1980: Zur Raumwirksamkeit dependenztheoretischer Ansätze am Beispiel chilenischer Mittelstädte 1970–1973. *42. Deutscher Geographentag Göttingen, Tagungsbericht und wissenschaftliche Abhandlungen.* Wiesbaden: 509–512.

Borsdorf, A. & R. Hidalgo 2008a: New dimensions of social exclusion in Latinamerica: From gated communities to gated cities. The example of Santiago de Chile. *Land Use Policy* 25, 2: 153–160.

Borsdorf, A. & R. Hidalgo 2008b: Open port – closed residential quarters? Urban structural transformation in the metropolitan area of Valparaiso, Chile. *Erdkunde* 61, 1: 1–13.

Bravo, L. 1996: Vivienda social industrializada: la experiencia chilena (1960–1995). *Boletín del Instituto de la Vivienda* 28: 2–36.

Cáceres, G. & F. Sabatini (eds.) 2004: *Barrios cerrados en Santiago de Chile: entre la exclusión y la integración social.* Santiago de Chile.

Cavarozzi. M: 1992: Patterns of elite negotiation and confrontation in Argentina and Chile. In: Highley, J. & R. Gunther (eds.): *Elites and democratic consolidation in Latin America and Southern Europe.* Melborune: 298–235.

de Mattos, C.A. 1996: Avances de la globalización y nueva dinámica metropolitana: Santiago de Chile, 1975–1995. *EURE* 22, 65: 39–60.

de Mattos, C.A. 1998: Reestructuración, globalización, nuevo poder económico y territorio en el Chile de los noventa. In: de Mattos, C.A., D. Hiernaux & D. Restrepo (eds.): *Globalización y territorio. Impactos y perspectivas.* Santiago de Chile.

de Mattos, C.A. 1999: *Santiago de Chile, globalización y expansión metropolitana: lo que existía sigue existiendo. EURE* 25, 76: 29–56.

Ducci, M.E. 1997: Chile: el lado oscuro de una política de vivienda exitosa. *EURE* 69: 99–115

Foucault, M. 1982: The subject and power. In: Dreyfus, H.L. & P. Rabinow (eds.): *Michel Foucault, beyond structuralism and hermeneutics.* Chicago: 208–226.

Foucault, M. 1991: Governmentality. In: Burchell, G., C. Gordon & P. Miller (eds.): *The Foucault effect, studies in governmentality.* London: 87–104.

Giddens, A. 1984: *The constitution of society: outline of the theory of structuration.* Cambridge.

Gilbert, A. 2000: What might South Africa have learned about housing subsidies from Chile? *South African Geographical Journal* 82, 1: 21–29.

Gilbert, A. 2004: Helping the poor through housing subsidies: lessons from Chile, Colombia and South Africa. *Habitat International* 28: 13–40.

Godoy, G. 1972: *Rol de la CORVI en el problema habitacional, 1953–1972. Seminario para optar al título de Arquitecto*. Santiago de Chile.

Gregory, D. & J. Urry (eds.) 1985: *Social relations and spatial structures*. Basingstoke.

Haramoto, E. 1983: Políticas de Vivienda Social: experiencia chilena de las tres últimas décadas. In: Mac Donald, J. (ed.): *Vivienda Social. Reflexiones y Experiencias*. Santiago de Chile.

Healey, P. 1995: Discourse of integration: making framework for democratic planning. In: Cameron, S., S. Davaudi, S. Graham & A. Madani-Pour (eds.): *Managing cities: the new urban context*. New York.

Hidalgo, R. 1997a: La vivienda social en la ciudad de Santiago: Análisis de sus alcances territoriales en la perspectiva del desarrollo urbano, 1978–1995. *Revista de Geografía Norte Grande* 24: 31–38.

Hidalgo, R. 1997b: La vivienda social y los nuevos espacios urbanos en la ciudad de Santiago: La evaluación del habitante. *Revista Geográfica de Chile Terra Australis* 42: 7–22.

Hidalgo, R. 1999: Continuidad y cambio en un siglo de vivienda social en Chile (1892–1998). Reflexiones a partir del caso de la ciudad de Santiago. *Revista de Geografía Norte Grande* 26: 69–77.

Hidalgo, R. 2000: La década de 1950 en Chile. Un período clave en la definición de las políticas de vivienda y la planificación contemporánea. *Revista de Geografía Norte Grande* 27: 173–180.

Hidalgo, R. 2005: *La vivienda social en Chile y la construcción del espacio urbano en el Santiago del siglo XX*. Santiago de Chile.

Hidalgo, R., A. Borsdorf & H.M. Zunino 2008: Las dos caras de la expansión residencial en la periferia metropolitana de Santiago de Chile: precariópolis estatal y privatópolis inmobiliaria. In: Pereiro, P.C.X. & R. Hidalgo (eds.): *Producción inmobiliariaria y reestructuración metropolitana en América Latina*. Santiago de Chile: 167–196.

Hidalgo, R. & H.M. Zunino 1992: Consideraciones preliminares para un proyecto de renovación urbana en el área central de la ciudad de Santiago, Chile. *Revista de Geografía de la Universidad Estadual Paulista* 11: 31–45.

MacKinnon, D. 2000: Managerialism, governmentality and the state: a neo-Foucauldian approach to local economic governance. *Political Geography* 19: 293–314.

McGuirk, P. 2000: Power and policy networks in urban governance: local government and property-led regeneration in Dublin. *Urban Studies* 37, 4: 651–672.

Nickel-Gemmeke, A. 1991: *Staatlicher Wohnbau in Santiago de Chile nach 1973. Bedeutung, Formen und Umfang von Wohnbau-Projekten für untere Sozialschichten*. Marburger Geographische Schriften 121. Marburg.

Petermann, A. 2006: ¿Quién extendió a Santiago? Una breve historia del límite urbano, 1953–1994. In: Galetovic, A. (ed.): *Santiago. Dónde estamos y hacia dónde vamos*. Santiago: 205–230.

República de Chile 1965: *Ley General de Urbanismo y Construcciones*. Santiago de Chile.

Rodriguez, A. & L. Winchester 2001: Santiago de Chile. Metropolización, globalización, desigualdad. *EURE* 27, 80: 121–140.

Romero, H. & X. Toledo 1998: Crecimiento económico, regionalización y comportamiento espacial del sector inmobiliario en Chile. *Revista Geográfica de Chile Terra Australis* 43: 131–203.

Sabatini, F. 2000: Reforma de los mercados de suelo en Santiago, Chile: efectos sobre los precios de la tierra y la segregación residencial. *EURE* 77: 49–80.

Sabatini, F., G. Caceres & J. Cerda 2001: Segregación residencial en las principales ciudades chilenas: Tendencias de las tres últimas décadas y posibles cursos de acción. *EURE* 82: 21–42.

Silva, E. 1995: Intellectuals, technocrats, and politics in Chile: from global projects to the "management of things". In: Galjart, B. & P. Silva (eds.): *Designers and Development. Intellectuals in the third world*. Leiden.

Silva, E. 1996: *The state and capital in Chile: business elites, technocrats, and market economics*. Boulder, Colorado.

Silva, P. 1998: Neoliberalism, democratization, and the rise of technocrats. In: Vellinga, M. (ed.): *The Changing role of the state in Latin America*. Boulder, Colorado: 75–92

Sugranyes, A. 2005: La política habitacional en Chile, 1980–2000: un éxito liberal para dar techo a los pobres. In: Rodríguez, A. & A. Sugranyes (eds.): *Los con techo. Un desafío para la política de vivienda social.* Santiago de Chile.

Tironi, M. 2001: *Nueva pobreza urbana. Vivienda y capital social en Santiago de Chile, 1985–2001*. Santiago de Chile.

Tokman, A. 2006: El MINVU, la política habitacional y la expansión excesiva de Santiago. In: Galetovic, A. (ed.): *Santiago. Dónde estamos y hacia dónde vamos*. Santiago de Chile: 489–522.

Valdés, J.G. 1995: *Pinochet's economist.* Cambridge, U.K.

Zunino, H.M. 2000: Globalización y construcción social del territorio. Reflexiones sobre la gobernabilidad y la planificación de las ciudades. *Revista Geografía Norte Grande* 27: 133–137.

Zunino, H.M. 2002: Formación institucional y poder: investigando la construcción social de la ciudad. *EURE* 28, 84: 103–116.

Zunino, H.M. 2004: *Analytical and conceptual framework to study structures of governance and multi-level power relations in urban initiatives. Empirical application in Concepción and Santiago, Chile*. Doctoral Dissertation, University of Arizona, Tucson.

Zunino, H.M. 2005: Social theory at work. Analyzing multi-level power relations in the redevelopment of Concepción's riverfront, Chile. *Cidades:* 315–340.

Zunino, H.M. 2006: "Neo-liberalism", "technopoliticians" and authoritarian urban redevelopment in Santiago, Chile. *Urban Studies* 3, 10: 1825–1846.

# Nationalparks in den westlichen Gebirgsstaaten der USA

**Burkhard Hofmeister**

Mit der Gründung des ersten Nationalparks in den USA 1872 begann der Schutzgebietsgedanke, der im 20. Jahrhundert auf die ganze Welt ausstrahlte. Der Artikel stellt die wechselhafte Geschichte der Nationalparks im Westen der Vereinigten Staaten dar und beleuchtet abschließend auch die Herausforderungen, die sich angesichts des Massentourismus stellen.

**National Parks in the Western Mountainous States of the U.S.A.**
With the establishment of the first national park in the U.S. in 1872 the idea of protected areas started out and then spread across the globe during the $20^{th}$ century. The article illustrates the chequered history of national parks in the mountainous West of the U.S. and discusses the challenges caused by the mass tourism.

**Keywords**: protected mountain areas, national park, conservation movement, tourism, United States

**Parques Nacionales en los estados montañosos occidentales de los Estados Unidos**
Con la fundación del primer parque nacional en los Estados Unidos en el año 1872, la idea de establecer parques nacionales, se extendió a todo el mundo durante el siglo XX. El artículo ilustra la cambiante historia de los parques nacionales en las montañas occidentales de Estados Unidos y discute los desafíos causados por el turismo de masas.

## 1 Einleitung

Die Vereinigten Staaten von Amerika gelten als das Land, in dem am frühesten der Nationalparkgedanke aufkam. Denn es war im Jahre 1872, als in der Nordwestecke von Wyoming mit angrenzenden Teilen der Nachbarstaaten Montana und Idaho ein vor allem durch seine Geysire als Naturwunder gerühmtes Gebiet vom US-amerikanischen Kongress zum Nationalpark erklärt wurde.

Es ist immer wieder diskutiert worden, ob dieser Yellowstone National Park tatsächlich der erste Nationalpark (NP) der USA ist. Der Gedanke nämlich, ein Gebiet seiner besonderen Eigenschaften wegen dem privaten Zugriff zu entziehen und unter den Schutz des Staates zu stellen, geht in den USA bis auf das Jahr 1832, also vier Jahrzehnte vor Yellowstone, zurück. Ein kleines Stück Land südwestlich von Arkansas' Hauptstadt Little Rock wurde seiner heißen Mineralquellen wegen als Hot Springs Reservation unter staatlichen Schutz gestellt. Allerdings wurde es erst sehr viel später, nämlich 1921, zum Nationalpark erklärt. Dem Buchstaben nach ist Yellowstone also der älteste Nationalpark der USA.

Aber es war damals, dass George Catlin (1796–1872), der sich lange Zeit unter Indianern aufgehalten und sie und ihr Leben in über fünfhundert Bildern festgehalten hatte, erlebte, dass eine Gruppe Sioux eine große Menge Büffelzungen gegen Whiskey eintauschte, was ihn dazu bewog, für die Schaffung von Nationalparks zu plädieren. Zwei Jahrzehnte später sprach sich auch der Naturalist und Philosoph Henry David Thoreau (1817–1862) dafür aus (Raeithel 1995).

## 2 Public Domain und Conservation Movement

Die Schaffung von Nationalparks in den USA muss auf dem Hintergrund zweier politischer Strömungen gesehen werden, der Entstehung und Verwaltung der Public Domain oder Öffentlichen Landreserve und dem Wirken des Conservation Movement, der amerikanischen Landschaftsschutzbewegung des ausgehenden 19. Jahrhunderts.

Einige der 13 Gründerstaaten der USA besaßen Gebietsansprüche bis zum Mississippi hin. Es bestanden also Ungleichheiten unter den Unionsmitgliedern, und um diese aus der Welt zu schaffen, kam man überein, dass die betroffenen Staaten ihre Gebietsansprüche an die neu geschaffene Union abtreten sollten, was sie zwischen 1781 und 1802 auch taten. Auf diese Weise gelangte die Union in den Besitz von Ländereien von der Größenordnung um 100 Mio. Hektar.

Zwischen 1803 und 1853 kam es dann zu einem gewaltigen Anwachsen der Public Domain im Verlaufe der Westexpansion der USA vor allem durch Landkäufe. Diese begannen 1803 mit dem sogenannten Louisiana Purchase, einem französischen Einflussgebiet von über 200 Mio. Hektar, gingen dann weiter mit dem Kauf Floridas und der spanischen Golfküste, dem Ausgleich am Red River of the North mit Kanada, der Schaffung des Oregon-Territoriums, den Gebietsabtretungen Mexikos im Vertrag von Guadalupe Hidalgo, dem Anschluss von Texas an die Union und dem Gadsden Purchase von Mexiko, heute die südlichsten Teile von Arizona und New Mexico. Damit war die Public Domain auf rund 580 Mio. Hektar angewachsen (Hofmeister 1967).

Schon seit der Gründung der USA gab es, unter anderen von Präsident Thomas Jefferson vertreten, die Auffassung, das Staatsland möglichst rasch in Privathand zu überführen. Das geschah denn auch im Laufe des 19. Jahrhunderts in großem Maße, zum Teil durch Verkäufe zu günstigen Bedingungen an Siedler auf Grund einer Reihe von Heimstättengesetzen, zum Teil durch Landschenkungen als Anreiz an Eisenbahn- und Kanalbaugesellschaften. Aber auch den Gebietskörperschaften wurde Grund und Boden aus der Landreserve für den Bau von Schulen und anderen kommunalen Einrichtungen übereignet. Die gesamte Landvergabe akkumulierte sich über zwei Jahrhunderte auf rund 420 Mio. Hektar.

Somit wurden rund drei Viertel der Public Domain veräußert. Die Regierung freundete sich aber bald mit dem Gedanken an, dass der Rest auf Dauer von ihr verwaltet werden müsse, und so wurden nach und nach Behörden geschaffen wie

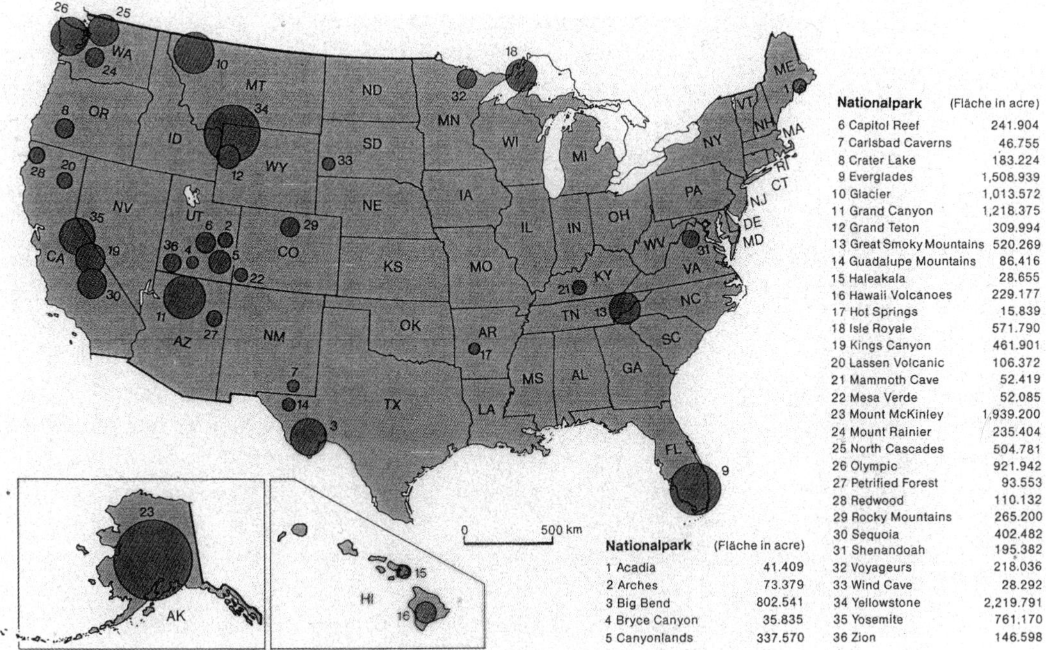


*Abb. 1: Nationalparks der USA. Quelle: Adams et al. 1992.*

1905 der US Forest Service für das Management der Nationalforste, das Bureau of Indian Affairs für die Betreuung der Indianerreservationen und das Bureau of Land Management für die 1934 mit dem Taylor Grazing Act organisierten staatlichen Weideländereien.

Gegenüber den rund 81 Mio. Hektar umfassenden Weidebezirken, den 54 Mio. Hektar großen Nationalforsten und den 22 Mio. Hektar umfassenden Indianerreservationen nehmen sich die 5,6 Mio. Hektar messenden National Parks und National Monuments eher klein aus. Für ihre Verwaltung wurde 1916 der National Park Service gegründet.

Hier kommt die Landschaftsschutzbewegung ins Spiel. Sie ist mit den Namen dreier Männer verknüpft: Guyot, Muir und Pinchot. Arnold Henry Guyot (I807–1884) kam als gebürtiger Schweizer 1848 in die USA, war 30 Jahre Professor für Physische Geographie und Geologie an der Princeton University und Initiator des US Weather Bureau. John Muir (1838–1914) immigrierte 1849 aus Schottland, unternahm sechs Jahre lang geologische und botanische Studien im Yosemitetal und wurde 1890 zum Initiator des Yosemite National Park Bill. Er war führend in dem von Präsident Theodore Roosevelt geförderten Conservation Program. Gifford Pinchot (1865–1946) aus Connecticut war 33 Jahre lang Professor für Forstwirtschaft an der Yale University und von 1910 bis 1925 Präsident der National Conservation Society. Ihr Wirken hat Hawkes (1958) ausführlich dargelegt.

Die Landschaftsschutzbewegung trug entscheidend zur Gründung der frühen Nationalparks bei. Sie lagen hauptsächlich in den Weststaaten. Bis zur Gründung des National Park Service 1916 wurden hier acht Nationalparks eingerichtet: 1872 der Yellowstone NP in Wyoming, Idaho und Montana, 1890 der Sequoia NP und der Yosemite .P. in Kalifornien, 1899 der Mt. Rainier NP in Washington, 1902 der Grater Lake NP in Oregon, 1906 der Mesa Verde NP in Colorado, 1910 der Glacier NP in Montana und 1915 der Rocky Mountain NP in Colorado (Rowe 1974).

Diese deutliche Konzentration der Nationalparks auf die Weststaaten hatte zumindest zwei Gründe. Es gab dort im Bereich der Felsengebirgsketten und der von ihnen eingerahmten Hochebenen die spektakulärsten Naturschönheiten und daher entstand der Wunsch, etliche von ihnen unter den Schutz des Staates zu stellen.

Im Yellowstone NP waren es in erster Linie die Geysire, allen voran der berühmte Old Faithful, aber auch die von Heißwasseralgen in allen Regenbogenfarben schimmernden heißen Quellen, die Schlammvulkane und die großartigen Minerva-Sinterterrassen, im Sequoia K.P. die Bestände von *Sequoia gigantea*, dem Riesenmammutbaum mit bis zu 100 m Höhe und 12 m Stammdurchmesser, im Mount Rainier NP der gleichnamige Vulkan mit seinen 15 großen und 26 kleineren Gletschern und Eishöhlen, im Crater Lake NP die Caldera des zerborstenen alten Mount Mazama mit dem eindrucksvollen Kratersee und der Wizardinsel in seiner Mitte.

Bald kam noch ein anderer Gedanke zum Tragen. Vor allem im Südwesten der USA, in den Staaten Utah, Colorado, Arizona und New Mexico gab es zahlreiche Relikte früherer Indianerkulturen, die es vor Souvenirjägern zu schützen galt. Wenn im altweltlichen Europa die griechischen und römischen Ruinen bewahrt wurden, wollte man hier die „cliff dwellings" und „pit dwellings" vor Beschädigung und Plünderung retten. Der Act for the Preservation of American Antiquities von 1906

*Fig. 1: Der Fuß- und Maultierpfad vom South Rim zur Phantom Ranch im Grand Canyon NP*

ermächtigte den Präsidenten der USA, Gebiete von historischem und/oder wissenschaftlichem Interesse zu National Monuments zu erklären. Wegen seiner Einzigartigkeit wurde noch im selben Jahr einem Gebiet in Colorado als einzigem sogar der Nationalparkstatus zuerkannt: Mesa Verde.

Ein zweiter Grund für die Häufung der Nationalparks in den Weststaaten war der, dass sie noch lange Zeit jenseits der *frontier*, der Siedlungsgrenze, gelegen hatten, worunter der offizielle Zensus der USA eine Einwohnerdichte von weniger als zwei Menschen pro Quadratmeile verstand. Hier musste man sich im Regelfalle gar nicht oder nur mit wenigen Privateigentümern auseinandersetzen, während in den Ost- und Mittelweststaaten der geringe Umfang von öffentlichen Ländereien und eine relativ dichte Besiedlung die Schaffung von Schutzgebieten erschwerten. Sie basierten hier zum großen Teil auf Schenkungen. So gaben z. B. die Rockefeller-Familie und andere Privateigentümer ihre Sommerresidenzen für die Einrichtung des Acadia-Nationalparks in Maine her (National Geographic Society 1975).

## 3 Militärverwaltung und National Park Service

Ungeachtet des Nationalparkstatus trieben Jäger und Trapper auch weiterhin ihr Unwesen in dem von ihnen als herrenlos angesehenen Yellowstone-Gebiet. Daher entschloss sich die Regierung, die Verwaltung des Yellowstone NP und künftig zu gründender Parks aus der Hand des Innenministeriums in die des Kriegsministeriums zu übertragen (National Geographic Society 1975). So wurden gerade die am frühesten in den Weststaaten eingerichteten Nationalparks von 1886, als das Kriegsministerium mit dieser Aufgabe betraut wurde, bis zur Einrichtung einer eigenen Nationalparkbehörde 1916 von Militärs verwaltet.

Drei Jahrzehnte lang nahmen also Soldaten die Belange der Nationalparks wahr. Die Schutzfunktion erfüllten sie durchaus zufriedenstellend, aber aus heutiger Sicht entsprachen sie natürlich nicht den ökologischen Erfordernissen der ihnen anvertrauten Ländereien.

Hinzu, kam, dass in einzelnen Fällen die ursprüngliche Abmessung des als Nationalpark ausgewiesenen Gebietes zu gering war, um den ökologischen Gegebenheiten Rechnung zu tragen. So kam es später zu Gebietserweiterungen, In einigen Fällen erfolgte die Entstehung des Nationalparks, wie wir ihn heute vorfinden, in mehreren Schritten. Ein interessantes Beispiel liefert der Grand Canyon NP in Arizona:

1893 wurde ein Teil des heutigen Nationalparks als Grand Canyon Forest Reserve ausgewiesen.
1908 schuf Präsident Roosevelt per Erlass das Grand Canyon National Monument.
1919 erließ der Kongress das Gesetz zur Einrichtung des Grand Canyon National Park.
1927 kam es zu einer ersten Erweiterung der Fläche des Parks.
1975 Eingliederung des auf der Westseite des Parks 1932 geschaffenen Grand Canyon National Monument an jenen (Heiniger 1971; Rowe 1977).

Damals ließ man sich noch von dem Gedanken leiten, dass private Nutzungsinteressen Vorrang haben und man staatlicherseits nur vom wirtschaftlichen Standpunkt aus „wertloses" Land der privaten Nutzung entziehen und als geschütztes Gebiet ausweisen sollte. Geschützt werden sollten die größten Naturwunder, gewissermaßen als Ersatz für die in Amerika nicht vorhandenen Kulturdenkmäler wie Kathedralen, Burgen und Schlösser, aber sie wurden isoliert gesehen und nicht im ökologischen Kontext ihrer Umgebung.

Damit kommen wir zu einem dritten Faktor: Es gab in etlichen Fällen private Vornutzungen. Im Falle des Grand Canyon NP entstanden auf dem damals noch nicht als Nationalpark ausgewiesenen Gelände mehrere einfache Hotelbauten. Ein Fußpfad wurde für den Abstieg in den Canyon angelegt. Auf ihm kann man bis heute auf Maultiers Rücken zur Phantom Ranch im Tal, rund 1 600 m unterhalb des South Rim, gelangen. Ab 1901 brachte eine Stichbahn der Atcheson, Topeka and Santa Fe Railroad von Williams nach Grand Canyon Village zunehmende Zahlen von Touristen in das Gebiet (Smithsonian Guide 1990).

Diese auf Privatinitiative entstandenen Einrichtungen wurden in den später geschaffenen Nationalpark integriert, und bis in die Gegenwart arbeiten die Konzessionäre, die die Hotels, Restaurants und Ladengeschäfte betreiben, zum Teil noch auf privatem Land, allerdings mit Billigung (*approval*), d. h. unter der Aufsicht und gemäß den Regeln des National Park Service.

In einigen Parks bestanden aus der Zeit vor dem Nationalparkstatus Schürfrechte, die vor allem in den in den Rocky Mountains eingerichteten Parks die einzige wirtschaftliche Nutzungsmöglichkeit dargestellt hatten. Bei entsprechenden naturgeographischen Gegebenheiten gab es aber auch Weiderechte für die Sömmerung von Schafen und Rindern der Rancher aus angrenzenden Gebieten. Hierfür spielte die Nachbarschaft von privatem Agrarland und Ländereien der Public Domain eine Rolle.

Allerdings waren im Vergleich zu den Nationalforsten und Weidebezirken die Nationalparks am wenigsten betroffen, da es sich bei ihnen in der Regel um kaum ökonomisch nutzbare Flächen handelte und andererseits die Nationalforste und vor allem die Weidebezirke erst später staatlicherseits organisiert wurden. So machten zur letzten Jahrhundertmitte die Enklaven des Privatlandes innerhalb der Nationalparks lediglich 4 % aus, die innerhalb der Nationalforste dagegen 25 % und die innerhalb der Weidebezirke sogar 40 % (Hofmeister 1967).

Viereinhalb Jahrzehnte nach Einrichtung des ersten Nationalparks kam es dann zur Gründung einer eigenen Nationalparkbehörde, des National Park Service als Abteilung des Innenministeriums. In der Epoche zwischen den beiden Weltkriegen kamen allein in den Weststaaten zehn neue Nationalparks hinzu: 1916 der Lassen Volcanic NP in Kalifornien, 1917 der Mount McKinley NP in Alaska, 1919 der Grand Canyon NP in Arizona und der Zion NP in Utah, 1928 der Bryce Canyon NP in Utah, 1929 der Grand Teton NP in Wyoming, 1930 der Carlsbad Caverns NP in New Mexico, 1937 der Capitol Reef NP in Utah, 1938 der Olympic NP in Washington und 1940 der Kings Canyon NP in Kalifornien, Und das trotz der Probleme, mit denen sich der National Park Service schon ziemlich von Anbeginn seines Bestehens konfrontiert sah.

Denn die Gründung der Parkverwaltung fiel in das Jahr des Eintritts der USA in den Ersten Weltkrieg. Es mangelte sowohl an Geld als auch an Personal. Die Zuweisung der Regierung von Finanzen war viel zu gering für eine vernünftige Betreuung der damals 17 Nationalparks und 22 Nationaldenkmale, und das Personal wurde knapp, weil jüngere Mitarbeiter eingezogen wurden oder sich freiwillig zum Militär meldeten (Albright et al. 1987).

Noch stärkere Einschränkungen brachte der Zweite Weltkrieg mit sich. Betrug das Budget des Park Service im Jahre 1940 noch 21 Mio. Dollar, schrumpfte es 1945 auf 5 Mio. Dollar zusammen (National Geographie Society 1975). Allerdings sollte man für das Jahr 1940 noch rund 20 Mio. Dollar hinzurechnen, die für die Arbeiten des Civilian Conservation Corps (CCC) zu veranschlagen wären.

Die Gründung des CCC war eine der ersten Maßnahmen der Roosevelt-Administration während des sogenannten New Deal zur Bekämpfung der Wirtschaftsdepression und der Arbeitslosigkeit, Es war zur Arbeitsbeschaffung und Berufsausbildung junger Menschen, aber auch für Kriegsveteranen und Indianer ohne Arbeit eingerichtet worden. In den zehn Jahren bis 1943 gingen rund drei Millionen Männer durch mehr als 4000 Lager, u. a. in State Parks und National Parks, wo sie zum Baumpflanzen und zum Wegebau, zu Dammbauten und zur Bekämpfung von Waldbränden eingesetzt wurden. Man könnte das CCC als Pendant zum Reichsarbeitsdienst (RAD) in Deutschland ansehen, freilich mit dem Unterschied, dass der RAD einen schon zu Beginn der Wirtschaftsdepression in der Weimarer Republik geschaffenen Vorgänger hatte und 1935 nach Einführung der allgemeinen Wehrpflicht für die jungen Deutschen auf sechs Monate obligatorisch wurde. Gegner des New Deal witterten die Nähe zur faschistischen Praxis, aber Roosevelt war überzeugt davon, mit dem CCC ein gemeinnütziges Werk gestiftet und eine große Revolution verhindert zu haben (Raeithel 1995).

## 4 Die Zeit nach dem Zweiten Weltkrieg

In den Jahren nach Kriegsende begann für die Nationalparks die Epoche des Massentourismus, der Autoreisenden und des Campings. Der allgemeine Wohlstand, der in den USA besonders rasante Anstieg des Motorisierungsgrades und der weit verbreitete Wunsch nach Outdooraktivitäten, flankiert von einem Boom der Wohnwagenbranche, ließen die Besucherströme in den Nationalparks rasant ansteigen.

Freilich wurden die einzelnen Parks sehr unterschiedlich frequentiert. Das hing mit der Attraktivität und dem Bekanntheitsgrad des einzelnen Parks zusammen, aber auch mit dem Grad seiner Erschließung und Erreichbarkeit sowie der größeren oder geringeren Nähe zu bevölkerungsreichen Regionen. So kommen z. B. in den relativ schlecht zugänglichen und auch weniger bekannten Sequoia Kings NP in Kalifornien rund 90 % der Besucher aus eben diesem Staat.

In den Weststaaten kamen in der Nachkriegszeit nur noch wenige neue Parks hinzu: 1962 der Petrified Forest NP in Arizona, 1964 der Canyonlands NP in Utah, 1968 der North Cascades NP in Washington und 1971 der Arches NP in Utah.

*Tab. 1: Besucherzahlen 2012 in den Nationalparks des Westens. Quelle: National Park Service Visitor Use Statistics*

| Nationalpark | Besucherzahl |
|---|---|
| Grand Canyon | 4 421 352 |
| Yosemite | 3 853 404 |
| Yellowstone | 3 447 729 |
| Rocky Mountain | 3 229 617 |
| Zion | 2 973 607 |
| Grand Teton | 2 705 256 |
| Glacier | 2 162 035 |
| Bryce Canyon | 1 385 352 |
| Arches | 1 070 577 |

Zwar vollzog sich der größte Anstieg der Besucherzahlen in den ersten beiden Nachkriegsjahrzehnten und flachte sich die Wachstumskurve danach ab, haben doch etliche Parks in der Gegenwart enorme Besucherzahlen zu verkraften (Tab. 1). Zum Vergleich sei angemerkt, dass der von den Großstadtregionen der Oststaaten leicht erreichbare Great Smoky Mountains National Park im Jahre 2011 über 9,2 Mio. Besucher zu verzeichnen hatte. Angesichts solcher Besucherströme ergab sich für den National Park Service wie auch für die einzelnen Parkverwaltungen das Problem, zwischen zwei Aufgaben abzuwägen, nämlich einerseits die Parks vor Übernutzung und Schädigung zu schützen und andererseits möglichst vielen Menschen den Anblick dieser Naturschönheiten zu gewähren.

Als Präsident Theodore Roosevelt 1907 das Eingangstor zum Yellowstone NP bei Gardiner (Montana) einweihte, konnte man über dem Torbogen den Satz lesen: „*For the benefit and enjoyment of the people*“, also den Menschen zum Nutzen und zur Freude. Er wurde bald zum Leitmotiv des National Park Service. Und Stephen T. Mather, einer der Initiatoren dieser Organisation, bat 1918 Innenminister Franklin K. Lane, die Richtlinien für die Parkpolitik schriftlich festzulegen, was er mit einem Brief an Mather, der der erste Chef der Nationalparkverwaltung wurde, auch tat. Er schrieb: „*...the National Park must be maintained in absolutely unimpaired form for the use of future generations as well as those of our own time; that they are set apart for the use, observation, health and pleasure of the people*“ (Albright et al. 1987).

Diesen Vorgaben entsprechend hat sich die Parkverwaltung entschieden, möglichst keine Besucher abzuweisen und Schädigungen von kleineren Teilen der Nationalparkareale in Kauf zu nehmen. Man spricht von der Erhaltung großer unbeeinträchtigter „*low use areas*“, in denen Pflanzen- und Tierwelt weitestgehend unberührt bleiben, und kleinen „*high use areas*“, die man diesem Prinzip opfern muss. In den sehr stark frequentierten Yellowstone NP und Yosemite NP werden etwa zwei Prozent der Parkfläche überbeansprucht. Auf diese konzentrieren sich die gewaltigen Besucherströme und die Infrastruktureinrichtungen der Touristenbranche. Hier ist nichts mehr zu retten. Dafür bleiben 98 % der Parkfläche weitgehend unberührt. Für diese Bereiche gibt es sogenannte „*back country management plans*“.

Während eine Beschränkung der Besucherzahlen generell vermieden wird, werden andererseits verschiedene Maßnahmen zur Kanalisierung der Besucherströme unternommen. Hier seien die wichtigsten von ihnen genannt.

*Fig. 2: Shuttle-Bus Tafel an einer Haltestelle im Grand Canyon NP*

1) Um 1970 wurden in mehreren Parks Reservierungs- und Registriersysteme eingeführt. In einigen Parks wurde das gesamte Parkareal in Regionen eingeteilt und jeder Region eine maximale Besucherzahl zugewiesen. Im Sequoia NP ging man nach einem anderen Prinzip vor. Es wurden Höchstzahlen für Besucher an den verschiedenen Eingängen des Nationalparks festgesetzt, sogenannte „*trail head quotas*". Im Staate Nevada waren die State Parks an ein Computerreservierungssystem, Ticketron genannt, angeschlossen, mit dessen Hilfe Camper bis zu drei Monaten im Voraus nach den Möglichkeiten von der Kapazität her sowie nach den Erfordernissen wie z. B. Abmessung der Wohnwagen auf bestimmte Parks, Camping- und Stellplätze gebucht wurden. Dieses „*campsite system*" wurde ab Mitte der 1970er Jahre auch von mehreren Nationalparks in den Weststaaten übernommen. Darüber hinaus wurden sogenannte „*daytime parking lots*" für Tagesbesucher ausgewiesen. In einigen Parks, wie z. B., im Yosemite NP, wurde die Dauer des Camping während der Hochsaison zwischen dem 1. Juni und Labor Day auf zwei Wochen und außerhalb der Hochsaison auf vier Wochen beschränkt.

2) Ebenfalls um 1970 kam es in mehreren Nationalparks zur völligen Sperrung von Straßen für den privaten Kraftfahrzeugverkehr. Ausnahmegenehmigungen haben nur Fahrzeuge von Parkverwaltung, Polizei, Feuerwehr und Anlieferern für die Einrichtungen der Konzessionäre. Die Privatfahrzeuge werden auf Parkplätze verwiesen, die am Rande der Sperrzonen angelegt wurden, und der Weitertransport der Besucher erfolgt mit Pendelbussen.

So wurden z. B. im Yosemite NP und im Grand Canyon NP je drei Buslinien eingerichtet, die mit Umsteigemöglichkeit für die Besucher miteinander verbunden sind. Im Grand Canyon NP wurde 1974 der Western Rim Drive gänzlich für Pkws gesperrt. Hier wurde eine Buslinie eingerichtet, auf der acht propangasgetriebene Busse verkehren. Die Rundtour dauert anderthalb Stunden. Im Yosemite NP verkehren die Busse auf den drei Linien zwischen 8 Uhr morgens und 22 Uhr abends.

Der Bustransport wird teilweise vom National Park Service und teilweise von Privathand betrieben. Die Busse sind Eigentum der Regierung, die Betriebsführung liegt im Grand Canyon NP in den Händen der Fred Harvey Company und im Yellowstone NP in den der Yellowstone Park Company. Aber in diesem konnte eine so

*Fig. 3: Shuttle-Bus im Yosemite NP*

radikale Lösung wie die totale Sperrung für den privaten Kraftfahrzeugverkehr nicht realisiert werden, da Ring- und Zufahrtsstraßen gleichzeitig Teilstrecken eines das Parkareal durchquerenden Fernstraßennetzes der drei Anrainerstaaten sind.

In einigen Parks gibt es zusätzlich zu den normalen Parkplätzen für Pkws noch sogenannte „overflow parking lots", die während des größtenteils der Woche geschlossen sind und nur für den größeren Wochenendverkehr von Freitagmittag bis Montagvormittag geöffnet werden.

3) Sehr frühzeitig unternahm der National Park Service Maßnahmen gegen die Umweltverschmutzung. Als Beispiel seien die Getränkedosen genannt. Früher waren die Dosenöffnungen so gestaltet, dass man sie abreißen musste; sie wurden dann oftmals achtlos weggeworfen. Indem die Parkverwaltung mit Boykott drohte, stellten sich die Herstellerfirmen auf eine andere Art der Dosenöffnung ein. Auch wurde von der Parkverwaltung schon Anfang der 1970er Jahre ein Pfand von fünf Cent auf Getränkedosen eingeführt.

## 5 Ausblick

In drei Jahren, nämlich 2016, wird der National Park Service auf sein hundertjähriges Bestehen zurückblicken können. Schon von Anbeginn seiner Tätigkeit, während des Ersten Weltkrieges, hat er mit Schwierigkeiten zu kämpfen gehabt. Knappes Budget und Personalmangel waren zu verschiedenen Zeiten behindernd. In der Gegenwart sind es vor allem die Probleme des Massentourismus, der in besonderem Maße die Nationalparks der Weststaaten betrifft. Der National Park Service hat mit einigem Erfolg versucht, durch verschiedenste Maßnahmen dieses Problems Herr zu werden. Möge ihm auch in Zukunft Erfolg beschert sein.

## Literatur

Adams, W.P. et al. 1992: *Länderbericht USA*. Schriftenreihe Band 293. Bundeszentrale für politische Bildung, Bonn.
Albright, H.H., R.E. Dickinson & W.P. Mott Jr. 1987: *National Park Service. The Story behind the Scenery.* o.O.
Carstensen, V. (Hg.) 1962: *The Public Lands. Studies in the History of the Public Domain*. Madison.
Prancis, J.G. & R. Ganzel 1984: *Western Public Lands: The Management of Natural Resources in a Time of Declining Federalism*. Totowa.
Hawkes, H.B. 1958: Die gedanklichen Grundlagen des Landschaftsschutzes (Conservation) in den Vereinigten Staaten von Nordamerika. *Die Erde* 1: 123–135.
Heiniger, E.A. (Hg.) 1971: *Grand Canyon.* Bern.
Hofmeister, B. 1967: Die Public Domain. Entwicklung und gegenwärtige Problematik der Staatsländereien in USA. *Geographische Rundschau* 1: 48–56.
Hofmeister, B. 1988: *Nordamerika.* Fischer Länderkunde 6. Überarbeitete Neuausgabe. Frankfurt am Main.
National Geographic Society (Hg.) 1979: Our National Parks. *The National Geographic Magazine* 156, 1.
National Geographic Society (Hg.) 1959: *America's Wonderlands*, Washington D.C. Neuauflage 1975.
National Park Service (Hg.) 1989: *National Park System. Map and Guide.* Washington.
Raeithel, G. 1989: *Geschichte der nordamerikanischen Kultur. Bd. 3 Vom New Deal bis zur Gegenwart 1930–1995.* Frankfurt am Main. Erweiterte Auflage 1995.
Robbins, R.M. 1976: *Our Landed Heritage: The Public Domain 1776–1970.* Lincoln.
Rowe, R. 1974: *Geology of our Western National Parks and Monuments*. Portland. 2. Aufl. 1977.
Smithonian Guide to Historic America 1990: *B. X: The Desert States*. New York.

# Die Andenforschung – auf dem Weg zur wissenschaftlichen Zusammenarbeit

**Bruno Messerli**

Bis 1991 war die Forschung in den Anden von europäischen und nordamerikanischen Forschern sowie durch Arbeiten von Wissenschaftlern in den einzelnen Andenstaaten geprägt. Angesichts der Vorbereitungen zum Gebirgskapitel der Agenda 21 war es an der Zeit, auch in den Anden zu staatenübergreifender Kooperation in der Gebirgsforschung zu kommen. Der Artikel schildet die Aktivitäten und Schwerpunkte der fünf großen Andenkonferenzen bis 2005 und die Bemühungen der Mountain Partnership der FAO um eine Wiederbelebung der andinen Forschungszusammenarbeit.

**Andean research – on the way to scientific cooperation**
Until 1991 research in the Andes was driven by European and North American scientists as well as by the work of local researchers that focused on issues of their own countries. When it come to preparing for the mountain chapter of Agenda 21, it was high time to initiate comparative and comprehensive cooperation in mountain research for the Andes as well. The article demonstrates the activities and foci of the five large Andean conferences of the Andean Mountain Association and ends with the efforts of the Mountain Partnership (FAO) to re-activate the Andean research cooperation.

**Keywords**: Andes, research cooperation, Andean Mountains Association, Mountain Partnership

**Investigación Andina. Rumbo a la cooperación científica**
Hasta 1911 la investigación en los Andes fue conducida tanto por científicos europeos y norteamericanos, como por científicos locales concentrados en temáticas referentes a sus propios países. En el marco de las preparaciones del capítulo sobre áreas de montaña de la Agenda 21, fue posible iniciar una cooperación más activa para desarrollar investigación comparativa en las áreas de montaña Andinas. El artículo demuestra las actividades y enfoques de las últimas cinco grandes Conferencias Andinas realizadas hasta 2005 y los esfuerzos de la Alianza para las Montañas de la FAO para reactivar la cooperación en los Andes.

## 1 Einleitung

Wie in anderen Gebirgsräumen, gibt es – angeregt durch die Vorbereitungen zum Kapitel 13 der Agenda 21, die auf dem Weltgipfel in Rio de Janeiro 1992 verabschiedet wurde – in den Anden Bestrebungen, die Andenforschung in einer Andean Mountain Association zusammenzuführen. Nach hoffnungsvollen Anfängen war dieser Prozess ins Stocken geraten, scheint aber durch das Engagement der Mountain Partnership wieder belebt werden zu können. Ich habe die fünf Andenkonferenzen dieser Gesellschaft mitverfolgt, und auch Christoph Stadel hat an drei davon teilgenommen. Im Folgenden soll der lange Weg zur Forschungskooperation in dem längsten Hochgebirge der Welt dargestellt werden, auch um eine Grundlage für die Zukunft zu schaffen.

Dieser Beitrag ist weitgehend mit dem von mir verfassten Epilog zu Axel Borsdorfs und Christoph Stadels Andenbuch identisch. Axel hat mir erlaubt, ihn ein zweites Mal zu publizieren, einerseits, weil die Leserschaft beider Bücher doch verschieden sein wird, andererseits, weil mir aufgrund anderweitiger Verpflichtungen keine Zeit für einen neuen Artikel blieb. Mein großer Wunsch, in der Festschrift für Christoph Stadel vertreten zu sein, konnte auf diese Weise erfüllt werden.

Die Zusammenführung der lateinamerikanischen Andenforscher war deshalb so notwendig, weil ich in der ersten Andenkonferenz 1991 erlebt habe, wie sehr die einzelnen Andenländer in vielen Wissenschaftsbereichen eher mit Europa und Nordamerika verbunden waren als mit ihren Nachbarstaaten integrative Forschungskooperationen aufzubauen. Wir suchten einen Wissenschaftler oder eine Wissenschaftlerin aus den Andenstaaten für ein Eröffnungsreferat, das eine breite Übersicht über die gesamten Anden bieten sollte. Wir fanden niemanden und mussten lernen, dass es kaum grenzüberschreitende Projekte gab und dass die Mittel fehlen würden für eine Forschungsarbeit in einem Nachbarland. In dieser Situation fragten wir Professor Wilhelm Lauer vom Geographischen Institut der Universität Bonn, der das nötige Wissen für eine vorwiegend naturgeographische Übersicht über den ganzen Andenraum hatte.

Diese Situation hat sich seit 1991 grundlegend verändert, wir werden diesen Wandel an den Themen der fünf internationalen Konferenzen bis 2005 erkennen. Aus diesen Gründen verfolgten wir mit unserem Engagement in den Anden neben der wichtigsten wissenschaftlichen Zielsetzung auch immer wieder die politische Zielsetzung einer grenzüberschreitenden Kooperation und die Förderung eines Dialogs zwischen Wissenschaft und Politik. Ich schildere die Entwicklung aus eigenem Erleben.

## 2 Die wissenschaftliche Zielsetzung

Unmittelbar nach Ablauf meiner Amtszeit als Rektor der Universität Bern habe ich mich 1988 entschlossen, vor meinem Rücktritt 1996 noch einmal ein Projekt mit einer anspruchsvollen Feldarbeit durchzuführen und auf eine offene Frage aus meinen früheren Arbeiten zurückzukommen. Klimageschichtliche Probleme nach einer letzteiszeitlichen Vergletscherung der Gebirge rings um das Mittelmeer hatten 1968 zu einer Einladung der Freien Universität Berlin geführt, ein Semester in ihrer Forschungsstation im höchsten Gebirge der zentralen Sahara, dem Tibesti, der gleichen Fragestellung nachzugehen. Mit einer kleinen Kamelkarawane waren wir unterwegs zu den höchsten Gipfeln im Norden und Süden dieses gewaltigen Gebirgsraumes. Zur fast gleichen Zeit kam eine französische Untersuchung mit vergleichbarer Fragestellung und vergleichbaren Resultaten im nordwestlich gelegenen Hoggar-Gebirge zum Abschluss. Wir setzten unsere Arbeit nach dem Tibesti in den Bergen Ostafrikas fort bis zum Äquator: 1974 in den verschiedenen 4 000 m hohen Bergen Äthiopiens und 1976 am 5 195 m hohen Mount Kenya. Noch heute laufen in diesen beiden Gebirgsräumen Forschungs- und Entwicklungsprojekte des Geographischen Institutes der Universität Bern.

Aber in diesem gesamten Profil von den Alpen bis zum Äquator blieb eine große Frage offen: Der Trockengürtel der Sahara hat mit den Schwankungen des Monsun-Systems gewaltige Klimaveränderungen erlebt, wie es die Felsbilder in der Sahara oder die Ausdehnung des Tschadsees bis an den Fuß des Tibesti-Gebirges in der Grössenordnung des heutigen Kaspischen Meeres, belegen. Der höchste Gipfel der Sahara ist der am südlichen Rand des Tibesti gelegene Vulkan Emi Koussi mit 3415 m. Wenn dieser Berg 3000 m höher wäre, würde er dann vergletschert gewesen sein oder dominierte die Trockenheit auch in diesen großen Höhen?

Auf der Suche nach einer Antwort fand ich per Zufall eine Publikation des französischen Glaziologen Luis Lliboutry (Lliboutry 1956). Hier fand ich, frei übersetzt, die folgenden Angaben: Vom vergletscherten Sajama (6520 m, ca.18° S) bis zum Llullaillaco (6723 m, ca. 24° S) gibt es kein perennierendes Eis, aber bei der Erstbesteigung des Llullaillaco am 1. Dezember 1952 beobachteten Bion Gonzalez und Juan Harseim zwischen 5600 und 6500 m ein Eisfeld in westlicher Exposition (Lliboutry 1956: 305f.). Diese rudimentäre Beobachtung provozierte in mir eine richtige Aufbruchsstimmung zu einer präziseren Untersuchung der Vergletscherung am Llullaillaco. Natürlich war mit dieser Zielsetzung die gleiche Idee verbunden wie in der Sahara, einen Beitrag zu leisten zur Klimageschichte in diesem spannenden Trockengürtel zwischen sommerlich tropisch-monsunalen Niederschlägen von Nordosten und winterlichen Westwindniederschlägen von Südwesten. Darüber hinaus sollte es auch die Frage klären, die wir zwanzig Jahre früher in den höchsten Bergen der Sahara offen gelassen hatten. Ohne in unserem Zusammenhang auf die vielen Expeditionen und Feldkampagnen einzutreten, lernten wir das beeindruckende Hochgebirge der Atacamaregion von Nord nach Süd kennen und in einzelnen Transsekten auch die West- und Ostseiten. Durch zahlreiche Konferenzen oder Exkursionen in Peru, Bolivien, Argentinien und im südlichen und nördlichen Chile weiteten sich die Kenntnisse aus und führten auch nach meinem Rücktritt 1996 zu neuen wissenschaftlichen Herausforderungen für die nächste Forschergeneration unter der Leitung der Berner Professoren Martin Grosjean und Heinz Veit.

Im Zusammenhang mit dieser Festschrift müssen wir feststellen, dass die beiden kompetenten Andenkenner Axel Borsdorf und Christoph Stadel die Anden verstärkt von der humangeographischen Seite bearbeitet haben, für die wir nie genügend Zeit hatten. Gerade deshalb sind wir begeistert und dankbar, dass die beiden Professoren als Autoren ein spezielles Andenbuch vorbereiten. Gerade deshalb bin ich begeistert und dankbar, künftighin über dieses umfassende Werk zu verfügen.

## 3 Die politische Zielsetzung

1983 haben Jack Ives und ich die Gründung eines International Centre for Integrated Mountain Development (ICIMOD) in Kathmandu miterlebt und mitgestaltet, weil wir gleichzeitig ein Projekt der United Nations University (UNU) über Naturgefahren in Nepal leiteten. Die Initiative für die Schaffung dieses Hindu Kush-Himalaya Zentrums für die 8 Staaten Afghanistan, Bangladesh, Bhutan, China, Indien, Myanmar, Nepal und Pakistan kam von der UNESCO und wurde von Deutschland und der Schweiz finanziell unterstützt.

Die Leitidee basierte auf einer UNESCO-MAB Konferenz in Kathmandu 1975 und insbesondere auf dem sechsten Programm Man's Impact on Mountain Ecosystems, dessen Konzept in einer UNESCO-Expertengruppe in Salzburg entstand, an der Jack Ives und ich ebenfalls mitwirken konnten. Heute hat das ICIMOD über 150 Angestellte und eine grenzüberschreitende Zusammenarbeit hat nach vielen Jahren und vielen Schwierigkeiten langsam aber erfolgreich eingesetzt (ICIMOD 2008).

1986 getrauten wir uns, nach vielen Jahren Arbeit in den Gebirgen Nord- und Ostafrikas, eine internationale Konferenz über die afrikanischen Gebirge in Addis Abeba zu organisieren. Dr. Hans Hurni, der spätere Professor und Direktor des Nord-Süd Zentrums am Berner Geographischen Institut war von 1981–1987 Leiter des Soil Conservation Research Projects des äthiopischen Landwirtschaftsministeriums. Der Einladung zu dieser Konferenz, im Verbund mit bekannten Professoren der Universität Addis Abeba, folgten 53 Wissenschaftler aus zehn afrikanischen und elf nichtafrikanischen Ländern. Vor allem eine mehrtägige Exkursion zu verschiedenen und bestens ausgerüsteten Forschungsstationen löste eine große Begeisterung aus und das führte, als Folge eines afrikanischen Vorschlags, zur unverzüglichen Gründung einer African Mountain Association mit einem freiwilligen und unbezahlten Sekretariat in der Hauptstadt Äthiopiens (Messerli & Hurni 1990).

In der Folge kam es zu weiteren Konferenzen auf Einladung der folgenden Länder: Marokko 1990, Kenya 1993, Madagaskar 1996, Lesotho 2000 und Tansania 2002. Dann aber erlosch das Feuer, ganz einfach weil die Finanzen und die Geberländer fehlten, um ein effizientes Zentrum oder Sekretariat einzurichten wie im Himalaya. Immerhin gab es von den Konferenzen publizierte Berichte und damit waren doch gewisse Informationen über die afrikanischen Gebirgsräume von Nord- bis Südafrika sichergestellt. Im März 2013, während des Schreibens dieses Epilogs, kam die folgende überraschend gute Nachricht über die künftige afrikanische Gebirgsforschung und Gebirgsentwicklung vom Mountain Partnership Secretariat bei der FAO in Rom: Am 20. Februar 2013 hat sich in Kigali, Ruanda, ein Africa Mountain Partnership Champions Committee mit dem Ziel konstituiert, [to enhance] "*the mountain partnership in Africa for sustainable development in African water towers*" (FAO 2013). Wir kommen darauf zurück.

Eine neue Situation entstand in Südamerika. Wir betraten diesen Kontinent erstmals 1988, aber in den Folgejahren wurde ganz klar, dass ein großes Ereignis im Jahre 1992 bevorstand: Der sogenannte Erdgipfel von Rio de Janeiro und die Ausarbeitung der Agenda 21 mit den wichtigsten Problemen für das 21. Jahrhundert.

Ein Kapitel musste den Bergen der Welt, ihren Ressourcen und ihrer Bevölkerung gewidmet sein. Das verlangte eine enge Zusammenarbeit von Wissenschaft und Politik. Das durfte doch nicht geschehen, ohne die Anden einzubeziehen. Damit kam zum wissenschaftlichen Interesse auch ein politischer Antrieb, dies umso mehr, als mit dem Himalaya, den Gebirgen Afrikas und den Anden ein Großteil der Entwicklungsländer vertreten sein würde um in Rio de Janeiro 1992 ein großes politisches Gewicht zu erreichen.

Das bedeutete aber, dass noch vor Ende 1991 eine internationale Wissenschaftskonferenz über die Anden stattfinden musste. Eine Freundschaft aus der Studienzeit verband mich mit Wilhelm Egli, dem Vizedirektor der Schweizerschule in Santiago, der uns bei den Vorbereitungsarbeiten entscheidend viel geholfen hat. Dazu kam ein glücklicher Zufall auf einer Exkursion in Neuseeland: Der alle vier Jahre stattfindende Kongress der Internationalen Geographischen Union (IGU) fand im August 1988 in Australien statt, und vorher war die Exkursion der IGU – Commission on Mountain Geoecology in den Bergen Neuseelands angesagt. Da traf ich, kurz vor unserer Abreise nach Chile im Oktober 1988, Professor Hugo Romero vom Geographie Departement der Universidad de Chile in Santiago. Er unterstützte uns in der Folge höchst kompetent bei der Organisation einer wissenschaftlichen Konferenz über die Anden 1991.

Der Rektor der UNU, zu dieser Zeit Professor Hector Gurgulino de Souza von Brasilien, sandte von Tokio, dem Sitz der UNU, eine Eröffnungsbotschaft und sicherte auch eine finanzielle Unterstützung zu. Eine Zusammenarbeit bestand mit den Universitäten von Santiago, Tarapaca, Antofagasta, La Serena und Mendoza auf der argentinischen Seite der Anden. Der Bericht von Hugo Romero zu dieser Chile-Konferenz hat den folgenden Titel: Primer Taller de Geoecologia de Montaña y Desarrollo Sustentable de los Andes del Sur (Romero 1996). Immer wieder erscheint der Titel Geoökologie, entsprechend dem Namen der IGU-Gebirgskommission. Die stärkere Berücksichtigung der ökonomischen Prozesse und der kulturellen Fundamente werden wir in den folgenden Andenkonferenzen erkennen. Entscheidend aber war, dass diese Konferenz und die damit verbundenen Exkursionen zur Gründung der Andean Mountain Association (AMA) führten (Romero 1993). Das stärkte unsere Position in der letzten Vorbereitungskonferenz und am Erdgipfel in Rio de Janeiro 1992 für einen Erfolg mit dem Gebirgskapitel in der Agenda 21: Das politische Ziel war erreicht!

## 4 Wissenschaft und Politik im Dialog für die zukünftige und nachhaltige Entwicklung der Andenstaaten.

Diese erste internationale Konferenz Mountain Geoecology of the Andes – Resource Management and Sustainable Development fand vom 21. Oktober bis 4. November 1991 in Santiago de Chile statt und zeichnete sich dadurch aus, dass mit über 50 Teilnehmern alle Andenstaaten vertreten waren. Dazu kamen die bestehenden wissenschaftlichen Verbindungen mit Europa und Nordamerika durch Vertretungen von Spanien, Deutschland, Schweiz, Großbritannien, Kanada und USA. Sogar ein Delegierter aus Kenya war anwesend, weil dort die Vorbereitungsarbeiten für die Konferenz in Nairobi 1993 zum Thema Planning for Sustainable Use of Mountain Resources begonnen hatten und hier in Santiago auch die Gebirgsressourcen zur Diskussion standen. Dadurch entstand ein Interesse an einer Verbindung mit den Anden.

Höchst anspruchsvoll war aber auch das aus vier Teilen bestehende Exkursionsprogramm: 1. Ein volles Querprofil durch die Anden von Santiago nach Mendoza; 2. Nordchile mit seinen Investitionen in eine moderne Landwirtschaft; 3. Die trockenste Region mit San Pedro und Salar de Atacama; 4. Ein Transsekt von der wüstenhaften Küste bei Arica zu den eisbedeckten Vulkanen auf dem peruanisch-bolivianisch-chilenischen Altiplano. Diese erlebte ökologische, ökonomische und kulturelle Vielfalt war beeindruckend für alle Teilnehmer und schlug sich in einer letzten Sitzung unterwegs in einem so genannten Atacama Accord nieder. Daraus zitieren wir stark verkürzt die aufgeführten fünf Punkte:

1. Einverständnis mit der Gründung der Andean Mountain Association (AMA) für Wissenschaftler und für Manager von Ressourcen mit dem Ziel, Grundlagen für eine nachhaltige Entwicklung zu erarbeiten.
2. Schaffung eines World Mountain Newsletters in spanischer Sprache mit Beteiligung aller Andenländer.
3. Alle drei Jahre sollte ein weiteres Anden-Symposium durchgeführt werden, das nächste in La Paz.
4. Eine Zusammenarbeit zwischen den Andenstaaten soll durch interdisziplinäre Forschungs- und Ausbildungsprojekte gefördert werden.
5. Alle Möglichkeiten sollen gesucht werden, wie wissenschaftliche Resultate in die politischen Entscheidungsprozess eingebracht werden können.

Alle diese Angaben zum Atacama Accord finden sich in einer Spezialausgabe von Mountain Research and Development zu dieser Konferenz mit einer Einführung von Hugo Romero und zehn wissenschaftlichen Artikeln über die Anden (Romero 1993). Es ist erstaunlich, wie konkret die Schwachpunkte der grenzüberschreitenden Zusammenarbeit und des Wissenschaft-Politik Dialogs herausgearbeitet wurden. Hingegen war die Schaffung eines World Mountain Newsletters in spanischer Sprache wohl zu hoch gegriffen und wie in Afrika ohne ein permanentes und gut ausgerüstetes Sekretariat nicht einlösbar. Damit stellt sich die gleiche Frage wie in Afrika: Wieviele Konferenzen sind in welchen Andenstaaten durchgeführt worden, und kam es dann auch zu einem Ende dieser Initiative?

<u>Die zweite internationale Konferenz</u> Sustainable Mountain Development – Managing Fragile Ecosystems in the Andes fand vom 2.–11. April 1995 in Huarina am Titicacasee und in La Paz statt, gefolgt von einer längeren Exkursion zum Sajama (6542 m) National Park. Ein wichtiges Thema war die Besprechung der Fortschritte seit der ersten Konferenz in Santiago 1991. Dazu kamen neue Themen wie Kor-

ridore von Schutzgebieten entlang der gesamten Anden, Grundlagenforschung an speziellen biologischen, sozialen und kulturellen Problemen, sensitive Indikatoren für den Klimawandel und globale Veränderungen, Datenmanagement und Informationsaustausch. Erstmals wurden auch Konflikte mit ökologischem, ökonomischem, sozialem und kulturellem Hintergrund als wichtige Forschungsbereiche angesprochen. Die Resultate wurden in der so genannten Proclamation of Lake Titicaca zusammengefasst und mit einem starken Bekenntnis zur Andean Mountain Association abgeschlossen.

Wie bei der ersten Konferenz hat auch diese zweite Andenkonferenz ein Sonderheft von *Mountain Research and Development* erhalten, wobei die beiden Organisatoren Carlos Baied und Maximo Liberman sich für den speziellen linguistischen Aufwand bei Jack und Pauline Ives bedankten (Baied & Liberman 1997). Der ausführliche Bericht in spanischer Sprache lautet: Desarrollo Sustentable de Ecosistemas de Montaña. Manejo Areas Fragiles de los Andes (Liberman & Baied 1997). Zum Abschluss dieser Konferenz darf auch gesagt sein, dass Christoph Stadel als zweiter Autor des vorliegenden Andenbuches an dieser Konferenz anwesend und in diesem Sonderheft mit folgender Publikation kompetent vertreten war: The Mobilization of Human Resources by Non-governmental Organizations in the Bolivian Andes.

Die dritte internationale Konferenz Understanding Ecological Interfaces of Andean Cultural Landscapes for Management fand vom 9.–14. Dezember 1998 in Quito mit einer ganz speziellen Exkursion zum Chimborazo statt. Fausto Sarmiento, tätig an der Universität von Georgia, USA, war Initiator und Organisator. Ein Blick auf die beteiligten Organisatoren und Sponsoren könnte man als ein Zeichen wachsenden Interesses an der AMA deuten. An der Organisation waren die Andean Mountain Association, the Pan American Centre for Geographical Studies and Research (CEPEIGE), the US Centre for Latin American and Caribbean Studies (CLACS), UNU, UNESCO-MAB, FAO, the World Commission on Protected Areas der IUCN und die US University of Georgia beteiligt. Als Sponsoren werden der US National Science Foundation, die Andean Finance Corporation, die Niederlande, das Instituto Geográfico Militar und andere lokale Institutionen genannt. Der Titel dieses Symposiums in Ecuador zeigt an, dass eine kleine, aber signifikante Verlagerung von der reinen Gebirgsökologie zur Gebirgskulturlandschaft stattgefunden hat, das heisst, der Einfluss des Menschen auf die Landschaft und die Ressourcen der Berge wird mit wachsender Wirtschaft und Bevölkerung immer wichtiger (Sarmiento & Hidalgo 1999).

Am Tag nach dem Abschluss der Konferenz stand eine kleinere Gruppe von Teilnehmern auf 5 000 m Höhe bei der obersten Hütte, darunter auch Christoph Stadel. Anwesend waren politische Vertreter der Provinzregierung, eine Delegation der lokalen und indigenen Bevölkerung und einige Angestellte des Nationalparks. An ein Denkmal für Bolivar wurde eine Gedenktafel für Alexander von Humboldt befestigt und feierlich eröffnet. Darauf steht: „*Alexander von Humboldt, June 1802, in Memory of his Contributions to Mountain Geoecology, December 15, 1998*“. Dann wurden einige Namen aufgeführt als Vertreter von Organisationen, die mit dem Werk Alexander von Humboldts sehr verbunden sind: Indigenous Committees of Chimborazo, Jack Ives for UNU and the International Mountain Society, Fausto Sarmiento for the AMA, Lawrence Hamilton for the IUCN and the Commission on Protected Areas, Bruno Messerli for the International Geographical Union, Juan Hidalgo for CEPEIGE und Patricio Hermida als Chimborazo Reserve Manager (Sarmiento 1999). Aber höchst unerwartet und faszinierend war der Entscheid der UNO-Generalversammlung vom 10. November 1998, rund einen Monat vor unserem Feiertag am Chimborazo, dass 2002 das International Year of the Mountains sein werde, genau 200 Jahre nach dem Forschungsaufenthalt Alexanders von Humboldt am Chimborazo 1802!

Die vierte internationale Konferenz Sustainable Development in the Andes, a Strategy for the 21st Century fand vom 25. November bis 2. Dezember 2001 in Mérida, Venezuela, an der Universidad de los Andes unter der Leitung von Frau Professor Maximina Monasterio, Präsidentin der AMA 2001–2004 und Direktorin des Instituto de Ciencias Ecologicas y Ambientales statt. Mehr als 250 Teilnehmer aus 21 Ländern wurden registriert, darunter Vertreter aller Andenstaaten, Experten aus Regierungs- und Nicht-Regierungsorganisationen, aber auch wieder einige wenige Wissenschaftler aus Nordamerika und Europa. Eine Schlussdeklaration wurde erarbeitet, wir nennen stark gekürzt die Titel der zwei Sessions und fünf Workshops: Two sessions: The Andes – Scenarios for Change at different Scales; Management of Biodiversity: Protected Areas and susceptible Areas and five Workshops: 1. Climate Change, Water Resources and Natural Disasters; 2. Andean Cloud Forests; 3. The Andean Páramos: Challenges for the 21st Century; 4. Fertility Regulations in Agroecosystems of the Tropical Andes: Effects of biological, ecological and cultural Diversity; 5. Information Networks for the Sustainable Development of Latin America (Lambi & Monasterio 2002).

Interessant ist der Entscheid, eine Páramo-Gruppe mit dem Ziel zu bilden, Informationen und Daten über Grenzen hinweg auszutauschen und Aktivitäten zu entwickeln, um dieses empfindliche Ökosystem zu schützen oder nachhaltig zu nutzen (Hofstede 2002). An dieser vierten AMA-Konferenz 2001 begann man über die Zeit seit der ersten AMA-Konferenz 1991 nachzudenken: Was hatte sich in diesen zehn Jahren verändert? Sind Fortschritte erzielt worden? Wie geht es weiter?

Die fünfte internationale Konferenz Sustainable Development of the Andes fand vom 25. April bis 1. Mai 2005 in San Salvador de Jujuy, Argentinien, statt. Da ich diese Konferenz nicht selber erlebt habe, stütze ich mich auf Informationen von Hugo Romero. Im Patronatskomitee finden wir die UNESCO mit dem MAB Programm, die französische Botschaft, die Agentur für die Forschungsförderung in Argentinien, die Regierung der Provinz Jujuy und die Universität von Jujuy. Wir konzentrieren uns auf die Jujuy-Deklaration mit einigen ausgewählten und stark gekürzten Punkten zur nachhaltigen Entwicklung der Anden.

1. Die Landschaften der Anden sind eine der weltweit wichtigsten Quellen für eine biologische, soziale und kulturelle Diversität. Sie stehen unter großem Druck durch verschiedene Wachstumsprozesse. Das bedeutet eine wichtige Herausforderung für die Wissenschaft und für die politischen Entscheidungsträger.
2. Die gesamte Bevölkerung der Anden hängt von den hydrologischen, biologischen und energetischen Ressourcen der Berge ab und das hat auch die kulturellen und sozialen Strukturen geprägt. Damit ist auch eine gewisse Verantwortung für eine nachhaltige Entwicklung verbunden.
3. Die natürlichen und kulturellen Wertsysteme müssen friedlich in die Staaten Lateinamerikas integriert werden. Das hat eine ganz besondere Bedeutung in einer Zeit der Globalisierung.
4. Die Anden generieren eine gewisse kosmologische Vision, in der die indigene Bevölkerung, Stadtbewohner und Bauerngemeinden aus verschiedenen Höhenstufen in einer Interaktion von Natur und Gesellschaft zusammen leben und eine hohe Diversität der Ressourcen garantieren müssen.
5. Es gibt in den Anden marginale Gebiete mit schwierigem Zugang und fehlender Infrastruktur, das kann zu hoher ökologischer Verletzlichkeit führen.
6. Globalisierungsprozesse, die die lokalen Produktionsbedingungen nicht zur Kenntnis nehmen, führen zu ökonomischen, politischen und sozial-kulturellen Spannungen, sowohl auf der regionalen wie auf der lokalen Ebene.
7. Das explosive Wachstum der Städte kann negative Folgen auf Wasser und Böden der umliegenden Berggebiete haben, oft fehlt eine klare Planung und Rechtslage.
8. Politische und wirtschaftliche Interessen wie die Erschliessung und Abbau von Bodenschätzen oder Umwandlung von Wäldern in exportfähige exotische Arten, insbesondere in ökologischen Grenzbereichen, können zu Degradation von Ökosystemen und zu Naturkatastrophen führen.

In diesen Punkten tauchen neue Aktionsfelder auf, die wir im Verbund mit den Ergebnissen aus der vierten internationalen Konferenz im folgenden Kapitel zusammenfassen werden. Jetzt aber stellt sich die Frage, was plante die AMA in Jujuy 2005 für die weitere Zukunft? Von Hugo Romero habe ich erfahren, dass Peru angefragt wurde, die nächste Konferenz in drei Jahren, das heisst 2008, zu organisieren. Aber von Peru hörte man nichts, was bis 2008 und seit 2008 passiert ist. Das heisst, jetzt stehen die Anden vor der gleichen Situation wie Afrika im Jahre 2002!

## 5 Rückblick und Ausblick

1991 dominierten europäische und nordamerikanische Forschungsprojekte, vorgetragen in Englisch, 2001 dominierten ganz klar die Forschungsprojekte der Andenstaaten, vorgetragen in Spanisch. Grenzüberschreitende Forschungsprojekte haben sich entwickelt und das machte sie zum Teil attraktiv für eine Finanzierung aus Nordamerika oder Europa. Dazu einige Bespiele: Schutz und nachhaltige Nutzung der Páramos, Management des Gebirgsregenwaldes, Fruchtbarkeit der andinen Böden, Landnutzung und Biodiversität, Klimawandel, Extremereignisse im Zusammenhang mit El Niño und Korridore von Schutzgebieten. Aber es wurden in Mérida 2001 und in Jujuy 2005 auch Forschungsdefizite diskutiert, zum Beispiel: Kartierung der Naturgefahren und Risikomanagement, Wasserressourcen und Landnutzung, Auswirkungen der Urbanisierung auf die Berggebiete, kulturelle Diversität und traditionelles Wissen, positive und negative Aspekte des Tourismus und grenzüberschreitende Zusammenarbeit. Interessant waren die Forderungen nach einem stärkeren Engagement der Wissenschaft in konkreten Entwicklungsprojekten, einer besseren Zusammenarbeit mit der lokalen Bevölkerung und einem wirksameren Dialog mit politischen Entscheidungsträgern.

Allen diesen Ideen und Projekten ist gemeinsam, dass ohne das nötige Wissen eine nachhaltige Entwicklung nicht möglich ist, und deshalb muss die Wissenschaft in der Bevölkerung und in der Politik eine ganz andere Anerkennung finden. Zusammengefasst stellen wir fest, dass die Entwicklung durch fünf internationale Konferenzen von 1991 bis 2005 eine Erfolgsgeschichte ist, aber die Frage ist offen: Wie soll es weitergehen?

Im Himalaya hat das Internationale Gebirgszentrum in Kathmandu in den letzten Jahren eine großartige Arbeit geleistet. Nicht alle acht Staaten waren gleichermaßen in gemeinsame Projekte eingebunden, aber in diesem historisch belasteten Misstrauensdreieck der großen Staaten China, Indien und Pakistan kam es zu offenen Gesprächen, zuerst mit Wissenschaftlern als Brückenbauern aus den drei Staaten, später mit Wissenschaftlern und Regierungsvertretern. Wasser fliesst ohne Erlaubnis über Staatsgrenzen, im Monsungürtel häufig als Extremereignis mit zu viel oder zu wenig Wasser. Beide Phänomene brauchen grenzüberschreitende Gespräche über Datenaustausch, Alarmsysteme, angepasste Massnahmen etc.

In Afrika hat die letzte internationale Konferenz der African Mountain Association 2002 stattgefunden. Nach einigen Jahren Unterbruch kam es durch die Mountain Partnership und die Mountain Research Initiative in Uganda zu einer neuen Konferenz, aber der entscheidende Durchbruch geschah am 20. Februar 2013 in Kigali, Ruanda. Die Mitglieder der Africa Mountain Partnership, eine Organisation der FAO für die Gebirge der Welt, gründete an diesem Tag das African Mountain Partnership Champions Commitee mit dem Auftrag, die nachhaltige Entwicklung in den Gebirgen Afrikas zu fördern und insbesondere den Klimawandel und die Wasserressourcen zu beachten.

Für die afrikanischen Berge als Wasserschlösser des Kontinents werden sechs Prioritäten definiert: research and knowledge, information sharing, advocacy/policy, community livelihoods and development, payment for ecosystem services, capacity building and private sector involvement. Dem Komitee wurde ein Mandat mit neun Punkten erteilt, die uns zum größten Teil aus den Anden vertraut sind. In diesem Komitee ist Nordafrika leider noch nicht vertreten, aber FAO, UNEP, IUCN und die Finanzierung wird wesentlich durch die McArthur Foundation gewährleistet. Jetzt sind wir gespannt, wie die Gebirgsforschung und Gebirgsentwicklung in Afrika weitergeht, aber es ist doch faszinierend zu sehen, dass die Gebirgsprobleme für eine Dekade verschwinden können, aber dann auf den wissenschaftlichen und den politischen Agenden von der lokalen bis zur globalen Ebene mit neuer Energie wieder präsent sind. Diese Afrika-Initiative kann beim Mountain Partnership Sekretariat bei der FAO in Rom bezogen werden (FAO 2013).

Damit kommen wir wieder zurück zu den Anden. Vielleicht ist noch wichtig zu ergänzen, dass in Mérida auch Vertreter aus Brasilien, Guatemala und Kuba teilnahmen und damit anzeigen, dass diese Symposien doch eine gewisse Ausstrahlungskraft entwickelt haben. In diesem Zusammenhang wurde in Mérida auch gesagt, dass die Zusammenarbeit der Andean Mountain Association mit CONDESAN (Consorcio para el Desarrollo Sostenible de la Ecoregion Andina) mit Sitz in Lima, Peru, gut angelaufen sei. Das wäre sozusagen die Zusammenarbeit zwischen Wissenschaft und konkreten Entwicklungsprojekten. Ich habe aber den Kontakt verloren, um diese Zusammenarbeit in der letzten Dekade kompetent zu beurteilen. Es bleibe dahingestellt, ob CONDESAN mit UNEP-Wien im Rahmen eines weltweiten Mountain Monitoring auch in den Anden ein Programm starten will, wie es in einer Information des Mountain Forums Mitte März 2013 angetönt wurde.

Es könnte aber auch sein, dass die FAO in diesem oder im nächsten Jahr ein Mountain Partnership Komitee in Südamerika, genau wie in Afrika, gründen wird. Wir sollten nicht vergessen, dass die FAO die so genannte Lead Agency für das Gebirgskapitel der Agenda 21 gegenüber der UNO ist. In diesem Sinne hat die FAO dafür gesorgt, dass zwischen 1998 und 2012 acht Resolutionen von der UNO Generalversammlung zum Thema Managing Fragile Ecosystems – Mountain Sustainable Development angenommen worden sind, was dem Titel des Gebirgskapitels in der Agenda 21 entspricht. In diesem Zusammenhang hätte ein Anden-Komitee der FAO-Mountain Partnership schon ein anderes politisches Gewicht, ganz abgesehen von der Teilnahme an einem weltweiten Informationsaustauch über die Berge der Welt. Jedenfalls braucht es wieder einen Ansprechpartner oder eine Institution, die die Arbeiten einer Andean Mountain Association weiterführt. Es wäre erst noch eine erfolgsversprechende Verbindung, weil bei der FAO in Rom die Mountain Partnership weltweit neu strukturiert wird, was auch für die Andenstaaten einen wertvollen Informations- und Erfahrungsaustausch mit den Gebirgen der anderen Kontinente ermöglichen würde.

## Literaturverzeichnis

Baied, C.A. & M. Liberman 1997: Preface (p. 196–196) and Editors of a special issue "Managing Fragile Ecosystems in the Andes". *Mountain Research and Development* 17, 3: 195–296.

Borsdorf, A. & C. Stadel 2013: *Die Anden – ein geographisches Porträt.* Heidelberg.

FAO 2013: *Africa Mountain Partnership, Members Meeting. Kigali, Ruanda, 20. Febr. 2013.* Mountain Partnership Secretariat. Rom.

Hofstede, R. 2002: Birth of the Páramo Group. An International Network of People, Institutions and Projects. *Mountain Research and Development* 22, 1: 83–84.

ICIMOD 2008: *Commemorating 25 Years. ICIMOD and the Himalayan Region – Responding to Emerging Challenges*. ICIMOD. Kathmandu.

Lambi, L. & M. Monasterio 2002: 4th Internat. Symposium for Sustainable Development in the Andes. The Andean Strategy for the 21st Century. *Mountain Research and Development* 22, 3: 304–305.

Liberman, M. & C.A. Baied (eds.) 1997: *Desarollo Sustenable de Ecosistemas de Montana. Manejo Areas Fragiles en los Andes.* La Paz.

Lliboutry, L. 1956: *Nieves y Glaciares de Chile*. Santiago de Chile.

Messerli, B. & H. Hurni (eds.) 1990: *African Mountains and Highlands, Problems and Perspectives.* African Mountain Association. Missouri.

Romero, H. 1993: Mountain Geoecology of the Andes. International Workshop and Field Excursions 1991. *Mountain Research and Development* 13, 2: 115–116.

Romero, H. 1996: *1. Taller International de Geoecologia de Montana y Desarollo Sustenable de los Andes del Sur. Santiago y Norte de Chile*. Santiago de Chile.

Sarmiento, F. 1999: To Mount Chimborazo in the steps of Alexander von Humboldt. *Mountain Research and Development* 19, 2: 77–78.

Sarmiento, F. & J. Hidalgo (eds.) 1999: *3. Symposio Internacional de Desarollo Sustenable de Montanas. Entendiendo las Interfaces ecologicas para la gestion de los paisajes culturales en los Andes*. Quito.

# Climate Change and the threat of disasters in The Pamirs and Himalaya[1]


## Jack D. Ives



After the ebb of alarmism about Himalayan deforestation and the proposed downstream flooding of Gangetic India and Bangladesh, the next major scare was an emergency investigation of Lake Sarez, a large landslide-dammed lake in the High Pamir. Even more dramatically, the danger of a complete melt of Himalayan glaciers in the not too distant future was reported. The article investigates these alarms and corrects them on the basis of scientific knowledge.



**Keywords**: Himalaya, Pamir, glacial lake, glacier melt



**Klimawandel und Katastrophen im Pamir und Himalaya**
Nach dem Abebben des Alarms über die Abholzung im Himalaya und ihren Folgen durch Überschwemmungen in Indien und Bangladesch entstand eine neue Alarmstimmung, als befürchtet wurde, dass der natürliche Damm des durch einen Bergsturz entstandenen Sarezsee im Hohen Pamir brechen könnte. Noch dramatischer wurde die Gefahr des Abschmelzens aller Himalayagletscher in absehbarer Zeit verschwunden sein werden. Der Artikel beleuchtet diese Alarmmeldungen und korrigiert sie auf wissenschaftlicher Grundlage.

**Cambio climático y catástrofes en Pamir e Himalaya**
Tras la disminución de las alarmas sobre la deforestación en el Himalaya y sus efectos en las inundaciones en India y Bangladesh, la siguiente gran alarma surgida, fue la urgencia de investigar los efectos de un deslizamiento de rocas en el lago Sarez, ubicado en el Pamir Alto. Aún más dramáticamente fue reportado el riesgo previsible de un completo derretimiento de los glaciares del Himalaya. El artículo se enfoca en estas alarmas y las corrige en base a conocimientos científicos.


This account is an expression of concern about the melodramatic reactions to potential mountain hazards that seem to have proliferated since the UN declaration of 2002 as the International Year of Mountains. I am not wishing to suggest any connection between the two, merely the coincidence of timing. After the ebb of alarmism about Himalayan deforestation and the proposed downstream flooding of Gangetic India and Bangladesh (Byers 1987, 2007; Ives and Messerli 1989; Ives 2004; Hofer and Messerli 2006), the next major scare with which I was directly involved was an emergency investigation of Lake Sarez, a large landslide-dammed lake in the High Pamir (Schuster & Alford 2000). It was concluded that the threat of an immediate outburst that would put at risk up to five million people downstream was a gross exaggeration and that we had laid it to rest.

1 This is a slightly re-worded version of Chapter 16 from the book: *Sustainable Mountain Development: Getting the Facts Right.* In press, Himalayan Association for the Advancement of Science, Kathmandu, Nepal (Ives 2013).

It appears that the claims about pending catastrophes have persistent lives of their own and the presumed dire threat stemming from Lake Sarez has been resurrected. Coincidental with this was widespread alarm relating to the presumed precipitous disappearance of all Himalayan glaciers. Initially the alarm was limited to the perceived immediate danger of catastrophic outbreak of glacial lakes, widely reported in the news media as "glacial lake outburst floods", or GLOFs. Nevertheless, it quickly enlarged to include the much broader issue of the effects of climate warming.

This paper therefore is devoted to the twin topics of exaggerated reporting about the dangers posed by Lake Sarez and Himalayan glaciers because the alarms follow a similar pattern to the earlier reporting on Himalayan deforestation. The original melodrama is best characterized by the 1979 World Bank report, that by AD 2000 all accessible forest cover in Nepal would be eliminated. The catastrophe assumed to accompany such deforestation, referred to as "The Theory of Himalayan Environmental Degradation" (Ives 1987), today is lost in the mists of time – and that is a rather short time. Yet the end of the millennium came and went and there may have been more forest remaining in Nepal in 2000 than existed in 1979. Nor was there any retraction by the agencies and individuals who first reported the alarms, except for a single instance (FAO / CIFOR 2005).

The current crisis-generating spree, once more, is largely based on sentiment and political expedience than established fact. It is a further reminder of Michael Thompson's provocative: "What would you like the facts to be?"(Thompson and Warburton 1985). The following account is included, therefore, because it illustrates how my personal mountain journey appears to have no end in sight.

## 1 Lake Sarez: Pamir aftermath

Despite our assumption that Lake Sarez had been declared relatively safe from catastrophic outburst (Schuster & Alford 2000), in April, 2003, there was a widely publicized assertion that the lake's natural landslide dam was in the process of rapid collapse. This was quickly demonstrated to be a false alarm. Nevertheless, early warning systems were installed and relief supplies of food, fuel, and housing were put in place below the lake along the Bartang Gorge so that the local villagers would have a high degree of security in the unlikely occurrence of a major flood. Regardless, there arose renewed interest in the possible danger posed by Lake Sarez. Several international conferences were held in Nurek and Dushanbe, Tajikistan, and annual surveillance of the lake was undertaken by the Swiss engineering firm that installed the early warning systems. The most recent conference was held in Nurek in 2009 when several proposals were debated. High-level delegates from several of the Central Asian republics and Russia urged that the lake level be lowered artificially by 50 to 80 metres, an amount believed to ensure absolute safety. It was proposed that difficulties posed by cutting directly through the unconsolidated landslide material could be avoided by tunnelling the bedrock on the valley side. This would also allow

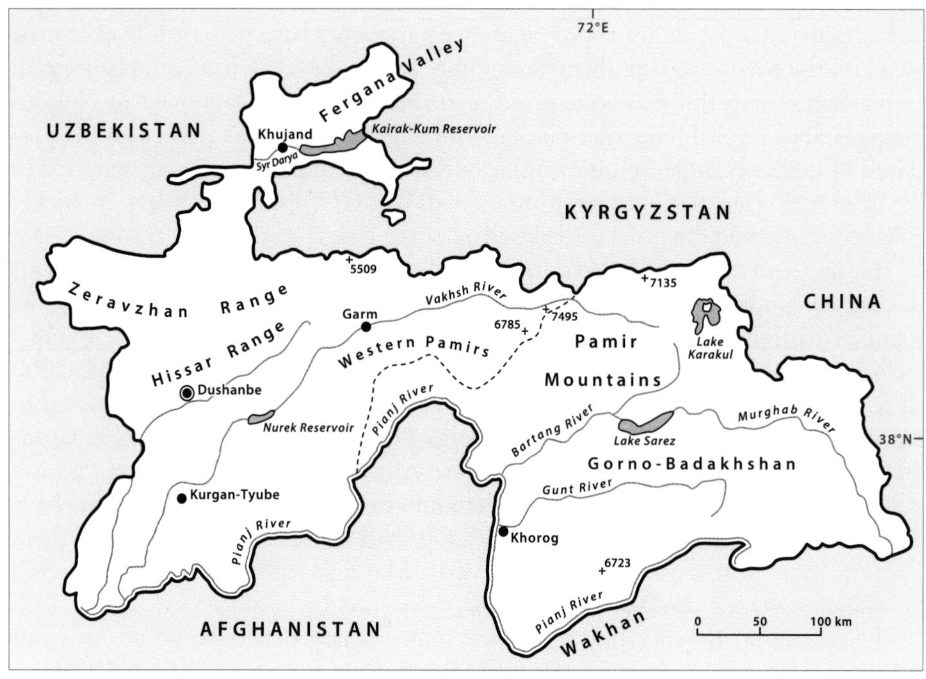


*Fig. 1: Map of Tajkistan*

construction of a hydro-electric power station and the energy produced could then be sold to the neighbouring countries and so greatly reduce costs assuming purchasers could be found.

Given the altitude and remoteness of the lake and the high cost of constructing power lines over great distances through mountainous terrain, this proposal would require the infusion of huge sums of international funding (estimated at about one half billion US dollars), whether or not the threat was imminent.

A recommendation for a follow-up conference, to be held in 2011 to celebrate the hundred-year anniversary of the lake's original creation, was approved unanimously. Nevertheless, I was concerned to read in the United States journal, *Science,* an article entitled "Peril in the Pamirs" (Richard Stone, 18 December, 2009). This once again, although in a less dramatic tone than that of Pearce (*New Scientist,* June, 1999), raised the prospect of an imminent catastrophe of biblical proportions with millions of lives at risk!

Dr Jörg Hanisch, engineering geologist, who had been a key member of our 1999 team and had attended the 2009 conference, contacted me with his reaction to Stone's publication. We submitted a joint letter of protest to the Editor of *Science.* It is sufficiently brief and self-explanatory to be repeated here in full.

## RESPONSE TO RICHARD STONE, *SCIENCE*

*We found the 'News Focus' item in your December 18, 2009, issue (Vol. 326: 1614–1617) disturbing. Its title: Peril in the Pamirs, smacks of* The New Scientist *on "meltdown in the Himalaya". For members of the 1999 UN ISDR/World Bank investigation, it is remarkable that Stone omitted reference to: "Usoi Landslide Dam and Lake Sarez" (UN-ISDR 2000) co-edited by Donald Alford and Robert L. Schuster, the world famous landslide expert.*

*Meanwhile, between 2002 and 2005, the situation surrounding Lake Sarez was thoroughly investigated by Suisse Stucky Consultants. The results were that risks of dam failure were negligible: overtopping by substantial volumes of water cannot be totally excluded. Such waves can be created by major landslides rushing into the lake. To cover this remnant risk, a monitoring and warning system was installed and the affected people were trained systematically.*

*The first author of this letter was a participant in these investigations as a Panel of Experts member, which included Robert L. Schuster.*

*In 2009, another international conference was organized in Tajikistan by the World Bank. All participants agreed that there was no imminent danger for the downstream population.*

*It is not necessary to elaborate the differences in interpretation of facts and opinions of the posed threat. Nevertheless, one of us (JH), in response to a draft sent him by Stone, answered on condition that a subsequent version be returned for further examination. There was no compliance and vital data and opinion were omitted from the published version.*

*In Dushanbe in 1999, following the field investigation, one of us (JDI) reported to senior Tajik authorities that the biggest threat facing the people in the Bartang Gorge below the Usoi dam could be for the government to panic and effect a forced military evacuation.*

(signed: Jörg Hanisch and Jack D. Ives, 15 February, 2010)

Our letter was not published, nor was any explanation offered despite the fact that Hanisch had commented on an early draft of Stone's paper on condition that any adjusted version would be returned for his approval before submission for publication. There had been no response.

It is widely understood that many natural cataclysmic events are exceedingly difficult, if not impossible, to predict. Thus, avalanches, glacial lake outburst floods, landslides, and giant rockfalls defy precise evaluation. The situation is rendered more difficult when such natural phenomena are trigged by earthquakes that make prediction even more uncertain. A real problem with such instances is how to balance a decision to go ahead with preventative action on humanitarian grounds against the usually very high costs involved. An overriding issue, however, is the tendency of the news media, and even self-serving scientists, administrators, and politicians, to seize

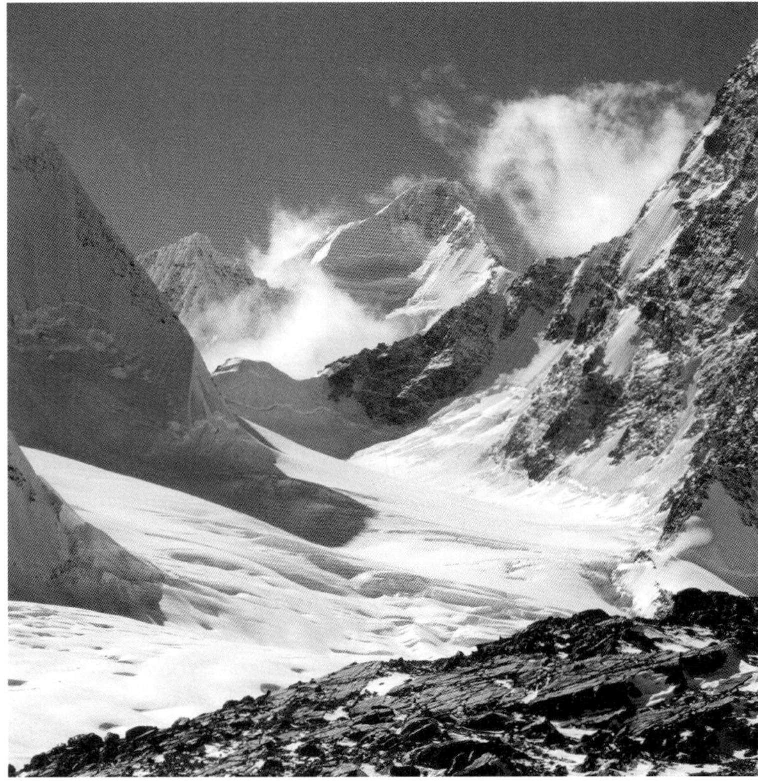

*Fig. 2: The High Pamir, Tajikistan, locale of major earthquakes, gigantic landslides, and landslide dammed lakes. Lake Sarez, objective of the 1999 investigation, lies a few kilometres to the south.*

any opportunity to create public alarm. Unease, panic, even unwise costly preventative measures provoked by public or governmental pressure, may be more disruptive than the potential event itself.

## 2 Glacial Lake Outburst Floods (GLOFs) revisited

Following the early studies of the United Nations University (UNU) team (Vuichard & Zimmermann 1987; Watanabe et al. 1994) on the Dig Tsho 4 August, 1985, disaster and Imja Lake in the Khumbu Himal, there was a hiatus in official interest. Two events changed this situation. The first was an alarm spread by the Sherpas of the Rolwaling Himal claiming that a large and rapidly expanding glacial lake was hanging over their villages and appeared to be on the point of over-topping its end moraine dam. It was no exaggeration.

It was widely reported in Nepal that a supra-glacial lake, Tsho Rolpa, was forming on the lower part of the Trakarding Glacier. It had developed over the same time period, but it appeared much more unstable than Imja Lake. The initial alarm produced an immediate response. Much of the valley below was evacuated for several months, a hydro-electric power station much farther down-valley was temporarily closed, even scheduled air flights were suspended for a short period. The longer-term response was for the lake level to be artificially lowered by three metres with financial support from the government of the Netherlands. International consultants were hired, including Dr John Reynolds, who had had extensive experience with similar problems in the Andes, and scientific investigations were undertaken.

Two electronic early warning systems were installed and regular monitoring was set up. This effort collapsed, however, during the Maoist disturbance that left Nepal in the chaos of civil war between 1996 and 2006. Nevertheless, as a result of the publicity, the entrepreneurial news media began to sniff out a marketable story.

One of the most disturbing examples of news media opportunism is a 2002 report in *The New Scientist.* The article, written by Fred Pearce, was entitled "Meltdown in the Himalaya". In it he quoted John Reynolds as having predicted that "... the 21st century could see hundreds of millions dead and tens of billions of dollars in damage..." due to the outbreak of glacial lakes worldwide, but principally in the Himalaya and the Andes (Pearce 2002). Reynolds, however, insists that he was totally misquoted. There were several other claims by the news media that such outburst floods could extend for hundreds of kilometres, cross the borders of Nepal and Bhutan, and cause extensive damage to large Indian cities on the Ganges.

The danger of glacial lake outbursts is real (Ives 1986, 2004; Ives et al. 2010), but misquotation and gross exaggeration are totally inappropriate, if not unethical. Unnecessary responses by the national and international authorities and by innocent people living downstream of the glaciers in question can be extremely disruptive. This is discussed further below.

The second event that revived the earlier concern about the glacial lake outburst hazard was the decision by the World Bank, together with Germany and Japan as the major donors, to proceed with construction of a cascade of huge hydro-electric plants along the Arun River that lies immediately east of the Khumbu. The site chosen for the initial dam construction was designated Arun III. It is located in the mid-section of the Arun gorge below the international frontier with Tibet (China). Almost 90 per cent of the Arun watershed lies in Tibet and a preliminary survey identified several potentially dangerous glacial lakes – as the UNU mountain hazards mapping team had done so a decade earlier. The largest lake to be identified, the 'Lower Barun Glacial Lake', is located on the Nepal side of the border. Its volume was estimated to be 28,000,000 m$^3$ and a rough calculation indicated that, if its end moraine dam were to collapse, the ensuing flood surge would impact the construction site within a time lapse of about an hour.

In conjunction with the rapid build-up of post-1992 (Tsho Rolpa) glacial lake hazard awareness, the World Bank organized a meeting of 'experts' in Paris in April, 1995, to review the situation of Arun III. The group consisted of senior representatives of the donor countries, Germany and Japan, the World Bank, the engineering

*Fig. 3: The Imja Glacier in 1956, Khumbu Himal. At this time no supra-glacial lake has formed. The lower glacier (extreme right foreground) is mantled by morainic debris and rockfall. There are several small ponds amongst the rubble. The prominent skyline mountain crest is the Lhotse-Nuptse ridge (Photograph from the collection of the late-Fritz Müller).*

companies involved in the project design, and Nepal itself (I was gratified to find that our former UNU colleague, Pradeep Mool, was representing Nepal). The engineering consultant firms were represented by Drs Wolfgang Grabs, Jörg Hanisch, and John Reynolds. Two independent, 'non-aligned experts' were invited. One was a long-time Swiss colleague, glaciologist and engineer, the late-Dr Hans Röthlisberger; the other, to my surprise, although hardly an 'expert', was me.

At the opening session it appeared that Hans and I were the only 'experts' present who had strongly negative thoughts about a hydro-electric scheme that would cost many times the GNP of Nepal and that it would have a huge environmental impact. Over a private dinner, Hans reflected that our negative reaction was based on our concern for the environment, although that topic was strictly outside the terms of reference of the consultation. He remarked that the World Bank was fortunate to have recruited two honest 'non-aligned' scientists because it was apparent from the large amount of literature sent to us earlier that the danger posed by the prospect of glacial lake outbursts was minimal and should not prevent a decision to begin construction if that was to be the only issue.

Just before leaving home to fly to Paris I had received from Dr Teiji Watanabe a manuscript describing his latest research on Imja Lake. It indicated that there was the possibility for a serious outburst, although more detailed research was needed. During the final morning's discussion in the World Bank's Paris offices I explained the availability of Teiji's manuscript. I was ruled out of order on the grounds that Imja Lake was located in a different watershed to the proposed site of Arun III. Although this ruling was eminently reasonable under the restrictive terms of the meeting, during the ensuing coffee break, the German government representative asked if I would let her have a copy of Teiji's manuscript. With Teiji's subsequent permission, I forwarded a copy to her after my return home from Paris.

The concluding decision was that the Arun III project should proceed; the recommendation was unanimous. Soon after I learned through contacts in Switzerland that the German government, apparently reluctant to remain involved on environmental grounds, used the threat of Imja Lake to withdraw its support for the project. The reported justification to withdraw was that if Imja Lake should discharge, even though it was in a different watershed, there would be such a high level of public reaction that it would induce widespread opposition to the entire Arun Cascade proposal. Later, it became evident that the German government probably had been looking for an excuse to withdraw on environmental and economic grounds, but these were more difficult to sustain internationally. The German withdrawal caused the project to collapse.

An additional explanation is that, just at the time of World Bank decision-making on Arun III, James Wolfensohn was elected president and one of the first things he did was to cancel the project, I believe, on economic grounds. The aid money from Germany and Japan, however, was by no means lost to Nepal. Germany built the Middle Marsyangdi and Japan the Kali Gandaki power stations as alternatives.

## 3 Himalayan hazards and Climate Change

The issue of climate warming had only entered the 1992 Rio de Janeiro Earth Summit deliberations in rather general terms, and it does not appear to have been a primary factor in the United Nations decision to declare 2002 as the International Year of Mountains (IYM). Nevertheless, climate warming is now an all-embracing issue and has obvious relevance to our early UNU mountain hazards mapping work in the Khumbu. The manner of popularizing the danger posed by rapidly expanding glacial lakes is inappropriate. However, widespread linkage to climate warming did not occur to any great extent before the close of the twentieth century.

Pradeep Mool and his colleagues, working with ICIMOD, were already using satellite imagery to produce inventories of glaciers and glacial lakes in Nepal and Bhutan by the year 2001 (Mool et al. 2001a and b) and several university researchers and institutions independently undertook relevant fieldwork, especially in the Khumbu (Hambrey et al. 2008; Watanabe et al. 2009). I was invited by ICIMOD to spend eight weeks between early December, 2009, and March, 2010, to work with Pradeep and several of his colleagues to write a report for the UN International Strategy for Disaster Reduction (ISDR): *Formation of Glacial Lakes in the Hindu Kush-Himalaya and GLOF Risk Assessment* (Ives et al. 2010). This was followed by a second publication for the World Bank: *Glacial Lakes and Glacial Lake Outburst Floods in Nepal* (Mool et al. 2011). These publications contain strong cautions about the tendency to exaggerate.

The summer before leaving for Kathmandu (2009) I had been working with a group of colleagues to produce a paper entitled: *Global warming and its effects on the Himalayan Glaciers of Nepal* at the personal request of the editor of an on-line journal (Ives et al. 2009, unpub. MS). The manuscript was completed and submitted shortly before I left for Kathmandu in November, 2009. My co-authors were well aware of the exaggerated claims that were being spread by the news media (and not only by the news media) about the impacts of global warming on the Himalaya. We made it a central focus of the paper. As an introduction we inserted a number of the most outrageous claims we could extract from the popular press and other sources. These included the quotation from the 2002 issue of the *New Scientist* used above together with the following:

> *Himalayan glaciers could vanish within 40 years: 500 million people in countries like India could be at risk of drought and starvation.*
>
> (The Times, 21 July, 2003)

> *Glaciers in the Himalaya are receding faster than in any other part of the world and, if the present rate continues, the likelihood of them disappearing by the year 2035 and perhaps sooner is very high if the Earth keeps warming at the current rate.*
>
> (Intergovernmental Panel on Climate Change, Cruz et al. 2007: 493)

There were also political contradictions such as when Shri Jairam Ramesh, the Indian Union Minister for Environment and Forests, gave the address of welcome at a scientific conference in India:

> *… the retreat of Himalayan glaciers is not due to Climate Change … has no scientific evidence and these scenarios are painted by the West.*
>
> (North Indian Times, 8 September, 2009)

The minister claimed that the order of magnitude of retreat by Himalayan glaciers is "... a couple of cm to a couple of metres every year ... and some are actually advancing." The overall pronouncement is as fallacious as the opposite extreme of the statements that it was intended to discredit.

The doomsday year of 2035 eventually was attributed to Professor Syed Hasnain. It had inadvertently slipped into the IPCC 2007 report and was widely distributed by the opponents of climate warming immediately before the international conference held in Copenhagen in December, 2009. It caused an acrimonious explosion and was one of the reasons for little progress during the conference. Yet, as was the case of quotations attributed to John Reynolds, Syed Hasnain flatly denied ever having made such a prediction. I was invited to dinner in Kathmandu (February, 2010) by Professor Hasnain when he discussed his Himalayan glaciological research and his denial – I have no reason to doubt his word.

The discussion had led from the hazards of Himalayan glacial lake outbursts (*jökulhlaup*)[2], claiming that millions of lives will be lost, to the subsequent speculation that all Himalayan glaciers will disappear by 2035 (or at least, in the near future). It was also predicted, as a consequence of glacier disappearance, that the major rivers of the region, the Ganges, Indus, Brahmaputra, Yangtze, and others would be reduced to seasonal streams. The next step in the melodrama would be the consequent death of millions due to drought and the collapse of agriculture (for extreme contrast in interpretation, see Alford 2011 and Alford et al. 2011).

Our co-authored manuscript was submitted for publication in October, 2009. It contained careful empirical research by Don Alford and Richard Armstrong which, amongst other findings, led to the hypothesis that the total volume of glacier ice in Nepal, if melted instantly, would add only about four to six per cent of the volume of that year's flow of the Ganges. Furthermore, it included Alton Byers's replication of the Fritz Müller / Erwin Schneider map and photographs from the 1950s. One of the photo-pairs shows the Khumbu Glacier; its snout had not retreated visibly between the 1950s and 2008 although appreciable thinning had occurred. A report published by the UN Environment Programme claimed that the Khumbu Glacier had retreated by five kilometres. Our co-authored paper also included Teiji Watanabe's 2009 research on the Imja Glacier from which he concluded that the danger of a catastrophic flood had been exaggerated.

The submitted paper did indicate that new, potentially dangerous, lakes were forming and glaciers were thinning and retreating – some smaller glaciers at lower altitudes had totally disappeared. There is no intention to imply here that climate warming is not reducing glaciers throughout wide areas of the Himalaya. It is! Nevertheless, the gross exaggerations, even falsifications, that we contested should have been self-evident.

The first group of anonymous reviewers approached by the editor of the on-line journal professed to be too busy to respond (under the circumstances, this appeared remarkable). The total comments and questions of the second group exceeded the length of the paper – in exasperation we withdrew it. I could not avoid the suspicion that there may have been an undertaking not to publish it close to the timing of the Copenhagen conference.

Some of the most recent and insistent representation of the likelihood of imminent large scale death and destruction is contained in a number of professionally produced videos and by extensive use of the Internet. Results from the original field survey and research stemming from the UNU's Khumbu mountain hazards mapping project of the 1980s are rarely encountered. Yet Watanabe and colleagues had been able to determine that Imja Lake, while its surface area had extended rapidly, had fallen in level by 37 metres since 1960. This contrasts with a mere 3-metre

2 The Icelandic term *jökulhlaup* (literally, glacier leap) has been used in Iceland for centuries to denote a giant flood emerging from beneath a glacier. It has been used in the scientific literature for more than a century.

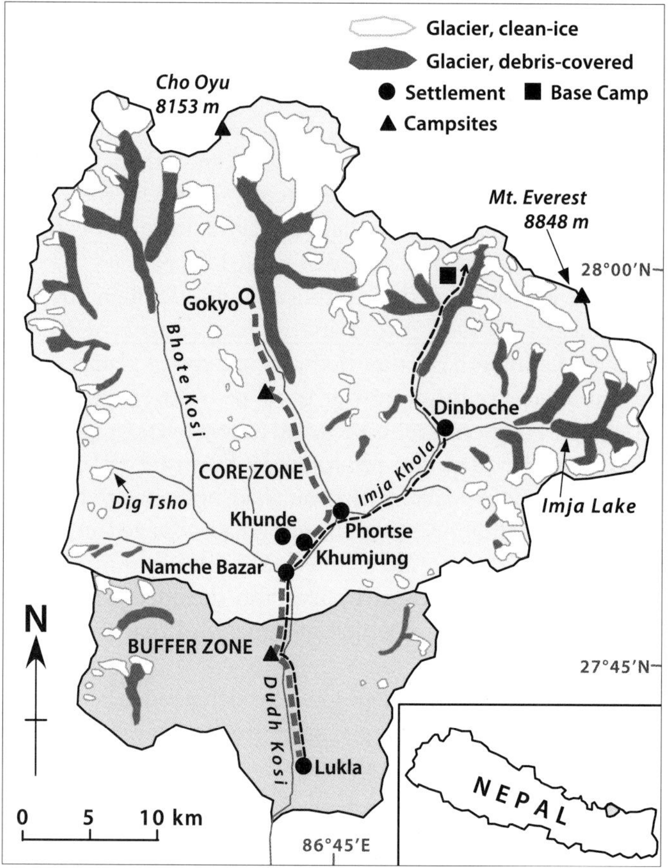


*Fig 4: Map of Khumbu*

artificial lowering of Tsho Rolpa in the early 1990s to contain the danger of an outburst (but see conclusion).

Imja Lake has been in existence for more than a half century yet no outburst has occurred, despite its continued enlargement. Earthquakes have long been recognized as one of the major processes that could destabilize the end moraine dams in this highly seismic region. Thus when the 6.9 Richter scale earthquake of 18 September 2011 struck Sikkim, eastern Nepal, and adjacent regions, there was concern that glacial lake outbursts would occur. Certainly the earthquake set off landslides and rockfalls, and caused a large amount of damage and loss of life, as far away as Kathmandu, well to the west of Imja Lake, but no precipitous drainage of a glacial lake (note that the term "large amount", as used here, is orders of magnitude less than the predictions of catastrophes that are being criticised).

Over the last several years videos have been used to exaggerate the potential large scale disaster of glacial lake drainage; this has included the BBC, PBS (US Public Broadcasting System), and most recently, the United Nations Development Programme (UNDP). The videos are exquisitely filmed and edited and their narrators are accomplished professionals, although not glaciologists. I will use the UNDP video as an example. Produced for UNDP by Arrowhead Films, it is well worth viewing for the beauty of the footage of both the high mountain landscape and the local people. The narrator's first sentence claims that the Himalaya contain 40 per cent of the world's fresh water. This claim is at least an order of magnitude in excess of reality although it is difficult to refute with specific data. This, in large part, is because such data do not exist. The commentary contains no definition of what is meant by "40 per cent of the world's fresh water." If the ice sheets of Antarctica and Greenland are included, as is conventional, and if the volume contained in the North American Great Lakes, the lakes of northern Canada, Lake Baikal, and the lakes of East Africa is added, also a regular convention, then the claim of the video's first sentence is several orders of magnitude in error. When the first sentence contains such an obvious falsehood, the informed viewer must wonder how much can be accepted from the remainder of the video.

Manipulation by camera is as old as photography itself. I will provide only a single example, chosen from the UNDP video, because it centres on Imja Lake, widely promoted as the most dangerous glacial lake in the Himalaya. Within the first minute of the video the camera pans across an unnamed town that is being overwhelmed by a torrent of flood water. Houses are collapsing, vehicles are being washed away, and crowds of pedestrians are desperately struggling to escape. The scene then moves to a picturesque view of Imja Glacier, its lake, and the surrounding high mountains; then back again to people being washed away in an altogether different and unidentified raging flood. The narrator's voice is tense, dramatic, but the three scenes are not causally connected, nor are the instances of flooding identified. It may be assumed that the thousands, if not millions, of anticipated viewers are expected to make the obvious causal connection; but it is false, and we are left with the disturbing thought that there is no relationship between the graphically depicted towns being flooded and any glacial lake outburst.

The message of this chapter is twofold. First, society has been subjected to outrageous and alarmist exaggerations, even to the point of deliberate falsification, apparently by organizations and individuals, some of whom are generally perceived as responsible authorities. Second, the current alarms with which we have all been bombarded since at least 2002 have paralleled the earlier conventional wisdom of the 1970s and 1980s claiming that, by 2000, there would be no accessible forests left in Nepal (World Bank 1979; Asian Development Bank 1982; Norman Myers 1986), and that Gangetic India and Bangladesh would be under water after thousands of landslides, induced by 'ignorant' mountain farmers, had stripped both vegetation and soil off the Himalaya. Regardless, Larry Hamilton's early provocative statement, "it floods in Bangladesh when it rains in Bangladesh" warrants repetition (Hamilton, L., pers. comm., 1986). This common sense reaction by Larry has since been substantiated by an extension of the UNU mountain project, largely funded by Switzerland (Hofer and Messerli 2006) and applies with equal force to the current claims

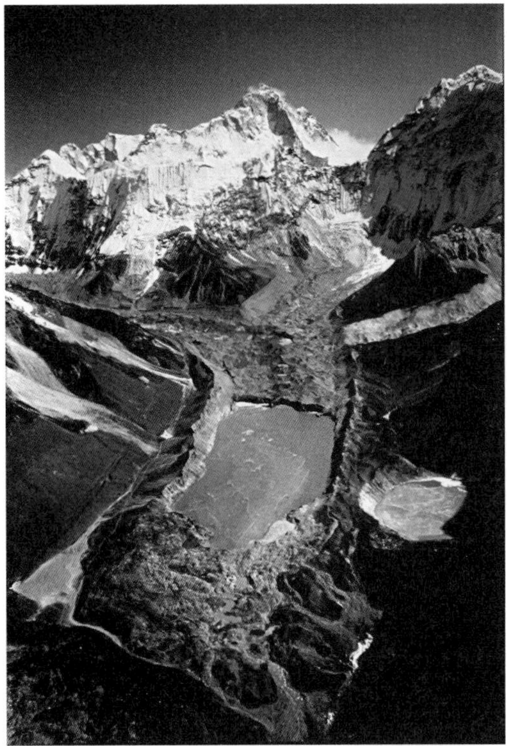

*Fig. 5: Aerial view of the Imja Glacier showing Imja Lake, 4 November, 1991. At this point in its rapid development the lake is more than a kilometre long. It drains through the broad end moraine in the immediate foreground, the source of the Imja Khola, Khumbu Himal, Nepal (Photograph courtesy of K. Kawaguchi).*

that melting of all the Himalayan glaciers would significantly reduce the flow of the Ganges; it is the monsoon rainfall that supplies the overwhelming volume of water to the Ganges and Brahmaputra rivers, not glacier melt.

When we (UNU) began our Himalayan quest in 1978 we never expected that we would become involved in two intellectual-political controversies: first deforestation and environmental and socio-economic collapse; second, loss of all the Himalayan glaciers and consequent flooding, followed by a regional drought and the death of millions. Following the outcry in Copenhagen in 2009, the claims that Himalayan glaciers will disappear in the near future has at least helped to prompt an urgent request for much needed new research, systematic data collection, and rational thinking. Research is now rapidly expanding to ensure more accurate assessment of the interface between climate change and glacier and snow cover response. Nevertheless, it hasn't arrested the onslaught of exaggeration and confusion, now by widespread distribution of professional videos. Yet we are left with the very serious question – how to predict the likelihood of catastrophic natural events, in this case, glacier lake outburst floods, when there is no simple nor reliable method. To underplay the hazard would be equally irresponsible. This calls for the re-introduction of the word 'dilemma' that initially emerged from the Mohonk Process (Ives 2013: in press). Regardless, the time has long passed when the local mountain people should be in-

*Fig. 6: By 2007 the lower part of the Imja Glacier was submerged by a lake (Imja Lake) more than two kilometres in length and in excess of 100 metres deep. The glacier is still retreating and the remaining sub-lacustrine ice is continuing to melt. This view, taken by Alton Byers, is from the opposite side of the glacier to that of Figure 3. Ama Dablam is the prominent peak on the extreme right skyline.*

corporated into the research activities and their extensive local environmental knowledge introduced as a vital component in the search for practical solutions.

## 4 Concluding remarks on Imja Lake

Since the foregoing critical assessment was written, Dr Alton Byers of The Mountain Institute, in association with the U.S. Agency for International Development and other partners, led the first "Andean-Asian Glacial Lake Expedition" to inspect the problematic Imja Lake. This involved consultation with local people about their views regarding foreign researchers, possible threats imposed by the lake, and prospective solutions.

One of the results has been a partial reassessment of the danger of a lake outburst. The expedition was accompanied by Suzanne Goldenberg. *The Guardian* published her report on 10 October, 2011 as: *Glacier Lakes: Growing danger zones in the Himalayas.* To quote:

> *The extent of recent changes to Imja Lake has taken glacial experts by surprise, including Teiji Watanabe ... He said that he did not expect such rapid changes to the moraine which is holding back the lake... "We need action, hopefully within five years. I feel our time is shorter than what I thought before. Ten years might be too late."*

By subsequent e-mail exchange, Teiji indicated that he had not seen the report. However, he did point out to me that changes to the lake outlet through the moraine were occurring faster than he had previously observed, confirming in general the remarks attributed to him.

Obviously, such situations in nature do change unexpectedly. Imja Lake may be less stable than we have recently assumed. As was indicated in the 2010 ICIMOD publication (Ives et al.), a glacial lake outburst could occur tomorrow. Imja Lake could take ten years or more to burst; or it could drain slowly and safely; Dig Tsho did burst in 1985, resulting in several deaths and destruction of a small hydro-power station nearing completion. Nevertheless, the present situation requires planning and constant observation. It does not justify excessive alarmism or false reporting: the primary message of this paper.[3]

This contribution is a small token of my respect for Professor Christoph Stadel. We have shared the same commitment toward the mountains and their peoples throughout our long friendship that began with a joint venture in the Andes of Ecuador. May this continue for many more years into the future.

## References

Alford, D. 2011: *Hydrology and glaciers in the Upper Indus Basin.* World Bank Technical Report. Washington D.C.

Alford, D., R. Armstrong & A. Racoviteanu 2011: *Glacier retreat in the Nepal Himalaya: The role of glaciers in stream flow from the Nepal Himalaya.* World Bank Technical Report. Washington D.C.

Arrowhead Films 2011: *Himalayan Meltdown.* Video at http://arrowheadfilms.com/channel/himalayan-meltdown/ [pwd: meltdown]

Asian Development Bank 1982: *Nepal Agricultural Sector Strategy Study.* 2 vols. Kathmandu, Asian Development Bank.

Byers, A.C. 1987: Landscape change and man-accelerated soil loss: The case of the Sagarmatha (Mount Everest) National Park, Khumbu, Nepal. *Mountain Research and Development* 7, 3: 209–216.

Byers, A.C. 2007: An assessment of contemporary glacier fluctuations in Nepal's Khumbu Himal using repeat photography. *Himalayan Journal of Science* 4: 21–26.

Cruz, R.V. et al. 2007: *Asia. Climate Change: Impacts, Adaptation and Vulnerability.* Contribution of Working Group II of the Fourth Assessment Report of the IPCC. Cambridge University Press. Cambridge: 493.

FAO / CIFOR 2005: *Forests and Floods: Drowning in fiction or thriving on facts?* Forest Perspectives 2. Bangkok, Thailand, and Bogor Barat, Indonesia.

Hofer, T. & B. Messerli 2006: *Floods in Bangladesh: History, dynamics and rethinking the role of the Himalayas.* United Nations University Press: Tokyo.

3 The Mountain Institute (West Virginia, U.S.A.) has recently received extensive support from the USAID to develop a combination of social and scientific research on high mountain watershed problems in relation to climate change. This led to the expedition to Imja Lake, quoted above, and a continuation during the 2012 post-monsoon season. On the 2012 occasion an education and training workshop in association with the local people led to additional scientific data from Imja Lake and highly promising Sherpa participation. Amongst the scientific results, sonar-based bathymetric investigation revealed that the volume of water contained within Imja Lake is twice that previously reported (65 M cubic metres) and the glacier front retreated much more rapidly over the preceding three months than previously expected. The "High Mountain Glacier Watershed Program" , funded by USAID is co-managed by The Mountain Institute and the University of Texas at Austin (Alton Byers, pers. comm., 25th November, 2012).

Hambrey, M.J., D.J. Quincey, N.F Glasser, J.M. Reynolds, S.J. Richardson & S. Clemmens 2008: Sedimentological, geomorphological, and dynamic context of debris-mantled glaciers, Mount Everest, Sagarmatha region, Nepal. *Quaternary Science Reviews* 27: 2361–2389.

Ives, J.D. 1986: *Glacial lake outburst floods and risk engineering in the Himalaya.* Occasional Paper 5. ICIMOD. Kathmandu.

Ives, J.D. 1987: The theory of Himalayan environmental degradation: Its validity and application challenged by recent research. *Mountain Research and Development* 7, 3: 189–199.

Ives, J.D. 2004: *Himalayan Perceptions: Environmental change and the well-being of mountain peoples.* Routledge, London and New York. 2nd edition, 2006.

Ives, J.D. 2013: *Sustainable Mountain Development: Getting the facts right – A personal journey.* (in press). Himalayan Association for the Advancement of Science. Kathmandu.

Ives, J.D. & B. Messerli 1989: *The Himalayan Dilemma: Reconciling development and conservation.* Routledge: London & New York.

Ives, J.D., R.B. Shrestha & P.K. Mool 2010: *Formation of Glacial Lakes in the Hindu Hush-Himalayas and GLOF Risk Assessment.* International Centre for Integrated Mountain Development. Kathmandu.

Mool, P.K., S.R. Bajracharya & S.P. Joshi 2001a: *Inventory of Glaciers, Glacial Lakes and Glacial Lake Outburst Floods. Monitoring and Early Warning Systems in the Hindu Kush-Himalayan Region – Nepal.* International Centre for Integrated Mountain Development. Kathmandu.

Mool. P.K. et al. 2001b: *Inventory of Glaciers, Glacial Lakes and Glacial Lake Outburst Floods. Monitoring and Early Warning Systems in the Hindu Kush-Himalayan Region – Bhutan.* International Centre for Integrated Mountain Development. Kathmandu.

Mool, P.K. et al. 2011: *Glacial Lakes and Glacial Lake Outburst Floods in Nepal.* International Centre for Integrated Mountain Development. Kathmandu.

Myers, N. 1986: Environmental repercussions of deforestation in the Himalayas. *Journal of World Forest Resources* 2: 63–72.

Pearce, F. 1999: Hell and high water. *New Scientist* 19th June 1999: 4.

Pearce, F. 2002: Meltdown. *The New Scientist* 2 November, 2002: 44–48.

Schuster, R.L. & D. Alford 2000: *Usoi Landslide Dam and Lake Sarez.* United Nations, ISDR Prevention Series 1, United Nations, New York & Geneva.

Stone, R. 2009: Peril in the Pamirs. *Science* 326: 1614–1617.

Thompson, M & M. Warburton 1985: Uncertainty on a Himalayan scale. *Mountain Research and Development* 5, 2: 115–135.

Vuichard, D. & M. Zimmermann 1987: The catastrophic drainage of a moraine-dammed lake, Khumbu Himal, Nepal: Cause and consequences. *Mountain Research and Development* 7, 2: 91–110.

Watanabe, T., J.D. Ives & J.E. Hammond 1994: Rapid growth of a glacial lake in Khumbu Himal, Nepal: Prospects for a catastrophic flood. *Mountain Research and Development* 14, 4: 329–340.

Watanabe, T., S. Kameyama & T. Sato 1995: Imja Glacier dead-ice melt rates and changes in a supraglacial lake, 1989–1994, Khumbu Himal, Nepal: danger of lake drainage. *Mountain Research and Development* 15, 4: 293–300.

Watanabe, T., D. Lamsal & J.D. Ives 2009: Evaluating the growth characteristics of a glacial lake and its degree of danger: Imja Glacier, Khumbu Himal, Nepal. *Norsk Geografisk Tiddskrift* 62: 255–267.

World Bank 1979: *Nepal: Development Performance and Prospects.* A World Bank Country Study. South Asia Regional Office. Washington, DC.

# Efectos de una erupción volcánica Andina. El caso del Cordón Caulle, Sur de Chile (2011)

**Adriano Rovira, Carlos Rojas & Silvia Díez**

El evento volcánico de la erupción del Cordón Caulle iniciada el 4 de junio de 2011 y en constante actividad durante casi ocho meses, provocó un conjunto de eventos tanto sobre la población, que debió ser evacuada, como en las actividades económicas, las infraestructuras y los sistemas naturales. El área afectada cubrió la sección cordillerana de las regiones de Los Ríos y Los Lagos en el sur de Chile y las provincias de Chubut y Río Negro en Argentina. Este artículo describe las características del complejo volcánico Puyehue – Cordón Caulle y de la erupción propiamente tal. Además se da cuenta del tipo y complejidad de los efectos, así como de las repuestas gubernamentales en los dos países afectados.

**Auswirkungen andiner vulkanischer Eruptionen. Der Fall des Cordón Caulle, Südchile**
Die Eruption am Cordón Caulle, die am 4. Juni 2011 begann und fast über acht Monate aktiv blieb, zog eine Reihe von Folgen für die Bevölkerung nach sich, die evakuiert werden sollte, sowie für wirtschaftliche Aktivitäten, die Infrastruktur und die natürlichen Systeme. Betroffen waren die andinen Bereiche der Regionen Los Ríos und Los Lagos im südlichen Mittelchile sowie die argentinischen Provinzen Chubut und Río Negro. Der Artikel beschreibt die Charakteristiken des Puyehue-Cordón Caulle Vulkankomplexes und die Eruption selbst. Außerdem analysiert er Typ und Komplexität der Ausbruchfolgen ebenso wie die Reaktionen der Regierungen beider betroffener Länder.

**Effects of an Andean volcanic eruption. The case of Cordón Caulle, Southern Chile**
The Cordon Caulle, which erupted on 4 June 2011 and remained in constant activity for almost eight months, resulted in a set of consequences for the population, who should have been evacuated, and for their economic activities, the infrastructure and the natural systems. The affected area covered the Andean section of the regions of Los Rios and Los Lagos in southern Chile, and the provinces of Chubut and Río Negro in Argentina. This article describes the characteristics of the Puyehue-Cordon Caulle volcanic complex and the eruption itself. In addition it analyses the type and complexity of the effects, as well as the governmental responses in both affected countries.

**Keywords**: volcanism, Cordón Caulle, Puyehue, Chile

## 1 Presentación

La Cordillera de Los Andes recorre alrededor de 7 000 km en el litoral del Pacífico en Sudamérica y constituye un elemento relevante tanto por su expresión en relieve, como por la conformación de un mosaico de paisajes culturales. Stadel (2001) la divide en Los Andes del Norte (Venezuela, Colombia y Ecuador); Los Andes Centrales (Perú, Bolivia, el norte de Chile y Noroeste de Argentina) y Los Andes del Sur, que desde los 25° sur y hasta los 56° sur recorren el territorio de Chile y Argentina.

La Cordillera de Los Andes constituye una constante en el paisaje del territorio de Chile sudamericano a lo largo de casi 4 600 km, desde el paralelo 17 hasta el 56 de latitud sur, siendo así el rasgo más característico del relieve chileno. Su altura promedio va descendiendo desde el norte del país, donde alcanza altitudes por encima de los 6 000 metros s. n. m., hacia el sur, llegando apenas a superar en algunas cumbres los 3 000 metros s. n. m., de manera excepcional.

Para los habitantes de Chile, la Cordillera de Los Andes se percibe en tres diferentes sentidos. Primero, como paisaje. Tal como se indicó, la cordillera se constituye en un permanente telón de fondo de los paisajes chilenos, formando parte de la imagen colectiva de sus habitantes. En segundo lugar la cordillera es comprendida como una importante fuente de recursos naturales de relevancia para el desarrollo de actividades económicas. Estos recursos son tanto mineros como hidrológicos o turísticos y se valoran positivamente. Por último, en tercer lugar pero no por eso menos significativo, se la percibe como una fuente de peligro. Desde la cordillera llegan los aluviones, los deslizamientos y las erupciones volcánicas. En relación con este último tipo de fenómenos naturales, se puede afirmar que la actividad volcánica resulta relativamente familiar para los habitantes de Chile, así como para las instituciones especializadas en el estudio de estos fenómenos y las que tienen la responsabilidad de la protección civil para evitar catástrofes y poseen una amplia experiencia y conocimiento científico.

Este es el paisaje al que Christoph Stadel dedicó gran parte de su destacada actividad académica y por eso los autores de este artículo, habitantes de un país andino, han querido tomar parte en este tan merecido homenaje a quien tanto contribuyó al conocimiento del mundo de las montañas.

## 2 Introducción

El 4 de junio del año 2011 se inició un proceso eruptivo en la Cordillera de la Región de Los Ríos, sur de Chile, en el complejo volcánico formado por el volcán Puyehue y el Cordón Caulle. Luego de una sucesión de eventos sísmicos que se prolongó por algunos meses, comenzó este ciclo eruptivo con una fase explosiva, lanzando a la atmósfera una columna que alcanzó una altura de casi 15 km. Este evento que se mantuvo por casi ocho meses de continua emisión de cenizas y gases, causó numerosos efectos en diferentes ámbitos, tanto en Chile como en Argentina, dependiendo de la dirección predominante de los vientos.

El propósito de este artículo es analizar este fenómeno, dando cuenta de los diversos aspectos asociados a un evento natural generador de peligro y riesgo en la población, la infraestructura y las actividades económicas. En este sentido se presenta una descripción de las características geológicas y geomorfológicas del complejo volcánico y del proceso eruptivo propiamente tal, además de los efectos de la erupción y la respuesta de las instituciones frente al riesgo.

## 3 Antecedentes geológicos y geomorfológicos

La Cordillera de Los Andes, tiene la particularidad de poseer una gran presencia de volcanes, llegando a unos tres mil edificios volcánicos, de diferentes magnitudes, desde algunos pequeños conos de cenizas hasta calderas de gran diámetro. De ellos se estima que unos 500 pueden ser considerados geológicamente activos, 60 de los cuales tienen registros eruptivos históricos, dentro de los últimos 450 años. Algunos de estos volcanes son conos aislados que se elevan por encima del macizo de la Cordillera de Los Andes, en tanto otros aparecen agrupados en complejos volcánicos compuestos por numerosos cráteres con diferentes grados de actividad. En el caso del proceso eruptivo que se aborda en este artículo, este tuvo lugar en uno de estos complejos volcánicos, el correspondiente al Volcán Puyehue – Cordón Caulle (40,5° S, 72,2° W).

La Zona Volcánica Sur es el sector vulcanológicamente más activo de los Andes chilenos, extendiéndose desde el Tupungatito (33,40° S, 69,80° W) en la Región Metropolitana hasta el Cerro Hudson (45,90° S, 72,97° W) en los Andes Patagónicos (Dzierma & Wehrmann 2012).

Diversos centros poblados se sitúan en la vecindad de estos volcanes, permitiendo el desarrollo de actividades agrícolas, industriales, comerciales y turísticas. También algunas grandes ciudades, aunque no en la vecindad inmediata de la cadena volcánica, se encuentran emplazadas junto a sistemas de drenaje andinos, de tal manera que en caso de una erupción volcánica se encuentran potencialmente amenazadas por posibles lahares y flujos piroclásticos. Toda la región está amenazada por la caída de piroclastos finos durante erupciones explosivas, que pueden cubrir grandes superficies a considerables distancias de la fuente eruptiva en ambos flancos de la cordillera andina.

El Complejo Volcánico Puyehue-Cordón Caulle (CVPCC 40,5° S, 72,2° W), situado en los Andes del Sur (37°–42° S; Lopez-Escobar et al. 1995) es uno de los grupos volcánicos más activos y peligrosos de Chile (Lara et al. 2012). Forma un alineamiento volcánico de rumbo NW–SE y casi 40 km de longitud, edificado sobre un basamento prepleistocénico heterogéneo y profundamente erosionado por la acción glacial. Constituido por un conjunto de centros emisores coalescentes pleistoceno – holocenos, en el extremo norte de él se localiza la caldera Cordillera Nevada, que corresponde a un volcán en escudo parcialmente colapsado (figura 1).

El Cordón Caulle es un sistema volcánico fisural que ha emitido un gran volumen de magma riodacítico a riolítico. En el extremo sur del alineamiento volcánico se encuentra el estratovolcán Puyehue, de composición basáltica a riolítica (Lara & Moreno 2006). Otros centros integran el conjunto, como el erosionado volcán Mencheca y una serie de conos y maares holocenos que constituyen centros periféricos (SERNAGEOMIN 2012). El complejo volcánico alcanza actualmente un volumen de alrededor de 200 km$^3$, sus productos cubren una superficie de unos 1 200 km$^2$. Es el mayor campo volcánico en la provincia central de los Andes del Sur (Lara & Moreno 2006) y el segundo mayor campo geotérmico reconocido (Sepúlveda et al. 2004). En este sector de la cordillera de Los Andes se han reconocido varios sistemas de fallas y fracturas, con un predominio de los de dirección NE–SW, NW–SE y N10° E.

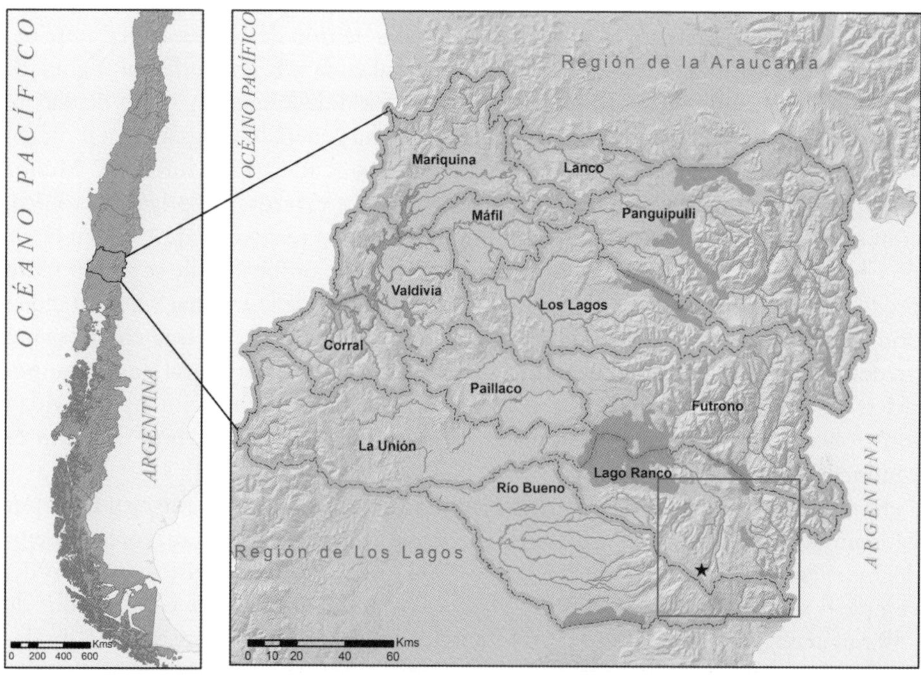


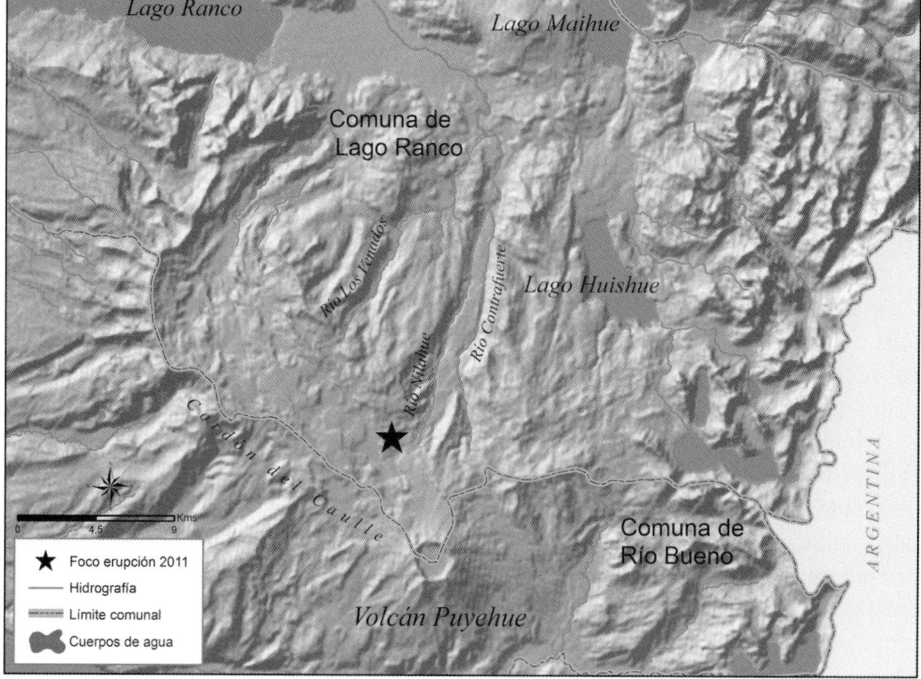


*Figura 1: Mapa de localización de la zona de estudio; Fuente: Elaboración propia*

Este último está representado por fallas regionales de tipo dextral en la vertiente occidental (falla Liquiñe – Ofqui) y de tipo siniestral en la vertiente oriental (figura 2).

El Cordón Caulle (40,5° S) se extiende por 15 km de longitud y 4 km de ancho, con una elevación media de 1 750 m s. n. m., que ha generado un graben con origen vinculado con la tectónica del arco volcánico (Lara et al. 2012; Moreno & Muñoz 2012). Ha demostrado ser sensible a perturbaciones externas de origen tectónico, como su entrada en actividad 38 horas después del gran terremoto de 1960 en el sur de Chile (Lara et al. 2004). Los centros emisores del Cordón Caulle se sitúan tanto próximos a las paredes de la depresión como al interior de la misma, y comprenden domos, conos de piroclastos pumíceos y coladas de bloques, con una composición predominantemente dacítica a riolítica, siendo el único volcán fisural de tal composición históricamente activo en el planeta. Por otra parte, exhibe intensa actividad fumarólica, solfatárica, fuentes termales, géyseres y depósitos de azufre (Moreno & Muñoz 2012).

La cronología eruptiva del Cordón Caulle anterior al siglo XXI fue estudiada por Moreno & Petit-Breuilh (1998), quienes destacan las erupciones mayores y mejor documentadas, correspondientes a las de 1921–22 y 1960. El registro eruptivo del complejo se extiende al Pleistoceno Medio, con unidades datadas en alrededor de 450 mil años (Lara et al. 2006) pero la actividad holocena se ha concentrado fundamentalmente en el volcán Puyehue y en el Cordón Caulle (Lara et al. 2006; Lara & Moreno 2006; Singer et al. 2008), este último el único con actividad histórica. En la evolución de este complejo, los productos volcánicos exhiben un amplio rango composicional que incluyen desde basaltos a riolitas, fluctuando el estilo eruptivo entre erupciones efusivas y eventos explosivos del tipo pliniano (Lara & Moreno 2006; Lara et al. 2006; Lara et al. 2012).

## 4 El evento eruptivo

Con anterioridad a la erupción iniciada el 04 de junio de 2011, el Cordón Caulle contaba con abundante conocimiento geológico, tectónico, geocronológico y petrológico, además de una red de vigilancia sísmica instalada como consecuencia de la crisis sismo-volcánica que experimentó en los años 2007–2008 (Moreno & Muñoz 2012).

A fines del mes de abril de 2011, el Servicio Nacional de Geología y Minería (SERNAGEOMIN 2012) reportó un cambio progresivo de la sismicidad en la zona, detectándose enjambres sismovolcánicos claramente localizados bajo el área del Cordón Caulle, e incrementándose también su intensidad y su frecuencia hasta alcanzar un umbral (25 eventos / hr) que obligó a elevar el nivel de alerta a amarillo (erupción en semanas / meses) un día antes, y luego a roja 8 horas antes del inicio efectivo de la erupción, cuando la situación escaló a un enjambre más energético (Lara et al. 2012; Moreno & Muñoz 2012).

Después de 51 años de reposo, el Complejo Volcánico Puyehue – Cordón Caulle comenzó un nuevo ciclo eruptivo pasado el mediodía del día 4 de Junio de 2011. El

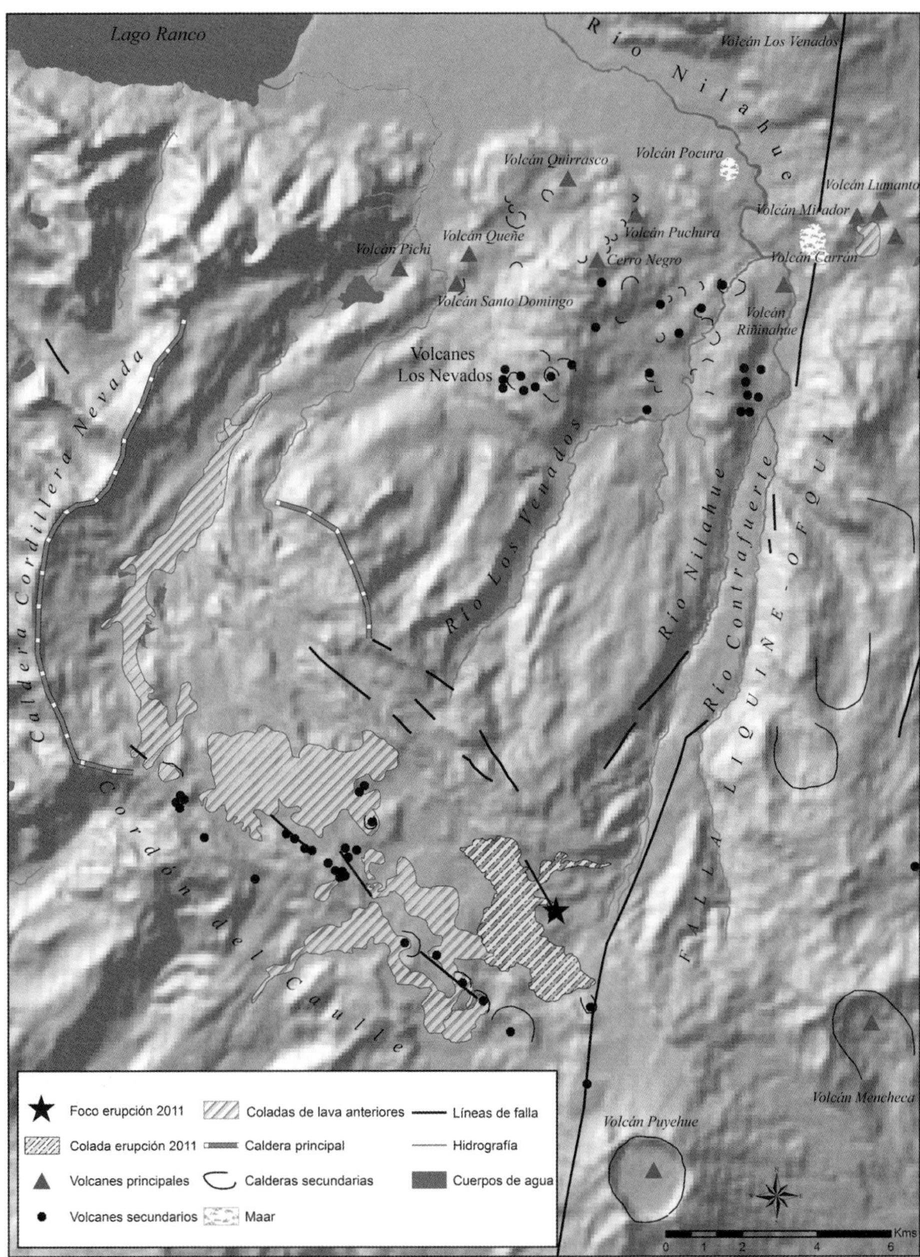


*Figura 2: Complejo Volcánico Puyehue-Cordón Caulle (CVPCC 40,5° S, 72,2° W); Fuente: Elaboración propia*

*Figura 3: Columna eruptiva del Cordòn Caulle desde el lago Puyehue. Fuente: Los autores*

ciclo eruptivo se inició con una fase explosiva en la cual se desarrolló una columna eruptiva pliniana que en su máxima expansión alcanzó una altura de casi 15 km y una duración de cerca de 27 horas, con un penacho dispersándose hacia el SE, generando potentes depósitos de tefra en Chile y Argentina con un volumen estimado en 0,8–0,9 km$^3$ (Amigo et al. 2012). A esta fase pliniana inicial le siguió una etapa de columnas eruptivas débiles, prácticamente continuas por 8 meses, consistentes de gas y partículas finas (figura 3).

Una segunda etapa habría ocurrido durante los dos días siguientes (6–7 junio) con un corto período de dispersión al NE (Lara et al. 2012; Orozco et al. 2012). Un volumen de aproximadamente 0,25 km$^3$ de tefra silícea (Silva et al. 2012) fue evacuado en esta fase a partir de la columna pliniana. A pocos días de iniciada la erupción, el análisis de imágenes TerraSAR-X hizo posible localizar el centro de emisión en las cercanías del curso superior del río Nilahue, en el cual se construyó un cono de piroclastos pumíceo. La evacuación de ceniza continuó durante la fase efusiva en forma de columnas bajas e intermitentes (Bertin et al. 2012a; Lara et al. 2012), persistiendo hasta marzo de 2012.

Casi recién comenzada la erupción se observaron algunos indicios de flujos piroclásticos (troncos quemados) descendiendo a lo largo del valle superior de los ríos Nilahue y Contrafuerte y se constató que el río había adquirido un color pardo oscuro, aumentando su caudal y transportando abundante pómez, verificándose el 7 de junio que las aguas del Nilahue habían aumentado su temperatura a 45 °C, determinándose como medida inmediata la evacuación de toda la población a lo largo de su valle (Moreno & Muñoz 2012). Respecto a la formación de lahares gatillados por lluvias, especialmente en quebradas de la zona cordillerana, estos tuvieron lugar en la zona del paso internacional Cardenal Samoré, a mediados del mes de junio, afectando la ruta y diferentes tipos de infraestructura (SEGEMAR 2011).

A lo largo de la historia eruptiva del Caulle, los mayores depósitos piroclásticos de caída han sido emitidos durante erupciones subplinianas y plinianas, y las plumas se han propagado preferentemente en dirección al SE (Naranjo et al. 2000), y el ciclo eruptivo iniciado en junio de 2011 no fue la excepción. Por ello las áreas más afectadas por la caída de ceniza se ubicaron en Argentina, principalmente Bariloche y El Bolsón en la provincia de Río Negro, además de Villa La Angostura en Neuquén y el norte de Chubut, cubriendo cerca de cinco millones de hectáreas con capas de hasta 30 cm de espesor.

A mediados de mes la aparición en la sismicidad local de una señal de tremor armónico, junto con la disminución de la altura de la columna eruptiva, marcaron el inicio de la fase efusiva (15 de junio), emitiéndose una lava de bloques que rellenaba la depresión interna del Cordón Caulle (Lara et al. 2012; Orozco et al. 2012). Se reconoció un flujo que progresaba a más de 30 $m^3$/seg, cuya máxima tasa de emisión (80 $m^3$/seg) se habría alcanzado un mes después del inicio de la erupción (Bertin et al. 2012b) iniciándose entonces una progresiva disminución hasta alcanzar un mínimo de casi 6 $m^3$/seg a principios de octubre. La lava logró cubrir una superficie comparable a los flujos de 1960 y alcanzó un volumen estimado de 0,45 $km^3$ emisión que estuvo acompañada de penachos débiles pero persistentes (Bertin et al. 2012b; Silva et al. 2012). Al 31 de marzo de 2012 el espesor de lava medido en terreno era de aproximadamente 30 ± 5 m (Bertin et. al 2012b).

## 5 Los efectos

Los efectos inmediatos de la erupción se hicieron sentir sobre la población de los asentamientos cercanos al Cordón Caulle, tanto en sus vertientes norte como en la sur (figura 4). Además del importante efecto de la nube de cenizas sobre la provincia de Río Negro en Argentina, hasta donde llegó el efecto de mayor magnitud, debido a la dirección predominante de los vientos.

Estos efectos pueden clasificarse en al menos dos grupos: los que causan problemas directos en la salud de la población, tanto por las cenizas en suspensión que dificultan la respiración, como por la contaminación de las aguas; y los que causan daños económicos tanto por los efectos sobre la infraestructura, como por la sepultación que sufren las praderas y los cultivos, bajo un manto cenizas. En el caso de las praderas se produce un problema en la alimentación del ganado, una de las actividades más importantes del sector afectado por este evento.

La población directamente afectada se definió por parte de los organismos oficiales especializados en el tema (Ministerio del Interior fundamentalmente) como los habitantes de las comunas de Futrono, Lago Ranco y Río Bueno, de la región de Los Ríos y la comuna de Puyehue, de la Región de Los Lagos, alcanzando a un total de poco más de 65 000 habitantes.

Los directamente afectados fueron los habitantes de 21 localidades rurales emplazadas en el oriente de estas comunas, en los primeros faldeos de la Cordillera de

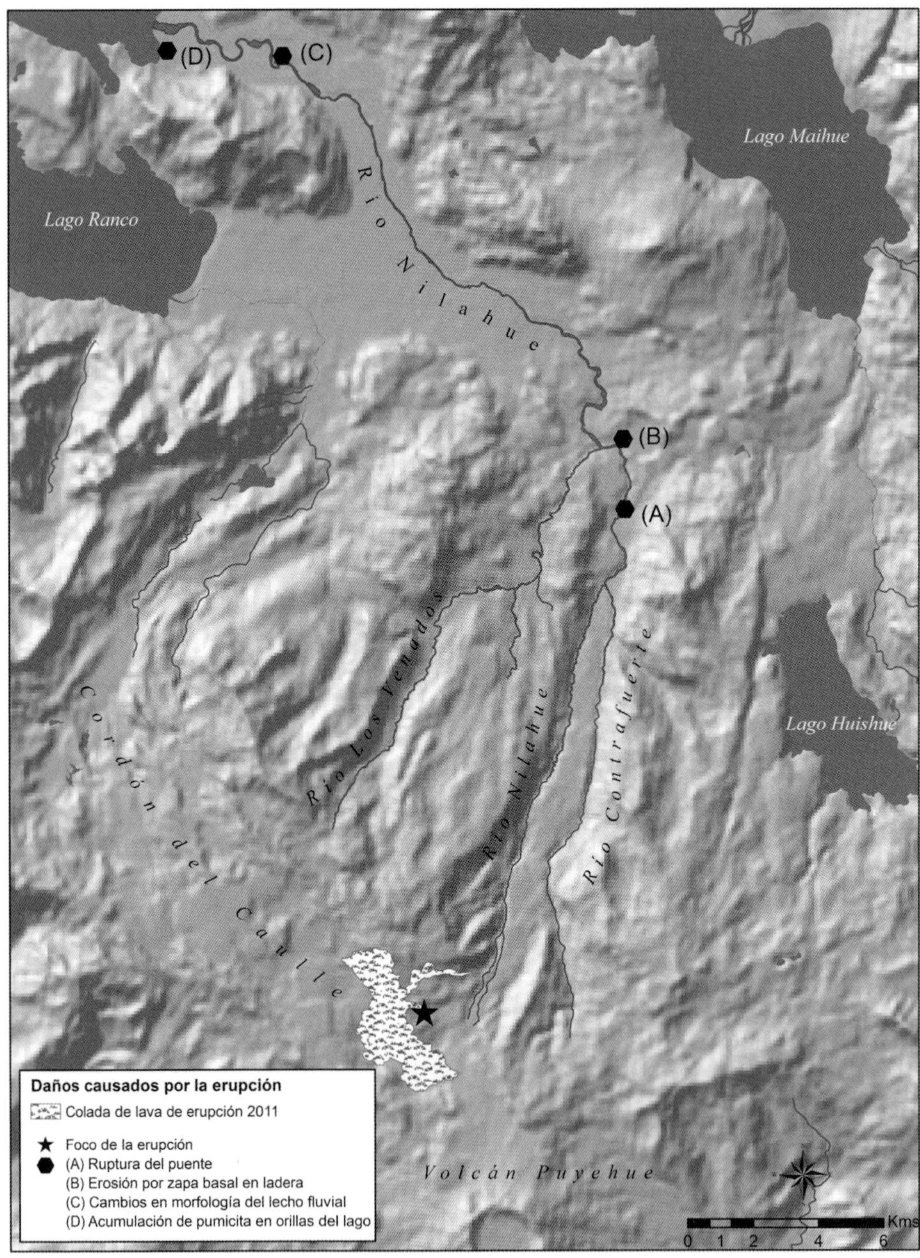


*Figura 4: Mapa de localización de los daños causados por la erupción; Fuente: Elaboración propia*

Los Andes, las que debieron ser evacuadas por instrucciones de la Oficina Nacional de Emergencia (ONEMI). Noticias de prensa informaron que de un total de unos 3 500 habitantes, entre 600 y 1 000 personas fueron trasladadas a albergues especialmente habilitados, en las localidades menos riesgosas, (http://diario.latercera.com/2011/06/06/01, accessed: 15/01/13), en tanto las restantes se refugiaron en viviendas de familiares. Para todas ellas se dispuso la entrega de un conjunto de ayudas consistentes en alimentos y ropa de abrigo y de cama. Con posterioridad, se dispuso además la entrega de ayuda económica, consistente en un monto de $ 200 000 (400 dólares) por familia. Este bono de ayuda fue muy criticado por las autoridades locales y por los afectados, tanto por lo reducido de su monto como por la forma en que fue distribuido.

A 15 días de iniciada la erupción, los organismos técnicos (ONEMI) y las autoridades políticas nacionales y regionales, anunciaron que se levantaba la orden de evacuación dados los nuevos antecedentes científicos, por lo que se inició el regreso a los hogares. Esto reflejaba que se había logrado dimensionar el grado de riesgo a que estaba sometido el territorio de las inmediaciones del Cordón Caulle (http://www.onemi.cl, accessed: 15/01/13).

Aparte del riesgo físico que implica una erupción volcánica para los habitantes, la atención se centra en los daños que pueden causar las cenizas en suspensión, sobre el sistema respiratorio. Las partículas al ser inhaladas pueden llegar a provocar síntomas de asfixia. Además el depósito de estas partículas en los alvéolos pulmonares causa daños a corto y medio plazo ya que son muy difícilmente eliminables. Por ello la evaluación de los riesgos para la salud humana debe tener en cuenta tanto el tamaño de las partículas como la concentración y composición de ellas. Los compuestos más dañinos son los asociados al azufre (que generan irritación de las vías respiratorias y que en determinadas condiciones pueden llegar a ser venenosos) y el sílice que provoca enfermedades como la silicosis. De los análisis realizados por equipos de especialistas, se descartó la presencia de sílice cristalina en la fracción respirable (PM4) de la ceniza (Wilson et al. 2012).

Por otra parte, la depositación de cenizas en los suelos, bajo condiciones de sequía favorece la resuspensión de estos materiales, por lo que los efectos se pueden prolongar por un tiempo superior a la duración del proceso eruptivo. Esto es particularmente serio en el caso de la estepa patagónica en Argentina, lo que motiva una permanente preocupación de las autoridades de salud ya que podría causar la Enfermedad Pulmonar Obstructiva Crónica, una reducción en el crecimiento pulmonar de los niños y un agravamiento del asma en adultos y niños (Wilson el al. 2012).

Otro aspecto a considerar en cuanto a problemas con la salud de los habitantes, se refiere a los efectos sobre la composición química de los sistemas de agua para el consumo humano. Wilson et al. (2012) informan que en unas 500 muestras de agua superficial no se encontró resultados alarmantes, tanto para la salud humana como para la vida acuática. Un reporte interesante de estos autores destaca la presencia de sólidos en suspensión provocando una alta turbidez. En esas condiciones se indica que se proporciona un ambiente propicio para la proliferación de micro organismos, protegiéndolos de los procedimientos de desinfección. Al respecto los referidos autores señalan haber recibido información no formal del incremento de afecciones estomacales en Bariloche y Villa Angostura. Sin embargo ya antes de la erupción, los sistemas de agua para consumo humano presentaban deficiencias de tratamiento micro biológico.

En lo referente a los efectos sobre las actividades ganaderas, Robles (2011) puntea como las principales consecuencias para el ganado, la acumulación de cenizas sobre el cuerpo de los animales; la irritación de los ojos; dificultades en la respiración; problemas digestivos, incremento de los abortos; muertes por caquexia e inanición, problemas dentarios; intoxicaciones por ingesta de vegetales no usuales en sus dietas; e intoxicación o deficiencia de minerales dependiendo de la composición de las cenizas. Además de la composición, también resulta importante la cantidad de cenizas caídas y la presencia de factores meteorológicos como la existencia, velocidad y dirección de los vientos y la presencia o ausencia de lluvias.

En este sentido, el diario El Mercurio, citando al Instituto Nacional de Estadísticas, que recientemente había terminado el Censo Agropecuario Nacional, señalaba que los recursos amenazados alcanzaban a 105 500 ha de praderas manejadas y 50 700 ha de praderas naturales, con lo cual se afectaba una masa ganadera del orden de 343 700 vacunos, 44 200 ovinos y 5 700 equinos. A lo anterior se agregan 6 500 ha de plantaciones forestales y 192 500 de bosque nativo. En la región más afectadas de Argentina, el Instituto Nacional de Tecnología Agropecuaria (INTA) reportó que en la provincia de Chubut se afectó unas 750 000 ovejas, mientras en la provincia de Río Negro se informó de alrededor de 60 000 cabezas de ganado en riesgo (http://www.inta.gov.ar, accessed 15/01/13).

Algunos cultivos sufrieron también daños por la depositación de cenizas en el follaje y en los frutos, lo que afectó principalmente a los cultivos de berries. El director regional del Instituto de Desarrollo Agropecuario (INDAP), dependiente del Ministerio de Agricultura, en declaraciones a periodistas, dio cuenta que después del análisis foliar y fitopatológico de veinte huertos de frambuesas, se acordó entregar un bono de reparación, el que alcanzaría a los $ 680 000 (alrededor de 1 400 dólares) con un tope de $ 2 400 000 (unos 5 000 dólares) por cada uno de los 200 agricultores identificados como afectados por la pérdida de las cosechas, valores por hectárea de cultivo (http://www.biobiochile.cl, accessed 16/01/13).

Respecto a las repercusiones sobre los suelos, Seguel (s/f) señala que los efectos pueden resultar beneficiosos ya que por su tamaño, las cenizas son rápidamente meteorizadas provocando un enriquecimiento por liberación de los minerales que las componen. (http://www.agronomia.uchile.cl/portal/extension, accessed 15/01/13), efectos que pueden esperarse incluso de depósitos de hasta 10 cm de espesor. Sin embargo los especialistas del INTA argentino, reportan que las cenizas del Caulle son ácidas y carecen de calcio, fósforo y azufre, por lo que no se espera que resulten beneficiosas (http://www.inta.gov.ar, accessed 22/01/13).

## 5.1 Efectos en la infraestructura

La infraestructura caminera sufrió problemas como la destrucción de un par de pequeños puentes en caminos secundarios. A raíz del incremento de volumen registrado en el río Nilahue, resultó seriamente dañado el puente Juez Soto Vío. En los primeros días, se dudaba si este puente podría ser reparado, pero finalmente, en Febrero de 2012, el puente terminó por caer completamente. Este evento dejó aisladas a las comunidades más cordilleranas del sector, debiéndose habilitar vías auxiliares (figura 5).

La magnitud de la erupción obligó al cierre del principal paso internacional del sur de Chile, mientras la nube de cenizas impulsada por vientos de componente noroeste comenzaron a afectar la ciudad de Bariloche y las localidades cercanas, en Argentina, a una distancia de más de 120 km del foco de la erupción. En los días inmediatamente siguientes al inicio del ciclo eruptivo, se reportó la caída de ceniza gruesa sobre Villa Angostura, a 54 km del foco, alcanzando un espesor de 15 a 17 cm. La ciudad de Bariloche por su parte registró la caída de tefra de hasta 6 mm de tamaño y en la localidad de Jacobacci, a unos 240 km del volcán, se acumuló aproximadamente 5 cm de ceniza. Buenos Aires también se vio afectada por la ceniza registrándose la presencia de una fina capa tres días después de iniciada la erupción (Botto et al., citado por Wilson et al. 2012)

A los consiguientes daños causados en las ciudades, entre las cuales se debe destacar el caso de Villa La Angostura, hay que agregar los efectos sobre la navegación aérea. Gran parte de los aeropuertos desde el sur de Brasil hasta la Patagonia argentina y chilena, debieron cerrar durante la primera parte de la erupción por varios días (el aeropuerto internacional de Buenos Aires debió permanecer cerrado por 15 días) y luego en numerosas oportunidades, en la medida en que se registraba la llegada de cenizas, asociadas a cambios en el régimen de vientos. En la medida en que la nube de ceniza en suspensión se desplazaba por la atmósfera, los efectos sobre las rutas aéreas afectaron a puntos tan distantes como Nueva Zelandia, Australia y Sudáfrica.

El cierre de aeropuertos y la suspensión de vuelos causó un enorme daño económico a las líneas aéreas. Sin embargo el daño mayor se verificó sobre las actividades turísticas, principalmente en las localidades de Bariloche y Villa La Angostura. Ambas ciudades recibieron grandes volúmenes de cenizas y sufrieron cortes de energía eléctrica y de agua potable, en varias oportunidades lo que obligó a las autoridades provinciales a decretar emergencia económica y social y estado de desastre. Las autoridades locales por su parte, desarrollaron una serie de iniciativas tendientes a tratar de mantener la normalidad. Sin embargo fueron los propios vecinos los que se organizaron para superar la emergencia, limpiar las calles y los techos de las viviendas, buscando recuperar su calidad de vida y enfrentar los problemas económicos producto de la casi total pérdida de la actividad turística que es la base de la economía local (Linares 2012).

*Figura 5: Reconstrucción del Puente Juez Soto Vío (marzo, 2013). Marcado con letra A en la figura 4 (Fuente: Los autores)*

## 5.2 Efectos sobre los sistemas naturales

Si bien buena parte de lo señalado en los párrafos anteriores reflejan efectos sobre la naturaleza (aire, suelo, vegetación), hay algunos impactos que son específicos o que merecen ser mencionados aparte.

En primer lugar se debe mencionar el efecto de la erupción sobre los cursos de agua. Los tres ríos más importantes que se originan en la zona del Complejo Volcánico (el Gol-Gol, el Nilahue y el Riñinahue), pertenecen a la hoya del río Bueno. Los cursos de agua que bajan desde la cadena volcánica hacia el SW y W desaguan en el río Gol-Gol, en el lago Puyehue o en el río Pilmaiquén. Hacia el NW y N descienden los ríos Riñinahue, Los Venados y Nilahue, que desaguan en el lago Ranco. La mayoría de los esteros que surcan la meseta volcánica presentan aguas temperadas y salobres con temperaturas entre 15 °C y 90 °C. Los arroyos por su parte no son muy numerosos debido a la alta permeabilidad de la pómez. Esto origina flujos de agua subterránea que tienen relación directa con las fuentes termales (Moreno 1974).

El río más afectado directamente fue el Nilahue, que fluye sobre una topografía volcánica abrupta, con unos 41 km de longitud, drenando una cuenca de 196 km$^2$ (Huechan 1997). El aumento de caudal asociado tanto al efecto directo de la erupción como a la gran cantidad de sedimentos que arrastró, derivó en una variedad de efectos de erosión y sedimentación, que han modificado las riberas y el lecho del río (figura 6). Entre estos efectos destaca una fuerte erosión en la ladera sur del maar del Volcán Carrán (figura 7).

El 9 de junio, cinco días después de iniciada la erupción, se informó de un aumento de la temperatura del río, subiendo de los 5 °C normales, hasta 45 °C, provocando la muerte de alrededor de 4,5 millones de peces en una piscifactoría. A causa de ello se monitoreó el contenido de ácido sulfhídrico en las aguas, no encontrándose

*Figura 6: Cambios en la morfología y color del cauce fruto de la crecida posterupción. Marcado con letra C en la figura 4 (Fuente: Los autores)*

*Figura 7: Erosión por zapa basal en el cauce del río Nilahue. Construcción de obras de defensa. Marcado con letra B en la figura 4. (Fuente: Los autores)*

concentraciones peligrosas. Los análisis químicos y físicos de las aguas del Nilahue no ofrecieron mayores problemas, con excepción del ya mencionado aumento de la temperatura y los problemas derivados del incremento de la turbidez por el alto contenido de cenizas.

Uno de los efectos visuales más llamativos de la erupción del Cordón Caulle sobre el paisaje, además de la caída de ceniza sobre amplios sectores de las regiones de Los Ríos y de Los Lagos, fue la acumulación de piroclastos, básicamente pumicita, en la superficie de varios lagos de las regiones involucradas: Ranco, Puyehue. Huishue, Gris y Maihue en Chile; Espejo, Correntoso y Nahuel Huapi en Argentina.

Arrastrada por los cursos de agua hasta ellos, la pumicita cubrió vastas extensiones de las riberas lacustres, formando embalsados de pumicita de más de 100 m de ancho

*Figura 8: Acumulación de pumicita en las orillas del lago Ranco. Marcado con letra D en la figura 4 (Fuente: Los autores)*

y muchos km de longitud que quedaron flotando en la superficie durante algunos meses, llegando a generar una interfase pumicita – agua que en algunos casos superaba los 50 cm de espesor. La suspensión de partículas finas (cenizas) en la columna de agua provocó un cambio en el color de las mismas. Esta capa flotante generó perjuicio para las actividades turísticas, dispersándose a lo largo de las riberas lacustres a causa del viento y las corrientes locales (figura 8).

Los efectos generales asociados a la erupción afectó la calidad visual de los paisajes, debido a la depositación de cenizas y pumicita, lo que fue notorio tanto en los cuerpos como en los bordes y las playas de los ríos y lagos del área comprometida en la erupción (Villagra & Jaramillo 2012). Sin embargo estos autores afirman que tales cambios en los paisajes no deberían tener efectos sobre la actividad turística a largo plazo, ya que los visitantes disfrutan de la belleza escénica del área como un todo.

## 6 Conclusiones

Un evento natural como la erupción analizada, provoca un conjunto de efectos sobre los sistemas territoriales en su área de influencia, tanto en los inmediatamente próximos, como en aquellos que pese a la mayor distancia, igualmente se ven alterados. Un fenómeno de esta magnitud genera problemas a la población, modifica sus hábitos de vida, afecta las actividades económicas y daña las infraestructuras, todo lo cual alcanza una expresión económica que puede adquirir enormes proporciones. La respuesta que puede dar la institucionalidad pública reviste relevancia en estas circunstancias, ya que en gran medida de ello depende la vida de los habitantes y las posibilidades de recuperación del territorio. No menos importante es advertir la importancia de contar con información precisa respecto a las probabilidades de ocurrencia de eventos generadores de riesgo, así como de procedimientos claros de mitigación y disponibilidad de información y formación de los habitantes para que cuenten con todos los antecedentes que les permitan tomar las decisiones más adecuadas.

## Agradecimientos

Los autores agradecen al Dr. Axel Borsdorf por la oportunidad de tomar parte en este libro homenaje. También agradecen a Christoph Stadel sus contribuciones al conocimiento del ambiente de montaña, especialmente Los Andes, pero sobre todo por su calidad y calidez personal.

## Bibliografía

Amigo, A., D. Bertin, G. Orozco, C. Silva & L. Lara 2012: Pronósticos de dispersión piroclástica y depósitos de caída durante la erupción del Cordón Caulle, junio 2011. En: *Actas 13° Congreso Geológico Chileno, Antofagasta, Chile, 05-09 Agosto 2012*: 474–476.

Bertin, D., A. Amigo & R. Delgado 2012a: Erupción del Cordón Caulle 2011-2012. En: *Análisis de dispersión bajo columna eruptiva débil. Actas 13°Congreso Geológico Chileno, Antofagasta, Chile, 05–09 Agosto 2012*: 609–611.

Bertin, D., A. Amigo, L. Lara, G. Orozco & C. Silva 2012b: Erupción del Cordón Caulle 2011–2012. Evolución fase efusiva. En: *Actas 13°Congreso Geológico Chileno, Antofagasta, Chile, 05–09 Agosto 2012*: 545–547.

Dzierma, Y. & H. Wehrmann 2012: On the likelihood of future eruptions in the Chilean Southern Volcanic Zone: interpreting the past century's eruption record based on statistical analyses. *Andean Geology* 39 (3): 380–393. http://www.andeangeology.cl/index.php/revista1/article/viewFile/V39n3-a02/pdf (accessed: 25/03/13).

Huechan, A. 1997: *Análisis de subcuencas en torno al Lago Ranco, Provincia de Valdivia, X Región.* Tesis Profesor de Historia, Geografía y Educación Cívica. Facultad de Filosofía y Humanidades.

Lara, L., A. Amigo, C. Silva, G. Orozco & D. Bertin 2012: La erupción 2011–2012 del Cordón Caulle: antecedentes generales y rasgos notables de una erupción en curso. En:. *Actas 13°Congreso Geológico Chileno, Antofagasta, Chile, 05–09 Agosto 2012*: 531–533.

Lara, L. & H. Moreno 2006: *Geología del Complejo Volcánico Puyehue – Cordón Caulle, Región de Los Lagos.* Servicio Nacional de Geología y Minería, Carta Geológica de Chile, Serie Geología Básica 99.

Lara, L., A. Lavenu, J. Cembrano & C. Rodríguez 2006: Structural controls of volcanism in transversal chains: resheared faults and neotectonics in the Cordón Caulle – Puyehue area (40.5°S). Southern Andes. *Journal of Volcanology and Geothermal Research* 158: 70–86.

Lara, L., J. Naranjo & H. Moreno 2004: Rhyodacitic fissure eruption in Southern Andes (Cordón Caulle; 40.5°S) after the 1960 (Mw: 9.5) Chilean earthquake: a structural interpretation. *J. Volcanol. Geotherm. Res.* 138: 127–138.

Linares Calvo, X. 2012: *El Caulle, La erupción y sus consecuencias en el país Vecino: Argentina.* http://puertoapuerto.cl/. Posted on enero 18, 2012 (accessed: 21/01/13).

López-Escobar, L., J. Cembrano & H. Moreno 1995: Geochemistry and tectonics of the Chilean Southern Andes basaltic Quaternary volcanism (37°-46°S). *Revista Geológica de Chile* 22, 2: 219–234.

Moreno, H. 1974: Fuentes termales y depósitos de azufre del área del volcán Puyehue, provincia de Valdivia. *Revista Geográfica de Chile Terra Australis* 22-23: 11–23.

Moreno, H. & M.E. Petit-Breuilh 1999: El volcán fisural Cordón Caulle, Andes del Sur (40.5°S): Geología general y comportamiento eruptivo histórico. En: *14° Congreso Geológico Argentino, Actas* 2. Salta: 258–260.

Moreno, H. & J. Muñoz 2012: Asistencia volcanológica durante la fase explosiva de junio de 2011 de la erupción en el volcán Cordón Caulle, Andes del Sur. En: *Actas 13°Congreso Geológico Chileno, Antofagasta, Chile, 05–09 Agosto 2012*: 839–841.

Naranjo, J., H. Moreno, E. Polanco & L. Lara 2000: Síntesis de la tefrocronología postglacial, Andes del Sur de Chile continental, entre los 33°'20'S y 41°20'S. En: *9° Congreso Geológico Chileno, Puerto Varas, 31 Julio–4 Agosto 2000*: 50–51.

Orozco, G., L. Lara, A. Amigo, C. Silva & D. Bertin 2012: Evaluación de peligros volcánicos durante períodos de crisis: ejemplo del Cordón Caulle 2011–2012. En: *Actas 3°Congreso Geológico Chileno, Antofagasta, Chile, 05-09 Agosto 2012*: 536–538.

Robles, C. 2011. Consecuencias de la erupción del volcán Puyehue sobre la salud del ganado en la región patagónica. *Revista Presencia* 57 (INTA Bariloche). Junio de 2011. Publicado en el sitio http//:inta.gob.ar/documentos el 29 de Noviembre de 2011 (accessed: 15/01/13).

SEGEMAR 2011: *Erupción del complejo volcánico Puyehue-Cordón Caulle.* Informe 14 junio 2011. http://www.segemar.gov.ar/puyehue/informe_14_de_junio_de_2011.pdf (accessed: 24/03/2013).

Seguel, O. 2012: *Implicancias de la erupción del Cordón Caulle sobre los suelos.* http://www.agronomia.uchile.cl/ (accessed: 25/01/13)

Sepúlveda, F., A. Lahsen, K. Dorsch, C. Palacios & S. Bender 2005: Geothermal exploration in the Cordón Caulle region, Southern Chile. En: *Proceedings World Geothermal Congress 2005, Antalya, Turkey, 24-29 April 2005*: 1–9. http://cabierta.uchile.cl/revista/27/articulos/pdf/paper1.pdf (accessed: 25/03/13).

Sepúlveda, F., K. Dorsch, A. Lahsen, S. Bender & C. Palacios 2004: The chemical and isotopic composition of geothermal discharges from the Puyehue-Cordón Caulle area (40.5°S), Southern Chile. *Geothermics* 33, 5: 655–673.

SERNAGEOMIN 2012: *Complejo Volcánico Puyehue-Cordón Caulle.* http://www.sernageomin.cl/volcan.php?iId=38 (accessed: 05/03/13).

Silva, C., L. Lara, A. Amigo, D. Bertin & G. Orozco 2012: Caracterización de los principales productos eruptivos emitidos durante la erupción del Complejo Volcánico Puyehue-Cordón Caulle 2011-2012. En: *Actas 13°Congreso Geológico Chileno, Antofagasta, Chile, 05-09 Agosto 2012*: 539–541.

Singer, B., B. Jicha, M. Harper, J. Naranjo, L. Lara & H. Moreno 2008: Eruptive history, geochronology, and magmatic evolution of the Puyehue-Cordón Caulle volcanic complex, Chile. *GSA Bulletin* 120, 5–6: 599–618.

Stadel, C. 2001. "Lo andino": Andean environment, philosophy and wisdom. IV simposio internacional de desarrollo sustentable en Los Andes. En: *Sesión Los Andes, escenario de cambios a distintas escalas. Mérida, Venezuela, 25 de Noviembre – 2 de Diciembre, 2001*: 3–12. http://hoeger.com.ve/ama/sesion-andes.html (accessed: 20/03/13)

Villagra, P. & E. Jaramillo 2012: Environmental Education through an Interdisciplinary Approach: The Effects of the Volcanic Eruption of the Puyehue-Cordón Caulle Volcanic Complex on the Landscape of Southern Chile. *Landscape Review* 14, 2: 23–33.

Wilson, T., C. Stewart, H. Bickerton, P. Baxter, A.M Outes, G. Villarosa & E. Rovere 2012: *Informe Especial: Impactos en la salud y el medioambiente producidos por la erupción del Complejo Volcánico Puyehue-Cordón Caulle del 4 de Junio de 2011: Informe de un equipo de investigación multidisciplinario.* Consejo Nacional de Investigaciones Científicas y Técnicas. http://www.conicet.gov.ar/new_scp (accessed: 15/01/13)

# *Lo Andino:* integrating Stadel's views into the larger Andean identity paradox for sustainability

**Fausto O. Sarmiento**

The chapter stems from a long-cherished topic of Christoph Stadel's: Lo Andino. He often presented his work in Latin America, where he was a sought after speaker, for instance at each of the five Andean Mountains Association's International Symposia. I met him there, in the Bolivian highlands, only to cross his paths again in various other fora. In this paper I seek to integrate new developments on Andean identity approaches to understand the paradox of mountain sustainability. I have developed an onomastic approach to understand the word Andes that leads to the description of language hegemony and a mixed identity of the people in the tropical Andes. How to combine such a diversity of elements into one coherent image of Andean identity? My response to this question is the trilemma for geo-eco-cultural identity, which explores not only physical, mental or spiritual traits but also emergent properties that help to define what Andean really means.

**Keywords**: Andes, andeanity, andeaness, andeanitude, onomastics

***Lo Andino*: Integration von Stadels Sicht in ein erweitertes Paradoxon der andinen Identität im Hinblick auf Nachhaltigkeit**

Dieses Kapitel hat seinen Ursprung in einem beliebten Thema von Christoph Stadel: Lo Andino. Er trug seine Arbeiten oft in Lateinamerika vor, wo er ein gesuchter Sprecher war, so in allen fünf internationalen Symposien der Andean Mountains Association. Ich traf ihn dort, in der Landschaft des bolivianischen Hochlandes, um dann in vielen anderen Foren mit ihm zusammenzutreffen. Ich versuche in diesem Artikel neue Entwicklungen des Konzeptes der andinen Identität zu integrieren, um das Wort „Anden" zu verstehen. Dies führt zur Hegemonie der Sprachen und einer gemischten Identität der Menschen in den tropischen Anden. Wie kann man eine solche Vielfalt von Elementen in zu einem kohärenten Bild der andinen Identität zusammenführen? Ich antworte auf diese Frage, indem ich das Trilemma der geo-öko-kulturellen Identität entwickle, in dem nicht nur physische, mentale oder spirituelle Spuren verfolgt werden, sondern auch aufkommende Bedeutungsinhalte, die zu verstehen helfen, was das Andine wirklich ist.

**Lo Andino: integración de la visión de Stadel en una paradoja ampliada de la identidad andina en materia de sustentabilidad**

Este capítulo tiene su origen en un tema de gran interés para el profesor Dr. Christoph Stadel: Lo Andino. El presentó a menudo su trabajo en Latinoamérica, donde fue un apetecido orador en las cinco conferencias internacionales de la Asociación Andina de Montañas en las cuales participó. Aquí lo conocí, en el paisaje de las tierras altas bolivianas y luego en muchos otros foros donde compartimos. En este artículo, intento integrar nuevos desarrollos en los enfoques de la identidad Andina para entender la paradoja de la sustentabilidad de las montañas. En el artículo, desarrollo un enfoque onomástico para entender la palabra "Andes", que conduce a la hegemonía de la lengua y a la identidad mixta de las personas en los Andes tropicales. ¿Cómo incluir una diversidad tan grande de elementos en una imagen coherente de identidad Andina?. Respondo a esta pregunta desarrollando el trilema de la identidad geográfica-ecológica-cultural, en el cual, no solo se analizan características físicas, mentales o espirituales, sino también las características emergentes que ayudan a definir mejor, que es Lo Andino.

## 1 Introduction

The questions on what to preserve and how to achieve sustainability are often linked to the polemic, often contested, realm of development theory in mountain areas, particularly in the era of economic and cultural globalization that homogenizes traits that were rare in the region in the recent past. In seeking to answer at least the two premises (nature conservation and community development), I look into the production of the term Andean in order to set the frame for a better construction of the identity required to deeply connect descriptors of the landscape of the Tropical Andes (Sarmiento 2012). There is no one specific name from the area's indigenous languages that can refer to this important cultural marker of identity. As if identity itself is not a product of the rich vocabulary in the vernacular. Hence, the skilful usage of the Spanish word *Lo Andino* to describe what could be characterized as typically from the Andes, becomes pertinent in scientific circles. As if for endemic biota, the use of the descriptor *Andean* was not enough. As if for localized groups, Andean could be too general of a term that reduces the emphasis of heterodox historical pathways in the cultural landscapes of the cordillera. This is the reason why I attempt to find a middle ground meaning to reconcile previous conceptions on what being Andean really is.

When editing a special issue on global environmental change in the Andes for the *Journal of Mountain Ecology* (Sarmiento 2008) I found that Stadel's contribution on vulnerability, resilience and adaptation, then the most overused descriptors for global change research, stood as one of the guiding principles for what many Andeanist geographers are now doing in relation to the study of environmental stresses from human impacts in the Andes (Stadel 2008). This paper, masterfully prepared for an experts' workshop of the Mountain Research Initiative (MRI) that took place in Mendoza, Argentina, had an epigraph with a quote from Daniel Gade's inspirational debunking of Nature and Culture in the Andes (Gade 1999):

> *"The most profound meaning of the Andes thus comes not from a physical description, but from the cultural outcome of 10 millennia of knowing, using, and transforming the varied environments of western South America"*

The notion brought forth by Stadel on the antiquity of rural transformation in the Tropical Andes definitely collided with the traditional notions of wilderness that many conservationists still try to perpetuate when looking at isolated mountain grasslands or even at the cloud forest belt as it is often taken as the apex of biodiversity. Many of the works done in cultural geography have often avoided this uncomfortable dilemma: those pristine ecosystems also are a repository of ancient farming communities who have already experienced vulnerability, managed risks and overcame disasters. This paradoxical view is compounded by the prevalent view of the Pristine Myth, that along with the Humboldian paradigm of altitudinal belts, equate mountains with their theoretical paragon of physical geography as the sole descriptor of nature (Stadel 1991). It is indeed a paradigm that must be challenged (Sarmiento 2000) in light of a comprehensive understanding of the entire mountain landscape.

I argue here that Andean identity requires the assumption of a worldview that is not inherited from temperate zone views of Europeans or North Americans, but that is endogenous of the original people of the Andes, who still exhibit salient characteristics on three different levels: material, constructed and imagined. This coincides with what Stadel (1998) identified as important factors for indigenous empowerment vis-à-vis sustainable development in the Andes. The triad of identity assessment for an individual including body, mind and spirit at the corporal level, has been expanded by the Sarmiento trilemma of Andean geoecological identity to encompass the physical traits of *Andeanity*, the psychological traits of *Andeaness* and the ethical and mythical traits of *Andeanitude*. I will further demonstrate the need for retooling of the Andean geoecological identity paradigm to incorporate the notion of cultural landscape as the driving force in planning sustainable development scenarios. Finally, I will convey the trilemma as a tool to explain causation of unsustainable practices due to trifurcation of identity in the region.

## 2 Place name and identity in the Andes

Sometimes, inaccurate terms are erroneously taken for granted; often, popular beliefs generated with loaded words, or misnomers, affect public perceptions and even governmental policy – including nature conservation programs – that go misinformed from these inaccuracies and are prone to mistakes when designing and implementing development policy. In the Andes the contested meaning of a tropical mountain is salient descriptor for its determination of whether it is a molehill, a hillock, a dome, or a hill, bringing confusion. A local example from Ecuador is the contested term *mountain* in Spanish (*montaña*), to describe either the backyard arboreal growth, the massive hedgerows and thickets of the perimeter, or the secondary forest patches of lowland plains instead of the geological edifice or mount according to the specific region of the country (see Fig. 1).

As cultural geographers are seeking to assess the *essence of place* from the physical geographers *landscape character*, the subtleties of interpretation compound in clarifying cognate, often contested meanings of mountain narratives. In academic circles, therefore, astute neocolonial word usage in the Andes region reflected a metaphysical orientation (or ontology) that stimulated a trained meaning (or epistemology) that has been imposed unquestioned, often reinforced at the local level through Europhile educational systems, despite having clear ontological and epistemological faults (Debarbieux & Rudaz 2010) but reaffirmed by the public.

Similarly, misunderstanding Andean systems in our current technically-driven conservation approaches reflects the metageography of Empire (the so-called top-down approach) framing Andean identity – explained as *Lo andino* (Stadel 2001) and as transactions of *Andeanity, Andeaness* and *Andeanitude* – with exogenous de-

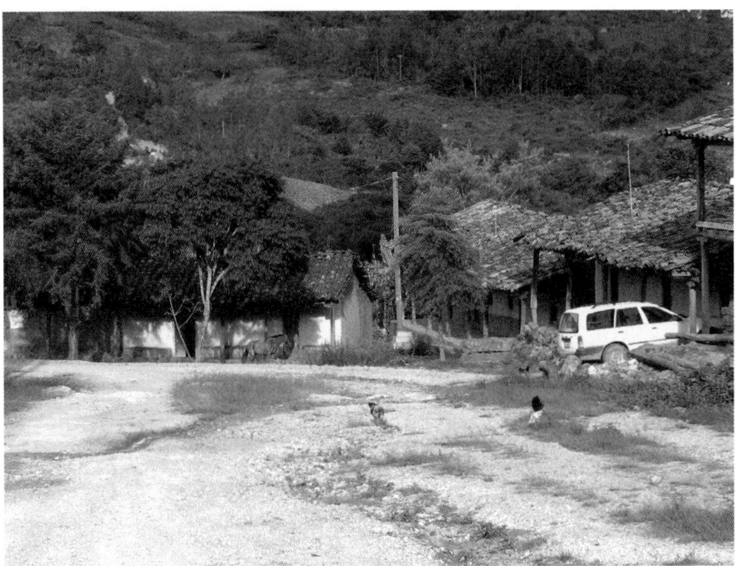

*Fig. 1: The term* montaña *means something different to the people of El Toldo, in Ayabaca, northern Peru, and does not refer to the actual mountain, but to the secondary growth appearing between the properties in the tropical farmscape (Photograph by Xavier Viteri, March 2013)*

scriptors that reaffirm Western principles onto vernacular mountain cultures in the midst of environmental conflict (Zimmerer 2009). Moreover, current invigorated indigenous themes in the Andes appraise the spatiality of colonial praxis maintained throughout rural areas with new optics for an orthogonal view. Because of these changes, old discourses related to biogeography and nature / society interface in the Andes now require a new narrative (Sundberg 2006; Brown et al 2007; Sarmiento & Frolich 2012). For Tropandean landscapes, a critical discourse analysis of ecological terminology reveals how mistaken assumptions justified past governmental programs and non-governmental conservation projects alike, prompting a paradigmatic shift at present.

## 3 The meaning of Andes (re)constructed.

Because of the difficulty to agree in only one descriptor of identity in the Andes (Seligman 1996), human geographers prefer to loosely use the Spanish adjective of *"lo Andino"* to qualify indicators of regional specificity (Stadel 1991; Gade 1999; Borsdorf & Stadel 2013). Ecologists, on the other hand, prefer to use *Andean* as a prefix of almost everything (e. g. Ellenberg 1979; Burger 1992) making it clear that whether using it as Spanish suffix or as English prefix, the idea of a unique identity in the Andes emerges as a noun and it is either swiftly constructed or urgently imag-

*Fig. 2: Terracing system built with stone on precipitous terrain seems to be the most impressive feature recorded by the Spaniards who chronicled the discovery of the Inka Empire. Today most areas are ruined, with the stones spread over areas that have not been upkept, loosing the visual quality of terracing, such as this corn plantation in "la plaza del Inka" in Bellavista, near to Llamacanchi, Espíndola county, Loja, Ecuador (Photograph by Xavier Viteri, March 2013)*

ined as an adverb or even as adjective. Often hidden, the faulty word choice forcefully used by conventional scientific educational and communication institutions builds a strong, yet mistaken, sense of identity of Andean people in a socioeconomic setting, that uses stereotypical views and appropriates foreign models on nature (Escobar 1999).

With the use of modern hermeneutics – analyses of written materials from historical sources and meanings – I claim that *Andes* denotes a human occupied mountainous terrain, an anthropogenic, cultural landscape where terracing is the most prominent feature. In the quest of finding the Andean identity, as a goal feverishly spoused by Stadel, I use the onomastics of the word *Andes*, which requires a review of the toponymy (place naming) and the etiology (meaning causation) required to inscribe the etymology (linguistic roots) of the word in the current lexicon to describe this part of the Americas cordillera. The term *Andes'* was Castilian shorthand for *andenes* or *andenerías'* (Markhan 2006). Andenes are known by the *Kichwa* word *Tsukri*. (see Fig. 2). It was because of archaic Castilian orthographic variants (c.f.: graphiosis) that incorporated *Kichwa*-based words in the hegemonic lexicon of colonial expansionism of Castilian terms, that language hegemony mistakenly proposed *Andes* to be rooted in *Kichwa*, alluding to a tribe who lived in the *Antisuyu* towards the East of Kutsku, the imperial capital. I should point that with the exploration and conquest of the New World, place naming was a practice that did not follow any sense. Early writers on the colonial reality of the region insisted on this trend:

"... *Ha sido costumbre muy ordinaria en estos descubrimientos del Nuevo Mundo poner nombres a las tierras y puertos, de la ocasión que se les ofrecía"...*
(Joseph de Acosta 1590. *Historia Natural y Moral de las Indias.* Cap. 13, p. 50)

Cursory research of the word in electronic search engines provides the same type of (mis)information that is still commonly found in old encyclopedias and (out)dated reference books. They have (re)iterated mistaken identity to have many wrongs converted into a right, as if were, such can be seen with the Wikipedia definition of Andes:

"... *derive of the quechua [sic] (ethnic group living in Peru and Bolivia)[sic], word "anti"[sic], during the Inca times [sic] the people who lived in the jungle were called "antis"[sic] and later the spanierds [sic] named the american [sic] largest [sic] mountain range [sic] "los andes"* (wiki.answers.com)

or a reiteration of mistakes found in the on-line etymology site for the word Andes:

*"from Quechua [sic] andi [sic] "high crest."[sic]"* (etymonline.com)

The backronym *SIC* [*Scriptum In Context*] is listed within brackets for *intentionally so written.* Too many [*sics*] that could make the reader sick of not being able to capture these mistakes in almost every phrase, as follows:

a) quechua or Quechua should be *Kichwa* (with the phonetic alphabet, as the *Runashimi* or indigenous language is only a three-vocalic, non-written language, lacking Es and Os);
b) the *Kichwa runakuna* not only live in Peru and Bolivia, but also in Ecuador, northern Chile and northern Argentina;
c) *anti* or andi meant the direction East and not the high crest neither jungle peoples;
d) *Inka* instead of Inca times is misleading, as they only have a few generations in power for just a few centuries;
e) spanierds should be Spaniards;
f) american should be Americas;
g) largest is incorrect as it is made up of several ranges;
h) mountain range should be cordillera.

The early references to the word *Andes* attributed this term to the writings of El Inca Garcilazo de la Vega, who wrote in the *second tome* of his "Royal Commentaries of the Incas" published in 1609:

"... *Llamaron a la parte del oriente* Antisuyu, *por una provincia llamada* Anti *que está al oriente, por la cual también llaman* Anti *a toda aquella gran cordillera de sierra nevada que pasa al oriente del Perú, por dar a entender que está al oriente...* "

(Garcilaso de la Vega, 1609. Comentarios Reales de los Incas. Libro II. Cap. XI. Pág. 37, frente)

This book produced in Spain based on memory by Garcilazo de la Vega, became popular mainly for the contribution of graphic explanations of traditional *Inka* terraces available later from *Waman Puma* Ayala and Fray Martín de Murúa's writings in his "Historia General del Piru" [sic] in 1616, and the Church's approval of these pious writings, this quotation from the second tome of Inca Garcilazo was used by many other writers that followed on the New World topic, as exemplified in the further explanation of mountain terminology provided by Bernabe Cobo's "History of the New World" of 1653:

> *"Los indios del Cusco y su comarca llaman con este nombre de* yuncas *a las tierras que caen a la parte oriental de la cordillera general que está en derecho de aquella ciudad, que es principalmente cierta provincia llamada* Anti, *de temple muy caliente y húmedo; de donde los españoles, extendiendo estos nombres a las sierras de la misma calidad, las llaman yuncas y* Andes, *corrompiendo el nombre de Anti; y a los naturales dellas denominan indios* yuncas, *a diferencia de los de la Sierra, a quienes llaman serranos…"*
> (Bernabe Cobo (1653). *Historia del Nuevo Mundo.* Capítulo VIII del Libro II. p 66.)

The actual description of the word used to refer to the mountains is rather found in the *first tome* of Garcilazo's Royal Commentaries of the Inca, where *Cordillera General* is the (in)determinate term for the mountain chain, with the snow-capped region listed as *Ritisuyu* which should be considered as the original (*Kichwa*) vernacular descriptor for the Andes:

> *"… Al levante tiene por término aquella nunca jamás pisada de hombres ni de animales ni de aves, inaccesible cordillera de nieves que corre desde Santa Marta hasta el Estrecho de Magallanes, que los indios llaman* Ritisuyu, *que es banda de nieves…"*
> (Garcilaso de la Vega, 1609. *Comentarios Reales de los Incas.* Libro I. Cap. VIII. pág. 7.)

Place naming of the region has a curious omission from historical accounts; the *Kichwa* term *Ritisuyu* (towards the snow) that was applied to the snow-covered highlands, for some reason was not used by linguists investigating the exegesis of Andes, despite being exhibited in the Inca Garcilaso's First Volume, not the second!

## 4 Hegemony and identity

A plea to restore vernacular descriptors uses toponymy and onomatopoeia to bring political recognition and invigorate stronger mountain communities proud of their indigenous heritage. Switching from imperial, imposed foreign names with Castilianized orthography to vernacular *Kichwa* appellations will help find a better *sense of place* as requested by mountain communities themselves and many scholars, including Stadel. With this reasoning, Inca or *Inka* should be pronounced *Ynga*; Yunca should be pronounced *Yunga;* Mt Chimborazo should be (re)named *Chimburasu*; Mt Cotopaxi should be *Kutupachi*; Mt Cayambe should be *Mt Kayampi* and the word *Páramo* should be *paramuna.* In several communities this change is already the case, albeit syncretism has taken place: for instance, instead of the name of the Interandean town of *Kunukutu*, the name stands as *San Pedro de Conocoto.* In some cases, mistaken etymology has been duly corrected: in the transandean piedmont, the territory formerly known as *Santo Domingo de los Colorados,* is now officially known as the province of *Santo Domingo de los Tsachila.* In the cisandean piedmont, the word *Jíbaro* no longer refers to the *Shwar* or the *Achwar*, just as the Castilianized pejorative word *Auca* no longer describes the *Waorani* of Ecuadorian Amazonia. It would be ideal to reinvigorate local culture by onomastic updates, bringing back the original, vernacular name with ecological or geographical meaning, to curve the imposition of the politics of translation of Roman Catholics and language hegemony of military and (neo)colonial influence. This change has occurred already in the *Imbabura* province, Ecuador, where the old name of *Lago San Pablo* is now officially recognized as *Imbakucha* or the Cerro de la Marca is now *Mt Pululawa.*

Exemplar of such hegemonic (im)position, the word *Andes* as if were originated in *Kichwa* is used to name mountains of the eastern edge of the *Inka* Empire, or *Antisuyu.* Nevertheless, as seen above, the word *Andes* offers several derivations: Firstly, coined by the indigenous illustrator *Waman Puma* de Ayala to satisfy the pressure of the Catholic Church in its evangelization efforts of disdaining vernacular religions and to curve the *Taki Unkuy* revolt against invaders, the term *Andes* appeared written in the Inca Garcilazo de la Vega as a toponymy that described the mountainous territory of the *Antis,* a bellicose tribe East of the high mountains. Secondly, relating the name *Andes* with the *Kichwa* word *Anta* for copper gives another angle of mistaken etymology. The blemished thought that the copper-colored slopes, or the copper-tinted sunsets, or the abundant ores of this mineral have tautologically namesake the *Andes* is unfounded derivation of the word. Finally, indigenous people of western South America never had just one name to describe the extent of the whole cordillera: they used only localized names to describe the *urku* or individual mountain edifice, the *rasu* or the snow-packed volcano, and the *machay* or headwater in the highlands.

The fact is that *Andes* as a region was never described with any single word, and provided no single identity. *Antisuyu* is the metageographical descriptor of direction equivalent to Eastern, one of the four cardinal points including *Chinchasuyu* (toward the North), *Kuntisuyu* (toward the West), and *Kullasuyu* (toward the South), used to describe the extent of the territorial claims of the *Inka* domain (*Incario* or *Tawantinsuyu,* towards everywhere, or towards the four corners from the city of *Kutsku*, its capital); hence, *Antisuyu* refers to the domain where the sun rises on the *Inka* Empire, found on the Andean verdant towards the East on Amazonia (see Fig. 3). In fact, in the colonial epoch, everything located in the distant lowland vastness of the Amazon River was called *Oriente.* The *Antis* occupied this jungle with warm environments,

*Fig. 3: Evidence of the tropical montane cloud forest that has regenerated onto the heavily terraced slopes of the upper* Apurimac *river, near* Choquequirao, *east of Cuzco, as one example of the mistaken eponym of Andes for Antisuyo (Photograph eathikesleephike.blogspot.com).*

full of fauna and flora, not the same ecosystems currently described as Andean. On the contrary, *Andes* comes from the first chronicler (i. e., Pedro Sarmiento de Gamboa, in 1572, some forty years after the first Spaniards entered the *Inka* Empire and thirty-seven years before Garcilazo's account) who wrote in Castilian to describe the *cordillera de los andenes* as the extensive, ancient terracing system evident as the main feature of the mountains as Spaniards advanced towards the city of *Kutsku*. Apparently, the overwhelming presence of people walking on the steep scaffolding of the echelon gave the use of *andenes* preference over the Castilian word *bancales* that refers to the flattening of the isohyets by compaction or stopping the drainage with planted shrubs rather than by masterfully building polished stone walls with irrigation and structural reinforcements. At present, the word *bancal* is favored in the Iberian geography while the word *anden* is reserved for the pedestrian elevated structures found in airports, train stations and alike. Thus, the shorthand *Cord. Andes.* represented *la Cordillera de los Andenes, which* was changed by faulty copyediting of letters (i. e., graphiosis) to *cordillera de los Andes* (Sarmiento de Gamboa [1572] 2007). In other sources, the word *andenerías* was favored followed by the *Kichwa* name of the nearby mountain (e. g., las andenerías del *Misti*; las andenerías de *Saraurku*) or the shortened *andenes* (e. g., los andenes de *Vilcabamba*, los andenes de *Cabanacundi,* los andenes de *Pumapungu*). Sometimes the word *Ande* is utilized – in singular – to mean a single massif or a volcanic edifice worth noticing, as in reference to *Mt Pichincha* in the Ecuadorian national anthem or to the notable Chilean cordiality, which expands from the summit of the mountain, in a *cueca* song.

Several first chroniclers [amongst Cieza de León 1553, Zárate 1555, Fernández 1571] do not make reference to the etymology of *Andes*. However, one of them

(Sarmiento de Gamboa [1572] 2007) made clear reference to the descriptor utilized as the *Sierra Alta*, the *Cordillera General,* or the *Cordillera de los Andenes.* Onomastics of *Andes*, from graphiosis of Castilian shorthand *cord. andes.*, is a more parsimonious explanation for the later usage of the term *Andes* to refer to the entire General Cordillera, where the presence of stone terraces was the outstanding cultural landscape feature; hence, the *cordillera de los andenes* or also *cordillera de las andenerías* denotes an intrinsic cultural landscape (Sarmiento 2000) where the social construct of nature is evident even by its name.

## 5 Three main divides of Andean identity

If you follow physical geographers, the Andean ecoregion is subdivided in three main areas: North, Central and South. Each of this segmentation exhibits further subdivisions, as follow: the Northern Andes encompasses three main areas: 1) the *ithsmian ranges* through Panama and Costa Rica, 2) the Colombian / Venezuelan *massif* and 3) the *equatorial Andes* through Ecuador and northern Peru, until the *Wankapampa* depression. The Central Andes encompasses three main areas, from the *Abra de Porculla* to the south: 1) the western and coastal ranges or Peru, 2) the central range or White cordillera in Peru, and 3) the *Altiplano*, a high elevation plateau connecting the central and eastern ranges at an average of 4,000 m above sea level in Peru and Bolivia. The Southern Andes encompasses three main areas to the south of the world's largest salt flats of *Uyuni*: 1) the Puna in Bolivia, northern Chile and Argentina, 2) the Central range with the highest elevations of Ojos del Salado and *Acunkawa* between the spine of mountains that separate Chile and Argentina, and 3) the Patagonian Andes spread on the *Mapuche* territory towards the Tierra del Fuego, sometimes referred to as the *Magellan* Andes or Andes *fueguinos.*

However, if you follow human geographers, the subdivisions of the Andean ecoregion follow a different pattern, yet the basic trifecta exists: North, Central and South. Each of these segmentations exhibits further subdivisions as follow: The Northern Andes, with less indigenous groups than the southern regions, encompasses territories of 1) the Talamanca Massif in Costa Rica and Panama, 2) indigenous territories in Colombia excluding the Sierra Nevada de Santa Marta, and 3) the indigenous and traditional communities that survive towards the Sierra de Mérida, en Venezuela. The Central Andes, harboring the most numerous and densely populated original people's territories in 1) the highlands of *Kichwa* speaking groups in Ecuador, 2) the different *Quechua* groups in highland Peru, and 3) the *Aymara* and *Quechua* of the altiplano Boliviano with predominantly dense native communities. The Southern Andes, encompasses smaller groups leaving the *Quichua* traditions of 1) Atacama and the greater North of Chile, 2) the highlands of Northwestern Argentina, with *Quichua* speaking groups in Jujuy, Salta, Tucumán y la Rioja, and 3) the *Araucania* located on *Mapuche* land in the Patagonia of Argentina and Chile.

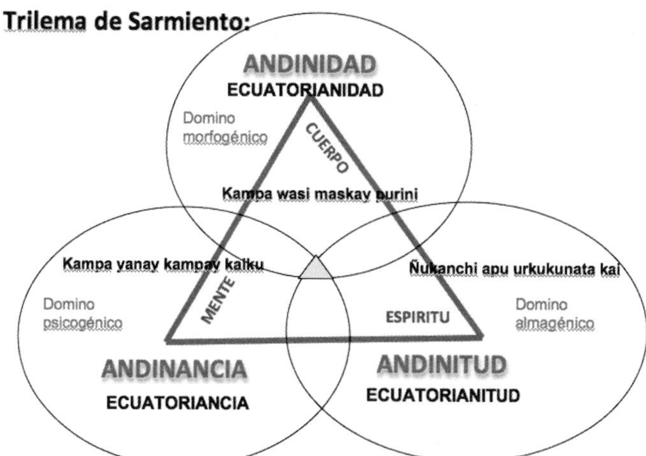


*Fig. 4: A Venn diagram showing the interaction of the trilemma, between the realms of the body (*Andeanity*), of the mind (*Andeaness*) and of the spirit (*Andeanitude*). Finding the real meaning of Andean is a matter of transactions between each vortex. Diagram from Sarmiento, F.O. in press. Revista Parques. FAO.*

Each and every subdivision named or listed reflects diverse cultural backgrounds and share little more than language (Spanish as trade language), and religion (up until recently, mostly Roman Catholics) (see Fig. 4). You can put side by side a representative, either male or female, from a *Cabecar*, a *Boruca*, a *Guambiano*, a *Kamsá*, an *Atawallu*, a *Salasaca*, a *Kañari*, a *Saraguro*, a *Q'ero*, an *Uru*, an *Aymara*, a *K'olla*, a *Toba*, a *Diaguita*, a *Mapuche or* a *Huarpe:* all of them will be different, with distinctive language, and culture, yet, all of them will be *Andean*. How to sort the Andean identity from such a vast array of different types and categories? There is one important liaison: the spirituality that connects them to the land *(pachamama),* the respect to the death (*machay*) and a moral conviction with their birthplace (*pago aquerenciador* or *Malki*). Without regards to how they look (*Andeanity*) or what they speak or what music they play (*Andeaness*), it is mostly on how they feel about the tutelary mountain (*apu*) and the *pachamama* (Andeanitude) that connects them all as Andean people. Hence, the application of the Sarmiento's trilemma helps to narrow the contributions of morphology, psychology and spirituality to have a better understanding of what *Lo Andino* really is.

## 6 The trilemma of Andean identity

I construct a narrative for the essence of place, by (re)working mountain specificities that imprint cultural traits on Andean landscapes creating a unique identity for the tropical Andes. I use onomastics as a study of mistaken semantic individuality, with a (post)structuralistic approach to define *the Andean* from a trilemma that explains

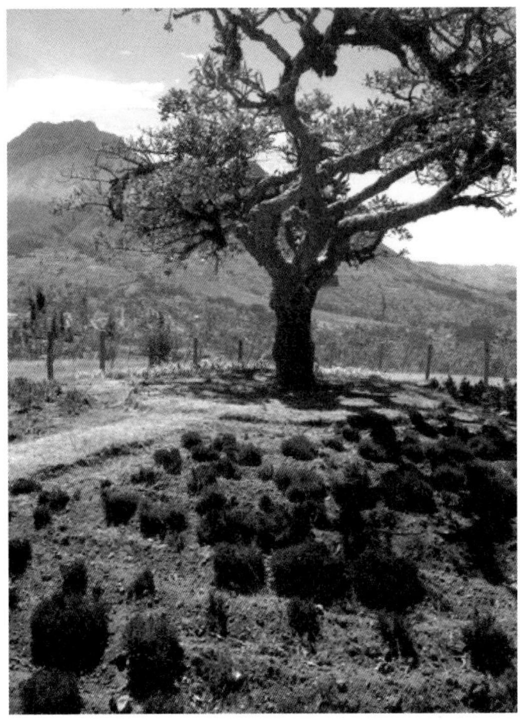

*Fig. 5: The sacred tree of the* Atawallu runakuna *in the* Imbakucha *watershed of Northern Ecuador. The* taita Imbabura *sacred mountain is overlooking the sacred site of the* pukara *de Reyloma, near to the sacred waterfall of* Piguchi. *This image conveys the meaning of Andeanitude, while portraying the* pinllu *tree (*Euphorbia latifolia*) – Andeanity – and the tender care of the summit of the pukara and its terracing – Andeaness. Photograph Fausto Sarmiento, July 2012*

different identities or combinations therein, and the quest for a unify Andean geo-eco-cultural identity (see Fig. 5). Firstly, I incorporate notions related to phenotypic common traits of Andeanity; they are morphogenetic, responding to the majority of the physical, prehensive features, as body built, facial patterns, basic language and all other attributes that can be gauged from sensorial, measurable types. Secondly, I include also notions related to cryptic common traits of *Andeaness;* they are psychogenic, responding to the majority of the apprehensive features, as mental patterns, educated language, learnt environment made by the creation of standards of thought and social engagement. Thirdly, I incorporate a new dimension related to emergent traits of *Andeanitide*; they are soulogenic, responding to the majority of comprehensive features, as mystic, spiritual ethical, and moral patterns and religiosity, to produce a trilemma for Andean geo-eco-cultural identity. The Sarmiento's trilemma is an individual-based approach to comprehend Andean identity, both nomothetic and ideographic in its application. Hence, the imagined, heterogeneous, and strong identities of *Lo Andino* is characterized as dynamic and evolving, still adapting to frameworks of global environmental change (Stadel et al. 2001).

# 7 Conclusion

In a trip to Austria, as guest speaker to the Geography Department of the University of Salzburg, I had a layover at an international airport where live music filled the space from an harp played by a Nordic musician wearing western cloths. His tune was *El Cóndor Pasa*, the iconic popular anthem of Andean América. Listening to the whimsical music, my Andean identity stroked a chord, insofar as being surrounded by European lowlander culture but I was feeling the Andes insight of me. Something similar was conveyed by a German ecologist who lived in Quito and Mérida promoting political ecology in Venezuela and Ecuador, Prof. Dr. Arturo Eichler, who was more Andean than the people who was born in the Andes, because of his love for the land and his deeper understanding of nature / culture. Many of my friends and colleagues from major metropolitan cities in the Andean countries have experienced also the call of *pachamama* and feel spiritually connected to the land inasmuch they are urban dwellers but they love the Andes so much, as to find themselves identified with it, without being original people, or even without being from the Andean country altogether. I think this is the case of Prof. Dr. Christoph Stadel, who showed what it takes to be Andean.


## Acknowledgments

I owe much gratitude to my friend and colleague, Christoph Stadel, for unceasingly forging me to a better understanding of the human impacts on farmscapes of the rural South, mainly the tropical Andes. Indeed, Stadel not only served as an inspiration to select Montology as a disciplinary pursue, but also his exemplar dedication to students and mentees motivated even further my own teaching career with the task of bringing them to the mountains via field trips, courses abroad, *in-situ* research, professional communication and collegiality. Thanks to Christoph for a fruitful career making much clearer the ascending pathway to becoming a mountain geographer, applying mountain science to sustainable development.


## References


Allan, N.J.R., G.W. Knapp & C. Stadel 1988: *Human Impact on Mountains.* Boston.

Borsdorf, A. & C. Stadel 2013: *Die Anden, ein geographisches Porträt.* Heidelberg.

Brown, J., N. Mitchel & M. Beresford 2005: *The Protected Landscape Approach: Linking Nature, Culture and Community.* Gland and Cambridge.

Burger, R.L. 1992: *Chavín de Huantar and the Origins of Andean Civilization.* London.

Debarbieux, B. & G. Rudaz 2010: *Les Faiseurs de Montagne.* Paris.

Ellenberg, H. 1979: Man's influence on tropical mountain ecosystems of South America. *Journal of Ecology* 67: 401–416.

Escobar, A. 1999: El Lugar de la Naturaleza y la Naturaleza del Lugar: ¿Globalización o Post-desarrollo? In: Lander, E. (ed.): *La Colonialidad del Saber: Eurocentrismo y Ciencias Sociales. Perspectivas Latinoamericanas.* Buenos Aires: 113–143.

Gade, D. 1999: *Nature and Culture in the Andes.* Madison.

Markhan, C.S. 2006: *The History of the Inka by Pedro Sarmiento de Gamboa.* Cambridge.

Sarmiento de Gamboa, P. 2007: *The History of the Inkas* [1572]. Translated by Brian S. Bauer and Vania Smith. Houston, Texas.

Sarmiento, F.O. 2012: *Contesting Páramo: Critical Biogeography of the Northern Andean Highlands.* Charlotte, NC.

Sarmiento, F.O. 2008: Andes mountains and human dimensions of global change: An overview. *Pirineos* 163: 7–13.

Sarmiento, F.O. 2000: Human impacts in man-aged tropandean landscapes: breaking mountain paradigms. *Ambio* 29, 7: 423–431.

Sarmiento, F.O. & L. Frolich 2012: From mindscapes to worldscapes: Navigating the ever-changing topography of sustainability. *Journal of Sustainability Education* 3: 1–3.

Seligman, L.J. 1996: Review: Andean logic and Andean identity. *American Anthropologist* 98, 2: 411–413.

Stadel, Ch. 1986: Del valle al monte: Altitudinal patterns of agricultural activities in the Patate-Pelileo area of Ecuador. *Mountain Research and Development* 6, 1: 53–64.

Stadel, C. 1989: The perception of stress by campesinos: A profile from the Ecuadorian sierra. *Mountain Research and Development* 9, 1: 35–49

Stadel. C. 1991: Environmental Stress and Sustainable Development in the Tropical Andes. *Mountain Research and Development* 11, 3: 213–223.

Stadel, C. 1992: Altitudinal belts in the tropical Andes: Their ecology and human utilization. *Benchmark 1990. Yearbook, Conference of Latin Americanist Geographers* 17/18: 213–223.

Stadel, C. 1997: Las necesidades de desarrollo y la movilización de recursos rurales en el altiplano Boliviano. In: Liberman, M. & C. Baied (eds.): *Desarrollo Sostenible de Ecosistemass de Montaña: Manejo de Areas Frágiles en los Andes.* II Simposio Internacional de Desarrollo Sustentable de Montañas. Asociación Andina de Montañas. La Paz: 221–234.

Stadel, C. 1998: Rural empowerment for Andean sustainable development. In: Sarmiento, F.O & J. Hidalgo (eds.): *Entendiendo las Interfaces Ecológicas para la Gestión de los Paisajes Culturales en los Andes.* III Simposio Internacional de Desarrollo Sustentable de Montañas. Asociación Andina de Montañas. Quito: 81–84.

Stadel, C. 2001a: "Lo Andino": Andine Umwelt, Philosophie und Weisheit. In: Borsdorf, A., G. Krömer & C. Parnreiter (eds.): *Lateinamerika im Umbruch. Geistige Strömungen im Globalisierungsstress.* Innsbrucker Geographische Studien 32. Innsbruck: 143–154.

Stadel, C. 2001b: Lo Andino: Andean environment, philosophy and wisdom. *Memorias del IV Simposio Internacional de Desarrollo Sustentable en de Montañas.* Asociación Andina de Montañas. Mérida, Venezuela.

Stadel, C. 2007: Development with identity: Community, culture and sustainability in the Andes. *Mountain Research and Development* 27, 2: 183–185.

Stadel, C. 2008: Vulnerability, resilience and adaptation: Rural development in the tropical Andes. *Pirineos* 163: 15–36.

Stadel, C. 2009: Vulnerabilidad, resistividad en el campasinado rural de los Andes tropicales. *Anuario Americanista Europeo* 6–7: 185–200.

Stadel, Ch. & L.A. Moya 1988: *Plazas and ferias of Ambato, Ecuador.* Yearbook. Conference of the Latin Americanist Geographers. University of Texas Press.

Sundberg, J. 2006. Conservation Encounters: Transculturation in the 'Contact Zones' of Empire. *Cultural Geographies* 13, 2: 239–265.

Zimmerer, K. 2009. Political Ecology. In: Castree, N. et al. (eds). *A Companion of Environmental Geography.* London: 50–65.

# Persönliches

C.S. = CHRISTOPH STADEL = CURIOSO y CALUROSO SIEMPRE!

Gudrun Lettmayer

# Christoph Stadel – Forschen im Gebirge

**Axel Borsdorf**

Als Christoph Stadel zu Ende des Sommersemesters 2004 seine universitäre Laufbahn beendete, durfte ich beim akademischen Akt anlässlich seiner Verabschiedung die Laudatio halten. Ich führte damals aus, dass dies eine Reihe von beabsichtigten und unbeabsichtigten Handlungsfolgen hatte.
Beabsichtigte Handlungsfolgen waren:

- der Rückzug in die Privatsphäre,
- eine Hinwendung zu den schönen Dingen des Lebens, und dabei insbesondere:
- Zeit zu finden, für die Lektüre von sogenannter schöngeistiger Literatur,
- für einen mehrstündigen Besuch im Café Tomasselli,
- für die Ehefrau, die Kinder und für Freunde,
- und sich vom täglichen Ärger an der Universität zu befreien.

Unbeabsichtigte Handlungsfolgen waren:

- dass sich keine dieser Absichten zur Gänze hat erfüllen lassen!

Seit seiner Emeritierung hat Christoph Stadel viele wissenschaftliche Arbeiten verfasst, seine Doktoranden in Kenia vor Ort eingewiesen und beraten, weiterhin sein Emeritus-Zimmer am Institut für Geographie fast werktäglich aufgesucht, darin weitere Forschungsarbeiten durchgeführt und in hochrangigen Journalen publiziert und mit mir gemeinsam an einem großen Andenbuch gearbeitet, das 2013 erscheint.

Er hat zwar die Zeit für einen Umzug aus dem bislang gemieteten in ein Eigenheim gefunden, ob dies jedoch von Ehefrau und Familie als die lang ersehnte Hinwendung interpretiert worden ist, sei einmal dahingestellt. Im Café Tomasselli wurde er immer noch nicht gesehen, selbst nach acht Pensionsjahren nicht! Und er hat sich nicht wirklich gedanklich und ideell vom Schicksal seines Instituts und seiner Universität befreien können. In vielen Gesprächen mit mir und seinen befreundeten Institutskollegen Jürgen Breuste und Lothar Schrott geht es im immer wieder um die Sorge des lebenserfahrenen Emeritus um die Institution, für die er über zwölf Jahre Verantwortung getragen hat. Dabei spüren seine Gesprächspartner neben der immer schon vorhandenen toleranten Grundhaltung und der großen, durch viele Kulturräume geprägten Lebenserfahrung, auch immer die Weisheit (Altersweisheit?) eines Emeritus.

Sie beruht auf seiner Persönlichkeit und dem viele Stationen umfassenden Lebensweg Gefragt, wie ich die Persönlichkeit Christoph Stadels charakterisieren würde, kämen mir folgende Eigenschaften in den Sinn: Badisch-alemannische Klangfarbe, Internationalität und starke Identifikation mit Europa, Aufgeschlossenheit gegenüber fremden Kulturen, gelebtes – also nicht geheucheltes – Christentum, ein gewisser Drang, seine Erkenntnisse, Erfahrungen und Leidenschaften anderen mitzuteilen (man könnte also auch sagen: ein didaktischer Impuls, gepaart mit didaktischer Naturbegabung), und Loyalität,, Korporationsgeist und ständiger, liebevoller Einsatz für seine Schüler und Schülerinnen. Wer seine Studierenden liebt, bemüht sich darum, dass sie einmal besser werden als man selbst ist. Dies war der Ansporn des akademischen Lehrers Stadel – vielleicht war er deswegen bei seinen Schülern beliebter als bei manchen seiner Kollegen?

Derartige Charakterzüge fallen nicht vom Himmel, sie bilden sich im Laufe eines langen Lebens aus. Christoph Stadel wurde am 6. Juni 1938 als Sohn eines badischen Zahnarztes und seiner ebenfalls badischen Ehefrau in Donaueschingen geboren. Beide Eltern waren überaus sportlich, im Skilauf auf dem Schwarzwald, beim Wandern in der Baar und beim Waldlauf im Auwald der Donau geübt. Die Badener verstanden sich damals wie heute als Antithese zum Württemberger. Die Mutter, eine leidenschaftliche Badenerin hat ihm dies vermittelt und der Vater noch weiter kultiviert: Vom schwäbischen Großvater – also seinem Vater – gezwungen, in Tübingen, dem Kristallisationspunkt württembergischer Geisteshaltung, zu studieren, kannte der Vater das „Feindbild" genau. Sein Sohn, also Christoph, sollte dort nicht hin, ihm kam das Privileg zuteil, an der einstigen vorderösterreichischen Universität Freiburg im Breisgau zu studieren, also sozusagen im heimatlichen Kulturkreis. Diese regionalpatriotische Enge der Eltern hinterließ bei Christoph Stadel zweierlei: Den Wunsch nach mehr Weite, den Drang nach Europa und der weiten Welt – und ein gewisses Vorurteil gegenüber den Schwaben. Als er eine Exkursion der Österreichischen Geographischen Gesellschaft nach Südwestdeutschland führte, wurden die schwäbischen Regionen tunlichst gemieden: So kam es, dass ich – obwohl zur selben Zeit auf Exkursion in Südwestdeutschland dem Freund nicht begegnete, denn meine Exkursion schloss auch die schwäbischen Regionen mit ein, die Christoph gemieden hatte.

Dennoch: ein bekannter Piratensender der wilden 1968er Jahre hieß „Radio Dreyecksland". Damit sollte auf die Gemeinsamkeit der alemannischen Stämme in Deutschland, Frankreich, Österreich und der Schweiz hingewiesen werden. Das Alemannische bildet die Brücke für Christoph Stadels beginnendes Weltbürgertum. Das Studium an der altösterreichischen Universität Freiburg, die Nähe der Habsburg, von Mömpelgard, Straßburg und Belfort, aber auch des Hartmannsweilerkopfes, der Maginotlinie und des Westwalls, dies alles sind bewusste oder unbewusste Eindrücke, die auf den jungen Studenten der Geographie, mittelalterlichen Geschichte, Romanistik und Politikwissenschaft einströmten. Arnold Bergstraesser lehrte damals in Freiburg, der führende Politologe in Nachkriegsdeutschland. Christoph Stadel saß ebenso zu seinen Füssen wie zu denen Prof. Schmiedingers in der Geschichte – sein Sohn war übrigens zur Zeit seines Laufbahnendes Rektor der Universität Salzburg. In der Geographie zog ihn zunächst der große Landeskundler Friedrich Metz in den Bann, so sehr, dass Stadel stets ein bekennender Regionalgeograph blieb. Dann aber Josef Schramm, der ihn für den Vorderen Orient interessierte und mit einem kleinen Trick die ganze jugendliche Begeisterung des Scholaren weckte: Christoph Stadel bereiste mit ihm Griechenland, Syrien und Jordanien, brach damit die allzu engen

Bande des badischen Heimatraums und kam noch zu seiner Studentenzeit 1962 zu einer ersten wissenschaftlichen Publikation über Die Sozialstruktur der Oase Palmyra. Beide Welten blieben fortan Christophs Welten: Die des Reisens und die des Publizierens!

Damals war es noch üblich, an mindestens zwei Universitäten studiert zu haben. Stadels Wahl fiel auf Kiel, die damals von Freiburg aus am weitesten gelegene deutsche Universität. Dort lernte er Wilhelm Lauer kennen, noch vor seiner Berufung auf die Nachfolge Trolls in Bonn, ein begeisternder junger Lehrer, der in Stadel die Leidenschaft für das Gebirge weckte. Eine große Leistung fürwahr, wenn man bedenkt, dass sie in Kiel erbracht wurde!

Ein Stück näher am Gebirge, und ein deutliches Stück näher am europäischen Zentralraum lag Fribourg, wo Christoph Stadel nach erfolgreichem Studienabschluss ein Doktorat begann. Dort war es Jean Luc Piveteau, der den Kandidaten in den Bann schlug, nach dem Freiburger Romanisten Pierre Henri-Simon der zweite Lehrer aus dem französischen Kulturkreis. Unter seiner Leitung fertigte Christoph seine Dissertation an, noch einmal zum Vorderen Orient und noch einmal siedlungsgeographisch: „Beirut, Damaskus und Aleppo – eine vergleichende Stadtgeographie". Er reichte sie im Alter von 26 Jahren ein.

Die für seine Untersuchungen nötigen Reisen wurden ihm durch seine Tätigkeit als Regionalsekretär für den Vorderen Orient und Europa der internationalen christlichen Studentenbewegung Pax Romana ermöglicht, eine Tätigkeit, die er von 1962–1964 ausübte. Im Anschluss daran war er bis 1967 Lehrer am International College Le Rosey in Rolle / Gstaad. Zu diesem Zeitpunkt hatte er sich längst aus dem badischen Heimatdunst befreit und war zum leidenschaftlichen Europäer, wie er mir einmal gestanden hat, geworden, zu einem Europäer mit Zeug zum Weltbürger.

Paradoxerweise vollzog er diesen Schritt just in dem Moment, in dem ein Normalbürger sesshaft wird: dem Jahr der Eheschließung. Seine Christel lernte er in Genf kennen, aber sie stammte aus seiner Heimatstadt Donaueschingen! Ich komme später noch einmal darauf zurück, dass dies von Beginn an eine kongeniale Partnerschaft war und noch ist. Hier zunächst nur soviel: Kaum verheiratet, zog das Paar nach Kanada, wo Christoph Stadel eine Stelle als Lehrer am Hillfield College in Hamilton, Ontario, erhielt und bereits ein Jahr später an die Universität Brandon, Manitoba, berufen wurde. Es sollte ein ganzes Vierteljahrhundert daraus werden. Man hätte meinen können, dass Christoph in einer solch langen Zeit zum Kanadier geworden wäre. Der Staatsbürgerschaft nach schon, und auch der Loyalität gegenüber dem Gastland nach, aber er blieb auch dort ein Weltbürger.

Die Universität Brandon war damals in den Anfängen und offen für Lehrer aus aller Welt. Das kosmopolitische Ambiente zog Christoph in den Bann und hat beide, ihn und Christel, stark geprägt. Das Klima in der „kleinen, großen Stadt" Brandon, die Kollegialität an der Universität, das Gefühl eine gemeinsame Mission für unser schönes Fach, die Geographie, zu haben, alles dies beflügelte seinen Geist und ließ ihn – inhaltlich wie regional – zur vollen Entfaltung kommen. 1971 wurde er vom World University Service zu einem sechswöchigen Feldaufenthalt mit Studierenden nach Kolumbien eingeladen, weitere ähnlich lange Exkursionen nach Guatemala und anderen Regionen folgten. Die neue Leidenschaft für Lateinamerika, und dort insbesondere den Gebirgsraum, war geweckt.

Seinen weiteren Lebenslauf hat Helmut Heuberger 1998 in den Mitteilungen der Österreichischen Geographischen Gesellschaft ausführlich gewürdigt. Bevor die Salzburger Zeit dargestellt wird, soll zunächst das Werk Christoph Stadels beleuchtet werden. Noch lässt sich nicht von einem „Lebenswerk" sprechen, Christoph arbeitet ja immer noch wissenschaftlich und publiziert seine Ergebnisse. Und niemand sieht ihm seine 75 Jahre an!

In zwei wichtigen Teilgebieten der Geographie hat Christoph Stadel Spuren hinterlassen: in der Vergleichenden Hochgebirgsforschung und in der Regionalgeographie Lateinamerikas und Kanadas. Beide gehören zur Regionalen Geographie, obgleich sie zwei unterschiedliche Betrachtungsweisen der *regional geography* darstellen, die Landschaftskunde und die Länderkunde, die sich in einem jedoch einig sind: dem vernetzten und integrativen Denken, dem Wunsch nach Synthese. Damit hätte Christoph Stadel lange Zeit in Deutschland angeeckt – in Kanada freilich scherte man sich um die Todessehnsüchte der deutschen Geographie nach 1968 wenig und gab der Regionalgeographie dort immer den Stellenwert, den sie sich im deutschen Sprachraum, nachdem sich die Nachbardisziplinen mit ihrem „regional turn" im freiwillig geräumten Erkenntnisfeld eingerichtet hatten, nun erst wieder erobern muss. César Caviedes hat dem Verfall der *regional studies* einen Beitrag in diesem Band gewidmet und dabei Stadels Verdienste um die regional-integrative Sichtweise gewürdigt.

Christoph Stadel ist wie sein Lehrer Friedrich Metz ein Augenmensch. Empirische Arbeit vor Ort, Beobachtung, Kartenaufnahme und Interview – das war von Beginn an seine Welt. Im Alter, nein ich korrigiere mich: später, kam die Theorie hinzu – aber in einer Form, wie sie bis heute sowohl für die Lateinamerika- als auch für die Hochgebirgsforschung typisch ist: Die eigenen Erkenntnisse wurden und werden zu Modellen und Theorien verdichtet. Das ist sehr solide und benötigt viel Zeit – nur leider ist es nicht sehr modern: Wenig Zeit anwenden und möglichst abstrakt und unverständlich formulieren: Das ist heute der Zeitgeist! Christoph Stadel aber braucht Zeit zum Nachdenken, und er formuliert verständlich.

Deswegen überrascht die folgende Feststellung vielleicht moderne Geographen: Christoph Stadel genießt einen großen internationalen Ruf und ist vielleicht in Nordamerika und Lateinamerika der bekannteste österreichische Geograph – und auf seinem Gebiet gilt dies auch für manche europäischen Länder. Er ist Ehrenmitglied der Geographischen Gesellschaft Ecuadors und war Mitherausgeber der Revue de Géographie Alpine in Grenoble, führendes Mitglied und jahrelang Leiter der Sektion Geographie der Gesellschaft für Kanadastudien, Mitglied der Conference of Latin Americanist Geographers, der ADLAF, der Asociación Andina und weiterer internationaler Institutionen. Zu seinen persönlichen Freunden zählen die wichtigsten Vertreter der geographischen Lateinamerikanistik und Kanadistik und der interdisziplinär arbeitenden Hochgebirgsforschung. Es gibt kaum eine bedeutende wissenschaftliche Vereinigung oder ein hochrangiges internationales Forschungsnetzwerk auf diesen beiden Gebieten, in dem Christoph Stadel – oft in führender Position – nicht tätig war oder noch ist. Zu seinem 60. Geburtstag sprachen in Salzburg John Everett und John Osborne aus Toronto und Montreal sowie Beate Ratter, damals noch aus Mainz. Vielen unter uns wird dieses wegweisende Symposium noch in Erinnerung sein.

Ich hatte das Glück, mit Christoph und bekannten internationalen Kollegen aus 14 europäischen und vier Andenstaaten zwei internationale Forschungsprojekte sowie mit Salzburger und Innsbrucker Studierenden zwei große Exkursionen nach Peru und Ecuador durchführen zu dürfen. Ob im Kreis der internationalen Kapazitäten oder des jugendlichen Nachwuchses: Christoph genießt überall höchste Anerkennung!

Diese erstaunliche Akzeptanz gilt nur in zweiter Linie der sympathischen und gewinnenden Persönlichkeit des Jubilars. Sie gilt in allererster Linie seinen Beiträgen zur Erkenntnisgewinnung. Diese in ihrer Gesamtheit aufzuzählen, fehlt mir die Zeit. Daher beschränkte ich mich auf die allerwichtigsten, wohl wissend, dass ich dem Jubilar und auch meiner heutigen Zuhörerschaft damit Unrecht tue.

Christoph Stadel ist einer der Väter der Umweltstressforschung. Mit seinen Studien, vor allem jenen in Ecuador, hat er das Konzept zur Theoriereife weiterentwickelt und konnte daraus Modelle ableiten, die sich bis heute in den relevanten Lehrbüchern finden. Er ist einer der wesentlichen Denker der Geographie zum Konzept der Nachhaltigkeit, das er in der Stadtforschung Lateinamerikas, in der Entwicklungsforschung der Dritten Welt und der Frontier an der Kältegrenze der Ökumene getestet und verfeinert hat. In der komparatistischen Erforschung periodischer Märkte hat er bahnbrechende Arbeiten aus den Anden geliefert, die in der Folge die internationale Forschung stark befruchtet haben. Ein weiteres Gebiet muss genannt werden: Das Feld der andinen Kulturgeographie, und zwar im Wortsinn der räumlichen Umwelt, Kultur und Weisheit der Anden und ihrer Bewohner, des „Lo Andino", wie es Christoph Stadel in vielen Publikationen genannt hat und auch in einem diesem Thema gewidmeten Kapitel im Andenband weiter ausführt. Mit diesem umfassenden Buch zeigt sich auch die Leistung Stadels in der Gebirgsforschung, sie umfasst nicht nur die Anden, sondern auch die mittel- und nordamerikanischen und afrikanischen Gebirgsräume, in denen er Schüler betreut hat.

Er hat nicht weniger als zehn Bücher, 80 Buchartikel, 53 Zeitschriftenartikel, 53 kleinere Publikationen und sechs Lehrmaterialien geschrieben oder (mit-)herausgegeben. Buchrezensionen und Projektberichte nicht eingerechnet, spiegeln 202 Veröffentlichungen aus seiner Feder seine Schaffenskraft, aber auch den Bekanntheitsgrad, denn vielfach wurde er zur Mitwirkung an Themenheften, Festschriften oder Sammelbänden eingeladen. Ein Schriftenverzeichnis findet sich am Ende des Bandes.

Es soll aber auch kurz auf den Privatmenschen Christoph Stadel eingegangen werden. „Warum soll denn der Mensch kein Verhältnis haben?" – so fragte ein in Christophs Geburtsjahr populärer Schlager. Christoph hat eines, und zwar ein sehr inniges: Zu seiner Frau und seiner Familie. Christel und Christoph – die Namen sprechen für sich: Christentum wird in dieser Familie ernst genommen, als Grundlage des eigenen Lebens und als Verpflichtung der Mitwelt gegenüber. Und es bildet die Klammer zwischen dem Ehepaar, eine offenbar nicht fesselnde, dafür aber umso stärker bindende Klammer. Christel Stadel engagiert sich im Missionsausschuss der Pfarrgemeinde Thalgau, und die christliche Geisteshaltung ist Motivation für ihre Mitarbeit in der Eine-Welt-Gruppe Thalgau, im Entwicklungspolitischen Ausschuss des Landes Salzburg und im Vorstand der Intersol Salzburg, einer bekannten entwicklungspolitischen Nichtregierungsorganisation.

Nicht in diesen Organisationen, aber auf diesem Feld war und ist der Initiator der Studienrichtung Entwicklungsforschung am Geographischen Institut Salzburg, der Doktorvater etlicher „scholars" aus der Dritten Welt, der Exkursionsleiter und der Wissenschaftler Christoph Stadel ebenso leidenschaftlich tätig. Am abendlichen Gesprächsstoff mangelt es dem Ehepaar kaum.

Die jüngste Tochter Beatrice ist Sozialpädagogin in St. Gilgen, die ältere, Angela, Geographin arbeitet für das kanadische Umweltministerium in Vancouver. Das erste Kind, Joachim, ist Professor für Astrophysik an der Universität Zürich und die mittlere Tochter Tonia ist Leiterin der Personalabteilung eines führenden Unternehmens in Waterloo. Alle widmen sich dem Menschen, seinen Problemen oder seinen mittelbaren und unmittelbaren Zukunftsfragen. Und sie tun dies gewiss, ob bewusst oder unbewusst, in dem Geist, den sie im Elternhaus vermittelt bekommen haben.

Ich selbst bin in dieser Hinsicht ja – zumindest scheinbar – weit von Christoph entfernt. Religionsgeographie ist mein Hobby, dem ich leider nur zu selten nachgehen kann. Religion ist also ein Erkenntnis*objekt* für mich, kein Erfahrungs*subjekt*. Lange nächtliche Diskussionen über die Thesen Max Webers, über den „Beruf des Bettlers" und den Geruch des Protestantismus haben unsere Nächte in den Anden kurzweilig erscheinen lassen.

Gelebtes Christentum ist also eine der beiden Grundlagen dieser Ehe. Es gibt eine zweite, und dies ist Kanada. Das junge Paar erlebte die rauschhafte Zeit der Familiengründung in einem für beide neuen Land, das sie in gleicher Weise so für sich eroberten, wie es sie in seinen Bann zog – und nicht wieder losgelassen hat. Obwohl ich weiß, wie ernsthaft Christoph seine Kanadastudien betreibt – manchmal kommt mir der Verdacht, dass sie auch betrieben werden, um rasch wieder dorthin zu kommen. Die Blockhütte am See, das Grundstück am Nationalpark – dies sind immobile, also dauerhafte Bindungen, die jemand nur eingeht, der liebt. Aber warum sollte ein Geograph sich nicht auch in ein Land verlieben dürfen?

Christoph ist bei alle dem ein Wanderer zwischen zwei Welten – der Alten und der Neuen Welt – geworden, und Christel nicht minder. Beide Welten werden nicht eng gesehen: die Neue Welt schließt die USA und Lateinamerika ein, und die Alte Welt ganz Europa und den Orient. Ich habe oft darüber gegrübelt, wo die Wurzeln dieses Weltverständnisses liegen. Ich glaube, die Antwort gefunden zu haben: Im „plus ultra", dem Motto der Casa de Austria. Daher ist es für mich auch von höchster Sinnhaftigkeit, wenn sich der Lebenskreis des „badischen Weltbürgers" Christoph Stadel, der seine akademische Karriere an einer vorderösterreichischen Universität begann, in Österreich schließt.

Dass ihm die letzten Jahre an der Universität nicht leicht gefallen sind – oder sollte ich sagen: nicht leicht gemacht wurden? – ist kein Geheimnis. Christoph hatte zwei Jahrzehnte an einer kleinen, aber weltoffenen Universität mit engem Kontakt zwischen Lehrenden und Lernenden, zwischen der Universität und der Stadtgemeinde gelebt, hatte Kollegialität im Sinne von gegenseitiger Achtung kennen gelernt und „corporate identity“ als Zugehörigkeit zu einer Universitätsfamilie erlebt, die es sich zur Verpflichtung gemacht hatte, bei allen Universitätsveranstaltungen, sei es im Sport, im Konzert, bei akademischen Feiern oder Vorträgen auch anwesend zu sein. Ja, selbst die Vorlesungen der Kollegen besuchte man, um vom anderen zu lernen oder auch, um ihm einen Hinweis auf neue Erkenntniswege zu geben. Freiwillig, gern und unbezahlt gab man dort Abendkurse, ja fuhr in die Prärie und in Indianergemeinden, um andere an den Erkenntnissen der Forschung teilhaben zu lassen. „Ich war ein Missionar der Geographie“ – hat mir Christoph davon einmal berichtet.

Welch ein Gegensatz erwartete ihn in Salzburg! Ich will nicht ins Detail gehen. Dennoch: Ich muss tadeln, dass die Paris-Lodron-Universität das Potential dieses großen, dieses international in höchstem Ansehen stehenden Wissenschaftlers zu keiner Zeit erkannt oder gar inwertgesetzt hat. Ich habe in dieser Zeit bei der Lektüre von Schwanitz' Campus manchmal an die Universität Salzburg gedacht – und ich hatte auch immer ein Bild des „Bernie“ vor mir...

Dass Christoph dies hat verkraften können, erschließt sich mir nur aus der Biographie, von der ich hier nur unvollständig berichten konnte: Die Enge, die er im neuen Wirkungsfeld teilweise erfahren musste, kannte er ja schon: Sie war der der Baar vergleichbar, die er doch so erfolgreich überwunden hatte. Innerlich konnte er also darüber stehen, dies erleichterte Stressbewältigung und Selbstachtung. Aber die äußeren Verhältnisse wurden oft als bedrückend empfunden. Wie gut, dass er ihnen in zahlreichen Exkursionen nach Ekuador, Peru, die USA und Kanada sowie nach Alaska und in die Schweiz – oft mit Innsbrucker oder Wiener Kollegen –, aber auch in ebenso zahlreichen Forschungsaufenthalten in Lateinamerika und Kanada entfliehen konnte!

Ich habe ihn auf zwei dieser Exkursionen begleiten dürfen, das wurde oben schon kurz erwähnt. Sie zählen zu den Höhepunkten meines akademischen Lehrerdaseins! Wie haben wir uns gemeinsam eingesetzt! Wie haben wir uns gefreut, unsere gemeinsame Liebe für die Geographie und für Lateinamerika jungen Menschen weitergeben zu können! Und wie haben wir so manchen Abend lachend beschließen können! Christoph, ich werde auch nie vergessen, wie Du mir in Cuzco eine ganze Nacht lang über meine Herzprobleme hinweggeholfen hast! Und Du wirst vielleicht nie vergessen, wie ein der katholischen Morallehre völlig abholder Kollege, nämlich ich, den herrschenden Temperaturen über 4000 Meter Meereshöhe trotzend mit einem Studenten – ohne Badehose, denn die war ja nicht eingeplant – in einen ekuadorianischen Páramosee sprang. Du meinst immer noch: Um das Mütchen zu kühlen! Ich aber weiß: Um ein letztes Mal Jugendlichkeit zu demonstrieren, die mir dann zwei Jahre später im Hochland von Peru so sichtbar abgegangen ist!

Ich habe Christoph Stadel darüber hinaus als Redner auf von mir organisierten Ringvorlesungen, als Projektkoordinator und Projektpartner von EU-Projekten, als hochgeachteten Lateinamerikanisten in „unseren" Kreisen, als geschätzten Kanadisten im der Kanada-Gesellschaft, der ich dank seines Einsatzes ebenfalls angehöre, als Seminarleiter gemeinsamer Vorbereitungskurse und als Ko-Redner auf internationalen Kongressen erleben können. Noch mehr aber schätze ich seine Freundschaft und das Ambiente seines gastfreundlichen Hauses in Thalgau, das nicht nur ich, sondern auch meine Frau, jeweils einzeln und auch gemeinsam, haben genießen können. Es gehört zu den wenigen Glückfällen in einem Wissenschaftlerleben, dass man nicht nur zu einem Kollegen eine Freundschaft entwickeln kann, sondern diese auch beide Ehepartner einbeziehen kann. Bei dieser Gelegenheit will ich auch Christel noch einmal ausdrücklich in meine Laudatio einbeziehen. Ich weiß es aus eigener Erfahrung: Wir wären nichts ohne unsere Ehefrauen! Der Satz „Hinter einem erfolgreichen Mann steht immer eine starke Frau" ist eine ziemlich abgedroschene und Feministinnen verdächtige Floskel – muss sie deswegen aber wirklich falsch sein?

Lieber Christoph! Deine wissenschaftliche Laufbahn ist auch mit 75 Jahren noch nicht an ihrem Ende angelangt. Das Andenbuch ist gewiss ein Alterswerk, das von der jahrzehntelangen Erfahrung zehrt, wir hoffen aber auch in weiterer Zukunft von Deinen Einsichten zu profitieren. Lass Dir noch was einfallen!

In diesem Sinne: Ad multos annos!

# Christoph Stadel – investigating the mountains

**Axel Borsdorf**

When Christoph Stadel completed his university career at the end of the 2004 summer semester, I had the honour of holding the eulogy at the academic send-off. I pointed out that this threshold had a series of intended and unintended consequences.

Intended consequences included
- a withdrawal into the private sphere,
- a refocusing on the beautiful things in life, especially:
- finding time to read so-called *belles lettres*,
- to spend hours in Café Tomaselli,
- to spend with his wife, children and friends,
- and to leave daily worries at the university behind.

Unintended consequences:
- None of the intended ones could be realized!

Since his retirement Christoph Stadel has written many research articles, inducted his PhD candidates in Kenia *in situ* and advised them, went to his emeritus room at the Institute of Geography almost every working day, carried on researching and publishing in high-ranking journals and collaborated with me on a major book on the Andes.

He did find the time to move from rented into owner-occupied accommodation, but it is a moot point whether his wife and family have interpreted this as the long awaited focus on the family. He has not been seen in Café Tomaselli once in eight years of retirement! And he has not been able to cast himself off in his mind and his thinking from the fate of the institute and the university. In many conversations with me and with his colleagues at the institute, Jürgen Breuste and Lothar Schrott, the seasoned emeritus still expresses concern about the institution that he was responsible for over more than twelve years. What is very evident in these conversations is the tolerant basic attitude, coupled with an immense experience of life, shaped by encounters with several cultures and paired with the wisdom (of age?) of an emeritus.

It stems from his personality and the many stations of his life. If I were asked to characterize Christoph Stadel's personality, these qualities would come to mind: Baden-Alemannic accent, international outlook and strong identification with Europe, openness towards foreign cultures, lived – and not pretended – Christianity, a certain urge to communicate his insights, experiences and passions (one might call it a didactic impulse, coupled with a natural didactic gift), loyalty, a readiness to cooperate and constant, caring commitment to his students. If you love your students, you endeavour to help them become better than you are yourself. This was what drove the university teacher Stadel – maybe that made him more popular with his students than with some of his colleagues?

Such qualities do not come about by chance, they emerge in the course of a long life. Christoph Stadel was born on 6 June 1938 in Donaueschingen, the son of a dentist in the Baden part of the German Land of Baden-Württemberg. Both parents were very sporty, went skiing in the Black Forest, walking in the Baar and orienteering in the riparian woodlands of the Danube. The Baden people saw themselves then, and still do, as the antithesis of the Württemberg people. Christoph's mother was a woman with a fervent Baden identity and passed this spirit on to her son, as did the father, who cultivated it further. He had been forced by his Swabian father (Christoph's grandfather) to study in Tübingen, the hub of Württemberg spirit, and thus knew the 'enemy' intimately. His son Christoph should not study there but instead should have the privilege of attending the previously Anterior Austrian university of Freiburg im Breisgau, i.e. in his indigenous culture. This regional patriotic narrowness of the parents had two effects on Christoph Stadel: a desire for more openness, the urge to explore Europe and the world – and a certain prejudice against the Swabians. When he conducted an excursion of the Austrian Geographical Society to south-western Germany, he avoided all Swabian regions. So it came that I never met my friend even though I happened to lead an excursion to south-western Germany myself at the same time. My route of course included the Swabian regions that Christoph circumvented.

Even so: a popular pirate radio during the wild late-1960s was called *Radio Dreyecksland*, a reference to the joint background of the Alemanni tribes in Germany, France, Austria and Switzerland. The Alemannic background served as a bridge to his evolving world citizenship for Christoph Stadel. Studying at the previously Austrian University of Freiburg, the proximity to the noble families of the Habsburgs, von Mömpelgards, Straßburgs and Belforts, as well as to the Hartmannswillerkopf peak, the Maginot and the Siegfried Lines – all these conscious and unconscious impressions acted on the young student of geography, medieval history, Romance languages and political science. At that time, Arnold Bergstraesser, a leading political scientist of post-war Germany, taught in Freiburg. Christoph Stadel sat at his feet and at those of Heinrich Schmiedinger in medieval history – whose son incidentally would become rector of Salzburg University during Stadel's career there. In geography, Christoph was first impressed with the great regional geographer Friedrich Metz, so much in fact that Stadel remained a convinced regional geographer. Then Josef Schramm kindled Stadel's interest in the Near East and marshalled all his youthful enthusiasm by applying a small trick: Christoph Stadel travelled with Schramm to Greece, Syria and Jordan, thus bursting the all too narrow banks of his mythical Baden homeland. As early as 1962, still a student, Stadel published his first academic work on the social structure of the Palmyra Oasis. Both worlds should remain Christoph's worlds – that of travelling and that of publishing!

At that time it was customary to spread your studies over at least two universities. Stadel chose Kiel, then the German university furthest away from Freiburg. There he met Wilhelm Lauer before Lauer was called to the chair of Troll in Bonn, an enthusiastic young teacher who kindled in Stadel a passion for the mountains. Quite an achievement, considering that it happened in Kiel!

Closer to the mountains and rather closer to Central Europe is Fribourg, where Christoph Stadel started on his PhD after successfully completing his studies. There it was Jean Luc Piveteau, who fascinated the doctoral candidate, the second teacher from the Francophone culture, after Pierre Henri-Simon in Freiburg. Under his care Christoph wrote his doctoral thesis, again on the Near East and again with a settlement geography theme 'Beirut, Damascus and Aleppo – a comparative urban geography', which he submitted at the age of 26.

The travels required for his work were made possible through his function as regional secretary for the Middle East and Europe of the International Catholic Academic Federation Pax Romana, a post he held from 1962–1964. Immediately afterwards and until 1967, he taught at the International College Le Rosey in Rolle/Gstaad. At this time he had long left his Baden homeland myth behind and had become a passionate European, as he once admitted to me, with the potential to become a world citizen.

Paradoxically this development occurred at the very moment when ordinary citizens settle down, i.e. in the year he got married. He first met wife Christel in Geneva, but she also was a native of Donaueschingen! I shall return to the fact that this has been a congenial partnership from the word go – here I just want to mention that as soon as they were married, the couple moved to Canada, where Christoph Stadel took up a teaching post at Hillfield College in Hamilton, Ontario. The following year he heeded a call to join the University of Brandon, Manitoba, where he would remain for a quarter of a century. One could assume that Christoph became a Canadian in the course of such a long stay, which he did in terms of citizenship and loyalty to his host country, but even there he remained a world citizen.

The University of Brandon was in its infancy then and open to teachers from all over the world. The cosmopolitan environment attracted Christoph and has strongly influenced him and Christel. The atmosphere in the 'little big town' of Brandon, the camaraderie at the university, the idea of a common mission for our lovely discipline – all of these aspects inspired him and helped him to flourish in substantive and regional terms. In 1971 he was invited by the World University Service to spend six weeks with students in the field in Colombia. Similar excursions to Guatemala and other regions followed and kindled a new passion in Christoph for Latin America and especially for its mountainous areas.

His further career was presented in detail by Helmut Heuberger in 1998 in the *Mitteilungen der Österreichischen Geographischen Gesellschaft*. Before I turn to his Salzburg years, I would like to look at the work of Christoph Stadel. We cannot speak of his 'life's work' yet, as Christoph continues to research and publish his findings. And he certainly does not look 75!

Christoph Stadel made tracks in two important areas of geography, in comparative mountain research and in the regional geography of Latin America and Canada. Both belong to regional geography, albeit representing two quite different perspectives, i. e. landscape research and regional research, both of which are based on joined-up and integrative thinking, the desire for synthesis. In Germany Christoph Stadel would have made himself unpopular with this approach. In Canada, however, nobody cared about the death wish of German geography after 1968, and regional geography was always granted the status that in Germany it is only reconquering now, as neighbouring disciplines with their 'regional turn' have established themselves in the epistemological space vacated by geography.

Christoph Stadel, like his mentor Friedrich Metz, is a visual type. Empirical work in the field, observation, mapping and interview – this was his world from the start. As an older man, or I should more correctly say: later, he added theory, but in a form that is to this day typical for both Latin America and mountain research, i.e. condensing the researcher's insights into models and theories. This is very sound and time-consuming but regrettably not very modern. Take as little time as possible and formulate your insights as abstractly and incomprehensibly as possible – this is zeitgeist! Christoph Stadel, however, needs time to reflect and writes clearly.

This is why modern geographers might be surprised to hear that Christoph Stadel enjoys an excellent international reputation and is possibly the Austrian geographer best known in North and Latin America – and in his field also in some European countries. He is honorary member of the Geographical Society of Ecuador and was co-editor of the *Revue de Géographie Alpine* in Grenoble, leading member and, for years, head of the Geography Section of the Association for Canadian Studies in German-speaking Countries, member of the Conference of Latin Americanist Geographers, of ADLAF, of the Asociación Andina and other international institutions. His personal friends include key representatives of geographic Latin-America studies and Canada studies, as well as interdisciplinary mountain research. There is hardly any major scientific association or high-ranking international research network in these two fields, in which Christoph Stadel – often in a leading function – was not or still is active. At his 60$^{th}$ birthday, John Everett and John Osborne came from Toronto and Montreal to speak in Salzburg, as did Beate Ratter, then still based in Mainz. Many of us still remember this forward-looking symposium.

I had the pleasure of conducting two international research projects with Christoph and well-known international colleagues from fourteen European and four Andean countries as well as two large excursions with him and students from Salzburg and Innsbruck to Peru and Ecuador. Whether among international eminent scholars or next generation researchers: Christoph enjoys greatest recognition from all!

Such remarkable acceptance is only partly due to the pleasant and engaging personality of the man we celebrate today. It is first and foremost owed to his contributions to knowledge acquisition. There is not enough time to list them all, I shall just mention the most significant of them, in the knowledge that this won't do justice to Christoph or my audience today.

Christoph Stadel is one of the fathers of environmental stress research. In his studies, particularly those in Ecuador, he developed the concept into a theory from which to derive models that are still found in the relevant textbooks. He is a key geographical thinker on the concept of sustainability, which he tested and refined in urban studies in Latin America, in development studies in the Third World and on the threshold of cold for the arable part of the world's surface. In the comparative study of periodic markets, he produced trail-blazing work on the Andes, which later gave a boost to international research. I hesitate somewhat to mention another field, i.e. Andean cultural geography, in the literal sense of spatial culture of the Andes, the Lo Andino, as Christoph Stadel called it in one of his publications and on which he elaborates in the book on the Andes. This wide-ranging volume also demonstrates Stadel's achievements in mountain research. It not only covers the Andes but also the North-American and African mountain areas where he had students.

Let us briefly reflect on the private individual Christoph Stadel. "Why should a man not have a love affair?" asked a popular song from the year in which Christoph was born. He did indeed have an affair and a very intimate one with his wife and family. Christel and Christoph – the names are programme: Christianity is taken seriously in this family, as the basis of each individual life and as an obligation to the social world. And the couple developed a linked commitment, not restricting but strengthening the partners. Christel Stadel got involved in the mission committee of the parish of Thalgau, and her Christian world view is also the motivation for her work in the One-World-Group Thalgau, in the development policy committee of the federal state of Salzburg and on the board of Intersol Salzburg, a well-known development policy NGO.

Not in these organizations but in this field Christoph was and still is passionately active: as initiator of the study area Development Research at the Institute of Geography in Salzburg, as PhD supervisor of many scholars from the southern hemisphere, as organizer of excursions and as scientist. The couple will have plenty to talk about of an evening.

Their youngest daughter Beatrice is social education worker in St. Gilgen, Angela, the older one, works as geographer for the Canadian Ministry of the Environment in Vancouver. The Stadels' first child, Joachim, is professor of astrophysics at the University of Zurich and the middle daughter Tonia heads the HR department of a leading corporation in Waterloo, Ontario. All of them are concerned with humans, their problems, and indirect and direct issues of their future. And most likely they do this, whether consciously or subconsciously, in the spirit that they imbibed in their parental home.

In this respect I am rather different from Christoph, at least at first glance. Geography of religion is a hobby of mine that I can only rarely indulge in. Religion for me is an epistemological *object*, not an experiential *subject*. Long nocturnal debates on Max Weber's theses on 'begging as a profession' and the 'smell of Protestantism' made our nights in the Andes quite entertaining.

Lived Christianity is one basis of this marriage and Canada is the other. The young couple experienced the heady phase of starting a family in a country that was new for both of them, a country they discovered together and made it their own, a country that fascinated them from the start and still does. I know that Christoph takes his Canada studies seriously, but I sometimes wonder if he doesn't also pursue them to have a reason to return there. His wooden shack on the lake, his piece of land by the national park – these are immobile, permanent ties that only someone who loves the place will engage in. And why should a geographer not be allowed to fall in love with a country?

Still, Christoph has become a wanderer between two worlds, the old one and the new, and so has Christel. Neither world in the narrow sense – the New World includes the USA and Latin America, the Old World the whole of Europe and the Orient. I have often wondered where the roots of this take on the world lie and I think I have found the answer: in the *plus ultra*, the motto of the House of Austria. Which makes it only fitting that the life cycle of Christoph Stadel, world citizen from Baden, whose academic career started at an Anterior Austrian university, would finish in Austria.

It is no secret that the last years at university were not easy for him – or should I say, were not made any easier for him. For two decades Christoph had lived at a small but open-minded university, in close contact between teachers and students, between town and gown, in a collegial climate of mutual respect. Corporate identity meant belonging to the university family and to attend all university events, from sports to concerts to academic celebrations and talks. It was even expected to sit in on colleagues' lectures from time to time to learn from each other and/or to point out new epistemological paths. Faculty also volunteered evening courses without being paid for them, went out into the prairie and to first nation communities in an effort to disseminate research findings. As Christoph once described these endeavours, "I was a missionary of geography".

What a contrast with the situation in Salzburg! I won't go into detail, but I must point out that the Paris Lodron University at no point recognized, let alone leveraged, the potential of this highly respected scientist. Reading Dietrich Schwanitz' novel *Campus*, I was sometimes reminded of the University of Salzburg and could always picture 'Bernie' in my mind…

That Christoph took this in his stride is evident from his biography, which I could only briefly sketch here. The narrowness that he sometimes encountered in his new working environment was not new to him. It resembled the Baar that he had so successfully crossed, which enabled him to be above such things and helped deal with stress and retain his self-respect. Still, the circumstances were often depressing. All the better then that he was able to escape them on numerous excursions to Ecuador, Peru, the USA and Canada, as well as to Alaska and Switzerland, often with colleagues from Innsbruck or Vienna. Another escape route presented itself in many research visits to Latin America and Canada!

I had the pleasure of accompanying him on two of those excursions, as mentioned earlier. These count as highlights of my career as a university teacher. How we threw ourselves into it! How pleased we were to pass on our joint love for geography and Latin America to young people! And how much fun we had on many an evening!

Christoph, I shall never forget how you helped me in Cuzco get over my heart problems throughout the night! And you may remember how one of the students and I, disregarding Catholic moral teachings as well as the temperatures at an altitude of more than 4,000 m, jumped naked into Lake Paramó in Ecuador (swimming trunks had not been on the list of things to bring). You still claim it was to stop the high spirits from overheating, but I know it was a last show of youthfulness which I so obviously lacked two years later in the Peruvian highlands!

In addition, I had the opportunity to hear and see Christoph Stadel in action as speaker in a lecture series that I organized, as project coordinator and project partner in EU projects, as highly respected Latin-America specialist in 'our' circles, as renowned Canada expert in the Austrian-Canadian Society into which he introduced me, as seminar chair in joint courses and as co-speaker at international conferences. What I appreciate even more, however, is his friendship and the hospitable atmosphere in his house in Thalgau, which my wife and I have enjoyed, individually and together. It is a rare stroke of luck in the life of a scientist if you are able not only to develop a friendship with a colleague but also integrate both spouses. At this point I must explicitly include Christel again in this eulogy. I know from my own experience – we would be nothing without our wives! The saying that "Behind every successful man stands a strong woman" may be rather overused and suspect to feminists, but does this really make it inaccurate?

Dear Christoph! Your career as a researcher is not over even at 75. The volume on the Andes is certainly a late work that benefits from your decades of experience and we hope to benefit from your insights again in the future. Keep the ideas flowing!

On that note: Ad multos annos!

# Christoph Stadel – investigando las montañas

**Axel Borsdorf**

Al concluir Christoph Stadel su carrera académica en el semestre de verano de 2004, tuve la posibilidad de realizar su laudatorio durante la celebración de su despedida. En ese entonces, elaboré una lista de consecuencias previstas y no previstas de este hecho.

Consecuencias previstas:

- el repliegue en la esfera privada
- un acercamiento a las cosas buenas de la vida, especialmente a:
- tener tiempo para la bella literatura
- tiempo para una larga visita al Café Tomasselli
- tiempo para la esposa, los hijos y amigos
- liberarse de las ocupaciones diarias de la Universidad

Consecuencias no previstas eran:

- ¡Que ninguna de las consecuencias previstas podrían cumplirse del todo!

Desde su denominación como profesor emérito, Christoph Stadel ha continuado su trabajo científico, asesoró e instruyó a su estudiante de doctorado en Kenia, continuo asistiendo regularmente a su lugar de trabajo en el Instituto de Geografía y allí siguió desarrollando sus proyectos y publicando en destacadas revistas científicas y trabajando conmigo en la elaboración del gran libro de los Andes.

Christoph ha tenido incluso el tiempo para mudarse de la por aquel entonces, casa alquilada, a un hogar propio. Este hecho fue visto por su esposa y su familia como un momento clave que significaría su repliegue definitivo en el hogar. Sin embargo, esto es todavía un tema pendiente. En el café Tomaselli y tras ocho años de jubilación, todavía no ha sido visto!. Asimismo, no ha podido realmente desprenderse de los pensamientos y reflexiones sobre el destino de su Instituto y su Universidad. En muchas conversaciones conmigo y sus amigos y colegas Jürgen Breuste y Lothar Schrott se hacen presentes las preocupaciones del profesor emérito por la institución de la que fue responsable por más de doce años. Es perceptible en estas conversaciones su postura tolerante, su larga experiencia de vida, marcada por diferentes culturas, y también la sabiduría (¿sabiduría de la edad?) de un profesor emérito.

Basándome en su forma de ser y en sus numerosas experiencias de vida, puedo describir la personalidad de Christoph Stadel de la siguiente manera. Las características más relevantes que vienen a mi mente son: un timbre alemán típico de la región de Baden, su internacionalismo y a la vez una fuerte identificación con Europa, su apertura a culturas extranjeras, un vívido y no forzado cristianismo, un cierto afán de comunicar sus ideas, experiencias y conocimientos y pasiones a los demás (se puede al respecto también señalar, su impulso didáctico, combinado con un talento innato para ello), su lealtad, espíritu corporativo y su compromiso constante y de profundo afecto con sus estudiantes. Quien tiene un afecto verdadero por sus estudiantes, intenta que éstos sean incluso mejores que el maestro. Esta fue la motivación de la carrera académica de Stadel, quien, tal vez debido a ello, fue tan querido por sus estudiantes, incluso más que por sus colegas.

Estas características no caen del cielo, sino que se forjan en el transcurso de una larga vida. Christoph Stadel nació el 6 de Junio de 1938 en Donaueschingen. Hijo de padres oriundos de Baden, muy deportivos, apasionados por el esquí en la Selva Negra Alemana, por las caminatas en la meseta de Baar y por la práctica del senderismo en los bosques de las llanuras de inundación del Danubio. Tanto en ese entonces como ahora, los habitantes de Baden eran vistos como la antítesis de los oriundos de Württemberg. La madre, una apasionada badenesa, le transmitió este sentimiento, el cual el padre se encargó de reforzar. El abuelo suabo de Stadel, obligó a su padre a estudiar en Tubinga. Este lugar era el punto de cristalización de los oriundos de Wurtemberg, por esta razón su padre conocía la "imagen del enemigo" muy bien.

Su hijo, es decir Christoph, no debía ir a esta Universidad, él tuvo el privilegio de estudiar en la Universidad en Friburgo en Breisgau, una Universidad de la Austria Anterior, por así decirlo, en su cultura nativa. Este patriotismo regional de los padres provocó en Christoph dos cosas: un deseo de ampliar sus horizontes, yendo más allá en Europa y en el resto del mundo y también un cierto prejuicio contra los suabos. Es así como en una oportunidad, mientras dirigía una excursión de la Sociedad Geográfica Austriaca en el sur de Alemania, la región de Suabia fue evitada en la medida de lo posible. En efecto, una vez que ambos estábamos de excursión al mismo tiempo en el Sur de Alemania, no encontré a mi amigo, dado que mí excursión concluyó en la "evitada" región de Christoph.

No obstante, un conocido programa pirata de radio del "loco" año 1968, llamado "*Radio Dreyecksland*", buscaba la unidad de los descendientes alemánicos en Alemania, Francia, Austria y Suiza. La descendencia alemánica fue un puente para que Christoph Stadel construyera su cosmopolitismo. Sus estudios en la Universidad de Friburgo, la cercanía a Habsburgo, a Montbéliard, Estrasburgo y Belfort, pero también las montañas como el *Hartmannsweilerkopf, la Línea* Maginot y la Línea Sigfrido, conforman impresiones conscientes o inconscientes que marcaron al joven estudiante de Geografía, Historia Medieval, Romanística y Ciencias Políticas. Arnold Bergstraesser, connotado politólogo de la Alemania de postguerra, enseñaba en Friburgo en aquel entonces. Christoph Stadel estuvo bajo su alero, al igual que lo hizo con el Profesor Schmiedingers en la carrera de Historia. Cabe mencionar que el hijo del Profesor Schmiedingers era en ese entonces, Rector de la Universidad de Salzburgo. En el Instituto de Geografía, se vinculó con el gran Geógrafo Regional Friedrich Metz, quien forjó en Christoph Stadel su interés por esta disciplina, de la cual se transformaría un renombrado exponente. Luego vendría Josef Schramm, especialista en temas del Oriente Próximo, quien con un pequeño truco capturaba la atención de los jóvenes estudiantes: Christoph Stadel viajó con él a Grecia, Siria y Jordania, rompiendo así el estrecho lazo con la patria (Baden) y logrando así en su etapa de formación en el año 1962, su primera publicación científica sobre la estructura social del oasis de Palmira. ¡Ambos mundos han permanecido en Christoph, el de los viajes y el de las publicaciones!

En aquel entonces todavía era posible estudiar en al menos dos universidades. Stadel escogió Kiel, que por aquel entonces era una de las Universidades alemanas más alejadas de Friburgo. Allí conoció a Wilhelm Lauer, antes de su llamado a convertirse en el sucesor de Troll en Bonn. Lauer era un entusiasta profesor joven, con quien Stadel descubrió la pasión por las montañas. ¡Un gran logro sin duda, considerando que esto ocurrió en Kiel!

Un poco más cerca de las montañas y claramente dando un paso significativo hacia el centro de Europa, Christoph Stadel inició su Doctorado en *Fribourg* (Suiza) tras concluir exitosamente sus estudios. Allí Jean Luc Piveteau impresionó notoriamente a Stadel, Él fue el segundo profesor francófono, tras el Romanista Pierre Henri-Simon en Friburgo (Alemania) con quien Stadel trabajó. Bajo su tutela, Christoph concluyó a los 26 años de edad su tesis doctoral, la cual abordaba nuevamente el Oriente Próximo y la Geografía de los Asentamientos Humanos: "Beirut, Damasco y Alepo. Una Geografía Urbana comparada".

Debido a que los viajes eran necesarios para su trabajo de campo, Christoph se desempeñó durante 1962 a 1964 como secretario regional para el Oriente Próximo y Europa en el Movimiento Estudiantil Cristiano Internacional Pax Romana. Posteriormente, se desempeñó hasta 1967 como académico en la Universidad Internacional Le Rosey en Rolle / Gstaad. En esta etapa de su vida ya se había desprendido de las ideas y pensamientos limitantes impuestos en la patria (Baden) y se transformó en un apasionado europeo, tal como me señaló una vez, un Europeo con material suficiente para llegar a ser un ciudadano del mundo.

Paradojicamente, Christoph concretó este paso en el momento, en el que cualquier ciudadano normal desea asentarse: el año de su matrimonio. Conoció a su esposa Christel en Ginebra, ¡pero ella era oriunda de su ciudad natal Donaueschingen! Más adelante me referiré nuevamente sobre esta pareja, la cual fue armoniosa desde un principio y hoy en día lo sigue siendo. Recién casados, la pareja se mudó a Canadá, donde Christoph Stadel obtuvo un puesto como profesor en la Universidad de Hillfield en Hamilton, Ontario. Un año después fue llamado por la Universidad de Brandon, Manitoba. Un cuarto de siglo permaneció en Canadá. Se podría pensar que Christoph en este largo tiempo se transformaría en un canadiense. Si bien obtuvo la ciudadanía y cultivó una enorme gratitud al país que lo albergó durante estos años, continuó siempre siendo un ciudadano del mundo.

La Universidad de Brandon se encontraba en una etapa inicial y era abierta a profesores de todo el mundo. El ambiente cosmopolita cautivó a Christoph y tanto a él como a Christel los marcó profundamente. El clima en la "pequeña-gran ciudad" de Brandon, el ambiente de compañerismo que se sentía en la Universidad, el sentimiento de compartir una misión para nuestra hermosa disciplina, la Geografía, se impregnó en su mente y lo marcó, tanto en contenidos como regionalmente, y también lo ayudó a desarrollarse plenamente. En 1971 fue invitado por el Servicio

Universitario Mundial a una visita de 6 semanas a Colombia junto a un grupo de estudiantes. Luego vendrían otras largas experiencias similares en Guatemala y otras regiones. La nueva pasión por Latinoamérica, y especialmente por sus regiones montañosas, se había despertado.

Los siguientes pasos de su carrera académica fueron descritos detalladamente por Helmut Heuberger en el Boletín de la Asociación Geográfica de Austria en 1998. Tras describir su tiempo en Salzburgo, se debe resaltar su obra, la cual no ha concluido aún, dado que Christoph es todavía muy activo en el trabajo científico y en la publicación de sus resultados ¡Y nadie nota que él tiene ya 75 años!

En dos importantes aspectos de la Geografía, Christoph Stadel ha dejado una huella: en la Geografía comparativa de alta montaña y en la Geografía Regional de Latinoamérica y Canadá. Ambos temas pertenecen a la Geografía Regional, pero con orientaciones diferentes. Sin embargo, la Geografía del paisaje y la Geografía regional descriptiva tienen un elemento común, el pensamiento en red e integrativo, es decir el deseo de alcanzar una síntesis. Con ello Christoph Stadel habría escandalizado en Alemania. En Canadá esta añoranza de la Geografía Alemana en 1968 no existía y la Geografía Regional era altamente valorada. En el mundo germano hablante las disciplinas cercanas a la Geografía utilizaron esta falta de interés y cambiaron de enfoque ("regional turn"), lo cual obligó a la Geografía Alemana a repensarse.

Christoph Stadel es, tal como su maestro, Friedrich Metz, una persona capaz de observar y recordar. El trabajo empírico en el lugar, la observación, la elaboración de cartografía y las entrevistas, eran parte de su mundo desde el principio. Finalmente, -no, me corrijo-, después viene la teoría, pero en una forma que él ha hecho propia, tanto para Latinoamérica, como para la investigación de montaña: sus propios resultados son y serán llevados a modelos y teorías. Esta es una tarea ardua que requiere mucho tiempo y que lamentablemente no se considera moderna. Actualmente, ¡utilizar el menor tiempo posible y preferiblemente formular de manera abstracta e incomprensible es la forma que se lleva! Christoph Stadel se toma el tiempo para repensar sus ideas y formularlas de manera sencilla y comprensible.

Por esta razón la siguiente afirmación sorprenderá quizás a muchos geógrafos modernos: Christoph Stadel goza de una gran reputación internacional y es quizás en Norteamérica y Latinoamérica el geógrafo austriaco más reconocido, y en su área esto se hace extensible a algunos países europeos. Él es miembro honorario de la Sociedad Geográfica de Ecuador, Coeditor de la Revista de Geografía Alpina de Grenoble, miembro directivo y por años director de la sección de Geografía de la Sociedad de Estudios Canadienses, miembro de la Conferencia de Geógrafos Latinoamericanistas, de la Asociación Alemana de Investigación sobre América Latina, de la Asociación Andina y otras instituciones internacionales. Entre sus amigos personales cuentan los exponentes más renombrados de la Geografía latinoamericanista, de los estudios canadienses y de la investigación interdisciplinaria de alta montaña. No existe casi ninguna asociación científica de importancia o un centro de investigación internacional de alto nivel sobre estas dos regiones, en los cuales Christoph Stadel no haya participado o participe actualmente, a menudo en cargos directivos. En su cumpleaños número 60 en Salzburgo, hicieron uso de la palabra John Everett y John Osborne de Toronto y Montreal, respectivamente, como también Beate Ratter, en aquel entonces todavía de Maguncia. Muchos de nosotros recordamos todavía ese simposio pionero.

Tuve la suerte de conducir junto a Christoph y otros conocidos colegas internacionales de 14 países europeos y 4 países andinos, dos proyectos de investigación, y también realizar dos grandes excursiones con estudiantes de Salzburgo y de Innsbruck a Perú y Ecuador. Ya sea en el renombrado ámbito internacional o entre los jóvenes talentos, ¡Christoph disfruta siempre de un alto grado de reconocimiento!

Esta increíble aceptación, se debe solo de manera secundaria a la personalidad simpática y ganadora del homenajeado, sino que se basa sobre todo en sus contribuciones a la ciencia. Para numerarlas todas, el tiempo me es escaso. Por ello me referiré a las más importantes, sabiendo que soy injusto con el homenajeado y con mis oyentes.

Christoph Stadel es uno de los padres de la investigación sobre estrés ambiental. Con sus estudios, sobre todo realizados en Ecuador, logró madurar el concepto, llevarlo a la teoría y establecer modelos que todavía es posible encontrar en importantes textos de estudio. Es uno de los pensadores más importantes en la Geografía sobre el concepto de sustentabilidad, el cual ha aplicado y perfeccionado en la investigación urbana en Latinoamérica, en el área de estudios de desarrollo en el tercer mundo y en la frontera fría del ecúmene. En la investigación comparativa de los mercados periódicos, realizó trabajos pioneros sobre los Andes, los cuales impactaron y promovieron la investigación internacional en esta materia. Es importante mencionar su pasión por el campo de la Geografía Cultural Andina, y con ello literalmente el medioambiente, la cultura y la sabiduría de los Andes y sus habitantes, es decir "Lo Andino", como lo ha llamado Christoph Stadel en numerosas publicaciones, tema que también aborda en un capítulo del libro de los Andes. Con este extenso libro se inmortaliza la obra de Stadel en la Geografía de Montaña, la cual no se restringe a los Andes, sino que también a áreas montañosas en Norteamérica y África, donde dirigió el trabajo de uno de sus estudiantes.

Stadel cuenta con más de diez libros, ochenta artículos en libros, cincuenta y tres artículos en revistas científicas, cincuenta y tres publicaciones especiales y seis libros de texto, en los cuales ha escrito o colaborado; además de innumerables reseñas de libros y reportes de proyectos; en total más de 202 publicaciones que dan cuenta no solo de la creatividad de su pluma, sino que también de su alto grado de reconocimiento, dado que es frecuentemente invitado a participar en ediciones especiales de revistas, publicaciones conmemorativas y antologías.

También quiero referirme brevemente al ámbito privado de la vida de Christoph Stadel. ¿Por qué no puede tener el hombre una aventura? Eso se preguntaba una famosa canción en el año de nacimiento de Stadel. Christoph tiene una aventura, una muy íntima: su esposa y su familia. Christel y Christoph. Los nombres lo dicen, el cristianismo tiene en esta familia un rol principal como base de la vida propia y como un compromiso con el mundo que los rodea. Este aspecto constituye un lazo invisible y fuerte en la pareja, que los une aún más. Christel Stadel participa en el comité de la misión de la parroquia en Thalgau y la mentalidad cristiana es la motivación para su trabajo en el grupo "un mundo" en Thalgau, en el Comité de Políticas de Desarrollo de Salzburgo y en el Consejor de Intersol-Salzburgo, una conocida organización no gubernamental dedicada a políticas de desarrollo.

Si bien no directamente en estas organizaciones, pero si en este ámbito, Christoph fue el iniciador de los estudios de desarrollo en el Instituto de Geografía de Salzburgo, donde dirigió tesis doctorales de estudiantes del tercer mundo y también dirigió excursiones, actividades realizadas siempre con pasión. Seguramente que en las conversaciones por la tarde en casa, al matrimonio Stadel no les falta nunca tema de conversación.

La hija menor de la familia es pedagoga social en San Gilgen; Angela, es geógrafa y trabaja para el Ministerio de Medio Ambiente en Vancouver. El hijo mayor Joachim es profesor de Astrofísica en la Universidad de Zürich y Tonia, es jefa del departamento de personal de una importante empresa en Waterloo. Todos se han dedicado al trabajo con y por las personas. Esto de manera consciente o inconsciente es un legado del espíritu reinante en la familia Stadel.

En este contexto religioso, yo estoy al menos, visiblemente alejado de Christoph. La Geografía de la Religión es para mí un hobby, al cual no puedo, lamentablemente, dedicarle todo el tiempo que quisiera. La religión es para mí un "objeto de conocimiento" y no un "sujeto de experiencia". Largas discusiones nocturnas sobre las tesis de Max Weber sobre el "trabajo de los mendigos" y el protestantismo han animado nuestras noches en los Andes.

La práctica del cristianismo es uno de los pilares de este matrimonio. Un segundo pilar es Canadá. La joven pareja vivió el frenético momento de la conformación de una familia en un país nuevo para ambos, el cual los embrujó y no los dejó nunca más. Aunque yo sé cuan en serio se tomó Christoph sus estudios sobre Canadá, a veces pienso que lo hizo todo con gran rapidez para volver nuevamente aquí. La cabaña de madera en el lago, el terreno en el Parque Nacional, estos son inmuebles, es decir vínculos no perecederos que alguien adquiere solo por amor a un lugar. ¿Pero porque no puede un geógrafo enamorarse de un país?

Christoph se transformó en un caminante entre dos mundos, el viejo y el nuevo mundo. Christel no fue menos. Ambos mundos son amplios. El Nuevo Mundo comprende a los Estados Unidos y Latinoamérica y el Viejo Mundo a toda Europa y el Oriente. Me he preguntado a menudo, ¿dónde yacen las raíces de esta forma de entender el mundo?. Creo que la respuesta se encuentra en *"plus ultra"*, el lema de la Casa de Austria. Por ello es para mí de gran importancia que al cerrar el ciclo de la carrera académica del ciudadano oriundo de Baden y del mundo, Christoph Stadel, quién inició su carrera académica en una Universidad de la Austria Antigua, hoy la concluya en el mismo país.

Que los últimos años en la Universidad no fueron fáciles para Christoph, o debo incluso decir que ¿no se los hicieron fáciles?, No es un secreto. Christoph trabajó dos décadas en una Universidad pequeña, pero cosmopolita, con estrecho contacto entre los docentes y los estudiantes, entre la Universidad y el municipio, donde primó un alto grado de colegialidad, entendimiento y respeto mutuo, además de un sentimiento de pertenencia a la familia universitaria, el cual transformó en una obligación al asistir siempre a las actividades organizadas por la Institución, ya sea de carácter deportivo, en conciertos, en celebraciones académicas o conferencias. Del mismo modo, asistía a las cátedras de sus colegas para aprender de otros o ganar ideas para encontrar el camino en su trabajo. Voluntariamente y con mucho gusto, impartió cursos no pagados en las praderas y en comunidades indígenas solo con el afán de compartir los resultados de sus investigaciones. "soy un misionero de la Geografía" me señaló Christoph en una oportunidad.

¡Que contraste le esperaba en Salzburgo! No quiero profundizar en eso. Sin embargo, debo reprochar que la Universidad de París-Lodron, no reconociera el gran potencial de este excelente científico reconocido internacionalmente. En aquel entonces, pensé a veces en la Universidad de Salzburgo tras la lectura de Schwanitz Campus. Y tuve siempre una imagen del "Bernie" conmigo…

Que Christoph haya resistido estas situaciones proviene de su biografía, la cual he contado aquí solo de manera parcial. La cercanía que él alcanzó con su nueva área de interés, se debe a que ya la conocía parcialmente: el paisaje era comparable con el de Baar, el cuál estudió y comprendió en su totalidad. Internamente Christoph pudo combatir el estrés y mantener alta la autoestima, pero las situaciones externas eran a menudo apremiantes. Fue una verdadera suerte que él realizara numerosas excursiones a Ecuador, Perú, Estados Unidos, como también a Alaska y Suiza, a menudo con colegas de Viena e Innsbruck, como también numerosas estancias de investigación en Latinoamérica y Canadá, las cuales le permitieron escapar de estas situaciones estresantes.

Tuve la oportunidad de acompañarlo en dos de estas excursiones antes mencionadas. ¡Éstas cuentan como unos de los momentos más destacados de mi carrera académica! ¡Nos entendimos muy bien! Estábamos muy felices de poder compartir nuestro amor por la Geografía y por Latinoamérica con los jóvenes. Christoph, nuca olvidaré como me ayudaste en Cuzco toda una noche a curar mis problemas cardiacos. Tú seguramente no olvidarás como tu colega escasamente interesado en la moral católica, en este caso yo, con temperaturas muy bajas y sobre 4 000 metros de altura, sin bañador (ya que no estaba planeado) y junto a un grupo de estudiantes, saltó en un lago del páramo ecuatoriano. Tú todavía piensas: ¡para calmar las pasiones!, sin embargo yo insisto que fue para demostrar por última vez mi juventud, la cual dos años después, perdí completamente en las tierras altas peruanas.

Asimismo, tuve personalmente la posibilidad de tener a Christoph Stadel como participante de varios ciclos de charlas, como coordinador y colaborador en proyectos de la Unión Europea, como connotado latinoamericanista de "nuestro círculo más cercano" y como miembro destacado de la Sociedad de estudios sobre Canadá. Igualmente quiero agradecer la oportunidad de trabajar juntos, donde Christoph participó como encargado de varios cursos que dictamos y como co-orador en distintos congresos internacionales. Sin lugar a dudas, lo que más valoro de esto, es su amistad y el ambiente acogedor que siempre reinó en su hogar en Thalgau, el cual, a veces solo, otras acompañado de mi esposa, siempre disfrutamos. Esto corresponde a una de los pocos casos afortunados en la vida académica donde se pudo establecer una amistad con un colega, amistad que se hizo extensiva a nuestras esposas. En esta oportunidad quisiera incluir en mi laudatorio a Christel. Quien más que yo sabe de esto: ¡no seriamos nada sin nuestras esposas! La frase "detrás de un hombre exitoso, se encuentra siempre una mujer fuerte" es una frase bastante trillada, feminista y un poco sospechosa. Sin embargo, es por ello ¿falsa?.

Querido Christoph, tu carrera académica a tus 75 años no ha llegado todavía a su fin. El gran libro de los Andes es seguro una obra tardía que se alimenta de largos años de experiencia, esperamos también en el futuro, beneficiarnos de tus conocimientos.

En este contexto, Ad multos annos!

# Christoph Stadel is not what he appears to be!

**John Tyman**

However, this is not an accusation of hypocrisy or deceit, but a personal tribute from one who has known Christoph as an academic colleague and personal friend for a long, long time.

I did not prepare a 'scientific article' in his honor because its inclusion in your *fest-schrift* would not do him honor! I no longer consider myself an "academic" and at times like these I doubt if I ever was! Among my few claims to fame, however, I can claim to be the one who first lured Christoph from a classroom to a lecture theatre. I was then head of the Department of Geography at Brandon University in Western Canada, and was thrilled when Chris responded to our advertisement for a lecturer in Cultural Geography. To that point in time all the members of the Department had been trained in Britain, and Chris' arrival proved to be a breath of fresh air.

Between September 1968 and January 1976, when I took up an appointment in Australia, we shared similar academic interests and enthusiasms, and a similar commitment to the principles of justice and world peace. We shared a common conviction that our religious beliefs should be manifested in our actions. I remember Chris as an active promoter of WUS (the World University Service), raising funds through annual sales of handicrafts, that would allow students from 'the developing world' to study abroad.

It was Christoph, too, who showed me that cultural geographers could combine work with pleasure, organizing expeditions to foreign lands for academic purposes, but having fun in the process! This I have done... following him to the Atlas Mountains, the Alps, the Andes and yet further afield... with my camera at the ready. And since I moved to Australia we have contributed images to each other's projects.

But, as I say, he is not the man he appears to be. Most of those who read this will think of Christoph as an inhabitant of mountainous regions, scaling the steepest of slopes with a notebook and camera in his hand: but that is only what he *appears* to be. At heart, I believe, he is not a mountain goat but a man of the plains. Like myself his roots are buried in the Canadian Prairies. My fondest memory of Christoph is visiting him in Austria in 2001, when he lived in a farmhouse (near Thalgau if my memory serves me correctly). The windows of his house opened onto beautiful mountain scenery, with snow-covered peaks and grassy meadows. And I for my part live in what is arguably the most beautiful part of Australia, in a region of mountain slopes and subtropical rainforest. Yet, as we talked of "the old days" at his kitchen table we both wept at our remembrance of our years on the Prairies!

Many men, when they need to relax, and have time to be themselves, untroubled by everyday concerns, head for the mountains: and there is even Scriptural justification for finding strength there, above the plains. But Christoph heads in the opposite direction... downslope... to the Prairies... where he spends summer in the cottage he maintains there still. I know this because every year he sends me mouth-watering postcards of Prairie landscapes.

So don't be fooled by the image of Christoph as a mountaineer, for his interests and enthusiasms span both mountains and plains. He is a man of diverse interests and enthusiasms, who lives life to the full. Wordsworth actually wrote a poem about him:

> Who is the happy Warrior? Who is he
> That every man in arms should wish to be?
> – It is the generous Spirit, who, when brought
> Among the tasks of real life, hath wrought
> Upon the plan that pleased his boyish thought:
> Whose high endeavors are an inward light
> That makes the path before him always bright:
> Who, with a natural instinct to discern
> What knowledge can perform, is diligent to learn;
> Abides by this resolve, and stops not there,
> But makes his moral being his prime care.

Christoph Stadel is such a man!

And I remember him at this moment in time with much affection and great respect.

# Christoph Stadel – Ein Wegbegleiter in meinem Leben

**Wolfgang Pirker**

## Fragen

Aus Sicht der Wissenschaft mag es völlig unerheblich sein, worin wohl der Grund lag, dass ich nach mehreren Tagen Mailpause Anfang Jänner 2013 wieder den Computer benutzte, um eine längst fällige Antwort auf die Frage zu formulieren, ob ich bereit sei, in der Festschrift für Univ. Prof. Dr. Christoph Stadel anlässlich seines 75. Geburtstages einen Beitrag zu leisten. Diese Frage war mir nämlich am 20. Dezember, also kurz vor Weihnachten, gestellt worden, verbunden mit der Bitte um rasche Beantwortung. Die rasche Beantwortung gelang nicht. Erst nach den Weihnachtsfeiertagen war ich bereit, darüber nachzudenken und eine Entscheidung zu treffen.

Natürlich – Christoph Stadels Kollegen und Freund, Univ. Prof. Dr. Heinz Slupetzky, der mir die Anfrage von Univ. Prof. Dr. Axel Borsdorf weitergeleitet hatte, sagte ich spontan und aus einem Bauchgefühl heraus zu, ohne genau zu wissen, was ich denn eigentlich schreiben wollte. Ich wusste nur, was ich nicht schreiben würde: einen rein wissenschaftlichen Beitrag. Dazu fehlte mir nicht nur das genaue Wissen um Christophs umfassendes, langjähriges geographisches Wirken, dazu fehlte auch der kontinuierliche Kontakt zur Wissenschafts- und Universitätsszene. Es musste also in eine andere Richtung gedacht werden, in Richtung „Der Mensch Christoph Stadel" oder vielleicht in Richtung „Der Mensch hinter der Maske des Wissenschaftlers". Da kam mir der Zufall zugute. Und Weihnachten, denn unter mehreren Geschenken fand ich ein Buch mit dem Titel „Der Wissenschaftswahn". Autor: Rupert Sheldrake. Nun stellt sich die berechtigte Frage, was Christoph Stadel mit Rupert Sheldrake zu tun hat. Das will ich in meinem Beitrag – neben einigen anderen Fragen – versuchen zu beantworten.

## Temperaturunterschiede

Wir schreiben einen der letzten Jännertage des Jahres 1978. Von New York kommend, macht der Greyhound Halt in der kanadischen Stadt Thunder Bay. Es ist mitten in der Nacht und die Außentemperatur beträgt – von Fahrenheit auf Celsius umgerechnet – etwa minus 30 Grad. Doch bald, nach 36-stündiger Fahrt, würden wir – meine Freundin und ich – in Brandon, dem Ziel unserer Reise, eintreffen, und dort würde es noch kälter sein. Doch nicht nur das. In Brandon, nach Winnipeg die zweitgrößte Stadt der Prärieprovinz Manitoba, werden wir in einigen Wochen im Radio die Nachricht hören: „Today is the one hundreth day, on which the temperature in Brandon keeps below zero." Angesichts dieser extremen Kälte, an die wir uns erst einmal zu gewöhnen hatten, kauften wir uns bei Woolworth einen Daunenanorak, der uns auch im darauffolgenden Winter und bei der Rückreise im Jänner 1979 – diesmal per Zug und über Montreal – wärmte. Daheim in Europa brauchte ich dieses Kleidungsstück dann nie wieder.

Neben der Kälte durften wir aber auch viel Wärme erfahren. Wettermäßig vor allem im Sommer 1978 und in menschlicher Hinsicht das ganze Jahr unseres Kanadaaufenthaltes. Wichtigste „Wärmespender": Christoph Stadel und seine Frau Christel mit den Kindern Joachim, Angela und Tonia. Sie stellten uns nicht nur für die erste Zeit Wohnraum zur Verfügung, sondern sie waren auch Orientierungshilfe und Begleitung in einem Projekt, das Wissenschaft und Privatleben immer mehr verschmelzen und in der Rückschau oftmals fragen ließ: Kann man so viel in einem Jahr erleben?

## Begegnungen

Wir zwei Geographiestudenten, Christa Winkler und ich, waren mittels Auslandsstipendium des Wissenschaftsministeriums nach Kanada gegangen, um bei Univ. Prof. Dr. Josef Schramm am Geographischen Institut der Universität Salzburg eine Hausarbeit bzw. Dissertation über „Altösterreicher in der kanadischen Prärie" zu schreiben. Gedacht war dabei an Polen oder Ukrainer, an Menschen also, die seinerzeit als Bürger der K&K Monarchie Österreich verlassen und in Manitoba eine neue Existenz aufgebaut hatten. Die Auswirkung auf den geographischen Raum, seine ethnospezifische Nutzung und Gestaltung hätte Gegenstand einer Untersuchung sein können. Es sollte ganz anders kommen.

„Wollt ihr mitkommen?", fragte uns Christel Stadel wenige Tage nach unserer Ankunft in Brandon. „Ich muss noch Eier kaufen, an der Colony!" An der „Colony"?

In den Unterlagen zur Vorbereitung unseres Kanadaabenteuers hatte ich schon von „Kolonien" gelesen – von den Hutterer-Kolonien. Da gab es zum Beispiel einen interessanten Artikel von John Ryan mit dem Titel "The Economic Significance of Hutterite Colonies in Manitoba". Christoph hatte ihn uns noch vor Antritt der Reise geschickt und damit mein besonderes Interesse geweckt. Nun bekam ich also die Chance, das erste Mal den Boden einer Hutterer-Kolonie zu betreten. „Betreten" ist auch die passende Beschreibung für die Blicke, die wir einander schenkten, nachdem wir uns gegenüberstanden: hier ein paar Hutterer-Männer, schwarz gekleidet und mit Bart, da meine Kollegin und Freundin Christa und ich. Und dann führten wir ein Gespräch. Nicht auf Englisch. Aber auch nicht auf Deutsch. Es war ein urtirolerischer Dialekt, in dem diese Männer sprachen, ein Dialekt aus längst vergangenen Tagen, angereichert mit kärntnerischen Sprachelementen und uns völlig unbekannten Wörtern, aufgeschnappt auf ihrer jahrhundertelangen Odyssee durch Mittel- und Osteuropa, ehe die Hutterer gegen Ende des 19. Jahrhunderts in Nordamerika ihre neue Heimat fanden. Im Zuge des Gesprächs entkrampften sich die betretenen Blicke rasch. Die anwesenden Männer waren nämlich schwerst beeindruckt von der Tatsache, dass wir sie verstehen konnten. Und ich wusste in diesem Moment: „Das ist mein Thema!"

Christas Thema wurde die Provinz Manitoba und die Stadt Brandon. Dank der hervorragenden Betreuung durch Christoph Stadel, dank der Offenheit der universitären Institute und dank der exzellenten Kontakte zu den Verwaltungseinrichtungen, insbesondere zur Cityhall of Brandon, entstanden schließlich zwei Werke, die sich beide herzeigen lassen: ihre Geographie-Hausarbeit „Historisch-geographische Betrachtung der Provinz Manitoba / Kanada" sowie ihre Englisch-Hausarbeit „Brandon – The Face of a City".

## Vertrauen

Über mangelnde Unterstützung konnte auch ich nicht klagen. Im Gegenteil. Es war eine Freude, die rege Anteilnahme vieler Menschen zu spüren, wenn ich ihnen erzählte, dass ich „Feldforschung" betreibe. „What about?", fragten sie dann nach, und wenn ich ihnen antwortete „The Hutterites", so konnte ich immer ein höchst interessiertes, manchmal vielleicht nicht eindeutig interpretierbares „Oh, the Hutterites, really?" entgegen nehmen. Und auch mit den Hutterern funktionierte die Kooperation sehr gut. Nach vier Monaten Vorbereitungsarbeit durch Literaturstudium, Kontaktaufnahme mit Kolonien und der Auswahl von fünf Kolonien für die gezielte Feldforschung hatte ich den fertigen Arbeitsplan für die zweite Jahreshälfte, sodass ich mir erlauben konnte, über einen Sommerurlaub nachzudenken. USA, die Nationalparks, Mexico, Yucatan... und hinauf zum Großen Sklavensee, nach Yellowknife zu den Goldminen, wer weiß denn schon, ob wir im Leben noch einmal diese Chance haben würden... Ja, diese Reise fand statt, doch unter ganz anderen Vorzeichen als geplant.

Eines schönen Tages im Mai 1978 fragte mich der Prediger einer eher konservativen Kolonie: „Wolfgang, du liabscht do dei Frau, die Christa. Wollts nit heiraten?"

Wäre diese Frage aus ehrlicher Sorge um unser Seelenheil gestellt worden, hätten wir beide sicher geantwortet: „Not yet, that's no problem for us, das hat Zeit." Das war aber nicht der Fall. Diese Frage war vielmehr als Druckmittel zu verstehen, weil einige Stimmen unter den Hutterern meinten, wir würden eine schlechte Vorbildwirkung auf ihre Jugendlichen ausüben. Es war jedenfalls nicht auszuschließen, dass ich zumindest von dieser Kolonie keine Informationen für meine wissenschaftliche Arbeit mehr erhalten hätte. Damit wäre das gesamte Projekt gefährdet gewesen. Es gab also nur die eine Option: Heiraten! Und tatsächlich: Noch im Juni 1978 heirateten wir am Standesamt in Brandon! Die anschließende Feier fand im Garten der Familie Stadel statt. Und einer der beiden Trauzeugen hieß Christoph Stadel!

Die Hochzeit war sehr schön. Und der Sommerurlaub entwickelte sich zu einer aufregenden Hochzeitsreise. Zurück in Europa heirateten wir auch kirchlich. Christa und ich haben einen gemeinsamen Sohn, Fabian. All das verhinderte jedoch nicht den Schritt, den wir zehn Jahre später setzten: wir ließen uns scheiden. Heute leben wir in jeweils neuer Partnerschaft und sind glücklich, so wie damals, nur anders – Christa mit Günter Schlager, ich mit Margarita. Und Christoph Stadel zählt mit Christel zu unseren besten gemeinsamen Freunden.

## Öffentlichkeit

Ja, und meine Dissertation habe ich 1981 an der Naturwissenschaftlichen Fakultät der Universität Salzburg eingereicht. Sie trägt den Titel „Gemeinschaftssiedlungen in der kanadischen Prärie: Eine sozialgeographische Untersuchung der Hutterer von Manitoba".

Nun liegt es mir fern, den Inhalt meiner Dissertation hier auszubreiten. Der Hinweis, dass diese Arbeit mit 32-jähriger Verspätung als Buch das Licht der Öffentlichkeit erblicken wird, sei aber doch erlaubt, genauso wie die Feststellung, dass es sich dabei um eine der ersten Studien über die Hutterer handelt, die im deutschen Sprachraum erschienen ist. Und was mich besonders freut, ist die Tatsache, dass sich Christoph Stadel bereit erklärt hat, mir in Form eines Epilogs einige Gedanken zu schenken. Ihm verdanke ich es ja auch, dass ich über die Entwicklung der Hutterer in den letzten drei Jahrzehnten auf dem Laufenden gehalten wurde. Und er informierte mich auch über die eine oder andere wissenschaftliche Arbeit, die seither geschrieben wurde über jenes „vergessene Volk", das der auf tragische Weise ums Leben gekommene Michael Holzach bereits 1980 im gleichnamigen Buch so spannend beschrieben hat. Und dass der Besuch einer Huttererkolonie bei Stadel-Exkursionen nach Kanada immer ein fixer Programmpunkt war, ist beinahe eine geographische Selbstverständlichkeit geworden.

Was ist das Besondere an der „Kultur" der Hutterer, das Menschen immer öfter inspiriert, sich mit ihnen zu beschäftigen, ob aus wissenschaftlichen oder persönlichen Gründen? Ist es das Phänomen, dass diese mittlerweile an die 500 Kolonien und 50 000 Mitglieder umfassende Volks- und Religionsgemeinschaft nach einem halben Jahrtausend überhaupt noch existiert? Ist es die Ablehnung des Privateigentums, die es ihnen ermöglicht, im Jahr 2013 noch immer primär von der Landwirtschaft zu leben? Oder sind es religiöse Überzeugungen wie die Ablehnung der Kindertaufe oder das Bekenntnis zum Pazifismus?

## Persönlichkeiten

Für mich war nach der ersten Phase des durchaus bewundernden Staunens weder das Eine noch das Andere anziehend genug, um mich mit der Gemeinschaft der Hutterer als Alternative zu unserer Lebensweise identifizieren zu können. Was mich jedoch fasziniert hat, das war die unglaubliche Konsequenz, mit der die Hutterer ihren Prinzipien entsprechend immer gelebt haben und dies bis heute tun. Das hat mich persönlich so sehr beeinflusst, dass ich damals begann mein Leben bewusst zu beleuchten und mich zu fragen, was meine Ziele für die Zukunft wären. Diesen Veränderungsprozess muss auch jene Lehrbeauftragte am Salzburger Institut für Soziologie und Kulturwissenschaft registriert haben, die mir nach meinem Vortrag über die Hutterer ganz offenherzig gratulierte: „Herr Pirker, Sie sind als Student nach Kanada gegangen und als Persönlichkeit zurückgekehrt“. Es war dies Frau Dr. Sigrid Paul und es war eines der schönsten Komplimente, die ich in meinem Leben je erhielt.

Wertschätzung auszudrücken war auch Christoph Stadel nie fremd und ich freue mich, dass ich ihm nach so langer Zeit für seinen Anteil an meinem damaligen Veränderungsprozess danken darf. Ein herzliches Dankeschön gebührt auch dem mittlerweile zum Freund gewordenen Heinz Slupetzky für die Anfrage, ob ich bereit wäre einen Beitrag zur Festschrift für Christoph Stadel zu leisten, da ich ihm doch schon so lange freundschaftlich verbunden sei. Das war eine gute Frage. Und ich danke schließlich Herrn Prof. Borsdorf, dass er sofort für meinen Wunsch, einen persönlichen Beitrag zu schreiben, empfänglich war. Und wenn ich die Liste der Danksagungen komplettiere, dann muss ich noch einmal Univ. Prof. Dr. Josef Schramm erwähnen. Er, der schon Christoph Stadels Lehrer an der Universität gewesen war, leistete durch seine Lebenserfahrung und seine durchaus unkonventionelle Art, geographisches Wissen zu vermitteln bzw. vermitteln zu lassen, einen höchst wertvollen Beitrag zur Öffnung und Durchlüftung der „Studierstuben“. „Raus in die Wirklichkeit“, war sein Credo,

ob zu den österreichischen Minderheiten, den Slowenen in Kärnten, den Ungarn und Kroaten im Burgenland oder zu den Donauschwaben nach Brasilien oder zu den Hutterern nach Kanada. Ihm verdanke ich den Mut, 1978 ins kalte Wasser gesprungen oder besser in den kalten Schnee getreten zu sein, der uns in Brandon empfing. Prof. Schramm ist im Jahr 2001 verstorben. Auch Univ. Prof. Dr. Helmut Heuberger lebt nicht mehr. Diese Gelegenheit möchte ich aber nutzen, auch ihm posthum zu danken. Er war der Zweit-Begutachter meiner Dissertation.

## Aktivitäten

Die Zeit zwischen 1981 und 2007 erlebte ich als eine intensive. Ein Kind war geboren, ein Haus wurde gebaut, zwischendurch mit dem ORF – bei erneuter Inanspruchnahme Stadelscher Gastfreundschaft in Brandon – ein Film über die Hutterer gedreht. Nach Abschluss des Pädak-Studiums und des Zivildienstes stieg ich in den Lehrberuf ein und wurde politisch bei jener Partei aktiv, die damals gute Ideen, viel (Aufbau)arbeit, wenig Anerkennung und kein Geld zu bieten hatte. Grün schien neben der Farbe auch die Partei der Hoffnung zu werden. Inwieweit diese Hoffnung erfüllt wurde, möge jede(r) selbst beurteilen.

Auch für Christoph war dies eine intensive Zeit. Tochter Beatrice war geboren, Lehr- und Forschungstätigkeit auf fast allen Kontinenten der Welt, alle fünf Jahre Sabbatical und die damit verbundenen Strapazen des Umzugs mit der ganzen Familie. All dies hinderte ihn nie daran, von überall Ansichtskarten zu schreiben oder zu Weihnachten seiner Familie ein fertiges Jahresfotoalbum zu präsentieren. Die Verbindung von Beruf und Privatleben war ihm immer ein Anliegen und viel öfter Bereicherung als Belastung. Dass er in seiner Frau Christel eine kongeniale Partnerin gefunden hat, ist sicherlich nicht nur mir aufgefallen. Ihr Anteil an Christophs Lebenswerk ist nicht hoch genug zu schätzen.

## Rückschau

Christophs Lebenswerk! Worin besteht es? Wie beschreibt man es? Um diese Fragen zu beantworten, komme ich nun auf Rupert Sheldrake, den eingangs erwähnten Verfasser des Buches „Der Wissenschaftswahn", zurück.

Sheldrake, geboren 1942 in England, ist kein Geograph. Er ist Biologe. Er hat mehrere Bücher geschrieben („Das schöpferische Universum", „Das Gedächtnis der Natur", „Sieben Experimente, die die Welt verändern könnten", „Der siebte Sinn der Tiere", „Der siebte Sinn des Menschen") und er hat in wissenschaftlichen Zeitschriften über achtzig Arbeiten veröffentlicht. Er gehört etlichen wissenschaftlichen Gesellschaften an und hält weltweit Seminare und Vorträge zu seinen Forschungen. Im einzigen mir bekannten, dem 2012 erschienenen Buch „Der Wissenschaftswahn" (Original „The Science Delusion"), schreibt er unter anderem:

„Ich habe das Leben eines Wissenschaftlers geführt und bin ein entschiedener Verfechter des wissenschaftlichen Ansatzes. Es verstärkt sich bei mir jedoch die Überzeugung, dass die Naturwissenschaften einiges an Spannkraft, Vitalität und Neugier eingebüßt haben. Ihrer Kreativität stehen dogmatisches und ideologisches Denken, ängstlicher Konformismus und institutionelle Schwerfälligkeit im Wege." „An wissenschaftlichen Kollegen", schreibt er weiter, „überrascht mich immer wieder der Kontrast zwischen ihren öffentlichen Äußerungen und dem, was sie im privaten Gespräch sagen. In der Öffentlichkeit sind ihnen die massiven Tabus, mit denen bestimmte Themen belegt sind, sehr bewusst; im privaten Gespräch erlebt man sie schon eher ein wenig abenteuerlustig." Und er setzt fort: „Ich habe dieses Buch geschrieben, weil ich glaube, dass die Naturwissenschaften spannender und mitreißender sein werden, wenn sie sich über die Dogmen hinwegsetzen, die dem forschenden Fragen Grenzen setzen und die Phantasie hinter Gittern halten."

## Neue Gedanken

Das sind ja spannende und – für mich jedenfalls – neue Gedanken, dachte ich mir beim Lesen dieser Zeilen und wurde neugierig, ob dieses Buch mehr davon zu bieten hätte. Ich wurde fündig, und spätestens beim Kapitel 10 mit der Überschrift „Ist mechanische Medizin die einzig wirksame Medizin?" spürte ich als chronisch Kranker, der seit dem Jahr 2000 mit der Diagnose „Morbus Parkinson" lebt und in dieser Zeit nicht nur die Sonnenseiten der „Schulmedizin" kennengelernt hat, dass mich Rupert Sheldrake noch länger beschäftigen würde. Ich wurde zum Kreuz-und-quer-Leser, sprang von einem Kapitel zum anderen, sprach mit einigen Personen darüber und bedauerte bald, Sheldrakes Gedankenwelt nicht schon früher betreten zu haben.

Woraus besteht nun diese im „Wissenschaftswahn" zusammengefasste Gedankenwelt? Sheldrake vertritt die Ansicht, dass die Naturwissenschaft von ihren eigenen jahrhundertealten und inzwischen zu Dogmen verhärteten Annahmen „ausgebremst" wird, denn: „Heutige Naturwissenschaft ruht auf der Annahme, Realität sei grundsätzlich materieller oder physikalischer Natur. Es gibt materielle Wirklichkeit und sonst nichts. Bewusstsein ist ein Nebenprodukt der physischen Gehirntätigkeit. Materie ist ohne Bewusstsein. Der Evolution liegt kein Plan zugrunde. Gott existiert nur als Idee im Menschengeist, das heißt in menschlichen Köpfen."

Und weiter: „Solche Grundüberzeugungen sind von großer Macht, aber nicht, weil die Wissenschaftler kritisch über sie nachdächten, sondern weil sie es eben nicht tun. Natürlich, die Fakten der Naturwissenschaft, die angewandten wissenschaftlichen Verfahren und das, was an Technik daraus hervorgeht, sind etwas sehr Reales, doch das hinter dem herkömmlichen wissenschaftlichen Denken stehende Glaubenssystem ist ein in der Ideengeschichte des neunzehnten Jahrhunderts verwurzelter Glaube." Und die zehn zentralen „Glaubenssätze", die sich seiner Meinung nach die meisten Wissenschaftler ungeprüft zu eigen machen, fasste er zum „Naturwissenschaftlichen Glaubensbekenntnis" zusammen. In gekürzter Form gebe ich sie wieder:

1) Alles ist mechanischer Natur.
2) Materie besitzt grundsätzlich kein Bewusstsein.
3) Die Gesamtheit von Materie und Energie ist immer gleich.
3) Die Naturgesetze stehen ein für alle Mal fest.
4) Die Natur kennt keine Absichten.
5) Biologische Vererbung ist ausschließlich materieller Natur.
6) Der Geist, unser Denken und Fühlen, sitzt im Kopf.
7) Erinnerungen werden beim Tod gelöscht.
8) Unerklärliche Phänomene sind reine Einbildung.
9) Mechanistische Medizin ist die einzig wirksame Medizin.

## Umkehr

Zusammen, so Sheldrake, bilden diese Glaubenssätze die „Ideologie des Materialismus". Dieses Glaubenssystem setzte sich, wie erwähnt, vor mehr als hundert Jahren in der Naturwissenschaft durch und gilt jetzt als „gesicherte Erkenntnis".

Nun kehrt Sheldrake aber – im Sinne einer radikalen Skepsis – jede dieser zehn Doktrinen um zu einer Frage und staunt, welch neue Horizonte sich öffnen, wenn eine fraglos akzeptierte Annahme nicht mehr als selbstverständliche Wahrheit genommen, sondern zum Ansatz eines „forschenden Fragens" gemacht wird. Und wenn sich dieses forschende Fragen überdies wieder mehr der „Gesamtschau" widmet, dann wird das ein Beitrag sein zur „Umkehr des Spezialisierungstrends", der dazu geführt hat, dass die Wissensbereiche immer mehr und immer kleiner wurden, dass die Interdependenz aller Dinge auf allen Ebenen missachtet wurde und „dass die Spezialisten heute immer mehr über immer weniger wissen".

Darüber hinaus vermisst Sheldrake die „kontroverse wissenschaftliche Diskussion" – vor allem in der Öffentlichkeit – und fordert „Meinungspluralismus". Dabei scheinen ihm Gespräche mit zwei oder drei Beteiligten am fruchtbarsten zu sein. Podiumsdiskussionen mit fünf bis zehn Teilnehmern, wie sie bei wissenschaftlichen

Kongressen üblich sind, lehnt er ab, denn: „Bis alle ihre Eröffnungsworte gesprochen haben, ist die angesetzte Diskussion meist schon fast um, und bei so vielen Teilnehmern ist es schier unmöglich, das Thema wirklich zuzuspitzen und auf den Punkt zu bringen."

## Ohne Maske

Auf den Punkt zu bringen, was das alles nun mit meinem Freund, dem Lehrer und Wissenschaftler, dem Abenteurer und Familienmenschen, dem konsequenten Gesundheits-Walker und Weingenießer zu tun hat, ist auch mein Anliegen. Und ich finde die Antwort am Covertext des Buches, wo ich lese: „Rupert Sheldrake gehört zu den Vorreitern eines neuen ganzheitlichen Weltbildes, das Naturwissenschaft und Spiritualität miteinander verbindet". Seine „Theorie der morphogenetischen Felder" entwirft die „Vision eines lebenden, sich entwickelnden Universums, das über eine eigene Form von Gedächtnis verfügt." Das heißt, diese morphogenetischen Felder enthalten nach Sheldrake die gesammelte Information aller vergangenen Geschichte und Evolution. Und alles, was gegenwärtig geschieht, hat Konsequenzen für ähnliche Vorgänge in der Zukunft. Seine Vision ist nichts Geringeres als die Demontage des mechanistisch-materialistischen Weltbildes und die Schaffung eines neuen. Eines neuen und ganzheitlichen Weltbildes, das die Verbindung von Wissenschaft und Religion nicht länger ausschließt.

Nach den vielen Stunden, die ich in den vergangenen 35 Jahren mit Christoph verbringen durfte, ob beim Wandern auf der Koralpe oder um den Fuschlsee, ob auf der Samer Alm in Werfenweng oder am Rundwanderweg in Glanz an der Weinstraße, ob im Haus oder in der Cottage in Kanada, ob beim Kitzeckmüller in Kitzeck, beim Hiaslwirt in Thalgau oder beim Wirt z'Wimpling, ob bei Gelbem Muskateller aus der Steiermark oder bei Spätburgunder aus dem Badischen, ob bei Innviertler Knödel oder bei Käsefondue mit Kirschwasser von Schladerer, nach all diesen vielen Stunden stelle ich fest: Jede dieser Begegnungen ermöglichte das Gespräch, und jedes Gespräch leistete einen Beitrag zum Kennenlernen eines Menschen, auf den die obige Beschreibung von Rupert Sheldrake in hohem Maße zutrifft. Spiritualität und kritisches Hinterfragen, Betonung der Gesamtschau, Meinungspluralismus... dafür steht Christoph Stadel, beruflich wie privat. Und damit betrachte ich auch die Frage nach dem Menschen Christoph Stadel hinter der Maske des Wissenschaftlers als beantwortet. Es ist, soweit ich es beurteilen kann, derselbe Mensch, die Maske gibt es nicht.

Lieber Christoph,

mit großer Freude habe ich diesen Text geschrieben, denn ich habe in den letzten Jahren die Erfahrung gemacht, dass Schreiben einer der schönsten Wege zu den Menschen und zu sich selbst ist. Möge es uns gegönnt sein, einander noch viele Jahre zu begleiten trotz räumlicher Distanzen. Und wünschen wir uns, dass die nicht ausbleibenden Einschränkungen des Alters uns noch weiterhin die so lange Freundschaft fortsetzen und erleben lassen, ob in Form eines Telefongesprächs oder durch Empfang einer Ansichtskarte oder – die beste Variante – durch Gedankenaustausch bei einem Glas gutem Wein.

In diesem Sinne gratuliere ich Dir zu deinem großartigen Lebenswerk und wünsche Dir, auch im Namen von Christa, Margarita und Günter, alles Gute für die Zukunft!

Wolfgang,

im Juni 2013, oder: 35 Jahre später...

# C. Stadel – Eine biographische Annäherung… oder Wissenschaftler jenseits von SCI und ECTS

**Walter Gruber**

Bei der Darstellung eines Lebenslaufes eines Wissenschaftlers spielt neben der chronologischen Aufzeichnung der einzelnen Stationen des beruflichen und privaten Werdeganges auch die Erfassung der Forschungs- und Lehrleistung eine wichtige Rolle. In vielen Fällen sind diese Darstellungen zwar sehr formal gehalten, aber dennoch findet man darin auch heute noch persönliche Anmerkungen. Trotzdem gelten Biographien, wenn sie zu subjektiv erscheinen, nicht dem Zeitgeist angemessen, denn auch sie müssen ja den gültigen Regeln einer wissenschaftlichen Publikation entsprechen.

Ich will in diesem Beitrag bewusst auf eine genaue Aufzählung von Publikationen, Lehrveranstaltungen, Absolventen, Tagungsbeiträgen etc. von Christoph Stadel verzichten, ja ich möchte sogar versuchen ohne zitierte Literatur auszukommen. Nur meine persönlichen, d. h. subjektiven Erfahrungen und Erlebnisse bilden die Grundlage der Ausführungen, wobei einige schriftliche Aufzeichnungen als Gedächtnishilfe dienen.

## Christoph Stadel als Kollege

Mein persönlicher Kontakt mit Stadel begann im Jahre 1981, als ich meine Tätigkeit als Kartograph am damaligen Institut für Geographie (heute Fachbereich Geographie und Geologie) begann. In jenem Jahr war er als Gastprofessor tätig und ich lernte ihn und seine Familie im Rahmen gesellschaftlicher Kontakte kennen. Er war damals (nach 1973 / 74) zum zweiten Mal an unserem Institut tätig und kannte daher die meisten Kollegen persönlich recht gut und war vielen auch freundschaftlich verbunden.

Persönliche Beziehungen – beruflich wie privat – waren für ihn stets wichtig und so hat er bis zu seiner zweiten Gastprofessur auch immer wieder Kontakt zu unserem Institut gepflegt. Doch diese Kontakte waren persönlich im wahrsten Sinne des Wortes und nicht so abstrakt wie die Netzwerke, wie sie in der Sozialgeographie heute verstanden werden.

Das persönliche Netzwerk Stadels umfasst viele internationale Kontakte und Beziehungen, die im Zuge unzähliger Besuche immer gepflegt wurden. Besonders erwähnt sei Axel Borsdorf, mit dem ihn eine langjährige Freundschaft verbindet. So steht im Jahresbericht von 1992 lapidar vermerkt: „9.9.1992 Wissenschaftlicher Kontakt mit Prof. Borsdorf Innsbruck"; dies war einige Tage nach seiner Berufung (1.9.1992). Auch am Institut selbst war und sind C. Stadel und seine Familie mit vielen Kollegen des Instituts freundschaftlich verbunden. Nicht nur beruflich, sondern auch privat bestehen bis heute enge Beziehungen, die insgesamt zu einem guten Klima beigetragen haben. Bei gemeinsamen Ausflugsfahrten, Feiern und Veranstaltungen hat Stadel (soweit er nicht verhindert war) immer teilgenommen

## Stadel als akademischer Lehrer

Wie viele Kollegen seiner Generation begann Stadel zunächst sein Studium in der Absicht Lehrer zu werden, wobei Geographie zunächst nicht im Fokus stand. Nach einigen Semestern in Freiburg wechselte er auf die Universität Fribourg (CH), wo er 1964 mit einem Humangeographischen Thema zum Doktor der Philosophie promovierte. Der Betreuer seiner Dissertation war Jean-Luc Piveteau, welcher auch den bekannten Humangeographen Benno Werlen als Schüler hatte. Diese Tatsache haben beide bei einem Gespräch in der Kaffeeküche des Instituts 1995 festgestellt.

Da er kein Lehramtsstudium absolviert hatte, musste er zunächst an der bekannten Privatschule Institut Le Rosey in der Schweiz unterrichten bevor er 1967 mit seiner Familie nach Kanada auswanderte. Hier war er wiederum für kurze Zeit in einem privaten College als Lehrer tätig, bevor er 1968 seine universitäre Laufbahn an der Brandon University begann. Neben dem Doktorat als formale Voraussetzung war sicher seine Erfahrung als Lehrer von entscheidender Bedeutung für seinen weiteren Aufstieg zum Full Professor. Im Gegensatz zur aktuellen Situation an den heimischen Universitäten war der Stellenwert der Lehre in Nordamerika durchaus höher und wurde auch für die weiteren Karrierestufen entsprechend bewertet. Neben seinen Schwerpunkten in der Humangeographie musste Stadel aber auch Lehrveranstaltungen zu Themen der Physischen Geographie abhalten. Bei zunehmender Spezialisierung von Wissenschaftlern ist dies heute immer seltener der Fall.

Auch in Salzburg waren Lehrveranstaltungen für Stadel immer wichtig und neben der Forschung ein selbstverständlicher Teil der Aufgaben einer Professur. Neben Vorlesungen hat er vor allem Seminare zu verschiedenen Themen der Humangeographie abgehalten, letztere in vielen Fällen in Zusammenarbeit mit Kollegen (z. B. G. Müller oder H. Suida).

Neben den inhaltlichen Aspekten legte er auch auf Formalia großen Wert, u. a. auf das korrekte Zitieren, was für jede wissenschaftliche Tätigkeit wichtig ist. Vorträge versteht Stadel auch als einen Aspekt von Lehre. In diesem Sinn hat er selbst regelmäßig Vorträge gehalten und Studierende immer wieder aufgefordert, Fachvorträge und Tagungen zu besuchen. Als Leiter der ÖGG-Zweigstelle Salzburg ist es ihm auch immer wieder gelungen, bekannte Geographen zu einem Vortrag einzuladen.

Auch abseits offizieller Veranstaltungen kann man im Rahmen kleinerer Diskussionen viel von Stadels Wissen erfahren. Ich habe bis heute noch öfters die Gelegenheit, mit Christoph Stadel, aber auch mit Heinz Slupetzky oder anderen Kollegen verschiedene Fragen zu diskutieren. Diese (nicht nur) wissenschaftlichen Diskussionen haben mein Wissen und meinen Zugang zur Geographie entscheidend mitgeprägt. Als Kollege habe ich die Gelegenheit dazu, für Studierende geht diese Art der Kommunikation im Massenbetrieb der Universität leider zunehmend unter.

## Exkursionen

Exkursionen waren für den akademischen Lehrer Stadel immer ein zentraler Teil des geographischen Curriculums und er verstand diese immer als wichtige Möglichkeit, sowohl natur- wie auch humanwissenschaftliche Inhalte zu vermitteln. In diesem Sinne unternahm er größere Exkursionen meist gemeinsam mit Kollegen des eigenen Instituts oder anderer Universitäten. Ein Jahr nach seiner Berufung an die Universität Salzburg führte ihn seine erste große Exkursion in den Osten Kanadas. Als Teilnehmer dieser Exkursion erinnere ich mich noch gut an die vielen interessanten geographischen Besonderheiten dieser Region, die er uns mit viel Begeisterung zeigte. Es waren nicht nur die akademischen Erklärungen vor Ort, sondern auch das Erleben von Landschaften und Menschen entscheidend für die Eindrücke dieser Exkursion. So konnte man bei einer Fahrt mit dem Kanu die Situation zur Zeit der Pelztierjäger doch ein wenig nachempfinden oder etwa bei der Präsentation eines Schamanen die Kultur der *Native People* kennenlernen. Ein Besuch auf einer Hutterer-Kolonie zeigte uns eine weitere Facette der Lebenswelten und Kulturlandschaften Kanadas.

Neben einer weiteren Exkursion in den Westen Kanadas (gemeinsam mit H. Slupetzky) waren die Länder Lateinamerikas, vor allem Ecuador und Peru, wiederholtes Ziel von Exkursionen. Diese wurden teilweise unter Beteiligung der Universität Innsbruck (Prof. Borsdorf) durchgeführt. Diese gemeinsamen Exkursionen wurden auch mittels umfangreicher Exkursionsberichte dokumentiert. Gemessen am Aufwand weisen diese Publikationen ein beachtliches Niveau, was auf die aktive Mitarbeit von C. Stadel und A. Borsdorf bei der Bearbeitung studentischer Beiträge zurückzuführen ist. Es ist ferner Beweis dafür, dass es auch jenseits referierter Publikationen interessante und lesenswerte geographische Literatur gibt.

Neben den Regionen Nord- und Südamerika waren aber auch die Umgebung von Salzburg sowie Südwestdeutschland immer wieder Ziele kleinerer Exkursion.

Ecuador war von allen diesen Exkursionszielen wahrscheinlich auch deshalb bevorzugt, weil Stadel dort schon während der Zeit seiner Tätigkeit in Brandon Feldforschung betrieben hat. Ich erinnere mich an seine Ausführungen zum Raum Ambato im Rahmen einer Exkursion im Jahre 2003, wo er Forschungsergebnisse vorgezeigt hat. Ein weiterer Grund liegt sicher daran, dass gerade Ecuador eine große Vielfalt von Landschaftstypen aufweist, wie dies Stadel in seinen Lehrveranstaltungen und Vorträgen wiederholt aufgezeigt hat.

## Forschung

Geographische Forschung hat bei Stadel praktisch immer einen regionalen Bezug. Natürlich greift er auch auf Theorien und Modelle zurück, aber diese stehen nicht für sich. Regionaler Bezug bedeutet in diesem Zusammenhang aber nicht das Festhalten an der traditionellen Länderkunde, sondern wird von ihm mehr im Sinne des (nordamerikanischen) Begriffes „Regional Studies" verstanden. Forschung hat für Stadel immer einen praktischen Aspekt, der auch Feldarbeiten und klassische kartographische Methoden umfasst. Als Humangeograph ist für ihn auch selbstverständlich die Sprache der Forschungsregion zu beherrschen, in seinem Fall meist Spanisch. Dies erlaubt ihm auch lokale Literaturquellen stärker zu berücksichtigen. Früher war dies selbstverständlich, heute dominiert die englische Sprache sämtliche Publikationen und internationale wissenschaftliche Kontakte.

## Kartographie

Klassische kartographische Methoden wie auch photographische Aufnahmen spielen für den Geographen Stadel nach wie vor eine wichtige Rolle. Dies gilt auch für die meisten anderen Geographen seiner Generation. So habe ich für die meisten Publikationen Stadels Karten und Abbildungen gezeichnet oder bearbeitet. Bis Mitte der 1990er Jahre war die Herstellung von Karten ein aufwendiger Prozess, welcher heute am Computer durchgeführt werden kann. Jüngere Kollegen haben in ihrer Ausbildung die Kartenherstellung bzw. Anwendung von GIS-Programmen am PC gelernt und bearbeiten ihre Abbildungen oftmals selbst.

Zwar benutzt auch C. Stadel den Computer als unverzichtbares Mittel zum Erfassen von Texten und zur Kommunikation, bei Abbildungen vertraut er doch dem Kartographen. Dies ist auch in jenen Fällen notwendig, wo manuelle Zeichentechnik eingesetzt werden muss, etwa beim Überarbeiten älterer Abbildungen.

Ich werde daher weiterhin auch über meine Tätigkeit als Kartograph C. Stadel auch beruflich verbunden sein.

## Statt eines Schlusswortes...

Ich könnte natürlich weitere Aspekte des Jubilars aus meiner Sicht beschreiben, aber auch eine längere Darstellung würde wieder nur wie eine Skizze wirken. Ich freue mich auf jeden Fall auf die nächste gemeinsame Ausflugsfahrt mit Kollegen, wo Christoph Stadel sicher wieder teilnehmen wird.

**Quellen:** Jahresberichte des Instituts für Geographie der Universität Salzburg 1992–2006 sowie eigene Aufzeichnungen.

# List of Publications

## Prof. Dr. Christoph Stadel (November 2012)

* refereed publications

## A BOOKS

1) Luzón, J.L., C. Stadel & C. Borges (eds.) 2003: *Transformaciones regionales y urbanas en Europa y America Latina.* Barcelona.
2) Borsdorf, A. & Stadel C. (eds.) 2001: *Peru im Profil. Landschaftskundliche Betrachtungen auf einer geographischen Exkursion 2000.* Inngeo – Innsbrucker Materialien zur Geographie 10. Innsbruck.
3) Stadel, C. (ed.) 1999: *Themes and Issues of Canadian Geography III/Thèmes et aspects de la géographie du Canada III.* Salzburger Geographische Arbeiten 34. Salzburg.
4) Stadel, C. (ed.) 1998: *Themes and Issues of Canadian Geography II.* Salzburger Geographische Arbeiten 32. Salzburg.
5) Borsdorf, A. & C. Stadel 1997: *Ecuador in Profilen. Landeskundliche Beobachtungen auf einer geographischen Exkursion 1996.* Inngeo – Innsbrucker Materialien zur Geographie 3. Innsbruck.
6)* Welsted, J., J.C. Everitt & C. Stadel (eds.) 1996: *The Geography of Manitoba. Its Land and its People.* Winnipeg.
7) Stadel, C. & H. Suida (eds.) 1995: *Themes and Issues of Canadian Geography I.* Salzburger Geographische Arbeiten 28. Salzburg.
8)* Allan, N.G.R., G. Knapp & C. Stadel (eds.) 1988: *Human Impact on Mountains.* Totowa. (1993 as paperback edition)
9)* Welsted, J., J.C. Everitt & C. Stadel (eds.) 1988: *Brandon: Geographical Perspectives on the Wheat City.* Regina.
10) Stadel, C. 1966: *Beirut, Damaskus, Aleppo – ein stadtgeographischer Vergleich im Vorderen Orient.* Wuppertal-Elberfeld.

**Forthcoming:**

11) Borsdorf, A. & C. Stadel: *Die Anden, ein geographisches Porträt.* Heidelberg.

# B CONTRIBUTIONS IN BOOKS

1) Stadel, C. 2010: Vulnerabilidad, resitividad en el campesinado rural de los Andes tropicales. In: Tulet, J.C. (ed.): Las nuevas figuras del mundo rural latinoamericano. *Anuario Americanista Europeo* 6-7: 185–200.
2) Stadel, C. 2010: Manitoba: Geographical Patterns and Regional Identity. In: Zacharasiewicz, W. & F.P. Kirsch (eds.): *Social and Cultural Interactions and Literary Landscapes in the Canadian West.* Vienna: 27–43.
3) Stadel, C. 2010: The Development of the Human Landscape of Manitoba. In: Zacharasiewicz, W. & F.P. Kirsch (eds.): *Social and Cultural Interactions and Literary Landscapes in the Canadian West.* Vienna: 117–135.
4) Stadel, C. 2009: Core areas and peripheral regions of Canada: Landscapes of contrast and challenges. In: Luzon, J.L. & M. Cardim (eds.): *Estudio de casos sobre planificación regional.* Barcelona: 13–20.
5) Stadel, C. 2008: The Alps. In: *World Book Encyclopedia.* Chicago: 384–387.
6) Stadel, C. 2008: Umwelt- und Sozialverträglichkeit in den tropischen Anden. In: Reichenberger J. & C. Sedmak (eds.): *Sozialverträglichkeitsprüfung. Eine europäische Herausforderung.* Wiesbaden: 207–223.
7) Stadel, C. 2007: Development needs and the mobilisation of rural resources in Highland Bolivia. In: Thakur, B. (ed.): *Perspectives in Resource Management in Developing Countries.* Vol. 2. New Delhi: 221–242.
8) Everitt, J.C. & C. Stadel 2007: Foreword. In: Welsted, J.C. (ed.): *Manitoba from the Air.* Brandon.
9) Kambona Ouma, O. & C. Stadel 2006: Kakamega Forest, ecotourism and rural livelihoods: linkages and interactions for the Kakamega Forest region, Western Kenya. In: Brebbia C.A. & F.D. Pineda (ed.): *Sustainable Tourism II.* Wessex: 149–158.
10) Stadel, C. 2006: Report of the Latin American Working Group. In: UNESCO (ed.): *GLOCHAMORE. Projecting Global Change Impacts and Sustainable Land Use and Natural Resources Management in Mountain Biosphere Reserves.* Paris: 267–274.
11) Stadel, C. 2005: Heartlands and hinterlands in Canada: Observations and perspectives in Ontario, Québec and the Maritimes. In: Zacharasiewicz, W. & F.P. Kirsch (eds.): *Canadian Interculturality and the Transatlantic Heritage. Impression of an exploratory field trip and academic interaction in Eastern Canada.* Vienna: 33–39.
12) Stadel, C. 2005: In the search of Eden. Transcontinental migrations of Mennonites. In: Zacharasiewicz, W. & F.P. Kirsch (eds.): *Canadian Interculturality and the Transatlantic Heritage. Impression of an exploratory field trip and academic interaction in Eastern Canada.* Vienna: 84–99.
13) Stadel, C. 2005: Marginalität und Entwicklungsperspektiven. Erfahrungen und Erkenntnisse aus den tropischen Anden. In: Breuste, J. & M. Fromhold-Eise-

bith (eds.): *Raumbilder im Wandel. 40 Jahre Geographie an der Universität Salzburg. Salzburger Geographische Arbeiten* 38: 135–152.

14) Stadel, C. 2005: Verwundbarkeit und Widerstandsfähigkeit. Marginalisierung und Armutsbekämpfung im lateinamerikanischen Kontext. In: Sedmak, C. (ed.): *Option für die Armen. Die Entmarginalisierung des Armutsbegriffs in den Wissenschaften.* Freiburg, Basel, Wien: 365–384.
15) Stadel, C. 2005: Report of the Latin America Working Group. In: UNESCO (ed.): *Global Change Impacts in Mountain Biosphere Reserves.* Paris: 267–271.
16) Stadel, C. & M. Winiger 2004: Leitthema a4 – Gebirge und Umland: Stoff- und Werteflüsse. In: Gamerith, W. et al. (eds.): *Alpenwelt – Gebirgswelten. Inseln, Brücken, Grenzen.* Tagungsbericht und wissenschaftliche Abhandlungen. 54. Deutscher Geographentag Bern 2003, 28. September bis 4. Oktober 2003. Heidelberg, Bern: 169–170.
17) Stadel, C. 2004: Costa, Sierra, Oriente. Tourismus in den tropischen Anden. In: Luger, K., C. Baumgartner & K. Wöhler (eds.): *Ferntourismus wohin? Der globale Tourismus erobert den Horizont.* Innsbruck, Wien, München, Bozen: 239–248.
18) Stadel, C. 2004: Processes and forces affecting the dynamics of the outskirts of European cities. In: Franzen, M. & J.M. Halleux (eds.): *European Cities. Dynamics, Insights on Outskirts.* Brussels: 19–31.
19) Stadel, C. 2004: Cross-boundary linkages at the urban outskirts. The EuRegio Salzburg-Berchtesgadener Land-Traunstein, Austria/Germany. In: Franzen, M. & J.M. Halleux (eds.): *European Cities. Dynamics, Insights on Outskirts.* Brussels: 137–148.
20) Stadel, C. 2004: Vulnerabilidad y resistividad. La marginación y la lucha contra la pobreza en America Latina. In: Universitat de Barcelona (ed.): *Un Nuevo Orden Mundial: Estrategias Endógenas hacia el Desarrollo Social.* IV Seminario Internacional Red Temática Medamerica: 8/2–8/9.
21) Stadel, C. 2003: L'Agriculture Andine: traditions et mutations. In: CERAMAC (ed.): *Crises et mutations des agricultures de montagne.* Clermont-Ferrand: 193–207.
22) Stadel; C. 2003: Prólogo. Tribute to a Geographer, Professor Dr. Guenter Mertins. In: Luzón, J.L., C. Stadel & C. Borges (eds.): *Transformaciones regionales y urbanas en Europa y America Latina.* Barcelona: 5–6.
23) Stadel, C. 2003: Aspectos dinámicos en la periferia de las ciudades europeas. El ejemplo de la ciudad de Salzburgo, Ausria. In: Luzón, J.L., C. Stadel & C. Borges (eds.): *Transformaciones regionales y urbanas en Europa y America Latina.* Barcelona: 57–70.
24) Stadel, C. 2002: Zonas altitudinales tropandinas: su ecología y uso. In: Sarmiento, F. (ed.): *Las Montañas del Mundo: Una Prioridad Global con Perspectivas Latinoamericanas.* Quito: 305–316.

25) Stadel, C. 2002: Indígenas de los Andes: Gentes de montaña entre la tradición y la modernidad. In: Sarmiento, F. (ed.): *Las Montañas del Mundo: Una Prioridad Global con Perspectivas Latinoamericanas.* Quito: 47.
26) Grötzbach, E. & C. Stadel 2002: Los pueblos de montaña y sus culturas. In Sarmiento, F. (ed.): *Las Montañas del Mundo: Una Prioridad Global con Perspectivas Latinoamericanas.* Quito: 43–66.
27) Stadel, C. 2002: Tourism in the Andean Realm: Destination and Development Issues. *International Conference on Tourism Development, Community & Conservation.* Vol 1. Jhansi, India: 66–74.
28) Stadel, C. 2001: Der Begriff des Andinen. In: Borsdorf, A. & C. Stadel (eds.): *Peru im Profil. Landschaftskundliche Betrachtungen auf einer geographischen Exkursion 2000.* Inngeo – Innsbrucker Materialien zur Geographie 10: 80–82.
29) Stadel, C. 2001: Lo Andino: andine Umwelt, Philosophie und Weisheit. In: Borsdorf, A., G. Krömer & C. Parnreiter (eds.): *Lateinamerika im Umbruch. Geistige Strömungen im Globalisierungsstress.* Innsbrucker Geographische Studien 32: 143–154.
30) Stadel, C. 2000: Development and Sustainability in Latin America. In: Borsdorf, A. (ed.): *Perspectives of Geographical Research on Latin America for the 21st Century.* ISR Forschungsberichte 23. Vienna: 59–70.
31)* Kreutzmann, H. & C. Stadel 2000: Mountain peoples. In: Price, M.F. & N. Butt (eds.): *Forests in Sustainable Mountain Development. A State of Knowledge Report for 2000.* Ocon, UK: 85–90.
32)* Stadel, C. 1999: Rural empowerment for Andean sustainable development. In: Sarmiento, F. & J. Hidalgo (eds.): *III Simposio Internacional de Desarrollo Sustentable de Montañas: Entiendo las interfaces ecológicas para la gestión de los paisajes culturales en los Andes.* Quito: 81–84.
33)* Stadel, C. 1999: Taller: Cultura y sociedad. In: Sarmiento, F. & J. Hidalgo (eds.): *III Simposio Internacional de Desarrollo Sustentable de Montañas: Entiendo las interfaces ecológicas para la gestión de los paisajes culturales en los Andes.* Quito: 29–30.
34) Stadel, C. 1998: Europäische Multikulturalität an der nordamerikanischen Pionierfront. In: Wakonigg, H. (ed.). *Beiträge zur Lebensraumforschung und Geographie der Geisteshaltung.* Arbeiten aus dem Institut für Geographie der Karl-Franzens-Universität Graz 36: 231–246.
35) Stadel, C. & B. Osborne 1997: Landscapes und Waterscapes von Kanada in Kunst und Literatur. In: Sitte, W. & H. Suida (eds.): *Festschrift Guido Müller.* Salzburger Geographische Arbeiten 31: 185–197.
36) Stadel, C. 1997: Ecuador – Schwellenland oder Entwicklungsland? In: Borsdorf, A. & C. Stadel: *Ecuador in Profilen.* Inngeo – Innsbrucker Materialien zur Geographie 3: 1–4.
37) Stadel, C.1997: Das Marktzentrum von Ambato. In: Borsdorf, A. & C. Stadel: *Ecuador in Profilen.* Inngeo – Innsbrucker Materialien zur Geographie 3: 239–241.

38)* Stadel, C. 1997: Indígenas of the Andes – mountain people between tradition and modernisation. In: Messerli, B. & J.D. Ives (eds.): *Mountains of the World. A Global Priority*. New York, London: 20–21.

39)* Stadel, C. & E. Grötzbach 1997: Mountain Peoples and Cultures. In: Messerli, B. & J.D. Ives (eds.): *Mountains of the World. A Global Priority*. New York, London: 17–38.

40)* Stadel, C. 1996: Divergence and Conflict, or Convergence and Harmony? Nature Conservation in Hohe Tauern National Park, Austria. In: Harrison, L.C. & W. Husbands (eds.): *Practising Responsible Tourism. International Case Studies in Tourism Planning, Policy and Development.* New York: 445–471.

41) Stadel, C. 1996: Cultural Minorities in the Canadian Prairies; their Impact on the Rural Landscape. In: Frantz, K. (ed.): *Human Geography in North America. New Perspectives and Trends in Research.* Innsbrucker Geographische Studien 26: 17–40.

42)* Stadel, C. 1996: The Non-Metropolitan Settlements of Southern Manitoba. In: Welsted, J., J. Everitt & C. Stadel (eds.): *The Geography of Manitoba. Its Land and its People.* Winnipeg: 152–160.

43)* Stadel, C. 1996: The seasonal resort of Wasagaming, Riding Mountain National Park. In: Welsted, J., J. Everitt & C. Stadel (eds.): *The Geography of Manitoba. Its Land and its People.* Winnipeg: 298–300.

44)* Welsted, J., J. Everitt & C. Stadel 1996: Manitoba: Geographical Identity of a Prairie Province. In: Welsted, J., J. Everitt & C. Stadel (eds.): *The Geography of Manitoba. Its Land and its People.* Winnipeg: 316–319.

45) Welsted, J., J. Everitt, & C. Stadel 1996: Outlook. In: Welsted, J., J. Everitt & C. Stadel (eds.): *The Geography of Manitoba. Its Land and its People.* Winnipeg: 316–319.

46)* Stadel, C. & J. Selwood 1996: Suburbia in the Countryside: Cottages and Cottage Dwellers in Canada. In: Steinecke, A. (ed.): *Stadt- und Wirtschaftsraum.* Festschrift für B. Hofmeister. Berliner Geographische Studien 44: 311–324.

47)* Stadel, C., J. Everitt & R. Annis 1996: Sustainable micropolitan communities in the Canadian prairies'. In: Vogelsang, R. (ed.): *Canada in Transition: Results of Environmental and Human Geographical Research.* Bochum: 115–136.

48)* Stadel, C. 1995: Perzeptionen des Umweltstresses durch Campesinos in der Sierra von Ecuador. In: Mertins, G. & W. Endlicher (eds.): *Umwelt und Gesellschaft in Lateinamerika.* Marburger Geographische Schriften 129: 244–262.

49)* Stadel, C. 1995: Development needs and the mobilization of rural resources in Highland Bolivia. In: Robinson, D. (ed.): *Yearbook. Conference of Latin Americanist Geographers* 21: 37–48.

50) Stadel, C. 1995: Phasen der kulturlandschaftlichen Entwicklung der kanadischen Prärie. In: Stadel, C. & H. Suida (eds.): *Themes and Issues of Canadian Geography I.* Salzburger Geographische Arbeiten 28: 141–155.

51)* Stadel, C. 1994: Ecology, rural problems, and sustainable development in the tropical Andes. In: Banshota, M. & P. Sharma (eds.): *Development of Poor Mountains.* Kathmandu: 89–107.

52)* Stadel, C. 1994: The role of NGOs for the promotion of children in the highlands of Bolivia. In: Bohle, H.-G. (ed.): *Worlds of Pain and Hunger.* Freiburger Studien zur Geographischen Entwicklungsforschung 5: 187–208.

53) Stadel, C., I. Kitch & J.C. Everitt 1993: Peak of the Parkland: a central place analysis of Swan River, Manitoba. In: Wilson, M.R. (ed.): *Proceedings of the Prairie Division, Canadian Association of Geographers.* Saskatoon: 133–151.

54) Stadel, C. & J.C. Everitt 1993: Commercial stripping in Brandon: The untold story. In: Wilson, M.R. (ed.): *Proceedings of the Prairie Division, Canadian Association of Geographers.* Saskatoon: 153–173.

55) Stadel, C. 1992: The seasonal resort of Wasagaming, Riding Mountain National Park, Manitoba. In: Selwood, J.H. & J.C. Lehr (eds.): *Reflections from the Prairies. Geographical Essays.* Winnipeg: 31–72.

56) Stadel, C. 1992: Entwicklungsaspekte und Mobilisierung ländlicher Ressourcen in den bolivianischen Anden. In: Kern, W., E. Stocker & H. Weingartner (eds.): *Festschrift Helmut Riedl.* Salzburger Geographische Arbeiten 25: 149–164.

57)* Stadel, C. 1992: Altitudinal belts in the tropical Andes: their ecology and human utilization. In: Martinson, T. (ed.): *Benchmark 1990. Conference of Latin Americanist Geographers* 17/18: 45–60.

58)* Stadel, C. 1990: Horizontal and vertical spaces; a ′three dimensional geography′ of Ecuador. In: Mandal, R.B. (ed.): *Patterns of Regional Geography. An International Perspective* 3. New Delhi: 93–113.

59)* Stadel, C. & L. del Alba Moya 1989: Plazas and Ferias of Ambato, Ecuador. In: Martinson, R., A.R. Longwell & W.M. Denevan (eds.): *Yearbook 1988. Conference of Latin Americanist Geographers* 14: 43–50.

60) Stadel, C., D. Hunt & J.C. Everitt 1989: Urban Space and Actors: Post-War Suburban Trends in Brandon, Manitoba. In: Selwood, H.J. & J.C. Lehr (eds): *Prairie and Northern Perspectives: Geographical Essays.* Winnipeg: 113–122.

61) Stadel, C. & E. Wells 1989: Settlement outside the gate: The Spruce Woods Community near C. F. B. Shilo. In: Selwood, H.J. & J.C. Lehr (eds.): *Prairie and Northern Perspectives: Geographical Essays.* Winnipeg: 123–132.

62)* Stadel, C. & J.C. Everitt 1988: The spatial growth of Brandon. In: Welsted, J., J.C. Everitt & C. Stadel (eds): *Brandon: Geographical Perspectives on the Wheat City.* Regina: 61–89.

63)* Stadel, C. & J.C. Everitt 1988: Downtown Brandon: evolving spatial and functional traits, problems, and planning responses. In: Welsted, J., J.C. Everitt & C. Stadel (eds.): *Brandon: Geographical Perspectives on the Wheat City.* Regina: 123–151.

64)* Stadel, C. & J.C. Everitt 1988: The urban fringe of Brandon. In: Welsted, J., J.C. Everitt & C. Stadel (eds.): *Brandon: Geographical Perspectives on the Wheat City.* Regina: 151–177.

65)* Stadel, C. & J.C. Everitt 1988: Centrality and the regional service function of Brandon. In: Welsted, J., J.C. Everitt & C. Stadel (eds.): *Brandon: Geographical Perspectives on the Wheat City.* Regina: 195–221.
66)* Stadel, C. 1988 : La percepción que tienen los campesinos, de las tensiones, ambientales y socioeconómicas en la sierra Ecuatoriana'. In: *Development Strategies for Fragile Lands, Memoria de la Conferencia Usos Sostenidos de Tierras en Laderas,* Washington : 137–158.
67)* Stadel, C. 1986: Urbanization and urban transformation in a mountain environment: the case of the European Alps. In: Yadav, C.S. (ed.): *Perspectives in Urban Geography, Vol. III: Comparative Urban Research.* New Delhi: 39–55.
68) Stadel, C. 1986: Zweisprachigkeit in Lehre und Forschung. Das Beispiel der Universität von Ottawa, Kanada. In: Schramm, J. (ed.): *Zwei- und Mehrsprachigkeit.* Donauschwäbische Beiträge 88: 9–12.
69)* Stadel, C. 1984: Environmental stress and human activities in the tropical Andes (Ecuador). In: Grötzbach, E. & G. Rinschede (eds.): *Beiträge zur vergleichenden Geographie der Hochgebirge.* Regensburg: 235–263.
70)* Stadel, C. 1984: Development and under-development in the rural Andes. A case study from the Eastern Cordillera of Ecuador'. In: Singh. T.V. & J. Kaur (eds.): *Integrated Mountain Development.* New Delhi: 193–207.
71) Stadel, C. 1981: Aspects et problèmes du développement rural au Cap-Vert, Sénégal. In: Aumüller, P. & G. Fasching (eds.): *Länderkunde und Entwicklungsländer, Festschrift für Josef Schramm.* Salzburg: 127–141.
72)* Stadel, C. & J.C. Everitt 1981: Changes in the urban fringe of Brandon, Manitoba: a test of a model of urban dissonance. In: Beesley, K.B. & L. Russwurm (eds.): *The Rural-Urban Fringe: Canadian Perspectives.* Toronto: 292–313.
73)* Stadel, C. 1980: Nature of mountain regions – concepts of mountain geography. In: Mandal, R.B. & V.N.P. Sinha (eds.): *Recent Trends and Concepts in Geography* I. New Delhi: 215–228.
74) Stadel, C. 1975: Colombia. In: Jones, R. (ed.): *Essays on World Urbanization.* London: 238–262.
75) Stadel, C. 1972: Service areas of a non-primate city in the Canadian Prairies: The case of Brandon, Manitoba. In: *22nd International Geographical Congress. Background Papers. Southern Prairies Field Excursion.* Regina: 77–104.
76) Stadel, C. & L. Clark 1972: Brandon. In: *22nd International Geographical Congress. Tour Guide. Southern Prairies Field Excursion.* Regina: 59–66.

**Forthcoming**:

77) Gardener, J., R. Rhoades & C. Stadel: Mountains and people. In: Price, M.F. (ed.): *Mountain Environments.* Berkeley.
78) Stadel, C.: Environmental and socio-economic changes in the rural Andes: Human resilience and adaptation strategies. In: Grover, V.I., A. Borsdorf, J. Breuste

& P. Tiwari (eds.): *Impact of Global Change on Mountains: Responses and Adaptations*. Infield, New Hampshire..

79) Stadel, C.: Tierras altas – tierras bajas: Highland-lowland interactions in the tropical Andean realm. Festschrift for Jack D. Ives. Kathmandu.

80) Stadel, C.: Changing images and dimensions of Andean indigenous identities in space and time. Athens, Georgia.

## C JOURNAL ARTICLES

1) Kambona, O.O., C. Stadel & S. Eslamian 2011: Perceptions of tourists on trail use and management implications for Kakamega Forest, Western Kenya. *Journal of Geography and Regional Planning* 4, 4: 243–250.

2) Kirchmair, D., C. Stadel & E. Killingseder 2011: Biologischer Reisanbau in Nordthailand. Nachhaltige Landwirtschaft durch Bioanbau und Fair Trade. *Praxis Geographie* 3: 16–20.

3) Stadel, C. 2008: Vulnerability, resilience and adaption: Rural development in the Tropical Andes. *Pirineos* 163: 15–36.

4) Stadel, C. 2008: Agrarian diversity, resilience and adaption of Andean agriculture and rural communities. *Colloquium Geographicum* 31: 73–88.

5) Stadel, C. 2008: Die kanadische Prärie. Pionierregion zwischen Beharrung und Neuorientierung. *Geographische Rundschau* 60, 2: 30–37.

6) Stadel, C. 2006: Entwicklungsperspektiven im ländlichen Andenraum. *Geographische Rundschau* 58, 10: 64–72.

7) Stadel, C. 2005: Rurbanisation de la campagne. Espaces récréatifs dans la région du Mont Riding, Manitoba, Canada. *Revue Géographique de l'Est* 45, 3-4: 187–194.

8)* Stadel, C. 2003: Indigene Gemeinschaften im Andenraum. *HGG-Journal* 18: 75–88.

9) Stadel, C. 2003: Verwundbarkeit, Marginalisierung, Livelihoods. *Working Papers facing Poverty. Armutsforschung in Österreich*: 96–101

10) Stadel, C. 2003: Empowerment – Schlüsselkonzept für eine nachhaltige Entwicklung. *Solitat* (Intersol, Salzburg) 41: 2–5.

11) Stadel, C. 2002: In Search of Eden. Transcontinental Migrations of Mennonites, *Grazer Schriften der Geographie und Raumforschung* 38: 227–240.

12)* Stadel, C. 2001: Ciudades medianas y aspectos de la sustentabilidad urbana en la region andina. *Revista Geográfica, Instituto Panamericano de Geografía e Historia* 129: 5–20.

13)* Stadel, C. 2000: Ciudades medianas y aspectos de la sustentabilidad urbana en la región andina. *Espacio e Desarrollo* (Lima) 12: 25–43.

14) Stadel, C. & D. Prock 2000: Gated communities in Western Canada: Paradise for alternative urban living, or new ghettos for affluent elderly persons? In: Festschrift Martin Seger. *Klagenfurter Geographische Schriften* 18: 191–204.

15) Stadel, C. 1999: Truro, Nova Scotia. Urban field experiences in the Canadian Maritimes. In: Stadel, C. (ed.): *Themes and Issues of Canadian Geography III/Thèmes et Aspects de la Geógraphie du Canada III*. Salzburger Geographische Schriften 34: 203–213.

16) Stadel, C. 1999: Schwerpunkt Entwicklungsländer und Entwicklungszusammenarbeit am Institut für Geographie und Angewandte Geoinformatik der Universität Salzburg. *Geographischer Jahresbericht aus Österreich* 56: 39–48.

17)* Braumann, V. & C. Stadel 1999: Boom town in transition? Development process and urban structure of Ushuaia, Tierra del Fuego, Argentina. *Yearbook 1999, Conference of Latin Americanist Geographers* 25: 33–44.

18)* Stadel, C. 1997: The mobilization of human resources by non-governmental organizations in the Bolivian Andes. *Mountain Research and Development* 17, 3: 213–228

19)* Stadel, C. & J.C. Lehr 1996: Gruppensiedlungen der Mennoniten und Ukrainer in der kanadischen Prärie. *Geographische Rundschau* 48, 4: 247–255.

20)* Stadel, C., H. Slupetzky & H. Kremser 1996: Nature Conservation, Traditional Living Space, or Tourist Attraction? The Hohe Tauern National Park, Austria. *Mountain Research and Development* 16, 1: 1–16.

21) Stadel, C. 1994: Aus Freude am Hochgebirge. Helmut Heuberger zum 70. Geburtstag. *Mitteilungen der Österreichischen Geographischen Gesellschaft* 136: 328–334.

22) Stadel, C. 1994: Kanada: aktuelle Probleme der Bevölkerungs- und Siedlungsgeographie. *Österreich in Geschichte und Literatur (mit Geographie)* 38, 4: 260–281.

23)* Stadel, C. 1993: Continuity and change of a nonprimate city in the Canadian Prairies: the example of Brandon, Manitoba'. *Die Erde* 124: 225–236.

24)* Stadel, C. 1993: The Brenner Freeway (Austria/Italy): Mountain highway of controversy. *Mountain Research and Development* 13, 1: 1–17.

25)* Stadel, C. 1992: Canada's population in 1991. First results of the June 1991 Census. *Die Erde* 123: 251–256.

26)* Stadel, C. 1992: Periodische Märkte in der Sierra von Ecuador, dargestellt am Beispiel von Ambato. *Die Erde* 123, 2: 125–136.

27)* Stadel, C. 1991: Environmental stress and sustainable development in the Tropical Andes. *Mountain Research and Development* 11, 3: 213–223.

28) Stadel, C. & B. Westfall 1991: Farm families and their communities: a 'Sondeo' Survey in the Killarney area, Manitoba. *Brandon Geographical Studies* 1: 87–100.

29) Stadel, C. 1990: Three-dimensional regional geography of a tropical mountain country – the case of Ecuador. *Bulletin of the Association of North Dakota Geographers* 38: 47–65.

30)* Stadel, C. 1989: Percepción ambiental y socio-económica de los campesinos de la Sierra ecuatoriana. *Geoistmo* (Costa Rica) 2, 1: 41–55.

31) Stadel, C., M. Kinnear & J.C. Everitt 1989: recreation homes and hinterlands in Southwest Manitoba: the example of Minnedosa Lake developments. *Saskatchewan Geography* 2: 23–29.
32)* Stadel, C. 1989: The perception of stress by campesinos – a profile from the Ecuadorian Sierra. *Mountain Research and Development* 9, 1: 35–49.
33) Stadel, C., G. Bugg & J.C. Everitt 1988: A typology of agriculture in the Vicinity of Brandon, Manitoba. *Regina Geographical Studies* 5: 24–41.
34)* Stadel, C. 1986: Del Valle al Monte: Altitudinal patterns of agricultural activities in the Patate-Pelileo area of Ecuador. *Mountain Research and Development* 6, 1: 53–64.
35)* Stadel, C. 1985: Environmental stress and human activities in the tropical Andes (Ecuador). *Revista del Centro Panamericano de Estudios e Investigaciones Geográficos* 15: 33–50.
36)* Stadel, C. 1985: Del Valle al Monte. Landnutzung und Höhengliederung im Raum Patate-Pelileo, Ekuador. *Die Erde* 116, 1: 7–25.
37) Stadel, C. & J.C. Everitt 1985: Spatial dimensions of the urban growth of Brandon, Manitoba, 1882–1982. *Bulletin of the Association of North Dakota Geographers* 35: 1–32.
38)* Stadel, C. M. Westenberger & J.C. Everitt 1985: The development of Brandon's social areas, 1881–1914. *The Albertan Geographer* 21: 79–95.
39) Stadel, C. & J.C. Everitt 1983: Spatial dimensions of the urban growth of Brandon, Manitoba: 1882–1982. *Background Readings for the Geography of Manitoba*, Dept. of Geography, University of North Dakota 2: 1–50.
40)* Stadel, C. 1982: The urban fringe in Canada – a grey zone of the urban-rural continuum. *Bamberger Geographische Schriften* 4: 189–205.
41)* Stadel, C., H. Sikora & J.C. Everitt 1982: Kenora, Ontario: a central place analysis. *Ontario Geography* 20: 3–20.
42)* Stadel, C. 1982: Mountain Regions – their nature and problems. *Geographical Perspectives* 49: 26–33.
43)* Stadel, C. 1982: The Alps: mountains in transformation. *Focus* (American Geographical Society) 32, 3: 1–16.
44) Stadel, C. 1981: Migración, Urbanización, Marginalidad. Aspekte und Probleme der Verstädterung in Kolumbien. *Hispanorama* 29: 102–107.
45) Stadel, C. & J.C. Everitt 1980: A study of power and politics in the urban fringe of Brandon, Manitoba. *Regina Geographical Studies* 3: 31–40.
46) Stadel, C. 1979: Squatter settlements in Medellín, Colombia: a reply. *Area* 10, 1: 19–22.
47) Stadel, C. 1976: Ciudad Guatemala: Grundzüge seiner städtischen Entwicklung und Struktur. *Zeitschrift für Lateinamerika* 10: 21–26.
48) Stadel, C. 1976: Kanadische Regionalatlanten: Analyse der Konzepte und Thematik. *Schriftenreihe des Salzburger Instituts für Raumforschung* 5: 133–145.
49)* Stadel, C. 1975: The Structure of Squatter Settlements in Medellín, Colombia. *Area* 7, 4: 249–254.

50) Stadel, C. 1975: Guatemala – geographische und wirtschaftshistorische Aspekte seiner Entwicklung. *Lateinamerika Aspekte* 7: 1–15.

**Forthcoming:**

1) Stadel, C.: Recreational landscapes and political boundaries: The Riding Mountain region, Manitoba. *The Canadian Geographer.*
2) Marani, M., C. Stadel & M. Rutten: Water resource competition and pastoral livelihoods in the lower Ewaso Ng'iro Watershed, Kenya.
3) Kambona, O.O. & C. Stadel: Nature conservation and human livelihoods in the Kakamega Forest region of Western Kenya. *Eco.mont – Journal for Mountain Protected Areas Research and Management.*

## D MONOGRAPHS AND MINOR PUBLICATIONS

1) Stadel, C. 2011: Umstellung auf Mastvieh. Agrarwirtschaft im Wandel. In: von der Ruhren, N.: *Terra USA/Kanada. Raumstrukturen und raumwirksame Prozesse in Nordamerika.* Stuttgart/Leipzig: 55.
2) Stadel, C. 2011: Let's hope City planners learned lesson. *Brandon Sun*, May 21: 4.
3) Stadel, C. 2007: *Brief presented for the Wasagaming Community Plan Review, Riding Mountain National Park, Canada.*
4) Stadel, C. 2007: Wasagaming. In: *Encyclopedia of Manitoba.* Winnipeg: 727.
5) Stadel, C. 2006. Resilience and adaptations of agricultural land use in the tropical Andes: Coping with environmental and socio-economic changes: In. *CONCORD (Climate Change-Organizing the Science for the American Cordillera, Symposium on Climate Change.* Abstracts Mendoza: 31.
6) Stadel, C. 2004: *Intermediate Cities and Aspects of Urban Sustainability in the Andean Region.* Encuentro Internacional Humboldt, Buenos Aires
7) Stadel, C. 2002: Agriculture andine: traditions et mutations. *Colloque international ‚Crises et mutations des agricultures de montagne, Résumés des intervention'*: 29–30.
8) Stadel, C. 2002: Aspects of growth and sustainable development of medium-sized Andean cities. *Taller para Desarrollo Sostenible da la Montaña, Parque Nacional Turquino, Cuba, Libro de Resúmenes* 21.
9) Stadel, C. 2002: Tagungsbericht der Sektion Geographie, *Mitteilungen, Gesellschaft für Kanada-Studien* 2: 9–13.
10) Stadel, C. 2002: Bericht der Sektion Geographie, *Mitteilungen, Gesellschaft für Kanada-Studien* 1: 53–56.
11) Stadel, C. 2001: Lo Andino': ambiente, sabiduría y cultura, *IV Simposio Internacional de Desarrollo Sustentable en los Andes, Programa y Resúmenes,* Mérida: 29.

12) Stadel, C. 2001: Beiträge zur Lateinamerikaforschung. In: Vogl, C.R. et al.: *Reader zum Thema „Natur und Nutzung natürlicher Ressourcen in Lateinamerika"*. Universität für Bodenkultur, Vienna: 69–96.
13) Stadel, C. 2001: Tagungsberichte. *Mitteilungen, Gesellschaft für Kanada-Studien* 143: 313–314.
14) Stadel, C. 2001: ‚Lo Andino': andine Philosophie und Weisheit. *Solitat* 35: 3–4.
15) Stadel, C. 2001: Bericht der Sektion Geographie. *Mitteilungen, Gesellschaft für Kanada-Studien* 1: 60–63.
16) Stadel, C. 2001: Tagungsberichte/Bericht der Sektion Geographie. *Mitteilungen, Gesellschaft für Kanada-Studien* 2: 11–13; 15-16; 99–103
17) Stadel, C. 2001: Hilfe durch Empowerment/Arbeit für GeographInnen. *Uni-Plus* 2: 14.
18) Stadel, C. 2001: ‚Empowerment' – Schlüsselkonzept für eine nachhaltige Entwicklung. *Solitat* 3: 2.
19) Stadel, C. 2000: Bericht der Sektion Geographie. *Mitteilungen, Gesellschaft für Kanada-Studien* 1: 17–22, 77–82.
20) Stadel, C. 2000: Bericht der Sektion Geographie. *Mitteilungen, Gesellschaft für Kanada-Studien Mitteilungen* 1: 48–55.
21) Stadel, C. 1999: EU-ALFA Forschungsprojekt GEORED II. Growth patterns and sustainability of medium-sized cities in Andean countries. *Rundbrief Geographie* 157: 25.
22) Stadel, C. 1999: EU-ALFA Forschungsprojekt GEORED II. Growth processes and sustainability of Andean medium-sized cities in Andean countries. *Rundbrief Geographie* 152: 20.
23) Stadel, C. 1999: Bericht der Sektion Geographie. *Mitteilungen der Gesellschaft für Kanada-Studien* 2: 15–19; 80–84.
24) Stadel, C. 1999: Bericht der Sektion Geographie. *Mitteilungen der Gesellschaft für Kanada-Studien* 1: 43–47.
25) Stadel, C. 1998: Internationale Jahrestagung, Conference of Latin Americanist Geographers (CLAG), Santa Fe (New Mexico), 30. September bis 3. Oktober 1998. *Mitteilungen der Österreichischen Geographischen Gesellschaft* 140: 281–282.
26) Stadel, C. 1988: 19. Jahrestagung der GKS Grainau (Bayern), 20. bis 22. Februar 1998. *Mitteilungen der Österreichischen Geographischen Gesellschaft* 140: 279–280.
27) Stadel, C. 1998: Bericht der Sektion Geographie. *Mitteilungen der Gesellschaft für Kanada-Studien* 1: 45–50.
28) Stadel, C. 1997: VI Congreso International de Geógrafos Latinomaericanistas, Arequipa (Peru), 16. bis 26. Juli 1997. *Mitteilungen der Österreichischen Geographischen Gesellschaft* 139: 369.
29) Stadel, C. 1997: 18. Jahrestagung der Gesellschaft für Kanada-Studien (GKS), Beilngries (Bayern), 14.–18. Februar 1997. *Mitteilungen der Österreichischen Geographischen Gesellschaft* 139: 367–368.

30) Stadel, C. & H. Schöndorfer 1997: El centro de mercado regional de León Nicaragua: el cambio en las estructuras y procesos. In: *Retos Ambientales para el Siglo XXI.* VI Congreso de Geógrafos Latinoamericanistas, Espacios y Sociedades., Programa y Resumenes. Lima: 122–123.

31) Stadel, C. 1997: Jahresbericht der Sektion Geographie (S. 9–12) und Bericht der Sektion Geographie (S. 89–92). *Gesellschaft für Kanada-Studien, Mitteilungen* 2.

32) Stadel, C. 1997: Jahresbericht der Sektion Geographie. *Gesellschaft für Kanada-Studien, Mitteilungen*: 9–12.

33) Stadel, C. 1997: Bericht der Sektion Geographie. *Gesellschaft für Kanada-Studien, Mitteilungen*: 89–92.

34) Stadel, C. 1996: Mitteilungen und Berichte der Sektion Geographie. *Gesellschaft für Kanada-Studien, Mitteilungen* 1: 65–69.

35) Stadel, C. 1996: Tagungsbericht der Sektion Geographie (pp. 11–13) & Mitteilungen und Berichte der Sektion Geographie (pp. 76–80). *Gesellschaft für Kanadastudien, Mitteilungen* 2.

36) Stadel, C. 1996: Congreso Internacional de Geógrafos Latinoamericanistas. Tegucigalpa, Honduras, 3.–6. Jänner 1996. *Mitteilungen der Österreichischen Geographischen Gesellschaft* 138: 267.

37) Stadel, C. 1996: Jahrestagung der Gesellschaft für Kanada-Studien. Grainau (Bayern), 16. Bis 18. Februar 1996. *Mitteilungen der Österreichischen Geographischen Gesellschaft* 138: 268–269.

38) Stadel, C. 1995: Zweites Internationales Anden-Symposium: 'Desarrollo Sostenible de Ecosistemas de Montaña: Manejo de areas frágiles en los Andes', Huarina, Bolivien, 2. bis 11. April 1995. *Mitteilungen der Österreichischen Geographischen Gesellschaft* 137: 447–449.

39) Stadel, C. 1994: 14. Nationalkongreß der mexikanischen Geographen in Verbindung mit dem 20. Internationalen Kongreß der 'Conference of Latin Americanist Geographers (CLAG), Ciudad Juarez, Mexico.), 26.–30. September 1994. *Mitteilungen der Österreichischen Geographischen Gesellschaft* 136: 296–294.

40) Stadel, C. 1994: Kongreß der IGU Kommission Mountain Geoecology and Sustainable Development. Staufen (Breisgau), Nationalpark Hohe Tauern und Nationalpark Berchtesgaden, 13. bis 22. August 1994. *Mitteilungen der Österreichischen Geographischen Gesellschaft* 136: 291–292.

41) Stadel, C. & H. Slupetzky 1994: *Field guide to the excursion 'Hohe Tauern'.* IGU Commission Symposium' Mountain Geoecology and Sustainable Development.

42) Stadel, C. 1994: International Forum on Development of Poor Mountain Regions, Beijing (1993) Conference Report. *Mitteilungen der Österreichischen Geographischen Gesellschaft* 135: 262–263.

43) Stadel, C. 1989: Transformation of mountain environments; regional development and sustainability, and consequences for global change. Conference Report. *The Operational Geographer* 7, 4: 49.
44) Stadel, C. 1989: Usos Sostenibles para laderas. Conference Report. *Mountain Research and Development* 9, 1: 83–84.
45) Stadel, C. 1988: Conflict and Problems in the Horn of Africa. *Newsletter, Manitoba Council for International Cooperation.*
46) Stadel, C. 1987: Padrino for a day. *WUSC Communique*: 3.
47) Stadel, C. 1986: Brief on aspects of international development. *Standing Committee on External Affairs and International Trade. House of Commons* 5: 1105–1155.
48) Stadel, C. 1984: International Symposium on Comparative Cultural Geography of Mountains, Eichstätt. *Mountain Research and Development* 4, 1: 87–89.
49) Stadel, C. 1984: A Short version of the Conference Report. *The Operational Geographer* 3: 45–46.
50) Stadel, C. & J. Tyman 1981: Mountains and Deserts. *Where on Earth* 5. Brisbane.
51) Stadel, C. 1979 : Mouvements de population de la Communauté Rurale de N'Guékokh & Projet d'une pépinière d'arbres mixtes á N'Guékokh. *Sénégal, Entraide Universitaire Mondiale du Canada* (Ottawa) 78: 22–26.
52) Stadel, C. & J.C. Everitt 1979: Diversity and change in rural Southwestern Manitoba. *Issues in Rural Canada* (Montreal) 2.
53) Stadel, C. & L. Clark 1971: *Land Use and Population Patterns of Brandon's Urban Fringe.* Brandon.
54) Stadel, C. 1962: *Palmyra – Sozialstruktur einer Oase.* Institut für soziale Zusammenarbeit, Monograph 3, Freiburg.

## E TEACHING MATERIALS

1) Stadel, C. 1974: *Manitoba – A Practical Geography.* 2 ed. 1983.
2) Stadel, C. 1987: *Regional Geography of Manitoba.* 2 Vol. 2 ed. 1991.
3) Stadel, C. 1981: *Geography of High Mountains.* 2 ed. 1984.
4) Stadel, C. 1984: *Mexico – a field excursion guide.*
5) Stadel, C. 1985: *The Eastern Alps – a field excursion guide.*
6) Stadel, C. 1981–1992: *World Regional Geography.* Maps and documents.

# Die Autoren – the authors – los autores

**Axel Borsdorf** (geb. 1948) ist o.Univ.-Prof. am Institut für Geographie der Universität Innsbruck und Direktor des Instituts für Interdisziplinäre Gebirgsforschung der Österreichischen Geographie der Wissenschaften, deren wirkliches Mitglied er auch ist. Er war Präsident der Österreichischen Geographischen Gesellschaft und Vizepräsident des Österreichischen Lateinamerikainstituts. Forschungsschwerpunkte sind Gebirgsforschung, Stadtgeographie, Regionalgeographie und Schutzgebiete, regional die Alpen, Europa und der Andenraum. E-Mail: axel.borsdorf@uibk.ac.at

**Falk F. Borsdorf** (geb. 1977) studierte Politikwissenschaften an den Universitäten Innsbruck und Loughborough und führte Forschungsaufenthalte an den kanadischen Universitäten Carleton und Toronto durch. Er erhielt den Kanadapreis für den wissenschaftlichen Nachwuchs des Zentrums für Kanadastudie der Universität Innsbruck und den 1st Scientific Award der österreichisch-kanadischen Gesellschaft. Derzeit arbeitet er an einer Dissertation zum Sozialkapital von Schutzgebieten. E-Mail: falk.borsdorf@gmx.at

**Jürgen Breuste** (geb. 1956) ist seit 2001 Professor für Stadt- und Landschaftsökologie im Fachbereich Geographie und Geologie an der Paris-Lodron-University Salzburg. Er studierte Geographie, promovierte (1982) und habilitierte (1986) an der Martin-Luther University Halle / Wittenberg. Nach Tätigkeiten als Dozent und Professor in Halle, Greifswald, Dresden und Leipzig sowie am Umweltforschungszentrum in Leipzig ist er seit 2009 auch Professor für Urban Ecology an der East China Normal University Shanghai, China. Seine Forschungs- und Lehrgebiete sind Stadt-Ökosystemforschung, und Ökologische Stadtentwicklung. E-Mail: juergen.breuste@sbg.ac.at

**César N. Caviedes**. Emeritus Professor und ehemaliger Direktor des Department of Geography an der University of Florida. Verfasser von Werken über El Niño, Wahlgeographie Chiles, Regionalgeographie von Südamerika und die Ökologie der Tropen. Langjähriger Mitherausgeber des Handbook of Latin American Studies und Verfasser von Beiträgen für Encyclopedia Britannica, Encyclopedia Encarta und Encyclopedia of Latin American History. Einer der Schriftleiter von GeoJournal, Rivista Geografica Italiana, Informaciones Geográficas, Meridiano, Revista Geográfica de Valparaíso, und Laboratorio de Geografia e Litteratura-Università di Feltre. Empfänger des Preston E. James Eminent Career Latin Americanist Award. Ehemaliger Vorsitzender der Conference of Latin Americanist Geographers. Vorträge und Lehrerfahrungen in Nordamerika, Lateinamerika, Europa und Asien. E-Mail: crlcvcr@netscape.net

**Martin Coy**, geboren 1954 in Frankfurt am Main, Studium der Geographie in Frankfurt am Main, der Anthropologie in Paris, Promotion und Habilitation in Geographie an der Universität Tübingen, viele Jahre wiss. Mitarbeiter, Assistent und Oberassistent am Geographischen Institut der Universität Tübingen, seit 2003 Professor für Angewandte Geographie und Nachhaltigkeitsforschung am Institut für Geographie der Universität Innsbruck. Zahlreiche längerfristige Forschungsaufenthalte sowie Gastdozenturen vor allem in Brasilien und Argentinien. Hauptforschungsgebiete: Mensch-Umwelt-Forschung, Regionalentwicklung, Amazonien, Megastadtforschung. E-Mail: martin.coy@uibk.ac.at

**Hildegardo Córdova Aguilar**, geógrafo peruano. Estudió en la Universidad Mayor de San Marcos, Lima, y la Universidad de Texas, Austin, obtuó el grado de Doctor en Geografía en la Universidad Mayor de San Marcos (1980) y el Ph D en Geografía en la Universidad de Wisconsin, Madison (1982). Es Miembro Honorario del Colegio de Geógrafos del Perú. Ha sido profesor visitante en las universidades de Vermont en Burlington (EE.UU), Bergen (Noruega), Syracuse (EE.UU), Akron, Ohio (EE.UU), Columbus, Georgia (EE. UU), Universidad de Piura (Piura), Universidad Católica Santa María (Arequipa), San Agustín (Arequipa) y San Antonio Abad (Cuzco). Asimismo ha realizado estadías cortas como profesor invitado en las universidades de Salamanca, Complutense de Madrid, Salzburgo, Varsovia, Cracovia y Zaragoza. E-mail: hcordov@pucp.edu.pe

**Silvia Díez Lorente** es Geógrafa (2001) y PhD en Geografía (2009) por la Universidad de Alicante (España). Sus principales líneas de investigación son Geografía Física, amenazas naturales, Sistemas de Información Geográfica y Sensores Remotos. Ha participado en proyectos de investigación nacionales e internacionales. Actualmente es profesora de SIG, Teledetección, Ordenamiento Territorial y responsable del Laboratorio de Geomática de la Facultad de Ciencias Forestales y Recursos Naturales de la Universidad Austral de Chile. E-mail: silvia.diez@uach.cl

**Dissanayake Mudiyanselage Lalitha Dissanayake** is a lecturer in the Department of Geography, University of Peradeniya in Sri Lanka. She received her school education at St Anthonys' Girls school in Kandy, obtained her Bachelor Degree from University of Peradeniya and Master of Philosophy degree from NTNU Trondheim in Norway. Currently she is a Doctoral student in Faculty of Natural Science, University of Salzburg in Austria. Ms Dissanayake is a Physical Geographer with research interests in fluvial landscape ecology, Environmental change, Solid waste management and Medical Geography. E-mail: lalitha_dissanayake@hotmail.com

Brigadier i. R. (Brigadegeneral a.D.) Dr. **Gerhard L. Fasching**, geb. 1940, war von 1963–1993 Berufsoffizier im Österreichischen Bundesheer (Leiter Militärisches Geowesen im Generaltruppeninspektorat des Bundesministeriums für Landesverteidigung) und ist seit 1975 nebenberuflich in universitärer Forschung und Lehre tätig. Dritte Berufskarriere ab 1995 als Ziviltechniker (Ingenieurkonsulent für Geographie) und als Allgemein beeideter gerichtlich zertifizierter Sachverständiger. E-Mail: gerhard.fasching@sbg.ac.at

**Joachim Götz** studied Geography at the Universities of Augsburg and Bonn, Germany. He made his diploma at the University of Bonn in 2006 working on sediment budgets in the German Alps and received his PhD in 2012 from the University of Salzburg investigating postglacial sediment storage and fluxes in the Möll catchment, Austrian Alps. His research interests in Geomorphology focus on mapping, application of geophysical methods, GIS modeling and terrestrial laserscanning. Joachim Götz is currently a postdoctoral researcher at the Department of Geography and Geology, University of Salzburg. E-mail: joachim.goetz@sbg.ac.at

**Walter Gruber**, geb. 1958 in Salzburg. Nach der Ausbildung zum Vermessungstechniker kartographische Tätigkeit einem Zivilingenieur-Büro. Seit 1981 Kartograph am FB Geographie und Geologie der Universität Salzburg. Neben der beruflichen Tätigkeit Abschluss des Diplomstudiums Geographie 2002. E-Mail: walter.gruber@sbg.ac.at

**Erwin Hammer**, geboren 1982, absolvierte das Studium der Umweltsystemwissenschaften mit Schwerpunkt Betriebswirtschaftslehre an der Karl-Franzens-Universität Graz ehe er sich vermehrt der Geographie zuwandte. Insbesondere beschäftige er sich im Rahmen eines individuellen Masterstudiums der Wirtschaftsgeographie mit Fragen im Überschneidungsbereich von Humangeographie und Wirtschaftswissenschaften. Derzeit arbeitet er für eine große österreichische Handelskette im Bereich der strategischen Standortentwicklung. E-Mail: sunsurge7@gmail.com

**Rodrigo Hidalgo Dattwyler** es Doctor en Geografía Humana con Mención en Pensamiento Geográfico y Organización del Territorio por la Universidad de Barcelona, profesor del Instituto de Geografía de la Pontificia Universidad Católica de Chile. Ha centrado su labor de investigación en la conformación y transformación de espacios residenciales urbanos, historia de la ciudad y del urbanismo, procesos de expansión residencial, desarrollo del espacio costero urbano/metropolitano y migración hacia centros turísticos de montaña. Es el responsable de la Revista de Geografía Norte Grande y la Serie GEOlibros en Geografía UC, donde desarrolla docencia de pre y postgrado. E-mail: hidalgo@geo.puc.cl

**Burkhard Hofmeister**, geboren 1931 in Königsberg, 1945 Flucht nach Mecklenburg, 1950 Übersiedlung nach Berlin. 1955 Staatsexamen, 1955756 Whitbeck Fellow, University of Wisconsin in Madison, 1956 / 57 Teaching Assistent University of Utah, 1958 Promotion Freie Universität Berlin, 1965 Privatdozent Technische Universität Berlin. 1971 o. Professor dort. 1996 Emeritierung.

**Jack D. Ives**, b. 15/Oct/1931, Grimsby, UK; B.A. Geography, 1953, Nottingham, UK; PhD, McGill, Montreal, 1956. Asst. Dir., and Director, Geographical Branch, Ottawa, and leader Baffin Island expeditions, 1961–1967. Dir. Inst. Arctic and Alpine Research, U Colorado, USA, 1967–1979; Prof. Mountain Geoecology, U of Calif. 1989–1997. Adjuct Prof. Carleton U., Ottawa, 1997–present. Chair, IGU Mountain Commission, 1972–1980; 1988–96; Project Co-ordinator, UNU "Mountains", 1978–2002. Awards: King Albert 1st Gold Medal (2002); RGS Patron's Gold Medal (2006), Knight's Cross, Order of the Falcon, Iceland (2007). E-mail: jack.ives@carleton.ca

**Hanns Kerschner** (geb. 1951, Linz / Donau). Geographiestudium in Wien und Innsbruck, Promotion zum Dr. phil. 1977 in Geographie und Meteorologie mit einer glazialmorphologischen Arbeit, seit 1978 Wissenschaftler am Institut für Geographie Innsbruck. Habilitation 1988 mit einer klimatologischen Arbeit, ab 1995 wieder im Bereich Klima-, Gletscher- und Landschaftsgeschichte tätig. Im Laufe der Zeit längere Aufenthalte in Kanada und Japan. Regionale Interessen: Alpen, Frankreich, Skandinavien und Kanada. E-Mail: hanns.kerschner@uibk.ac.at

**Gudrun Lettmayer** holds a PhD in geography / sociology, MSc in Tropical Agriculture and diploma in Mediation. Many years of research for development in Africa and Latin America. Lecturer on Development Research at Institute of Geography, University of Salzburg. Senior scientist at Joanneum Research, Graz. Member of Commission for Development Research at the OeAD-GmbH (KEF). Main fields of expertise are social sustainability, sustainable management of natural resources, resource use conflicts and management of participation / stakeholder processes. E-mail: gudrunlettmayer@web.de

**Bruno Messerli**, Prof. em. Dr. Drs.h.c., (geb. 1931), studierte Geographie in Bern, wurde 1968 Professor, 1978 Direktor des Geographischen Instituts, 1986/1987 Rektor der Universität Bern, 1996 emeritiert und 1996–2000 Präsident der Internationalen Geographischen Union. Forschungsarbeiten: 1958–1976: Gebirge des Mittelmeerraumes, Tibesti – zentrale Sahara, Äthiopien, Mt. Kenya: Vergletscherung, Klimageschichte, natürliche Ressourcen von den Alpen bis zum Äquator. 1977–1986: Programmleiter Nationalfonds: UNESCO–MAB Gebirgsprogramm. 1979–1991: UNU–Programmleitung mit Jack Ives zusammen: Naturgefahren im Nepal, Himalaya. 1988–1996:

Anden der Atacamaregion: Vergletscherung, Klimawandel, Wasserressourcen. 1992–1996: Überschwemmungen in Bangladesh mit Thomas Hofer: Geschichte, Prozesse, die Rolle des Himalayas. E-mail: bmesserli@bluewin.ch

**Guido Müller**, geb. 1937 in Salzburg, dort Schulbesuch. Ab 1957 Studium der Geographie und Mathematik in Wien und Innsbruck, 1963 Lehramtsprüfung. 1964 Assistent am Geographischen Institut der Universität Salzburg, 1968 Doktorat in Innsbruck, 1976–1999 ao. Professor für Geographie in Salzburg. Veröffentlichungen zur Regionalgeographie und Historischen Geographie, Mitarbeit an Atlanten und 16 Ortschroniken u. a. E-Mail: guma.mueller@aon.at

**Hugo Penz** (geb. 1942 als Sohn einer Bergbauernfamilie in Obernberg am Brenner). Ao. Univ.-Prof. am Institut für Geographie der Universität Innsbruck. 1966 Dr. phil Innsbruck, 1968–1970 Assistent am Wirtschaftsgeographischen Institut, Universität München, seit 1970 am Institut für Geographie Innsbruck. 1982 Habilitation, 1993 Ao. Univ.-Prof., 2006 Ruhestand. Monographien zum Wipptal, zur Almwirtschaft, zum Trentino. Forschungsschwerpunkt: Ländlicher Raum mit besonderer Berücksichtigung von Ostalpen und Mitteleuropa. E-Mail: hugo.penz@uibk.ac.at

**Wolfgang Pirker** (geb. 1953). Studium in Salzburg. 1978 Auslandsaufenthalt in Kanada für die Dissertation über die Religionsgemeinschaft der Hutterer. Beginn der Freundschaft mit Christoph Stadel. Bis 2007 in Oberösterreich als Lehrer berufstätig und daneben immer politisch aktiv. Die Diagnose Morbus Parkinson (2000) zwingt zur Neuorientierung und eröffnet den Zugang zur „Narrativen Medizin“ und zur Schriftstellerei. 2011 erscheint das Buch „Barrieren.FREI“, 2012 (Hsg.) „Wir sind bunt“. E-Mail: pirker.wm06@aon.at

**Perdita Pohle**. 1989–1993 Researcher in the Nepal Research Programme and the Nepal-German Project on High Mountain Archaeology, 1993–2006 Senior Researcher, Lecturer and Assistant Professor (Institute of Geography, Giessen), 2004 Associate Guest Professor for International Women and Gender Research (Institute of Geography, Göttingen). Since 2006 Chair of Human Geography and Development Studies (Institute of Geography, Erlangen-Nuremberg). Long-term research activities abroad: 1984–2004 in Nepal, India, Tibet; since 2003 in Ecuador and since 2010 in Bolivia. E-mail: ppohle@geographie.uni-erlangen.de

**Carlos Fernando Rojas Hoppe**, Licenciado en Geografía, Magister en Recursos Hídricos; especialización en Geología y Geomorfología aplicadas a Amenazas Naturales. Desde 1984 es académico en la Facultad de Ciencias de la Universidad Austral de Chile. Ha dirigido y participado en investigaciones sobre sectores vulnerables a peligros naturales en el sur de Chile. E-mail: crojas@uach.cl

**Adriano Rovira**, Dr. en Geografía por la Universidad de Huelva (España), académico y Director de la Escuela de Geografía en la Facultad de Ciencias de la Universidad Austral de Chile, Valdivia. Anteriormente académico de la Universidad de Chile, la Universidad de Valparaíso y la Universidad Tecnológica Metropolitana. Ha participado en proyectos de investigación nacionales e internacionales. La línea de investigación principal es la Planificación Territorial y el desarrollo local. E-mail: arovira@uach.cl

**Fausto O. Sarmiento** PhD, is Professor and Director of the Neotropical Montology Collaboratory (NMC) in the Department of Geography at the University of Georgia, in Athens, USA (http://geog.ggy.uga.edu/labs/) He works with the intersection of nature and culture in the tropical Andes, specially with the political ecology of the Páramo and mountain protected landscapes. Currently, he is the Chair of the Mountain Geography Specialty Group and Chair of the International Research and Scholarly Exchange Committee of the Association of American Geographers (AAG). He was President of the Andean Mountains Association (AMA). E-mail: fsarmien@uga.edu

**Lothar Schrott** studied Geography, Geology and Physical Education at Tübingen and Heidelberg, Germany. He received his PhD (1993) from the University of Heidelberg investigating the role of solar radiation within the geosystem of the semiarid high Andes. He is a professor for Physical Geography and head of the research group Geomorphology and Environmental Systems at the Department of Geography and Geology, Salzburg. Research interests: geomorphic processes in mountain areas (European Alps, Rocky Mountains, Andes, German upland). Associate editor of Geografiska Annaler (Series A, Physical Geography) and member of the editorial board of Geomorphology, member of the Executive Committees of the International Association of Geomorphologists and the International Permafrost association. E-mail: lothar.schrott@sbg.ac.at

**Heinz Slupetzky** (geb. 1940). Studium der Geographie und Doktorat an der Universität Wien. Univ. Prof. (i.R.) für Geographie an der Universität Salzburg, Spezialgebiet Glaziologie. Langjährige Gletschermessungen in den Hohen Tauern, Reisen nach Kanada, Alaska, Patagonien und in den Himalaya sowie 1991 in die Arktis nach Franz-Joseph-Land. Gestaltung von Gletscherlehrwegen im Nationalpark Hohe Tauern, u. a. mit G. Lieb an der Pasterze. E-Mail: heinz.slupetzky@sbg.ac.at

**Johann Stötter**, geboren 1956 in München, Studium der Geographie, Landschaftsökologie und Kartographie an der Universität München und Technischen Universität München, Promotion und Habilitation in Geographie an der Universität München, wissenschaftlicher Mitarbeiter, Assistent und Oberassistent am Institut für Geographie der Universität München, seit 1998 Professor für Geographie am Institut für Geographie der Universität Innsbruck. Hauptforschungsgebiete: Mensch-Umwelt-Forschung, Naturgefahren- und Risikoforschung, Gebirgsforschung, Folgen des Klimawandels. E-Mail: hans.stoetter@uibk.ac.at

**John L. Tyman**, Prof. emer. of the University of Brandon, Canada. After his university career he settled in Australia and is working in the EduTech Research Project (Brandon University). He travelled the world, living among, and studying diverse cultures. His actual work is dedicated to photographic series on cultures in context, f. i. Inuit, Sawos, African habitats and Nepal. E-mail: johntyman@gmail.com

**Friedrich M. Zimmermann**, Professor and Chair, Department of Geography and Regional Science, University of Graz, Austria. Director of the RCE Graz-Styria (UN-certified Regional Center of Expertise: Education for Sustainable Development). Former Vice-Rector for Research and Knowledge Transfer (2000–2007); Sustainability commissioner of the University of Graz. International affiliations at the University of Munich, at Universities in Pennsylvania and Oregon, in Croatia and Serbia. Work with international and interdisciplinary research teams. Research foci on regional development, tourism and sustainability. E-mail: friedrich.zimmermann@uni-graz.at

**Hugo Marcelo Zunino**. Doctor en Geografía y Desarrollo Regional (Universidad de Arizona, EEUU). Profesor del Departamento de Ciencias Sociales y Director de Relaciones Internacionales de la Universidad de La Frontera, Chile. Ha centrado su labor de investigación en la conformación y transformación de espacios urbanos, migración por estilos de vida y movimientos contra-culturales, la dimensión social de la actividad turística y el proceso de poblamiento de la Patagonia Binacional. Actualmente se desempeña también como Director del Centro Internacional de Estudios de La Patagonia. E-mail: zunino.hm@gmail.com